Roland Weghorn

Der Qualitätsmanagement-Atlas

mit Basiswissen Statistik

Für Rita, Tom und Sam,
die mir mehr bedeuten
als alles andere im Leben

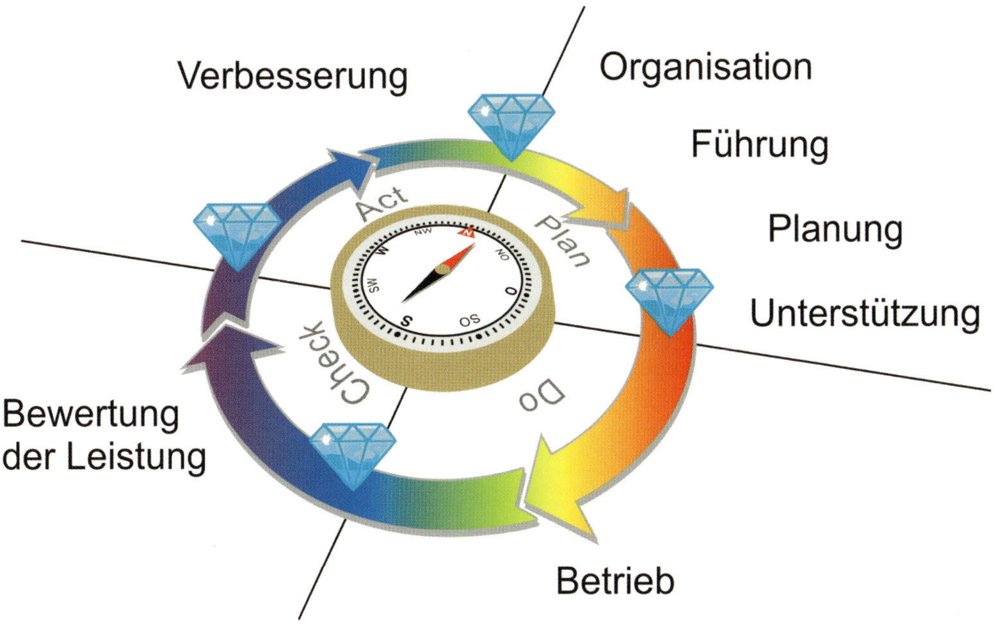

Roland Weghorn

Der Qualitätsmanagement-Atlas

mit Basiswissen Statistik

3. Auflage

3. überarbeitete Auflage
Internet: http://www.qmrw.de
Lektorat: Werner Schraudner, Nadine Kohler (Rechtsteil)
Umschlaggestaltung Roland Weghorn
Printed in Germany

Druck: www.druckterminal.de
KDD Kompetenzzentrum Digital-Druck GmbH
Leopoldstraße 68 * D-90439 Nürnberg

ISBN 978-3-00-037909-3

Vorwort

Im Jahr 1996 wurde ich im Rahmen meiner damaligen Aufgabe als Leiter einer Support-Abteilung mit massiven Qualitätsproblemen von Computer Hard- und Software konfrontiert. Aus der Not geboren entwickelte ich ein kleines Datenbank-System, mit dessen Hilfe wir die Probleme statistisch auswertbar bzw. „sichtbar“ machen konnten. Die daraus folgenden Maßnahmen halfen dem gesamten Support (Hotline und Außendienst) und auch der Entwicklungsabteilung, die Probleme schnell und effektiv in den Griff zu bekommen. Mit der Zeit entwickelte ich einen rein praktischen Blick für qualitätsrelevante Themen ohne jedoch einen theoretischen Hintergrund hinsichtlich dieser Materie zu haben.

Als ich dann im Jahr 2003 im Rahmen meiner neuen Tätigkeit als Unternehmensberater begann, QM-Systeme im Gesundheitswesen aufzubauen, machte sich dieser Mangel an theoretischem Verständnis deutlich bemerkbar. Seit dieser Zeit habe ich begonnen, viel Material zum Thema Qualitätsmanagement – kurz QM – zu sammeln und zu lesen. Das betraf sowohl spezielles Normenwissen, als auch Wissen rund um die Verwendung von Werkzeugen und Methoden im QM.

Nach Beendigung einer Auditoren-Ausbildung und im Rahmen meiner Selbständigkeit im Jahr 2006 bekam ich die Möglichkeit, an der IHK Akademie Mittelfranken in Nürnberg in verschiedenen Ausbildungszweigen Qualitätsmanagement und Statistik zu unterrichten. Kurz danach bahnte sich eine enge Kooperation mit der Firma Alchimedus Management an, die ein softwaregestütztes Werkzeug (neudeutsch „Tool“) zum einfachen Aufbau von QM-Systemen entwickeln wollte.

In beiden Tätigkeiten bin ich als Dozent und Trainer tätig und musste häufig feststellen, dass es zwar viele grundlegende Werke zum Thema QM gibt, jedoch keines, das in einfacher und bildhafter Weise die wichtigsten Zusammenhänge darstellt. Diese Lücke möchte ich gerne schließen. Ich habe versucht, Lernstoff bzw. Grundlagenwissen mit Bildern zu verknüpfen und die Textlastigkeit klassischer Lehrbücher damit zu vermindern. Der neurobiologischen Erkenntnis folgend, dass uns bildhaftes Lernen leichter fällt, soll damit einerseits die Zeit für die Aufnahme des Wissens möglichst weit reduziert werden, andererseits möchte ich in erster Linie den Sinn der Dinge vermitteln.

Dieses Buch erhebt nicht den Anspruch, vollständig alle Themengebiete von QM-Systemen darzustellen, vielmehr soll es in kurzer, einprägsamer Weise das Wesentliche zu den einzelnen Themengebieten heraus arbeiten. Nach meiner Überzeugung werden in der Praxis nur dann Dinge umgesetzt, wenn sie nicht nur verstanden, sondern auch deren Sinn und Wichtigkeit erkannt und persönlich als Leit-Motiv übernommen werden.

Verzeihen Sie mir an manchen Stellen meine Ausdrucksweise, sollte ich ins Fränkische oder Ironische abdriften. Mit Humor lernt es sich nach meiner Erfahrung nach leichter! Jedenfalls wurde mir das immer wieder von Kurs- und Schulungsteilnehmern so bestätigt.

Im Zuge der besseren Lesbarkeit wird im Buch regelmäßig nur die männliche Form von sprachlichen Ausdrücken gewählt. Ich möchte jedoch ausdrücklich darauf hinweisen, dass stets auch die weibliche Form in absolut gleichwertiger Weise gemeint ist.

Im Sinne eines guten und gelebten Qualitätsmanagements bin ich für Hinweise auf Fehler und Anregungen in jeder Hinsicht sehr dankbar. Schreiben Sie mir einfach ein kurzes Mail unter roland@qmrw.de. Ich glaube fest an den Satz:

Schlechte Lehrer machen immer die gleichen Fehler,
gute Lehrer immer neue!

Ich hoffe, für das Ziel, schnell und einfach QM-Grundwissen zu erlangen und/oder ein QM-System einzuführen, ist dieses Buch eine Hilfe und wünsche Ihnen nun viel Vergnügen.

Seukendorf im September 2014

Roland Weghorn

Inhaltsverzeichnis

»Und was nützen Bücher«,
dachte Alice,
»ohne Bilder und Gespräche?«

Lewis Carroll (1832-1898), Alice im Wunderland

Einleitung

Das vorliegende Werk richtet sich in gleicher Weise an Kursteilnehmer der IHK-Akademie – wie Industriemeister und Fachwirte – sowie an QM-Beauftragte von Klein- und Mittelständischen Unternehmen (KMU), die Grundlagenwissen zu diesem Gebiet erwerben und in der Praxis anwenden möchten.

Die **Abschnitte 1 bis 7** vermitteln das Basiswissen des QM und orientieren sich an den Rahmenstoffplänen des HQ-Teils der Industriemeister und Fachwirte IHK. Die **Abschnitte 8 und 9** vermitteln grundlegendes Wissen in statistischen Verfahren, welches im Bereich Produktion heute unerlässlich ist. Die vermittelten Stoffgebiete orientieren sich ebenfalls am Rahmenstoffplan der IHK für Industriemeister und Fachwirte. Abschnitt 8 deckt den gesamten Basisteil ab und wurde in der 3. Auflage nochmals erweitert um ein Kapitel zu mathematischen Grundlagen zur Wahrscheinlichkeitsrechnung wie der Kombinatorik sowie einem Kapitel zu „Tarnen und Täuschen in der Statistik“. Das in diesen beiden Abschnitten behandelte Wissen ist nicht prüfungsrelevant und soll in erster Linie als Nachschlagewerk und ggf. der Vertiefung dienen. Im Unterricht wird darauf nur bei Bedarf zurückgegriffen. Auch ein neues Kapitel über die Fisher-Verteilung ist nicht prüfungsrelevant, wurde jedoch mit aufgenommen, da immer wieder diesbezüglich Nachfragen im Unterricht kommen. Der Abschnitt 9 deckt erweiterte Themen im HQ-Teil der Industriemeister ab.

Der **Abschnitt 10** behandelt schließlich Themen, die ergänzend für eine Personenzertifizierung nach dem derzeit noch gültigen Leitfaden der TGA (Trägergemeinschaft für Akkreditierung) für die Ausbildung zum QB (Qualitätsbeauftragten) benötigt werden. Im Zuge der Arbeiten zur 2. Auflage wurde der Abschnitt 10 um einige Kapitel erweitert, die auch spezielle Themen wie die Auditierung, die Unternehmens-Organisation und die Managementbewertung genauer beleuchten. Nicht unbedingt prüfungsrelevant aber sinnvoll wurde zusätzlich ein Kapitel zu den sieben Managementwerkzeugen hinzugefügt, das wertvolle Hilfe bei den Tätigkeiten als QB leisten kann.

Im **Anhang** finden Sie einen umfangreichen Fragenkatalog mit Lösungen zur Prüfungsvorbereitung auf die Industriemeisterprüfungen sowie weiter führende Arbeitsblätter und eine Rahmenstoffplan-Übersicht für den Industriemeister und den Qualitätsbeauftragten (QB) nach TGA-Standard. In Erweiterung des Abschnitts 10 im Rahmen der zweiten Auflage wurde der Anhang ebenfalls erweitert. Hier finden Sie Formblätter und Muster zu den Abschnitten wie Auditierung und Managementbewertung.

Hinweise zum Lernen

Stellen Sie sich vor, Sie sitzen vor einem Klavier mit nummerierten, weißen Tasten und Ihnen werden auf einem Bildschirm Zahlen angezeigt, die Sie auf dem Klavier durch Drücken der entsprechenden Taste wiedergeben sollen. Bei dem, was Ihnen angezeigt wird, handelt es sich um eine Folge von 8 Tönen, die wiederkehrend immer wieder gespielt werden sollen, z. B. 5-3-4-2-1-3-4-8, Sie wissen jedoch nicht, dass es sich um eine ständig wiederkehrende Folge handelt. Nach jeder Folge wird die Zeit gemessen, die Sie benötigten, um die Folge als Reaktion auf die Anzeige zu spielen. Mit jedem Durchgang werden Sie schneller. Irgendwann erkennen Sie schlagartig, dass es sich um eine Folge von 8 Tönen handelt. Irgendwann haben Sie ein Niveau erreicht, vom dem aus Sie nicht mehr schneller werden. Spielt man Ihnen nun eine neue Folge von Tönen vor, so werden Sie – nun etwas „trainiert“ – bereits von einem etwas niedrigeren Niveau aus starten, denn Sie haben *unspezifisch gelernt*, wie es in der Lernpsychologie heißt.

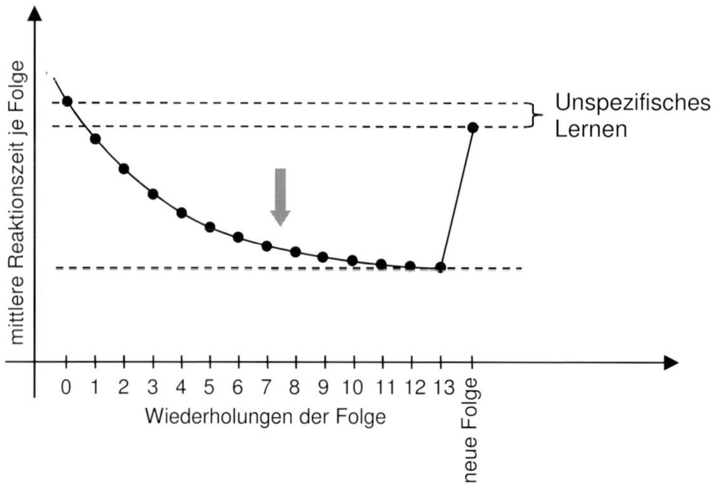

Abb. 1: Lernen von Bewegungsfolgen[1]

Interessant ist besonders folgender Sachverhalt: Ab einem bestimmten Punkt (grauer Pfeil) erkennen Sie plötzlich, dass es sich um eine feste Folge von 8 Tönen handelt. Dieses schlagartige Bewusstwerden ist das, was man landläufig als Aha-Erlebnis bezeichnet. Es tritt von einem Augenblick auf den anderen ein. Man spricht von *explizitem Lernen* – man ist sich der Folge nun explizit bewusst. Die Folge wurde jedoch bereits vorher *implizit gelernt*, wie sich an den immer kürzer werdenden Reaktionszeiten nachweisen lässt. Während das implizite Lernen langsam und stetig vonstattengeht, erfolgt das explizite Lernen schlagartig.

In vielen Schulen (und beim Erlernen von Musikinstrumenten) wird dieser Sachverhalt häufig zum Problem für Kinder, die sehr schnell begreifen und damit immer nur eine kurze Zeitspanne zum expliziten Wissen benötigen. Wird ein Sachverhalt schwieriger und sie begreifen eben nicht sofort, so zweifeln sie an sich selbst und sind schnell frustriert. Kinder, die sich durch stetiges (implizites) Lernen die Sachverhalte langsamer aneignen müssen, bis sie das explizite Wissen erlangen, sind es dagegen in der Regel gewohnt, diesen langsameren Weg zu gehen und haben hier einen Vorteil (höhere Frustrationstoleranz).

Was hat das mit QM zu tun? Der oben geschilderte Sachverhalt trifft auch auf einige Bereiche des Qualitätsmanagements zu. Manche Dinge sind intuitiv auf den ersten Blick einsehbar, andere – z. B. die Statistik – erfordern, dass man „übt“ (implizit lernt), bis sich die Einsicht einstellt. Hierzu wurde im Anhang ein umfangreicher Fragenkatalog erarbeitet, der alle Stoffgebiete unterstützend begleiten sollte – gerade wenn sich ein Gebiet nicht intuitiv erschließt. Die Erfahrung hat gezeigt, dass sich beispielsweise erst nach der x.-ten Aufgabe zur Prozessfähigkeit das (explizite) Verständnis einstellt, das erforderlich ist, um auch Prüfungsaufgaben dann ohne Probleme lösen zu können.

[1] nach Spitzer (2013)

Arbeiten mit Mindmaps

Außerdem wird explizit die Arbeit mit Mindmaps empfohlen. Mindmaps sind „Gedankenkarten“, in denen rund um ein zentrales Thema Schlüsselbegriffe in einer logischen Struktur abgebildet werden. Dabei werden Abhängigkeiten und die Vernetzung einzelner Begriffe visuell dargestellt, so dass mit dem Verinnerlichen der Map einerseits die Struktur gelernt wird, andererseits durch die Konzentration auf Schlüsselbegriffe ein Höchstmaß an Effizienz beim Lernen erreicht werden kann.

Die folgende Mindmap zeigt die Gliederung des Inhaltsverzeichnisses dieses Buches bis zur zweiten Ebene auf. Sie können sich diese Mindmap herauskopieren, vergrößern und die Äste gemäß Ihrem Lernfortschritt ergänzen.

Empfehlenswert wäre nach seinem Erfinder Tony Buzan noch die Beachtung folgender Punkte:

- Schreiben Sie Ihre Schlüsselbegriffe ausschließlich in Großbuchstaben
- Verwenden Sie für verschiedene Äste verschiedene Farben
- Malen Sie über verschiedene Zweige / Begriffe passende Symbole, die Sie gedanklich mit dem Begriff verbinden – Sie lernen damit automatisch über das Bild
- Verfassen Sie die Mindmap handschriftlich und nicht am PC über ein Werkzeug – das Anbringen der Äste und das Schreiben der Schlüsselworte stellen über den Schreibvorgang einen zusätzlichen Lernkanal dar, den Sie bei der Arbeit am PC ungenutzt lassen

Der letzte Punkt stellt wohl den wichtigsten im Umgang mit Mindmaps dar, die Sie nicht für Präsentationen sondern tatsächlich zum Lernen nutzen möchten. Die Mindmap stellt letztendlich nichts anderes als einen besonders strukturierten Spickzettel dar. Mit dem Einprägen der Map verinnerlichen Sie automatisch den gesamten Stoff sowie dessen Struktur und Abhängigkeiten.

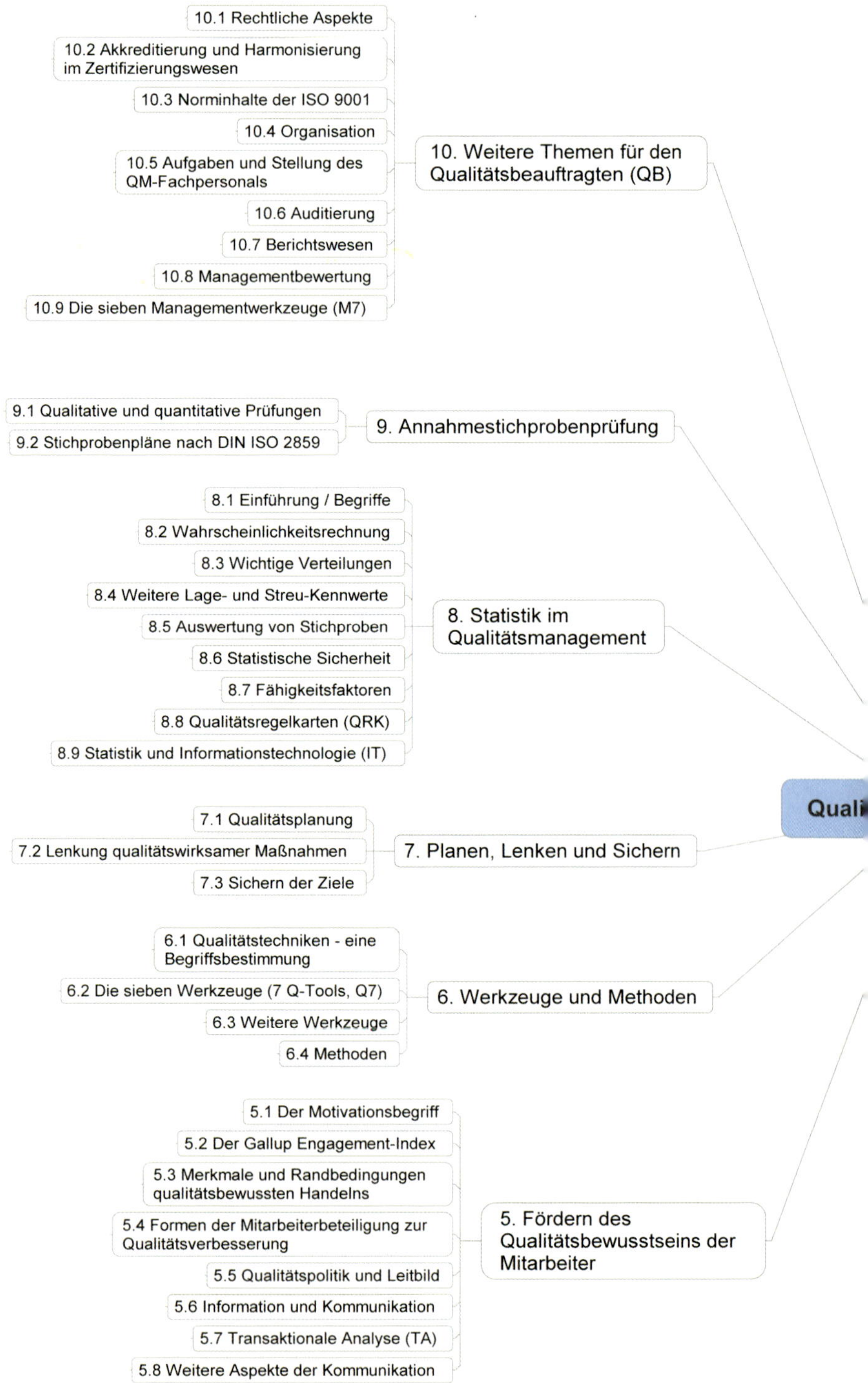
10. Weitere Themen für den Qualitätsbeauftragten (QB)
10.1 Rechtliche Aspekte
10.2 Akkreditierung und Harmonisierung im Zertifizierungswesen
10.3 Norminhalte der ISO 9001
10.4 Organisation
10.5 Aufgaben und Stellung des QM-Fachpersonals
10.6 Auditierung
10.7 Berichtswesen
10.8 Managementbewertung
10.9 Die sieben Managementwerkzeuge (M7)
9. Annahmestichprobenprüfung
9.1 Qualitative und quantitative Prüfungen
9.2 Stichprobenpläne nach DIN ISO 2859
8. Statistik im Qualitätsmanagement
8.1 Einführung / Begriffe
8.2 Wahrscheinlichkeitsrechnung
8.3 Wichtige Verteilungen
8.4 Weitere Lage- und Streu-Kennwerte
8.5 Auswertung von Stichproben
8.6 Statistische Sicherheit
8.7 Fähigkeitsfaktoren
8.8 Qualitätsregelkarten (QRK)
8.9 Statistik und Informationstechnologie (IT)
Quali
7. Planen, Lenken und Sichern
7.1 Qualitätsplanung
7.2 Lenkung qualitätswirksamer Maßnahmen
7.3 Sichern der Ziele
6. Werkzeuge und Methoden
6.1 Qualitätstechniken - eine Begriffsbestimmung
6.2 Die sieben Werkzeuge (7 Q-Tools, Q7)
6.3 Weitere Werkzeuge
6.4 Methoden
5. Fördern des Qualitätsbewusstseins der Mitarbeiter
5.1 Der Motivationsbegriff
5.2 Der Gallup Engagement-Index
5.3 Merkmale und Randbedingungen qualitätsbewussten Handelns
5.4 Formen der Mitarbeiterbeteiligung zur Qualitätsverbesserung
5.5 Qualitätspolitik und Leitbild
5.6 Information und Kommunikation
5.7 Transaktionale Analyse (TA)
5.8 Weitere Aspekte der Kommunikation

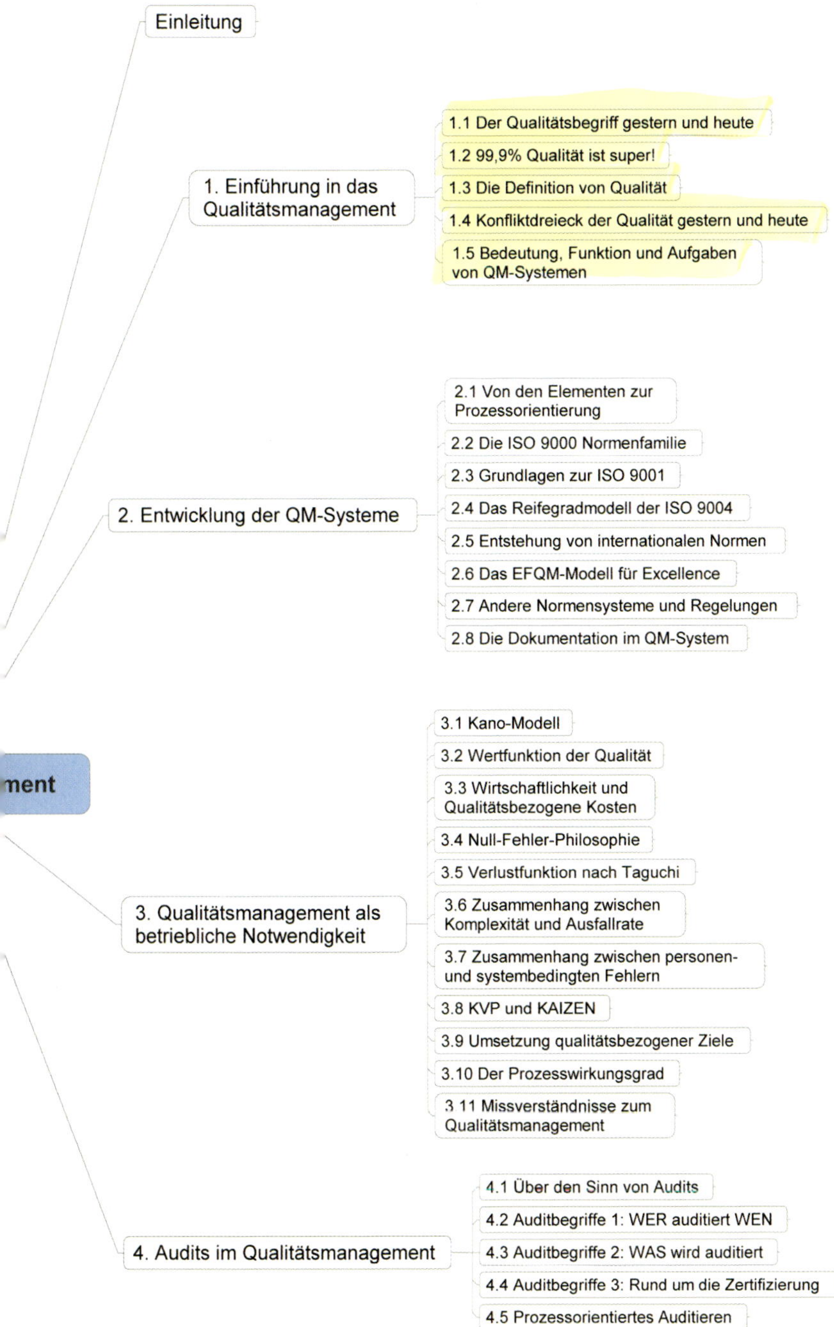

Einleitung
1. Einführung in das Qualitätsmanagement
1.1 Der Qualitätsbegriff gestern und heute
1.2 99,9% Qualität ist super!
1.3 Die Definition von Qualität
1.4 Konfliktdreieck der Qualität gestern und heute
1.5 Bedeutung, Funktion und Aufgaben von QM-Systemen
2. Entwicklung der QM-Systeme
2.1 Von den Elementen zur Prozessorientierung
2.2 Die ISO 9000 Normenfamilie
2.3 Grundlagen zur ISO 9001
2.4 Das Reifegradmodell der ISO 9004
2.5 Entstehung von internationalen Normen
2.6 Das EFQM-Modell für Excellence
2.7 Andere Normensysteme und Regelungen
2.8 Die Dokumentation im QM-System
3. Qualitätsmanagement als betriebliche Notwendigkeit
3.1 Kano-Modell
3.2 Wertfunktion der Qualität
3.3 Wirtschaftlichkeit und Qualitätsbezogene Kosten
3.4 Null-Fehler-Philosophie
3.5 Verlustfunktion nach Taguchi
3.6 Zusammenhang zwischen Komplexität und Ausfallrate
3.7 Zusammenhang zwischen personen- und systembedingten Fehlern
3.8 KVP und KAIZEN
3.9 Umsetzung qualitätsbezogener Ziele
3.10 Der Prozesswirkungsgrad
3.11 Missverständnisse zum Qualitätsmanagement
4. Audits im Qualitätsmanagement
4.1 Über den Sinn von Audits
4.2 Auditbegriffe 1: WER auditiert WEN
4.3 Auditbegriffe 2: WAS wird auditiert
4.4 Auditbegriffe 3: Rund um die Zertifizierung
4.5 Prozessorientiertes Auditieren

1 Einführung in das Qualitätsmanagement

1.1 Der Qualitätsbegriff gestern und heute

Die folgende Abbildung stellt in Kürze die Geschichte der Qualität dar:

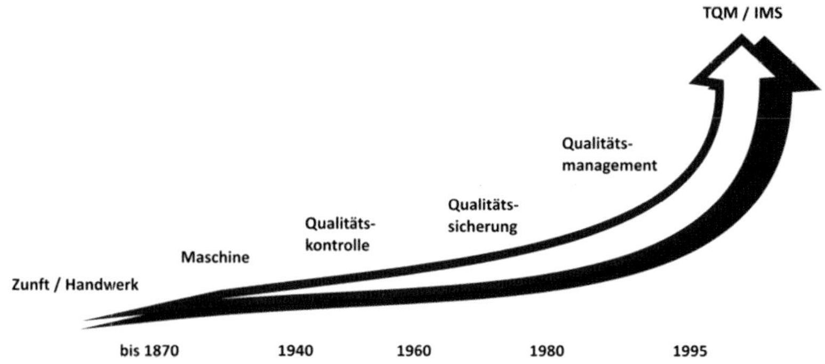

Abb. 2: Qualitäts-Begriffe im Zeitstrahl

Beschreibung des Zeitstrahls:

- **Bis 1870:**
  Qualität ist das, was vom Handwerker kommt (Schlosser, Schreiner etc.)
- **Industrialisierung / bis etwa 1940:**
  die Maschine fertigt immer gleich und übernimmt damit den Qualitätsbegriff; Qualität ist das, was von der Maschine kommt
- **Bis etwa 1960:**
  Maschinen fertigen immer gleich => allerdings auch Ausschuss!
  die Erkenntnis reift, dass man vor Weitergabe eines Produktes an den Kunden einen „Kontrolleur" ans Ende der Prozesskette setzen sollte, der prüft, ob die Ware Ausschuss ist oder nicht
  Qualitätskontrolle = Ausschuss oder Gut-Entscheidung
- **Bis etwa 1980:**
  die Erkenntnis reift, dass Q-Kontrolle nicht ausreicht. Es sind vorbeugende Maßnahmen notwendig, um möglichst schon im Vorfeld sicher zu stellen, dass Ausschuss erst gar nicht produziert wird (Einführung von Standzeiten, Wartungsintervalle, Arbeitsvorbereitung etc.)
  Qualitätssicherung = Alle produktionsbegleitenden Maßnahmen zur Sicherstellung von Qualität
- **Ab etwa 1980:**
  Qualität ist keine reine Angelegenheit der Fertigung! Der Qualitätsgedanke muss sich durch das gesamte Unternehmen ziehen. Es gibt auch eine Qualität des Vertriebs und der Verwaltung, der Führung, der Ausbildung usw.
  Mit diesem Gedankengang löst sich der Qualitätsbegriff von reinen Produkten und überträgt sich auch auf die Dienstleistungsbranche; im Mittelpunkt steht der Kunde.

Qualitätsmanagement = Qualitäts-Anforderungen für alle Bereiche eines Unternehmens einführen und erfüllen

- **Ab etwa 1995:**
  Durch Einführung des **TQM**-Gedankens (***Total Quality Management***; im deutschen meist mit Umfassendes Qualitätsmanagement beschrieben) werden die Qualitäts-Anforderungen auch noch auf das Unternehmens-Umfeld erweitert: die Gesellschaft, die Umwelt, Engagement in öffentlichen Bereichen etc.
  Kurz: *TQM* zielt auf einen kontinuierlichen Verbesserungsprozess (KVP) aus Sicht aller interessierten Parteien eines Unternehmens (Stakeholder) ab (siehe folgende Abbildung)

- ***Integrierte Managementsysteme (IMS)***
  zielen auf die Zusammenführung mehrerer vorhandener Systeme (z. B. Arbeitsschutz, Umweltschutz und Qualitätsmanagement). Noch weiter führt ein Ansatz der Universität St. Gallen, die Qualität in einem Modell als „zu bewirtschaftendenen" Faktor einführen.

Abb. 3: TQM – Total Quality Management

Nehmen Sie sich nun bitte kurz für eine Minute Zeit und überlegen Sie, was der Begriff Qualität für Sie selbst bedeutet!

Wie definieren Sie – möglichst in einem einzigen Satz Qualität?

Meine Definition (am______________): ______________________________

____

____

____

1

1.2 99,9% Qualität ist super!

Die meisten Menschen würden sofort zustimmen, wenn Sie gefragt würden, ob man bei **99,9% Qualität** von sehr guter Qualität sprechen kann. Wie wir im Statistik-Teil noch sehen werden, ist diese Aussage jedoch extrem abhängig von der zu Grunde liegenden Grundgesamtheit – also der Gesamtmenge betrachteter Vorgänge. Nach einer BMW-Studie würden 99,9% beispielsweise folgendes bedeuten:

- 1 Stunde verschmutztes Trinkwasser jeden Monat
- 2 kritische Flugzeuglandungen in Frankfurt täglich
- 1 600 verlorene Postsendungen jede Stunde
- 20 000 falsche Rezepte für Medikamente jedes Jahr
- 500 falsch durchgeführte Operationen jede Woche
- 50 neugeborene Babys, die täglich von den Ärzten bei der Geburt aufgegeben werden
- 22 000 Schecks, die stündlich von falschen Konten abgehen

Wie kommt man auf solche Zahlen? Die Antwort ist einfach: Man ermittelt über veröffentlichte Statistiken die Gesamtzahl von Vorgängen (z.B. die Anzahl ausgestellter Rezepte pro Jahr) und multipliziert diese Vorgangszahl nun mit 0,001 (das ist nichts anderes als 0,1% und entspricht genau dem, was von 99,9% „Gut-Vorgängen“ auf 100% fehlt).

Hier wird schnell ersichtlich, dass bei hohen Vorgangszahlen (= Grundgesamtheit) logischerweise auch die Anzahl der „Schlecht-Vorgänge“ hoch ist. In jedem Fall wissen wir aus unserer persönlichen Erfahrung, dass die angegebenen Zahlen in der Realität nicht zutreffen. Dies liegt wiederum daran, dass hier Qualitäts-Regelsysteme im Einsatz sind, die sich über Jahre hinweg entwickelt haben und Qualitäten sicherstellen (Qualität bedeutet hier „Gut-Vorgänge“), die weit jenseits der 99,9% liegen – sprich: hier folgen nach der letzten 9 noch einige weitere 9'er als Nachkommastellen.

Ein kleiner Ausflug in einen Fertigungsbetrieb:

Stellt ein Fertigungsbetrieb ein Produkt aus beispielsweise 500 Einzelteilen her (z. B. einen Motor) und würde jedes dieser 500 Einzelteile mit einer Fertigungsqualität von 99,9% produziert werden (dies entspricht einem Ausschuss von einem einzigen Teil pro 1.000 Stück), so läge die Ausschussquote des fertigen Produktes – hier der komplette Motor – bei etwa 40%. Das heißt im Klartext, fast jeder zweite Motor wäre Ausschuss! Näheres zu diesem Thema finden Sie im Kap. 3.6).

Was ich hiermit deutlich machen will ist, dass Aussagen wie „hohe Qualität" oder „nahe an 100%" etc. mit Vorsicht zu betrachten sind. Sie stehen grundsätzlich im Zusammenhang mit der Gesamtheit der betrachteten Vorgänge sowie der Festlegung des betrachteten Qualitäts-Merkmals.

1.3 Die Definition von Qualität

1984 wurden von David A. Garvin von der Harvard University unter der Überschrift *„Was bedeutet Qualität wirklich?"* erstmals fünf konkrete Ansätze formuliert, Qualität zu definieren:

- **Transzendenter Ansatz (=> „Erlebbare Qualität")**
  Qualität wird praktisch „erlebt", indem das Produkt genutzt wird; Qualität ist nicht messbar; mit diesem Ansatz arbeiten Luxusmarken wie Ferrari, Rolex oder Apple. Mein Vater sagte als Kind mal zu mir: „Du mousd amohl drinner ghoggd sei inn suann Bennds – nocherd wassd du wos Guallidähd iss!" – das ist gemeint mit dem transzendenten Ansatz.[2]

- **Produkt-basierter Ansatz (=> Eigenschaftsausprägungen)**
  Die Auswahl eines Produktes folgt dem Ansatz: Was hat am meisten Funktionen bzw. die besten Eigenschaften? Am Beispiel eines Handys wäre dasjenige am besten, das die meisten Funktionen anbietet. Nach diesem Ansatz ist Qualität messbar.

- **Benutzer-basierter Ansatz (=> Bedürfnis-Befriedigung)**
  Die Auswahl eines Produktes folgt dem Ansatz, welches Produkt die Bedürfnisse eines Anwenders am besten befriedigt. Beispielsweise wäre ein Handy dann qualitativ besser als ein anderes, wenn sich bestimmte Funktionen (z. B. Adressbuch) auf eine beliebige Taste legen lassen.

- **Der Hersteller-basierte Ansatz**
  Qualität entspricht dem Grad, in dem Forderungen an die eigenen Herstell- und Zulieferprozesse erfüllt werden.

- **Wert-basierter Ansatz (=> Preis-/Leistungs-Verhältnis)**
  Nach diesem Ansatz steckt jedem Produkt ein Nutzwert (Leistung) inne, dem ein preislicher Wert gegenübersteht. Das Produkt mit dem besten Preis-Leistungs-Verhältnis wäre hier das qualitativ beste.

Die unterschiedlichen Sichtweisen führen in der Praxis zu Konflikten. Nach Garvin sollten trotz des Konflikt-Potenzials diese unterschiedlichen Sichtweisen kultiviert werden, da die verschiedenen Perspektiven notwendig sind, um erfolgreich qualitativ hochwertige Produkte einführen zu können.

Im Laufe der Zeit kamen weitere Ansätze hinzu:

[2] Fränkisch für „Du musst mal in einem (Mercedes) Benz gesessen sein, dann spürst (erlebst) du, was Qualität ist"

- **Kaufmännischer Ansatz (=> „Kunde kommt zurück nicht das Produkt")**
  Nach diesem Ansatz steht ausschließlich die Kundenzufriedenheit im Mittelpunkt.
- **Ökologischer Ansatz (=> Nachhaltigkeit, Energie sparen, Umwelt schonen)**
  Wer heute ein Elektro-Gerät kauft (Waschmaschine, Fernseher etc.), achtet immer häufiger auf den Energieverbrauch und richtet danach auch seine Kaufentscheidung aus.
- **Humaner Ansatz (=> Betreuung wichtiger als Produkt)**
  Wird einem alten Menschen mit einem Gebrechen beispielsweise ein Rollstuhl in einem Sanitätshaus verkauft, so richtet sich die Kaufentscheidung häufig nach der Qualität der Dienstleistung und der persönlichen Betreuung, die der Kunde erfährt. Die eigentliche Produktqualität des Rollstuhls gerät dadurch in den Hintergrund – im Mittelpunkt steht der Mensch.
- **„Qualität ist das Anständige"**
  Dies ist ein Zitat von Theodor Heuss. Eine Aussage wie *„der Terrorismus hat eine neue Qualität der Gewalt erlangt"* wirft die Frage auf, ob etwas „Negatives" tatsächlich unter dem Gesichtspunkt der Qualität verstanden werden darf ist.
- **Prozessbezogener Ansatz (=> Kontrolle des gesamten Prozesses; „nur 1x machen")**
  Alle oben beschriebenen Forderungen sollen hier zusammenfließen. Es werden in eigenständigen Prozessen die Anforderungen an die Funktionen des Produktes, die Bedürfnisse der Kunden sowie mögliche Marktpreise ermittelt und so sicher gestellt, dass nur Produkte (oder Dienstleistungen) erzeugt werden, die auch Abnehmer finden werden. Alles in der Organisation steht miteinander in Wechselwirkung.
  Der prozessbezogene Ansatz erfüllt damit verschiedene Eigenschaften der obigen Ansätze und bildet damit die Grundlage heutiger QM-Systeme!

Die Definition der ISO 9000 bildet weitgehend alle obigen Ansätze ab, indem sie Qualität als das Ergebnis eines Vergleichs mit vorgegebenen Forderungen definiert. Sie bildet damit die Grundlage unseres heutigen Qualitätsverständnisses. Der hersteller-basierte Ansatz von Garvin wird danach erweitert um Forderungen, die von außen von der Kundenseite kommen.

Nach der **ISO 9000** ist Qualität sinngemäß wie folgt definiert:

Qualität ist das Ausmaß, in dem Forderungen an Produkte oder Dienstleistungen erfüllt werden.

Das folgende Bild mit der Waage meint genau das: Es gibt (beliebig zu definierende) Forderungen, die durch ein Produkt oder eine Dienstleistung in deren (innewohnender) Beschaffenheit mehr oder weniger aufgewogen werden.

1

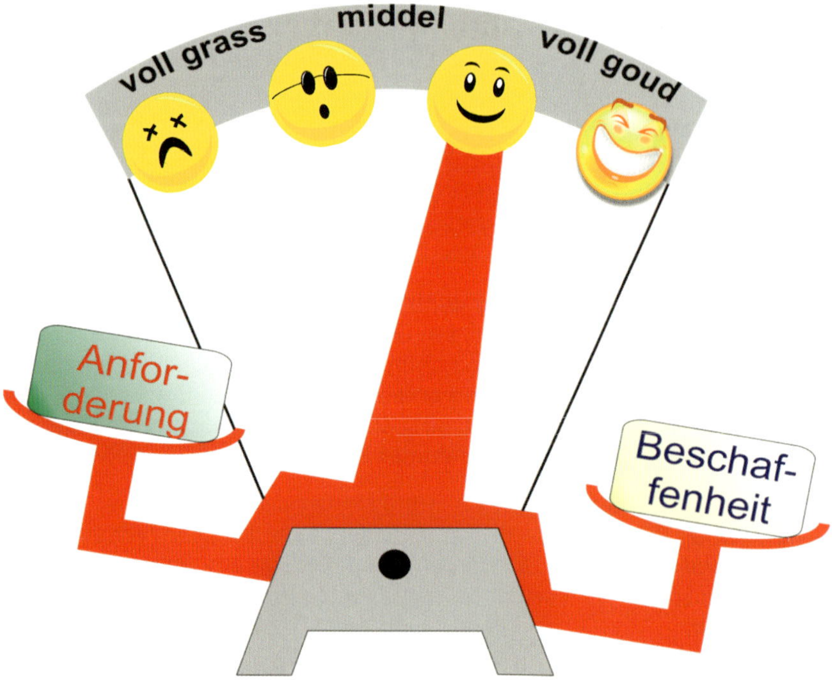

Abb. 4: Qualitätsbegriff der ISO 9000[3]

Wiegt die Anforderung schwerer als die Beschaffenheit, sprechen wir von schlechter Qualität und umgekehrt.

Hierin wird deutlich, warum sich über Qualität nicht streiten lässt:

Unterschiedliche Anforderungen in der linken Waagschale führen zwangsläufig zu einer unterschiedlichen Qualitäts-Betrachtung. Wenn jemand ein neues Auto kaufen will und Wert auf eine lange Haltbarkeit von z. B. 10 Jahren legt, so wird er Qualität anders einstufen als jemand, für den dies kein Kriterium darstellt, weil er alle drei Jahre ein neues Fahrzeug least.

Die Definition ist auf den ersten Blick zwar schwer verständlich, entpuppt sich aber bei genauerem Hinsehen als echter Geniestreich: Ermöglicht sie doch die freie Festlegung von Anforderungen und damit den eigenen Qualitätsanspruch.

Stellen Sie sich vor, Sie hören in einem Vortrag die folgenden Worte des Redners:

„Wenn die in der letzten Reihe so wie die in der Reihe vor Ihnen Zeitung lesen würden, dann könnten die Leute hier in der ersten Reihe ruhiger schlafen!“

Was sagt dies über die Qualität des Vortrags aus oder anders ausgedrückt: was sind die **Anforderungen** an einen guten Vortrag?

In diesem Beispiel wird deutlich, dass Anforderungen meist „stillschweigend“ festgelegt werden ohne sich das bewusst zu machen.

[3] „grass“ bedeutet im Fränkischen „krass“ – der Buchstabe „k“ wird im Fränkischen nur für ein einziges Wort gebraucht. Das Wort „Karaasch“ (Garage)

1.4 Konfliktdreieck der Qualität gestern und heute

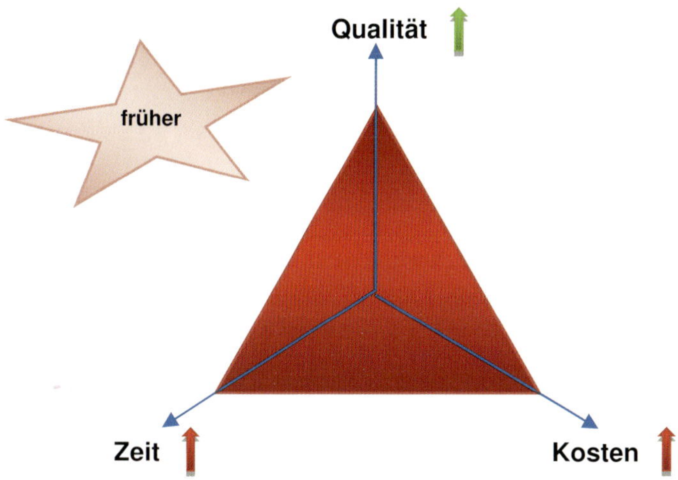

Abb. 5: Das klassische Konfliktdreieck der Qualität

In den meisten Köpfen herrscht noch die Vorstellung vor, dass hohe Qualität automatisch mit hohen Kosten und Zeitaufwänden verbunden ist. Es ist noch nicht allzu lange her, da kostete die Einführung eines QM-Systems nach ISO 9001 ein Klein-Unternehmen zwischen 15.000 und 25.000 € (Berater- und Zertifizierungskosten – von den internen Prozesskosten gar nicht zu sprechen). Dies versteht man unter dem klassischen Konfliktdreieck der Qualität.

Der moderne Qualitätsmanagement-Ansatz geht jedoch davon aus, dass sowohl der Parameter **Zeit** als auch die **Kosten** selbst zu optimierende Qualitätsparameter darstellen.

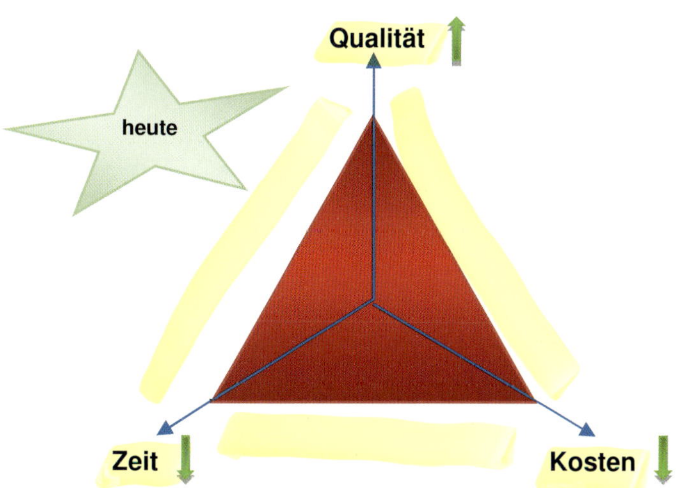

Abb. 6: Das Konfliktdreieck der Qualität heute

Folgt man dieser Logik, so bedeutet dies im Klartext, dass hohe Qualität auch bedeutet, zeit- und kostenoptimal zu arbeiten. Das folgende Bild zeigt diesen Zusammenhang. Wie wir später noch sehen werden, ist es heute möglich, mit geringem Zeit-und Kostenaufwand ein gängiges QM-System einzuführen. Die entsprechenden Werkzeuge sowie das Know-how, welche Dinge unverzichtbar sind und welche nicht sind dafür jedoch unabdingbare Voraussetzung.

Folgt man Professor Seghezzi nach seinem St. Gallener Modell, so sollten möglichst alle Qualitätsparameter betriebswirtschaftlich messbar sein. Damit ließe sich der Effekt von Zeit- und Kostenersparnis durch QM auch zahlenmäßig nachweisen.

1.5 Bedeutung, Funktion und Aufgaben von QM-Systemen

Die **Bedeutung** von QM-Systemen lässt sich in folgenden Stichpunkten beschreiben:

- QM-Systeme bilden heute eine tragende Säule des modernen Unternehmens
- Es definiert sich selbst über Ziele, die verfolgt und erreicht werden müssen
- Letztlich ist das QM-System indirekt ein Abbild der Anforderungen der sog. „Stakeholder“, also aller am Unternehmen interessierten Parteien (Kunden, Mitarbeiter, Gesellschaft, Umwelt, Investoren etc.)
- Im erweiterten Sinne bildet das QM-System damit auch ein Abbild der Sozialkompetenz im Unternehmen

Das Qualitätsmanagement gliedert sich im Sinne der ISO 9000 dabei in vier **Funktionen**:

Abb. 7: Die Funktions-Bestandteile eines QM-Systems nach ISO 9000

Dabei werden die einzelnen Bestandteile wie folgt definiert:

Qualitätsplanung umfasst das **Festlegen** von **Qualitätszielen,** der notwendigen **Umsetzungssprozesse** sowie der dafür notwendigen **Ressourcen.**

Qualitätslenkung bezieht sich auf alles, was die Erfüllung von Qualitätsforderungen sicherstellt.

Qualitätssicherung umfasst alle **Maßnahmen**, die das **Vertrauen** erzeugen soll, dass bestimmte Qualitätsforderungen erfüllt werden.

Qualitätsverbesserung zielt auf eine **Erhöhung der Fähigkeit** zur Erfüllung der Qualitätsforderungen ab.

Dies mündet unter anderem in folgende **Aufgaben**:

- Einführung / Aufbau (Implementierung)
- Aufrechterhaltung / Überwachung des QM-Systems
- Feststellung der Zielerreichung und der Abweichungen
- zur kontinuierlichen Verbesserung (KVP)
- Nachweis für einen bestimmten Organisationsgrad bzw. Standard
- Vorleben durch alle Mitarbeiter mit Leitungsfunktion (Vorbild)
- Ableiten von Zielen aus der Unternehmensstrategie und –politik
- Festlegen der Maßnahmen zur Zielerreichung
- Umsetzen von Maßnahmen
- Feststellen von Soll-Ist-Abweichungen
- Einleiten von Verbesserungsmaßnahmen

Mit den letzten vier Punkten ist die eigentliche Hauptaufgabe eines QM-Systems definiert: Die praktische Umsetzung des klassischen PDCA-Zyklus der ständigen Verbesserung (siehe Kap. 3.8).

Auf die betriebliche Notwendigkeit der Einführung von QM-Systemen oder auch beispielsweise einer Zertifizierung nach einer Norm wie der ISO 9001 wird in Kap. 3 näher eingegangen.

2 Entwicklung der QM-Systeme

2.1 Von den Elementen zur Prozessorientierung

In früheren Zeiten betrachtete man ein Unternehmen als Konstrukt, das aus verschiedenen Elementen oder Funktionsbereichen zusammengesetzt ist. Die Wechselwirkung zwischen den einzelnen Elementen wurde häufig nicht oder nur ungenügend betrachtet. Erst im Laufe der Zeit reifte die Erkenntnis, dass es gerade diese Wechselwirkung ist, die reibungslose Abläufe ermöglicht oder nicht. Die Elemente-Betrachtungsweise rückte in den Hintergrund, in den Vordergrund der Prozess-Begriff.

Gemäß ISO 9000 ist ein **Prozess** sinngemäß so definiert:

Ein **Prozess** ist das Zusammenspiel von **Tätigkeiten,** der **Eingaben** in **Ergebnisse umwandelt.**

Die meisten Menschen denken, dass die Erschaffer solcher Sätze unter Drogen stehen. In der Regel verbergen sich jedoch ganz einfache Sachverhalte dahinter, die nur sehr exakt ausgedrückt wurden und möglichst keinen Interpretationsspielraum lassen. Insofern bitte ich an dieser Stelle um Milde bei all jenen, denen die Definition nicht sofort verständlich erscheint. Gleiches gilt übrigens auch für die offizielle ISO-Definition von Qualität.

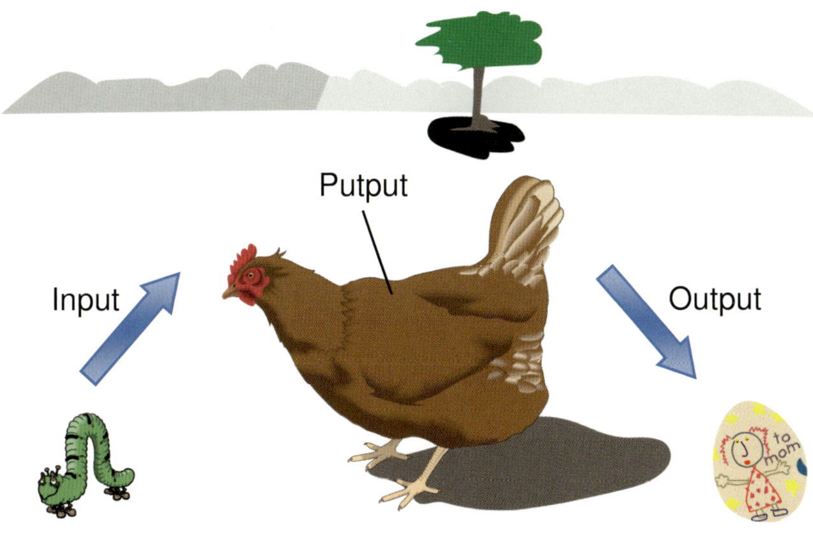

Abb. 8: Der Prozess-Begriff anders erklärt[4]

[4] nach einer Idee von Tom Körner

Letztendlich verstehen wir unter einem Prozess nichts anderes, als dass in einen Prozess etwas „hinein fließt“ (Input), das verarbeitet wird („Putput“) und ein Ergebnis liefert (Output).

Heutige QM-Systeme sind grundsätzlich prozessorientiert, das heißt, die zu Grunde liegenden Modelle fußen auf der Wechselwirkung mehrerer Prozesse (siehe z.B. das Prozessmodell der ISO 9000 S. 21). Die Praxis der vergangenen Jahrzehnte hat gezeigt, dass die reine Festlegung von System-Elementen ohne Berücksichtigung der Wechselwirkung nicht ausreicht.

Wichtig ist in diesem Zusammenhang, dass in den meisten QM-Prozessen ein Rückkopplungs-Mechanismus installiert ist (z. B. Kunden-Feedback), um auf Grund der zurück gekoppelten Erkenntnisse Verbesserungen ein- und durchführen zu können.

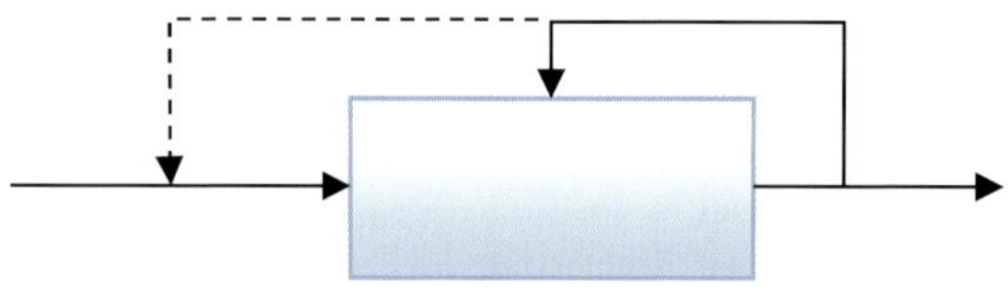

Abb. 9: Der Prozess-Begriff als System-Modell

Die Rückkopplung zurück in den Prozess bezeichnet man im QM-Jargon als „Lenken“. Technisch entspricht es dem Vorgang des Regelns.

Merke: „Lenken“ oder **„Regeln“** entspricht im Englischen dem Begriff „to control“ – aber nicht dem deutschen „Kontrollieren“!

„Kontrollieren“ ist das Feststellen einer Abweichung des Ist- vom Soll-Zustand und wird im Englischen mit „to check“ übersetzt!

Im Folgenden soll die ISO 9000 Normenfamilie vorgestellt werden. Die darin enthaltenen Normen markieren das, was man in Bezug auf Qualitätsmanagement heute als „Stand der Technik“ bezeichnet. Mit der Norm 9001 haben Unternehmen die Möglichkeit ein eingeführtes QM-System durch eine unabhängige Stelle begutachten und zertifizieren zu lassen. Mit einem anerkannten Zertifikat eröffnen sich für viele Unternehmen viele Möglichkeiten, wie z. B.

- Neukunden-Gewinnung
- Image-Steigerung
- Rechtssicherheit

In Kap. 3 wird auf die betriebliche Notwendigkeit von QM-Systemen näher eingegangen.

Doch zunächst soll ein Überblick über die Normenfamilie gegeben werden und danach das Prozessmodell der ISO 9000 vorgestellt werden, welches die Grundlage für die zertifizierbare Norm ISO 9001 bildet.

2.2 Die ISO 9000 Normenfamilie

Die ISO 9000 Normenfamilie besteht im Grunde aus vier Normen, die im Folgenden im Überblick dargestellt werden:

DIN EN ISO	Titel	Bemerkung
9000	Grundlagen und Begriffe *aktuell:* *DIN EN ISO 9000:2005-12*	QM-Grundsätze Prozessmodell
9001	Qualitätsmanagement-systeme – Anforderungen *aktuell:* *DIN EN ISO 9001:2008-12*	Allgemeiner branchenunabhängiger Anforderungs-Katalog; zertifizierbar; Grundlage vieler branchenspezifischer Normen; markiert den „Stand der Technik“
9004	Leiten und Lenken für den nachhaltigen Erfolg einer Organisation – ein Managementansatz *aktuell:* *DIN EN ISO 9004:2009-12*	Nicht zertifizierbar; Keine Anleitung zum Aufbau der ISO 9001; Alternative zum EFQM-Modell für Business Excellence
19011	Leitfaden zur Auditierung von Managementsystemen *aktuell:* *DIN EN ISO 19011:2011-12*	Beschreibt Auditprinzipien, Management von Auditprogrammen, Audittätigkeiten, Qualifikation und Bewertung von Auditoren

Tabelle 1: Die ISO 9000 Normenfamilie

Wichtig: Ein Unternehmen kann sich aus der Normenfamilie nur nach ISO 9001 zertifizieren lassen![5]

Die ISO 9000 bildet eine Grundlage für die gesamte Normenfamilie, indem hier Begriffe wie der obige Qualitätsbegriff sowie acht allgemeine **QM-Grundsätze** definiert werden:

- **Kundenorientierung**
  Das Unternehmen ist an den Anforderungen des Kunden auszurichten
- **Führung**
  Die Führungskräfte sind für die Ausrichtung aller Mitarbeiter und Tätigkeiten auf das Ziel zuständig. Sie sind – egal ob schlechtes oder gutes – Vorbild!

[5] Es wird im weiteren Text der Einfachheit halber von ISO 9000 oder ISO 9001 gesprochen, obwohl die vollständige Bezeichnung in Deutschland z. B. DIN EN ISO 9001:2008-12 wäre (siehe hierzu Kap.2.5).

- **Einbeziehung der Personen**
  Die Mitarbeiter tragen alle Tätigkeiten im Unternehmen und sollten ihre Fähigkeiten zum Nutzen der Organisation einsetzen
- **Prozessorientierter Ansatz**
  Leitung und Lenkung aller Tätigkeiten sollte über Prozesse erfolgen um die Effizienz zu erhöhen
- **Systemorientierter Managementansatz**
  Die Wechselwirkung aller Prozesse im Unternehmen sollten als (vollständiges) System verstanden werden, um wirksam und effizient Ziele zu erreichen
- **Ständige Verbesserung**
  Der kontinuierliche Verbesserungsprozess (KVP) stellt eine ständige Forderung dar (übrigens in jedem QM-Modell!!!)
- **Sachbezogener Ansatz zur Entscheidungsfindung**
  ZDF-Grundsatz: Entscheidungen sollten auf Zahlen, Daten, Fakten beruhen. Keine reinen Bauch-Entscheidungen!
- **Lieferantenbeziehung zum gegenseitigen Nutzen**
  Jedes Unternehmen ist von seinen Lieferanten abhängig. Beziehungen zum gegenseitigen Nutzen erhöhen die gegenseitige Wertschöpfung (siehe Abb. 10).

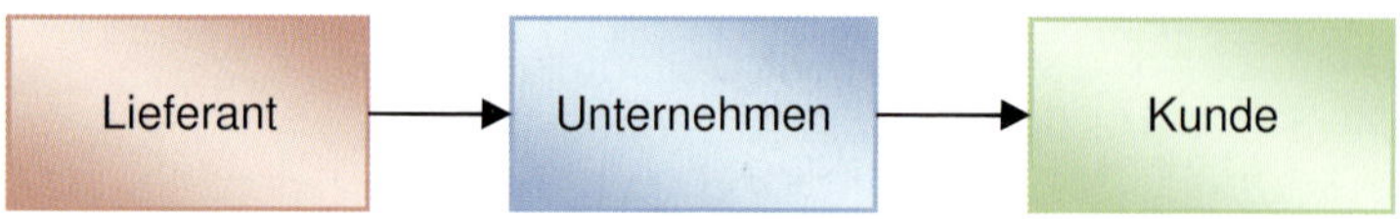

Abb. 10: Die Einbindung zwischen Lieferant und Kunde

Schlechte Lieferqualität wird direkt oder indirekt an den Kunden weiter gegeben, daher muss eine sinnvolle wechselseitige Beziehung bestehen. Daraus resultiert auch die Anforderung in der ISO 9001, Lieferanten regelmäßig zu bewerten.

Während die **ISO 9001** eine allgemeine (Basis-) Grundlage für ein QM-System bildet, stellt die **ISO 9004** eine Art Leitfaden für das Einführen und Aufrechterhalten eines QM-Systems mit dem Ziel des nachhaltigen Erfolgs von Unternehmen dar. Näheres hierzu finden Sie in Kapitel 2.4.

Die **ISO 19011** ist für alle wichtig, die direkt oder indirekt mit der Abwicklung von Audits betraut sind. Wie dem Titel dieser Norm zu entnehmen ist, gilt sie sowohl für Qualitätsmanagement- als auch Umweltmanagementsystem-Audits. In einem mehrstufigen Konzept ist eine Ausbildung zum Auditor nach ISO 19011 möglich. Eine international anerkannte Prüfung kann man bei der Deutschen Gesellschaft für Qualität (DGQ) oder anderen akkreditierten Gesellschaften ablegen. Hierüber ist auch eine internationale Anerkennung – beispielsweise durch die European Organization For Quality (EOQ) möglich.

2.3 Grundlagen zur ISO 9001

In der ISO 9000:2000 wurde ein Prozessmodell definiert, das die Wechselwirkungen der einzelnen Prozesselemente eines modernen QM-Systems abbildet. Dieses Modell bildet die Grundlage für die zertifizierbare ISO 9001 – den grundlegenden Anforderungskatalog für ein QM-System nach Stand der Technik. Das Prozessmodell wurde im Jahr 2000 veröffentlicht und löste das Vorgängermodell mit 20 Elementen ab. Die Folge war im Besonderen, dass damit ein Modell vorlag, das branchenübergreifend auf jedes beliebige Unternehmen angewendet werden konnte.

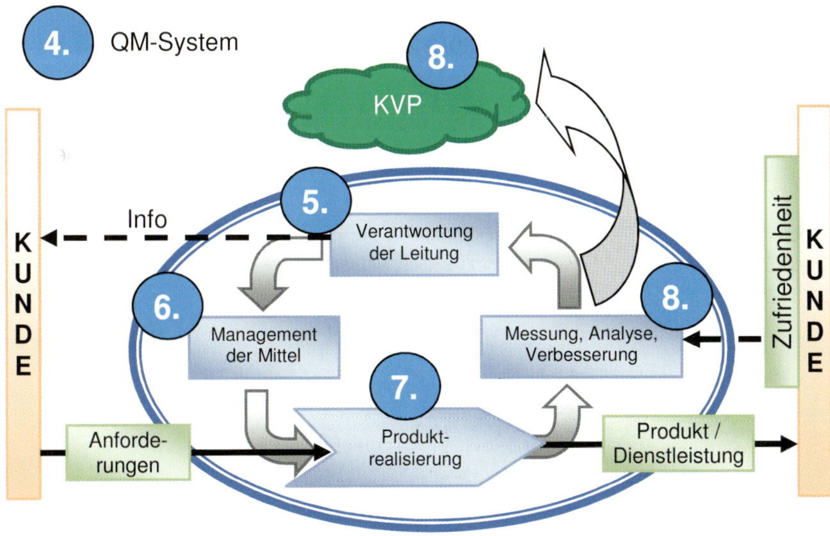

Abb. 11: Das ISO 9000 Prozessmodell

Das Unternehmen wird innerhalb des blauen Rings mit vier Prozesselementen dargestellt, die miteinander in Wechselwirkung stehen (die blauen Kreise stellen die Kapitelnummern der Norm dar):

- **Verantwortung der Leitung (Kapitel 5)**
  Es muss jemanden geben, der die Geschicke des Unternehmens leitet und lenkt („führt“)
- **Management der Mittel (Ressourcen – Kapitel 6)**
  Die Leitung stellt Mittel zur Verfügung. In der Regel sind das Menschen (Mitarbeiter), Maschinen und Geld.
- **Produktrealisierung (Kapitel 7)**
  Über die „Mittel“ werden Produkte realisiert. Produkte können dabei im Sinne der Norm sowohl Dinge zum Anfassen sein, als auch Dienstleistungen
- **Messung, Analyse und Verbesserung (Kapitel 8)**
  Die Ergebnisse und im Besonderen die Fehler, die bei der „Produktion“ bzw. Dienstleistungserbringung entstehen, sind zu analysieren. Nur in Verbindung mit einer Messbarmachung der Ergebnisse (und damit auch der Fehler und Probleme) sind auch nachweisbare Verbesserungen durchzuführen.

Das Unternehmen wird nun eingebettet zwischen zwei Säulen: links der Kunde, der seine Anforderungen an das Produkt oder die Dienstleistung als Input in die Produktrealisierung liefert und rechts ebenfalls der Kunde – zu ihm fließt das Ergebnis in Form eines Produktes oder der Dienstleistung.

Nun ist das Modell bereits fast am Ende. Allerdings könnte man noch nach der „Drei-Hauen-Methode“ (AUA) arbeiten und niemand würde es bemerken! Sie alle kennen die Methode: Den Kunden anhauen, umhauen und dann abhauen (AUA)!

Dies ist jedoch in keinem modernen QM-Modell erlaubt, weil hier eine (messbare) Rückkopplung vom Kunden gefordert ist. Allgemein spiegelt sich hierin die Forderung nach einer regelmäßigen Messung der **Kundenzufriedenheit**.

Die gestrichelte Linie von Leitung zu Kunde deutet an, dass hier ein **informeller Austausch** stattfindet. Eventuell sind die zur Verfügung gestellten Informationen entscheidend, ob ein Kunde ein Unternehmen oder einen Dienstleister auswählt oder nicht.

Über allem schließlich „schwebt“ als Wolke der **kontinuierliche Verbesserungsprozess (KVP)**. Die Forderung nach ständiger Verbesserung ist ebenfalls in jedem QM-Modell anzutreffen, getreu dem Motto:

„Wer aufhört, besser zu werden, hat aufgehört, gut zu sein!“

1. Einleitung
2. Anwendungsbereich
3. Normative Verweisungen
4. Begriffe
5. **Qualitätsmanagementsystem**
6. **Verantwortung der Leitung**
7. **Management von Ressourcen**
8. **Produktrealisierung**
9. **Messung, Analyse und Verbesserung**

Abb. 12: Inhaltsverzeichnis der ISO 9001 seit dem Jahr 2000

Das Prozessmodell spiegelt übrigens direkt oder indirekt sechs der acht **QM-Grundsätze** der ISO 9000 (siehe Kap.2.2) wider:

Kundenorientierung, Führung, Einbeziehung der Personen, Prozessorientierung, Systemorientierung, Ständige Verbesserung.

Es sei besonders darauf hingewiesen, dass dieses Prozessmodell der ISO 9000 exakt auch die Inhaltsstruktur der ISO 9001 abbildet, die den Standard-Anforderungskatalog an QM-Systeme darstellt (vergleiche die folgende Abbildung mit dem Prozessmodell).

Die Kapitel1 bis 3 sind einführender Natur und für eine Zertifizierung uninteressant. Kapitel 4 stellt allgemeine Anforderungen zum QM-System, vor allem in Bezug auf Dokumentation. Ab Kapitel 5 geht es dann im Prozessmodell entgegen dem Uhrzeigersinn rund herum.

Es sei abschließend bemerkt, dass das Prozessmodell aus persönlicher Sicht des Autors einen Geniestreich darstellt. Es wurde im Jahr 2000 veröffentlicht und löste ein älteres Modell von 20 Elementen ab, die zum Teil keine oder nicht erkennbare Schnittstellen hatten. Dieses und noch einige andere Mankos wurden mit dem Prozessmodell behoben.

Zudem wurde mit ihm eine völlige Branchen- und Unternehmens-Unabhängigkeit geschaffen. Betrachtet man den Begriff „Produkt“ sowohl unter dem Gesichtspunkt „klassisches Kauf-Produkt“ (z. B. ein Handy), als auch als Dienstleistung, so ist das Modell auf jeden beliebigen Betrieb anwendbar, egal ob Maschinenbaubetrieb, Arztpraxis, Fahrschule oder Bäcker! Dies ist der eigentliche Meilenstein, der mit dem Modell geschaffen wurde.

Eine detailliertere Beschreibung der Inhalte der ISO 9001 finden Sie in Kap. 10.3.

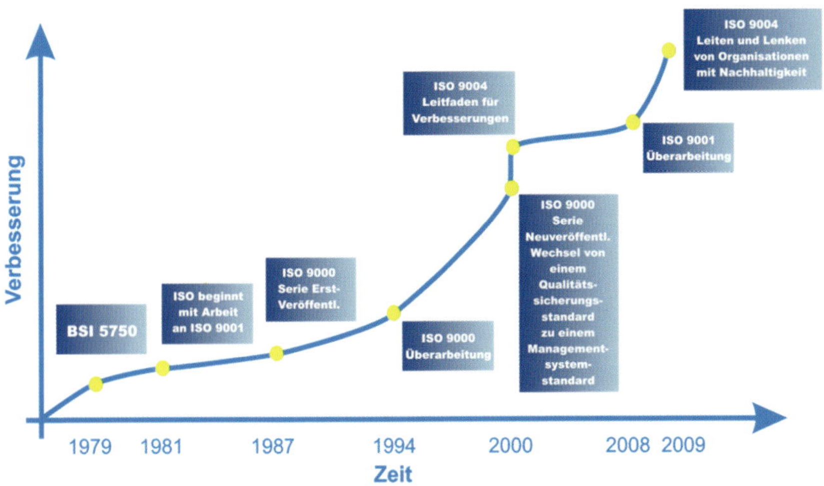

Abb. 13: Werdegang der ISO 9000 Familie nach einem offiziellen Schaubild der BSI Group (British Standards Institution)

Die ISO 9001 gilt heute als **Stand der Technik**, was die grundlegenden Anforderungen an Qualitätsmanagementsysteme angeht. Seit ihrer ersten Veröffentlichung im Jahr 1987 kann sie auf eine über 20-jährige Erfolgsgeschichte zurückblicken. Nimmt man die Ursprünge des BSI (British Standards Institution) seit 1979 hinzu, so stecken in der heute vorliegenden ISO 9001 über 40 Jahre Erfahrung.

1.	China	257.076
2.	Italien	130.066
3.	Japan	68.484

…		
6.	Deutschland	47.156

Tabelle 2: Länder-Übersicht der häufigsten 9001 Zertifizierungen (2009)

Im Jahr 2009 stieg die Anzahl der weltweiten Zertifizierungen dieser international anerkannten Norm erstmals auf über eine Million. An der ISO 9001 müssen sich alle QM-Systeme weltweit messen.

Kurzer Ausblick auf die neue Revision ISO 9001:2015

Zum Zeitpunkt der Drucklegung dieses Buches lag nur der Entwurf für die neue Revision der Norm vor, die plangemäß im September 2015 final veröffentlicht werden wird. Ob das Prozessmodell aus dem Jahr 2000 übernommen wird oder Änderungen erfährt, ist noch unklar.

Es steht in jedem Fall fest, dass mit der nächsten Revision eine sog. „**High-Level-Struktur**“ festgelegt wird. Damit ist die Struktur des Inhaltsverzeichnisses gemeint, die zukünftig für alle Managementsystem-Normen bzw. solche, die auf die ISO 9001 aufbauen, verbindlich übernommen werden wird. Damit wird die ISO 9001 zukünftig 10 statt bisher 8 Kapitel besitzen:

1. Anwendungsbereich
2. Normative Verweise
3. Begriffe
4. **Kontext der Organisation**
5. **Führung**
6. **Planung des QMS**
7. **Unterstützung**
8. **Betrieb**
9. **Bewertung der Leistung**
10. **Verbesserung**

Abb. 14: High-Level-Struktur der ISO 9001:2015

Für Anwender von Normen hat dies natürlich den Vorteil, dass man sich schneller zurechtfindet. Außerdem werden folgende, weitere Zielsetzungen mit der Revision verfolgt:

- Stärkung des PDCA-Zyklus-Denkens (siehe Cover dieses Buches)
- Stärkung des „Risikobasierten Denkens“
- Stärkung des Prozessansatzes mit Messung von Leistungskennzahlen

- Erweiterung des Anwendungsbereichs – vor allem in Bezug auf den Dienstleistungsbereich

Man darf gespannt sein, wie die nächste Version im Markt akzeptiert und umgesetzt werden wird.

2.4 Das Reifegradmodell der ISO 9004

Die Anforderungen der ISO 9004 gehen über diejenigen der ISO 9001 weit hinaus und sind als Managementansatz für das „Leiten und Lenken für den nachhaltigen Erfolg von Organisationen“ gedacht (so auch der Titel dieser Norm).

Im Anhang der ISO 9004 ist eine Anleitung mit Fragenkatalog für eine Selbstbewertung nach einem Reifegradmodell gegeben.

Reife-grad	**Leistungsniveau**	**Erläuterung**
1	Kein formaler Ansatz	Kein systematischer Ansatz erkennbar; keine Ergebnisse, schlechte oder nicht vorhersagbare Ergebnisse.
2	Reaktiver Ansatz	Problem- oder korrekturorientierter systematischer Ansatz; Mindestdaten zu Verbesserungsergebnissen vorhanden.
3	Stabiler formaler systematischer Ansatz	Systematischer prozessgestützter Ansatz, systematische Verbesserungen im Frühstadium, Daten über die Einhaltung von Qualitätszielen vorhanden, Verbesserungstrends vorhanden.
4	Schwerpunkt auf ständiger Verbesserung	Verbesserungsprozess eingeführt; gute Ergebnisse und nachhaltige Verbesserungstrends
5	Bestleistung	Fest integrierter Verbesserungsprozess; Nachweis der Bestleistung durch Benchmark-Ergebnisse.

Tabelle 3: Formale Logik der Reifegrade nach ISO 9004

Ein Reifegradmodell wie das vorliegende ist der Versuch, das kontinuierliche Leistungsspektrum von Unternehmen in Bezug auf unterschiedliche Aufgabenstellungen in ein diskretes „Liga-System“ umzuwandeln („In welcher Liga spielen wir?“). Exakt dieser Ansatz ist das Kennzeichen von sogenannten Excellence-Modellen:

Ein **Excellence-Modell** ist ein QM-Modell, das den **Vergleich** mit anderen Unternehmen **ermöglicht (Benchmarking).**

In der neuen Ausgabe aus dem Jahr 2009 wurde eine feste Definition der Reifegrade in Abhängigkeit von der jeweils betrachteten Anforderung an das QM-System eingeführt. Die folgende Tabelle zeigt exemplarisch, wie hier in Abhängigkeit der Schlüsselelemente die unterschiedliche Ausprägung der Reifegrade definiert wurde. Über Diagramme und Berichte lässt sich mit Hilfe der Reifegrade über längere Zeiträume die Entwicklung des Unternehmens sichtbar machen.

Schlüssel-element	Reifegrad				
	Grad 1	Grad 2	Grad 3	Grad 4	Grad 5
Was wird von der Leitung besonders beachtet? (Leiten und Lenken)	Produkte, Anteilseigner und einige Kunden, mit Ad-hoc-Reaktionen auf Änderungen, Probleme und Chancen werden besonders beachtet	Die Kunden und die gesetzlichen und/oder behördlichen Anforderungen, mit einigen strukturierten Reaktionen auf Probleme und Chancen werden besonders beachtet.	Mitarbeiter und einige weitere interessierte Parteien werden besonders beachtet. Für die Reaktion auf Probleme und Chancen gibt es definierte und eingeführte Prozesse	Das Abwägen der Erfordernisse der erkannten interessierten Parteien wird besonders beachtet. Ständige Verbesserung wird als Teil des Hauptaugenmerks der Organisation hervorgehoben	Das Abwägen der Erfordernisse neu hinzukommender interessierter Parteien wird besonders beachtet. Die beste Leistung der Klasse wird als Hauptziel festgelegt
Was ist der Ansatz der Führung? (Leiten und Lenken)	Der Ansatz ist reaktiv und beruht auf Entscheidungen von oben nach unten	Der Ansatz ist reaktiv und beruht auf Entscheidungen von Führungskräften auf unterschiedlichen Ebenen	Der Ansatz ist proaktiv und die Zuständigkeit, Entscheidungen zu treffen wird delegiert	Der Ansatz ist proaktiv mit starker Einbeziehung der Mitarbeiter der Organisation beim Treffen von Entscheidungen	Der Ansatz ist proaktiv und auf das Lernen ausgerichtet mit Ermächtigung der Mitarbeiter auf allen Ebenen
Wie wird darüber entschieden, was wichtig ist? (Strategie und Politik)	Entscheidungen beruhen auf formlosen Eingangsgrößen des Marktes und anderer Quellen	Entscheidungen beruhen auf Erfordernissen und Erwartungen der Kunden	Entscheidungen beruhen auf der Strategie und sind mit den Erfordernissen und Erwartungen der interessierten Parteien verbunden	Entscheidungen beruhen auf der Umsetzung der Strategie in operative Erfordernisse und Prozesse	Entscheidungen beruhen auf der Notwendigkeit für Flexibilität, Beweglichkeit und nachhaltiger Leistung

Tabelle 4: Beispiele für die neuen Reifegrade der ISO 9004:2009

Die ISO 9004 zählt zu den Excellence-Modellen. Jedoch kann ein Unternehmen nach dieser Norm weder zertifiziert werden, noch einen Preis gewinnen. Daher ist dieses Modell in der Praxis sehr selten vertreten.

2.5 Entstehung von internationalen Normen

Für die Neu- und Fortentwicklung von Normen existieren in allen möglichen Ländern sogenannte Normenausschüsse. In Deutschland wird diese Aufgabe durch das Deutsche Institut für Normung e.V. (DIN) wahrgenommen.

Diese Normenausschüsse entwickeln Vorschläge, die auf europäischer Ebene durch das CEN (Comité Européen de Normalisation) gesammelt und bewertet werden.

Auf internationaler Ebene werden wiederum die Vorschläge verschiedener Landes- und Kontinental-Verbände wie das CEN gesammelt und bewertet.

Während die Erarbeitung also von unten nach oben erfolgt, werden die Normen dann von oben nach unten freigegeben und veröffentlicht: Zuerst als **ISO-Norm**, dann wird sie – evtl. versehen mit einem europäischen Vorwort – vom CEN als **EN ISO-Norm** und schließlich in Deutschland als DIN EN ISO-Norm übersetzt und in Kraft gesetzt.[6]

Abb. 15: Erarbeitung von internationalen Normen

Vollständig wird eine Norm noch mit Jahreszahl und Monat versehen, an dem sie wirksam wurde. So lautet die letzte Ausgabe der ISO 9001 in Deutschland vollständig: **DIN EN ISO 9001:2008-12**

2.6 Das EFQM-Modell für Excellence

Ein weiteres Excellence-Modell stellt das EFQM-Modell dar. Wie die ISO 9004 ist dieses Modell nicht zertifizierbar.

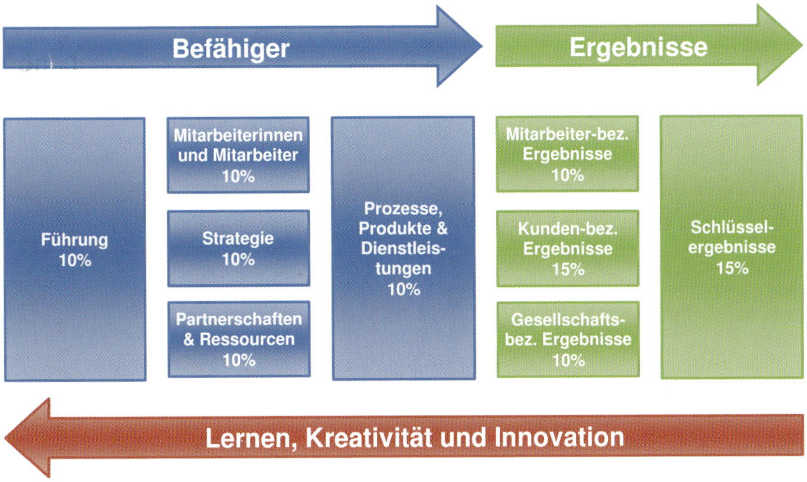

Abb. 16: Das EFQM-Modell mit den Gewichtungen aus dem Jahr 2010

[6] Es gibt auch ISO-Normen, die direkt vom DIN in Deutschland veröffentlicht werden. Diese „DIN ISO-Normen“ sind jedoch die Ausnahme.

In Europa gibt es eine gemeinnützige Organisation, die sich um die Weiterentwicklung von Qualitätsmanagementsystemen bemüht. Die European Foundation For Quality Management (EFQM) mit Sitz in Brüssel hat in diesem Zusammenhang ein Modell entwickelt, welches einerseits jedem Unternehmen die Möglichkeit bietet, nach einem bestimmten Selbstbewertungs-Verfahren sich selbst zu bewerten und andererseits sich mit anderen Unternehmen (auch anderer Branchen) zu vergleichen (Benchmarking). In Deutschland gibt es zwei Partner, die sich um die Ausbildung nach dem EFQM-Modell kümmern: Die Initiative Ludwig-Erhard-Preis (ILEP) und die Deutsche Gesellschaft für Qualität (DGQ).

Konzeptionell baut das Modell auf drei Komponenten auf:

- Grundkonzepte der Excellence
- Das EFQM Excellence-Modell
- Die RADAR-Bewertungs-Logik

Informationen zum EFQM-Modell findet man international unter www.efqm.org, dem Webauftritt der ILEP unter www.ilep.de oder der DGQ unter www.dgq.de. Neben dem sehr umfangreichen Informationsmaterial der Initiative Ludwig-Erhard-Preis gibt es über den ILEP-Webauftritt auch die Möglichkeit, kostenfrei ein webbasiertes Training (WBT) zum EFQM-Modell durchzuführen.

2.6.1 Grundkonzepte der Excellence

Im kostenfreien Online-Lernprogramm zum EFQM-Modell der Initiative Ludwig-Erhard-Preis (ILEP) heißt es zum Excellence-Begriff:

„Exzellente Organisationen erzielen dauerhaft herausragende Leistungen, die die Erwartungen aller ihrer Interessensgruppen erfüllen oder übertreffen. (...) Exzellente Organisationen kennen ihre Leistungsfähigkeit und nutzen diese in der Weise, dass sie es schaffen, mit den gegebenen Möglichkeiten eine maximale Zufriedenheit aller relevanten Interessensgruppen zu erreichen. Sie gestalten eine Balance zwischen den einander teilweise widersprechenden Erwartungen und erreichen somit einen optimalen Erfolg ihrer Organisation."

Um diesem Ziel nahe zu kommen, wurden die sog. Grundkonzepte der Excellence definiert. Die Grundkonzepte der Excellence bilden acht Leitsätze, die Organisationen als Richtschnur für nachhaltigen Erfolg dienen sollen:

- Ausgewogene Ergebnisse erzielen
- Nutzen für Kunden schaffen
- Mit Vision, Inspiration und Integrität führen
- Mit Prozessen managen
- Durch Mitarbeiterinnen und Mitarbeiter erfolgreich sein
- Innovation und Kreativität fördern
- Partnerschaften aufbauen
- Verantwortung für eine nachhaltige Zukunft übernehmen

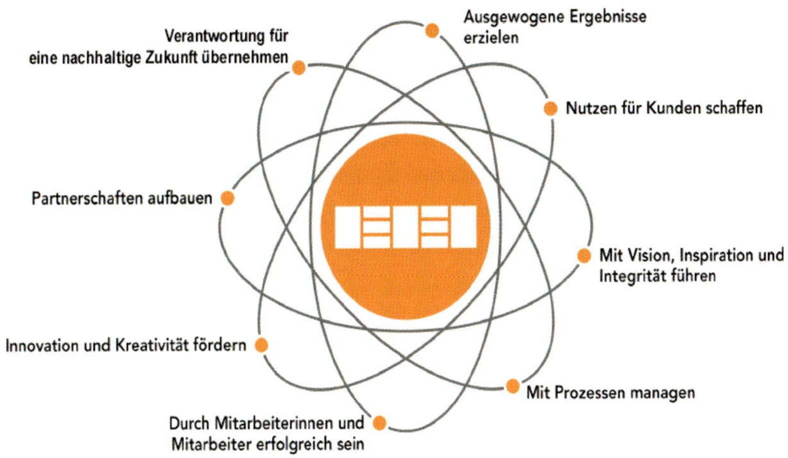

Abb. 17: Offizielle Grafik zu den Grundkonzepten der Excellence der EFQM[7]

Vergleichen Sie diese Grundsätze bitte mit den acht QM-Grundsätzen der ISO 9000 (siehe Kapitel 2.2). Wo sind Unterschiede?

2.6.2 Grundstruktur des Excellence-Modells

Das EFQM-Modell ist in mehrere Ebenen unterteilt. Die oberste Ebene bildet die Unterscheidung nach zwei Kriterien-Arten:

- Befähiger-Kriterien (50%)
  Hierunter sind diejenigen Faktoren zu verstehen, die ein Unternehmen oder eine Organisation dazu befähigen, gute Ergebnisse zu leisten
- Ergebnis-Kriterien (50%)
  Diese bilden die erzielten Resultate der Organisation ab

Als nächste Ebene gibt es die neun so genannten **Hauptkriterien**, wovon fünf den Befähiger- und vier den Ergebnis-Kriterien zugeordnet sind (Führung, Mitarbeiter, Prozesse etc.).

Befähiger-Kriterien	
	Kriterium 1 Führung
1a	Führungskräfte entwickeln die Vision, Mission, Werte und moralischen Grundsätze und sind Vorbilder.
1b	Führungskräfte definieren, verfolgen, überprüfen und fördern die Entwicklung des Managementsystems und die Leistung der Organisation.
1c	Führungskräfte beschäftigen sich persönlich mit externen Interessensgruppen (Kunden, Partner, Eigentümer, Vertreter der Gesellschaft).
1d	Führungskräfte bauen zusammen mit den Mitarbeitern der Organisation eine Kultur der Excellence aus.
1e	Führungskräfte stellen die Flexibilität der Organisation und effektives Change Management sicher.
	Kriterium 2 Strategie
2a	Strategie beruht auf dem Verständnis der Bedürfnisse und Erwartungen der

[7] mit freundlicher Genehmigung von Dr. André Moll / ILEP

	Interessensgruppen und dem externen Umfeld.
2b	Strategie beruht auf dem Verständnis der internen Leistung und Kompetenzen.
2c	Die Strategie und unterstützende Politik werden entwickelt, überprüft und aktualisiert, um ökonomische, gesellschaftliche und ökologische Nachhaltigkeit sicherzustellen.
2d	Die Strategie und unterstützende Politik werden kommuniziert und durch Pläne, Prozesse und Ziele umgesetzt.
	Kriterium 3 Mitarbeiterinnen und Mitarbeiter
3a	Personalpläne unterstützen die Strategie der Organisation.
3b	Das Wissen und die Fähigkeiten der Mitarbeiter werden entwickelt.
3c	Mitarbeiter agieren abgestimmt, werden eingebunden und zu selbständigem Handeln ermächtigt.
3d	Mitarbeiter kommunizieren in der gesamten Organisation effektiv.
3e	Mitarbeiter werden belohnt, anerkannt und betreut.
	Kriterium 4 Partnerschaften & Ressourcen
4a	Partner und Lieferanten werden für nachhaltigen Nutzen gemanagt.
4b	Finanzen werden gemanagt, um andauernden Erfolg sicherzustellen.
4c	Gebäude, Einrichtungen und Material werden zur Unterstützung der Strategie gemanagt, wobei die Umweltbelastung minimiert wird.
4d	Technologie wird gemanagt, um die Strategie zu unterstützen.
4e	Informationen und Wissen werden gemanagt, um die effektive Entscheidungsfindung zu unterstützen.
	Kriterium 5 Prozesse, Produkte & Dienstleistungen
5a	Prozesse werden entwickelt und gemanagt, um den Nutzen für die Interessensgruppen zu optimieren.
5b	Produkte und Dienstleistungen werden entwickelt, um den optimalen Nutzen für Kunden zu schaffen.
5c	Produkte und Dienstleistungen werden effektiv beworben und vermarktet.
5d	Produkte und Dienstleitungen werden hergestellt, geliefert und gemanagt, um den laufenden Erfolg der Organisation zu sichern.
5e	Kundenbeziehungen werden gemanagt und vertieft.

Ergebnis-Kriterien	
	Kriterium 6 Kundenbezogene Ergebnisse
6a	Wahrnehmungen
6b	Leistungsindikatoren
	Kriterium 7 Mitarbeiterbezogene Ergebnisse
7a	Wahrnehmungen
7b	Leistungsindikatoren
	Kriterium 8 Gesellschaftsbezogene Ergebnisse
8a	Wahrnehmungen
8b	Leistungsindikatoren
	Kriterium 9 Schlüsselergebnisse
9a	Strategische Schlüsselergebnisse
9b	Schlüsselleistungsindikatoren

Tabelle 5: Die Unterkriterien des EFQM-Modells

Unterhalb der Hauptkriterien sind dann je Befähigerkriterium fünf Unterkriterien und je Ergebniskriterium zwei Unterkriterien zugewiesen, so dass nach der letzten Revision aus dem Jahr 2010 insgesamt 32 Unterkriterien existieren.

2.6.3 Die RADAR Bewertungslogik

Die dritte Komponente im EFQM-Modell bildet das RADAR-Modell. Dabei steht RADAR als Begriff für **fünf Bewertungselemente**:

Ergebnis-Kriterien	Results	Ergebnisse	
Befähiger-Kriterien	Approach	Vorgehen	**P**lan
	Deployment	Umsetzung	**D**o
	Assessment &	Bewertung	**C**heck
	Refinement	Verbesserung	**A**ct

Abb. 18: Die RADAR Bewertungselemente

Es zeigt sich, dass die Befähiger-Kriterien im Prinzip nach den vier Elementen des Deming-Zyklus (PDCA-Zyklus – siehe Kapitel 3.8) bewertet werden.

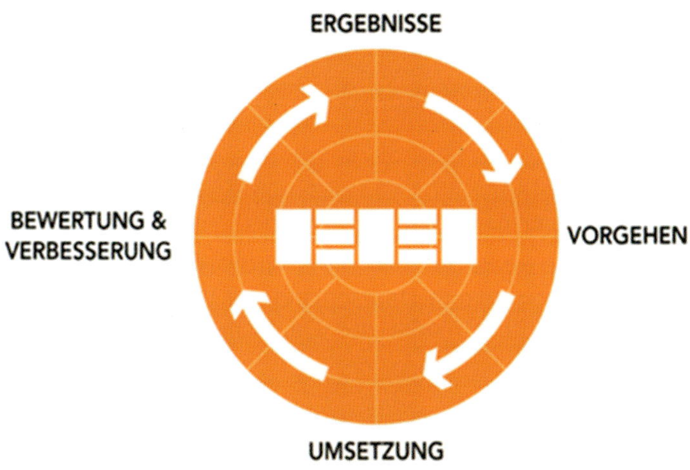

Abb. 19: Die offizielle Darstellung der RADAR Elemente[8]

Jedes Bewertungselement wird wiederum über 7 Attribute bewertet. Dies führt im Gesamten zu einer sehr umfangreichen Bewertungsmatrix, bei der jede Punktzahl im Einzelnen begründet werden muss.

[8] mit freundlicher Genehmigung von Dr. André Moll / ILEP

Abb. 20: Die RADAR Bewertungselemente mit Attributen

Für die praktische Durchführung einer Bewertung ist in der Regel eine Ausbildung zum EFQM-Assessor notwendig, die in Deutschland wie bereits erwähnt bei der der Initiative Ludwig-Erhard-Preis (ILEP) oder der Deutschen Gesellschaft für Qualität (DGQ) absolviert werden kann.

2.6.4 Preise / Ludwig Erhard Preis (LEP)

Ein Grund für den Erfolg des EFQM-Modells liegt vor allem in der Möglichkeit, sich mit anderen Unternehmen und Organisationen zu vergleichen und danach Preise zu gewinnen. Auf europäischer Ebene gibt es die Möglichkeit sich um den European Excellence Award (EEA) zu bewerben. In Deutschland gibt es den Ludwig-Erhard-Preis (LEP). Er ist die höchste nationale Auszeichnung für Spitzenleistungen – gemessen am EFQM-Modell.

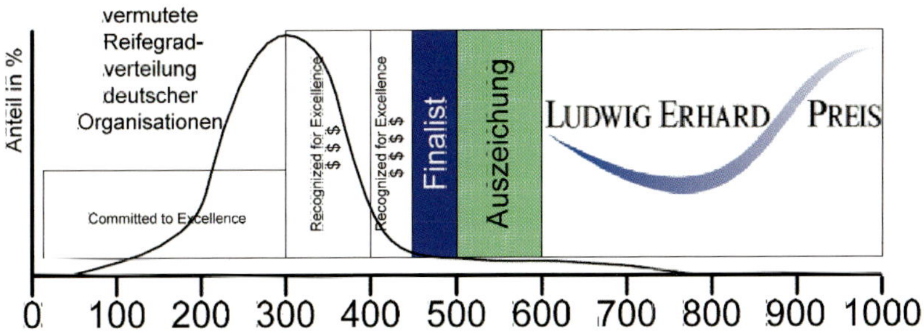

Abb. 21: Reifegrad-Verteilung deutscher Unternehmen aus dem offiziellen LEP-Leitfaden[9]

Die Einstufung erfolgt über eine finale Punktzahl zwischen 0 und 1000 und bildet den Reifegrad des Unternehmens ab. Durchschnittliche Unternehmen liegen zwischen 200 und 300 Punkten (auch mit bereits erzieltem ISO 9001-Zertifikat!). Ab 300 Punkte kann ein Bewerber bei der EFQM Urkunden bzw. Auszeichnungen erhalten:

- <= 300 Punkte C2E Committed to Excellence
- > 300 Punkte R4E Recognized for Excellence 3 Stars
- > 400 Punkte R4E Recognized for Excellence 4 Stars
- > 450 Punkte R4E Recognized for Excellence 5 Stars / Finalistenstatus
- > 500 Punkte Auszeichnung
- > 600 Punkte Preisträger

Wird kein Bewerber dem Anspruch als Preisträger gerecht, wird kein Preis vergeben. Die besten Organisationen weltweit haben bislang maximal 800 Punkte erzielt.

Nähere Informationen zum Ludwig-Erhard-Preis findet man unter www.ilep.de. Hier findet man umfangreiche Informationen zum Bewerbungsverfahren sowie Fragenkataloge zur Selbstbewertung.

2.7 Andere Normensysteme und Regelungen

Die in Deutschland vorhandene Normen- und Regelungs-Landschaft ist unübersehbar. Grundsätzlich sollten wir zwischen

- Gesetzen und Verordnungen, sowie
- Normen

unterscheiden. **Gesetze und Verordnungen** sind verbindlich – deren Nichteinhaltung führt gegebenenfalls zur Strafverfolgung.

Normen hingegen haben im ersten Schritt Empfehlungscharakter und markieren häufig den „Stand der Technik". So stellt die Einhaltung der ISO 9001 heutzutage den (Minimal-) Standard von QM-Systemen dar. Aus dem Empfehlungscharakter von Normen kann jedoch sehr schnell eine verbindliche Anforderung werden, beispielsweise wenn im Automobilsektor Unternehmen Zulieferer von Auto-Herstellern

[9] mit freundlicher Genehmigung von Dr. André Moll / ILEP

werden möchten oder im Gesundheitswesen Krankenkassen einen Zertifizierungs-Nachweis zur Grundlage ihrer Abrechnung machen.

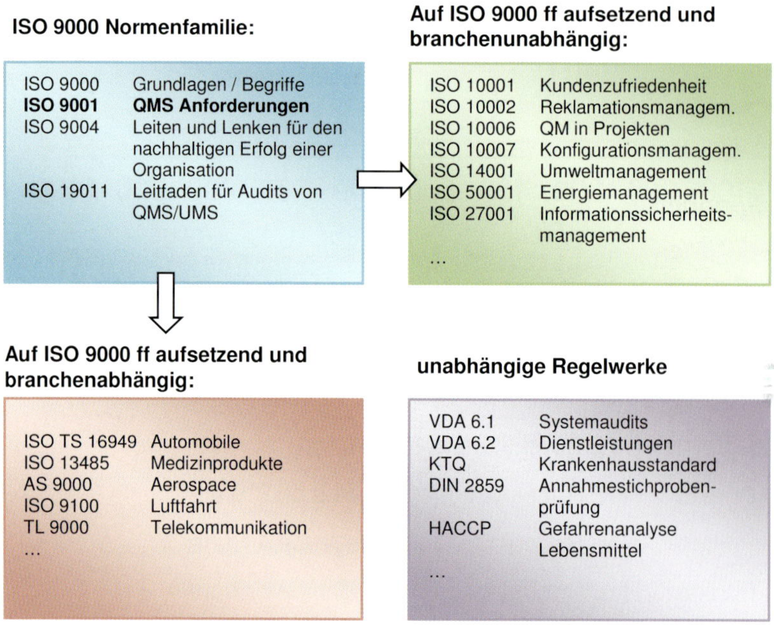

Abb. 22: Regelungs-Landschaft in QM-Systemen

Wie in Abb. 22 zu sehen, dient die ISO 9000 Normenfamilie als Grundlage sowohl für branchenspezifische (z. B. den Medizinprodukte-Bereich), als auch für branchenunabhängige Norm-Erweiterungen oder Regelwerke (z. B. QM in Projekten). Dabei bleibt die Grundstruktur sowie die wesentlichen Aussagen der ISO 9000 und 9001 erhalten bzw. wird vorausgesetzt. Im Beispiel der ISO 13485 für Medizinprodukte erfolgt die Erweiterung beispielsweise durch Einfügen der spezifischen Forderungen an Medizinprodukte direkt in den Text der ISO 9001 – in blau gekennzeichnet, so dass die Erweiterung auch direkt erkennbar wird.

Daneben gibt es selbstverständlich noch viele Regelwerke, die völlig außerhalb der ISO 9000 Normenfamilie sind und die sowohl branchenabhängig, als auch – unabhängig sein können.

2.8 Die Dokumentation im QM-System

2.8.1 Die Dokumenten-Pyramide

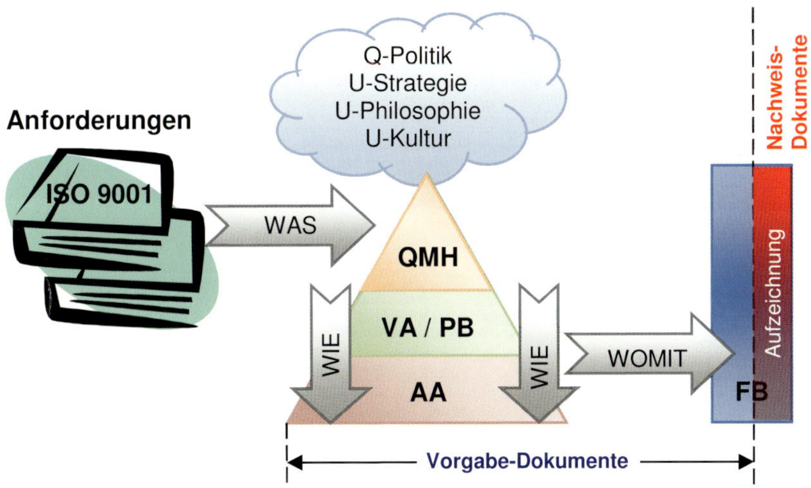

Abb. 23: Die Dokumentation im QM-System am Beispiel der ISO 9001

Die Anforderungen des QM-Systems (in Abb. 23 links schematisch als Bücher bzw. die ISO 9001 dargestellt) werden in einem Konstrukt abgebildet, das wir als **Dokumenten-Pyramide** bezeichnen.

Sie besteht aus drei Ebenen:

- **Qualitätsmanagementhandbuch (QMH)**
  Dieses Dokument stellt eine „Grundsatz-Erklärung" der obersten Unternehmensleitung dar, sich auf die Erfüllung aller von der Norm geforderten Punkte zu verpflichten. Insofern enthält das QMH eine Aussage zu allen Norm-Punkten – und zwar in dem Stile von Bob dem Baumeister: „Jou wir schaffen das!". Hier steht nicht, wie eine Anforderung erfüllt oder umgesetzt wird, sondern lediglich, dass sie erfüllt werden wird! Das QMH wird häufig genutzt, um sich werbetechnisch zu präsentieren (Leitsätze, Unternehmens-Historie und –Philosophie, Leistungsspektrum etc.). Da hier i.d.R. keine internen Abläufe beschrieben werden, kann ein QMH auch Externen ausgehändigt werden (Kunden oder anderen Interessenten).

- **Verfahrensanweisungen (VA) / Prozessbeschreibungen (PB)**
  Der Unterschied zwischen VA und PB ist ein theoretischer. Die meisten Unternehmen unterscheiden nicht zwischen beiden. Prozesse oder Verfahren durchlaufen ein Unternehmen vertikal oder horizontal und sind dadurch gekennzeichnet, dass sie ebenen- oder bereichsübergreifende Abläufe dokumentieren.

- **Arbeitsanweisungen (AA)**
  Bei Arbeitsanweisungen handelt es sich um konkrete Tätigkeitsbeschreibungen, die dokumentieren, wie ein bestimmter Vorgang auszuführen ist – losgelöst von der Einbindung in einen Gesamt-Prozess. Beispielsweise ist eine Anweisung zur Montage eines Halbfertigteiles mit Hilfe von Fotos als Arbeitsanweisung einzustufen.

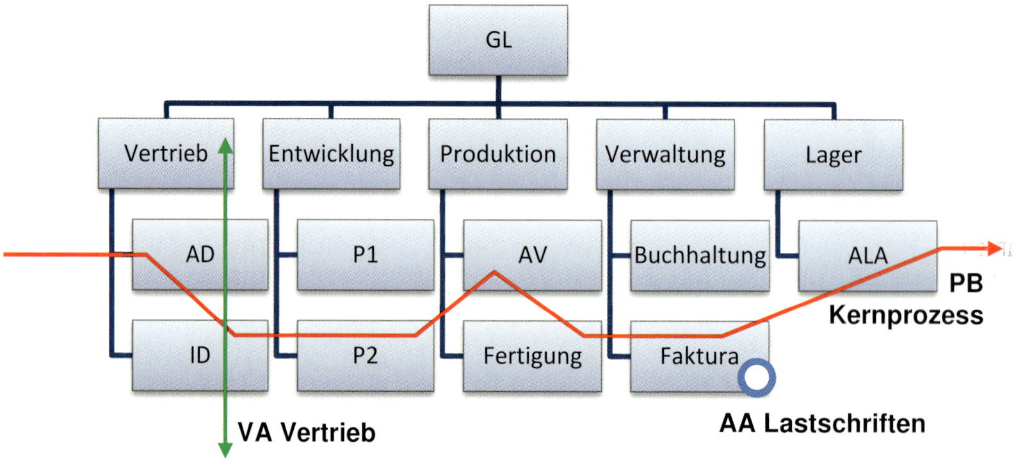

Abb. 24: Beispiele für Dokumentationen im QM-System

Vorgabe- und Nachweis-Dokumente

Vom Dokumententyp unterscheiden wir zwei wesentliche Arten:

- **Vorgabe-Dokumente**
  sie geben vor, was oder wie Abläufe oder Arbeiten zu erledigen sind und womit
- **Nachweis-Dokumente**
  sie entstehen im Tagesablauf durch Aufzeichnungen und Eintragungen in Formblätter, Datenbanken etc.

Warum ist die grundlegende Unterscheidung dieser beiden Typen wichtig?

Betrachten wir einen längeren Zeitraum, so wird eines schnell klar: in einem „eingeschwungenen" QM-System verändert sich die Vorgabe-Dokumentation (QMH, VA, AA) nur geringfügig (Aktualisierungen). Die Anzahl der Nachweise wächst hingegen Tag für Tag und wird immer mehr.

Aus dieser Logik ergibt sich die sinnvolle Vorgehensweise in der Praxis, strikt zwischen Vorgabe- und Nachweis-Dokumentation zu trennen. Das heißt (auch im Kleinstbetrieb), dass man Nachweise (auch Auditberichte oder Lieferantenbewertungen) getrennt vom eigentlichen QM-Handbuch und zugehörigen Verfahrens- und Arbeitsanweisungen aufbewahren sollte.

Auf diesen Sachverhalt sei ausdrücklich hingewiesen, weil der Autor in der Praxis häufig die Erfahrung machen musste, dass eben keine Trennung zwischen Vorgabe-

und Nachweis-Dokumentation erfolgt und spätestens im zweiten Jahr Probleme dadurch entstehen, dass die Gesamt-Dokumentation nicht mehr in einen einzigen Ordner passt und nun themenbezogen auf unterschiedliche Ordner aufgeteilt wird (wohlgemerkt beide Typen vermischt!). Damit zerstört man die Struktur der QM-Dokumentation und findet unter Umständen wichtige Dokumente nicht mehr oder nur mehr mit Mühe.

Formblätter

Formblätter sind im Sinne des QM etwas ganz besonderes. Sie sind einerseits Vorgabe-Dokument (da mit ihnen gearbeitet werden muss – für bestimmte Vorgänge wie z.B. die Erfassung von Fehlern sind sie verpflichtend vorgeschrieben), andererseits wird aus diesem Formblatt nach dem „Ausfüllen“ eine Aufzeichnung oder Nachweis-Dokument.

Elektronische Systeme

Hält man ein QM-Handbuch samt zugehöriger Verfahrens- und Arbeitsanweisungen sowie die Formblätter in elektronischer Form vor, so erübrigt sich das Vorhalten eines Formblattes als Kopier-Vorlage und es kann sehr einfach stets aktuell gehalten werden. Wichtig wäre hierbei, dass ein „QM-Verwaltungsprogramm“ sowohl eine Dokumenten-Verwaltung mit Archivierungs-Funktion sowie eine Veröffentlichungs-Funktion enthält, über die Aktualisierungen an der QM-Dokumentation den Mitarbeitern möglichst „auf Knopfdruck“ zur Verfügung gestellt werden können.

2.8.2 Die Pflicht-Dokumentation der ISO 9001

Die ISO 9001 schreibt folgende sechs Verfahren als zu dokumentierende Verfahren verpflichtend vor (die Angaben in Klammern geben die entsprechenden ISO 9001-Kapitel an):

- Lenkung von Dokumenten (4.2.3)
- Lenkung von Aufzeichnungen (4.2.4)
- Internes Audit (8.2.2)
- Lenkung fehlerhafter Produkte (8.3)
- Korrekturmaßnahmen (8.5.2)
- Vorbeugungsmaßnahmen (8.5.3)

Wichtig ist, sich klar zu machen, dass die Hälfte der geforderten Verfahren eine Regelung des Umgangs mit Fehlern fordert! Dies bedeutet im Klartext:

Je besser ein Unternehmen in der Praxis mit Fehlern und Problemen umgeht (aus ihnen lernt), um so „lebender“ wird das QM-System!

oder noch einfacher:

QM heißt in erster Linie Fehlermanagement!

Neben diesen 6 Verfahren sind (selbstverständlich) noch die Kernprozesse zu dokumentieren. Was aber ist ein Kernprozess?

Die Antwort ist relativ einfach: **Ein Kernprozess bezieht sich auf alles, womit ein Unternehmen Geld verdient.** Daneben gibt es noch weitere Prozessarten **(Führungs- und Unterstützungsprozesse)**, die zwar notwendig sind, jedoch in der Regel vom Kunden nicht bezahlt werden.

In der folgenden Abbildung sind schematisch die drei Prozessarten am Beispiel eines größeren mittelständischen Unternehmens dargestellt. Vereinfacht ausgedrückt bildet der Kernprozess alles ab, was zwischen der erstmaligen Kontaktaufnahme des Unternehmens mit dem Kunden und der Endabrechnung passiert.

Die zur Führung und Unterstützung des Betriebs notwendigen weiteren Prozesse werden indirekt über einen kalkulatorischen Aufschlag auf die Kernprozesskosten finanziert.

Wichtig: Die ISO 9001 überlässt es dem Unternehmen, welche Führungs- und Unterstützungsprozesse es regelt. Es gelten hier vor allem die beiden Grundsätze der Eignung und der Angemessenheit!

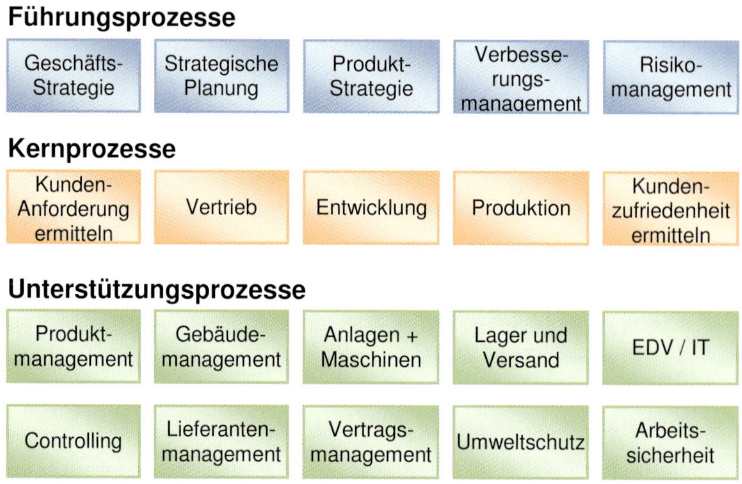

Abb. 25: Prozessarten am Beispiel eines größeren mittelständischen Unternehmens

Es gibt also außer den sechs oben vorgeschriebenen zu dokumentierenden Verfahren keine weiteren Vorgaben, welche Prozesse zu dokumentieren sind!

Es ist stets zu prüfen, ob für das Unternehmen ein dem Aufwand entsprechender Nutzen gegenübersteht. Als Maßgabe, ob ein Prozess dokumentiert werden soll oder nicht, kann die Antwort auf die Frage dienen: „Was benötigt ein neuer Mitarbeiter, um sich in sein neues Arbeitsgebiet einzuarbeiten?“.

2.8.3 Der Aufbau von Verfahrens- und Arbeitsanweisungen

Eine konkrete Vorgabe, wie Verfahrens- und Arbeitsanweisungen auszusehen haben, gibt es nicht. Über die Jahre haben sich jedoch gewisse Strukturen herausgebildet, die sich etabliert haben und die sich in den meisten Anweisungen wiederfinden.

Es empfiehlt sich daher, eine feste Kapitelstruktur anzulegen, die den Rahmen für Anweisungen bildet und die jedem Mitarbeiter im Unternehmen die Orientierung und das Verständnis erleichtern. Wie im letzten Abschnitt beschrieben, ist die VA zur Lenkung von Dokumenten ein Pflicht-VA. Der Sinn und Zweck dieser Verfahrensanweisung ist es, die Struktur von Dokumenten des QM-Systems festzulegen. Dabei bezieht sich die Struktur auf folgende Informationen:

- Struktur der Kopf- und Fußzeile mit folgenden Inhalten:
    - Titel des Dokuments
    - Logo
    - Ersteller
    - Ausgabestand (Datum)
    - Revisions- / Änderungsstand
    - Seite X von Y
    - Copyright
- Für Anweisungen empfiehlt sich beispielhaft folgender Aufbau:
    - Zweck (Was und Wozu?)
    - Geltungsbereich (Wo?)
    - Begriffe (Erklärende Definitionen; optional)
    - Zuständigkeit / Verantwortung (Wer?)
    - Beschreibung (eigentlicher Kern – Wie?)
    - Dokumente / Verweise / Mitgeltende Unterlagen (Womit?)

Diese Struktur eignet sich weitgehend für alle Organisationen und alle Formen von Anweisungen. Im Anhang finden Sie ein Beispiel einer Muster-Verfahrensanweisung, die einen Rahmen für eigene Anweisungen bilden kann.

Im Abschnitt 5. Beschreibung ist die Darstellung von Abläufen in Form eines Flussdiagramms sinnvoll und hilfreich (siehe Kap. 6.3.4).

3 Qualitätsmanagement als betriebliche Notwendigkeit

Im Fokus dieses Kapitels stehen verschiedene Triebkräfte, die Qualitätsmanagement als betriebliche Notwendigkeit fordern:

- Erfüllung / Übertreffen von Kundenerwartungen und -anforderungen
- Fehlerminimierung
- Kostenminimierung
- Kontinuierliche Verbesserung

In den letzten 100 Jahren hat sich die Erwartung von Kunden in Bezug auf Qualität deutlich verändert. Das folgende Schaubild zeigt den Zusammenhang:

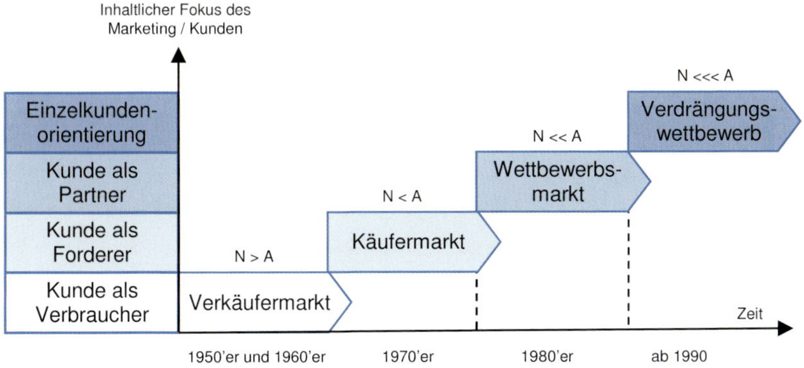

Abb. 26: Wandel der Kundenerwartungen im Zusammenhang von Angebot (A) und Nachfrage (N)[10]

Durch das Internet gibt es heute eine Transparenz in den Märkten, die es früher nie gegeben hat (Preise, Informationen, Vergleiche, weltweite Verfügbarkeit etc.). Damit ist es für heutige Unternehmen von höchstem Interesse, die Wünsche der Kunden im Voraus bereits zu erahnen, noch bevor der potenzielle Kunde sich dieser bewusst wird. Genau hier setzt das Kano-Modell an.

[10] nach Jochem (2010)

3.1 Kano-Modell

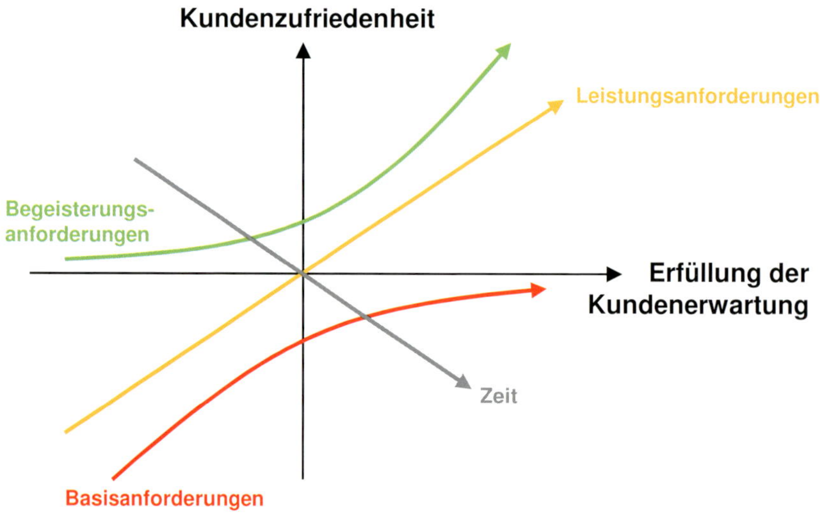

Abb. 27: Das Kano-Modell

Der japanische Qualitätswissenschaftler Noritaki Kano beschrieb in seinem Modell den Zusammenhang zwischen dem Grad der Erfüllung von Kundenerwartungen und Kundenzufriedenheit. Dabei unterschied er drei verschiedene Ebenen:

Basisanforderungen

Dies sind jene Anforderungen an ein Produkt oder eine Dienstleistung, die wir erwarten bzw. schlicht voraussetzen. Eine Erfüllung dieser Anforderungen führt nicht zu Kundenzufriedenheit sondern lediglich dazu, dass der Kunde nicht unzufrieden wird. Ein einfaches Beispiel hierfür ist die Heizung im Auto. Wenn sie nicht funktioniert, werden wir unzufrieden oder ärgerlich – dass sie funktioniert erwarten wir einfach.

Leistungsanforderungen

Dies sind jene Anforderungen an ein Produkt oder eine Dienstleistung, die wir bewusst definieren. Je nachdem, wie ein Produkt oder eine Dienstleistung diese Anforderung erfüllen, entscheiden wir uns für oder gegen ein Produkt. Ein einfaches Beispiel stellt das Fahrgeräusch des Autos dar. Manche möchten sich auch bei 220 km/h im Auto noch unterhalten, andere möchten beim Drücken auf das Gaspedal ein sattes Röhren vernehmen, das anderen die Trommelfelle eindellt. Die Kundenzufriedenheit steigt je nach Erfüllungsgrad der Anforderungen von unzufrieden bis hoch zufrieden.

Begeisterungsanforderungen

Hier handelt es sich um Anforderungen, die wir an ein Produkt gar nicht stellen, weil wir noch gar nicht wussten, dass wir danach ein Bedürfnis haben. Als Beispiel sei auf Grund einer Erfahrung des Autors die Funktion „Keyless Go“ angeführt. Autos mit diesem Merkmal ausgestattet erlauben es, sich einfach vom Fahrzeug zu entfernen, die Schlüsselkarte in der Hosentasche und das Fahrzeug verriegelt automatisch, sobald man sich einige Meter entfernt hat. Genauso öffnet das Auto automatisch wieder die Türen, sobald man sich dem Fahrzeug nähert und den Türgriff betätigt. Da man Begeisterungsanforderungen nicht bewusst definiert, führt nach Kano deren Schlechterfüllung nicht zu Unzufriedenheit, deren Gut-Erfüllung jedoch zu steil ansteigender Kundenzufriedenheit („Begeisterung"), die die Erfüllung der Leistungsanforderungen in den Schatten stellen kann.

Drei wichtige Folgerungen von Kano, die aus dem Modell resultieren:

- Im Laufe der Zeit werden Begeisterungs- zu Leistungsanforderungen und schließlich zu Basisanforderungen. Als Beispiel sei die Klimaanlage in Fahrzeugen genannt, die früher nur Luxus-Fahrzeugen vorbehalten war und heute als Standard gelten kann.
- Getrieben wird das Modell bzw. die beschriebene Entwicklung durch den Wettbewerb von Unternehmen und den technischen Fortschritt – ständig auf der Suche nach neuen Begeisterungsanforderungen.
- Nach Kano ist Kundenbindung nur durch die Erfüllung von Begeisterungsanforderungen möglich.

3.2 Wertfunktion der Qualität

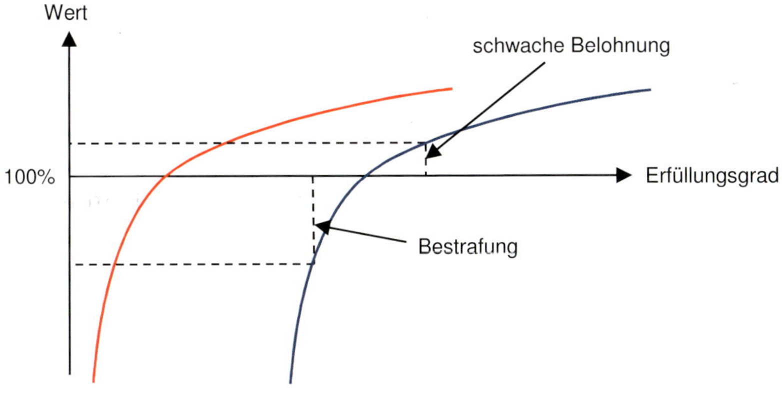

Abb. 28: Die Wertfunktion der Qualität

Der Wert eines Produktes wird in der Regel durch seinen Geldwert ausgedrückt. In der Abbildung bezeichnet die 100%-Linie den klassischen Marktwert eines Produktes, der der Leistungsfähigkeit des Produktes entsprechend angemessen ist. Die linke (rote) Kurve steht z. B. für ein Wäscheseil. Die rechte (blaue) Kurve steht hingegen für ein Kletterseil. Die 100% stehen hier jeweils für den Preis, der für übliche Wäscheseile (z. B. 2,50 €) bzw. Kletterseile (z. B. 100 €) im Markt erzielt wird.

Die Wertfunktion der Qualität hat zwei Grundaussagen:

- Eine Übererfüllung wird nicht oder nur schwach belohnt
- Eine Untererfüllung wird (hart) bestraft

Im Beispiel mit dem Wäscheseil heißt das, dass ein Hersteller, der durch bessere Materialien die Tragkraft auf z. B. 70 kg erhöht, dafür im Markt nur geringfügig weniger mehr an Preis erzielen wird (die Masse argumentiert mit „mir reichen ja auch die 50 kg"). Umgekehrt wird ein Hersteller, der den „Standard" auf z. B. 30 kg absenkt dafür mit einem drastischen Preisabfall rechnen müssen („Bestrafung"), da die Masse den „Standard" erwartet – auch wenn vielleicht 30 kg ausreichend wären. Die gleiche Logik lässt sich auf das Kletterseil anwenden.

3.3 Wirtschaftlichkeit und Qualitätsbezogene Kosten

Der Nutzen, den ein QM-System für eine Organisation einbringt, wird in erster Linie von der Frage getrieben, wie es zum Unternehmenserfolg beiträgt. Garvin (1984) hat hier ein grundsätzliches Modell vorgestellt, in dem der wirtschaftliche Erfolg durch QM-Systeme auf Basis von zwei Effekten erreicht wird, nämlich durch Kostensenkungen und durch eine Steigerung des Marktanteils.

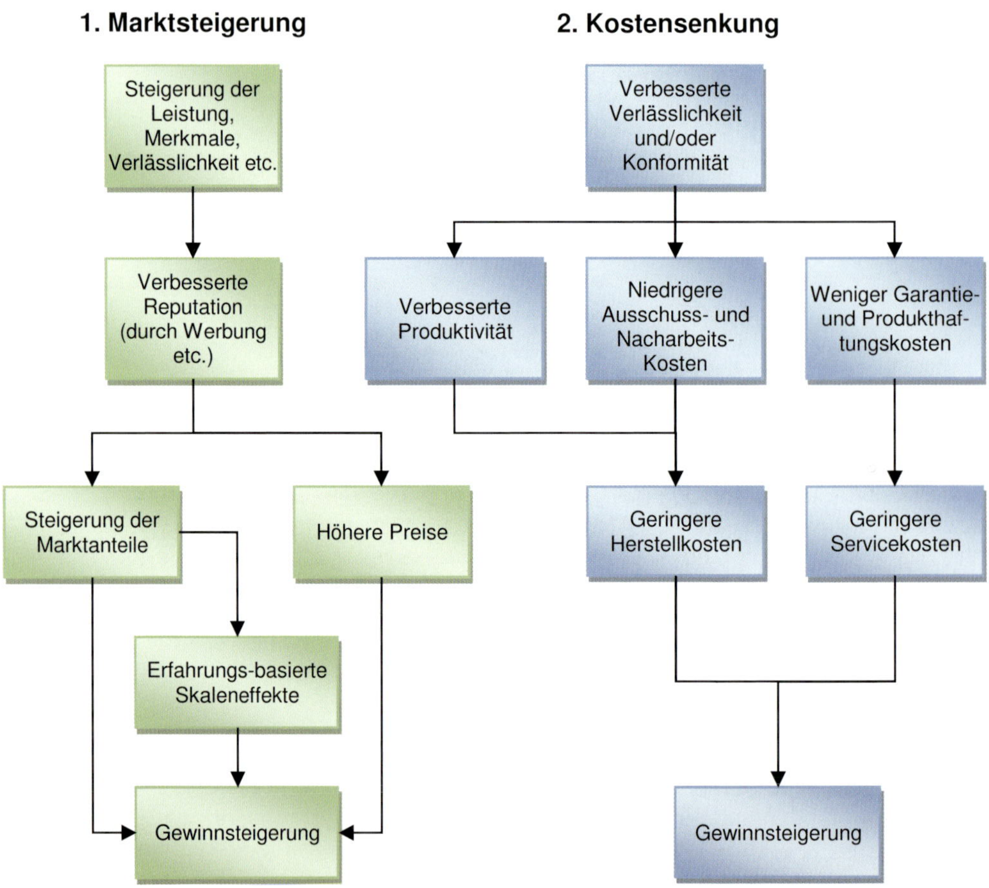

Abb. 29: Wirtschaftliche Nutzeneffekte von QM-Systemen nach Garvin (1984)

Lassen Sie uns nun mit den Kosten beschäftigen, die mit Qualität verknüpft sind. Versuchen Sie vorab, folgende Frage zu beantworten: Wie würden Sie den Begriff „Qualitätskosten" definieren?

Die meisten würden diese Frage in etwa so beantworten: Na Qualitätskosten sind diejenigen Kosten, die man für die Erzeugung von „guter" Qualität aufwenden muss. Einverstanden? Genau da liegt aber der Haken!

Kosten, die im Zusammenhang mit Qualitätsbetrachtungen auftreten, entstehen nicht nur in Bezug auf **gute Qualität** (Ausbildung, Prüf- und Messeinrichtungen, Qualitätskontrollen etc.), sondern auch in Bezug auf **schlechte Qualität** (Ausschuss, Nacharbeit etc.).

Nach der traditionellen Kostengliederung (DIN 55350:2008) in Fehlerverhütungs-, Prüf- und Fehlerkosten zu unterscheiden, gibt es einen alternativen Kostengliederungsansatz, der lediglich noch die Kosten für „Übereinstimmung" und „Nicht-Übereinstimmung" unterscheidet.

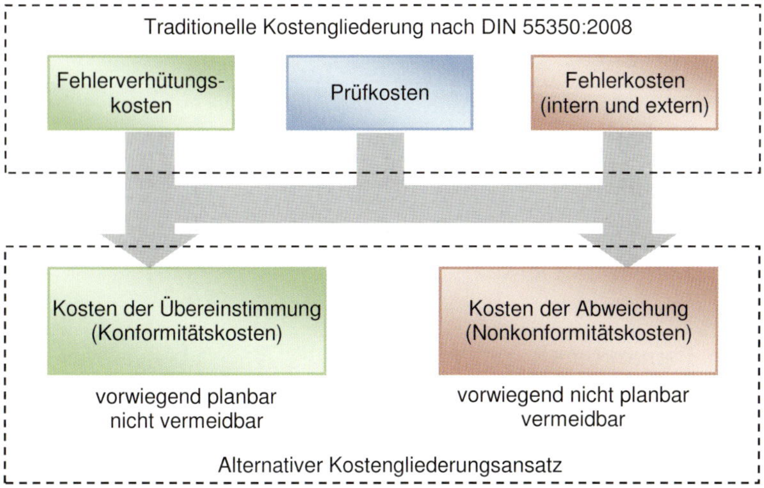

Abb. 30: Gliederung der qualitätsbezogenen Kosten[11]

Sinnvollerweise werden in die Betrachtung die Kosten für externe Begutachtungen (Konformitätsprüfungen) einbezogen, die reinen Nachweis-Charakter haben. Aus diesem Grund hat die Deutsche Gesellschaft für Qualität (DGQ) vorgeschlagen, den Begriff der „Qualitätskosten" durch den besser geeigneten Begriff der „Qualitätsbezogenen Kosten" zu ersetzen. Dieser impliziert alleine durch seine Begrifflichkeit alle Kosten, die sich auf Qualität beziehen – also: sowohl Kosten für gute wie für schlechte Qualität.

[11] nach Jochem (2010)

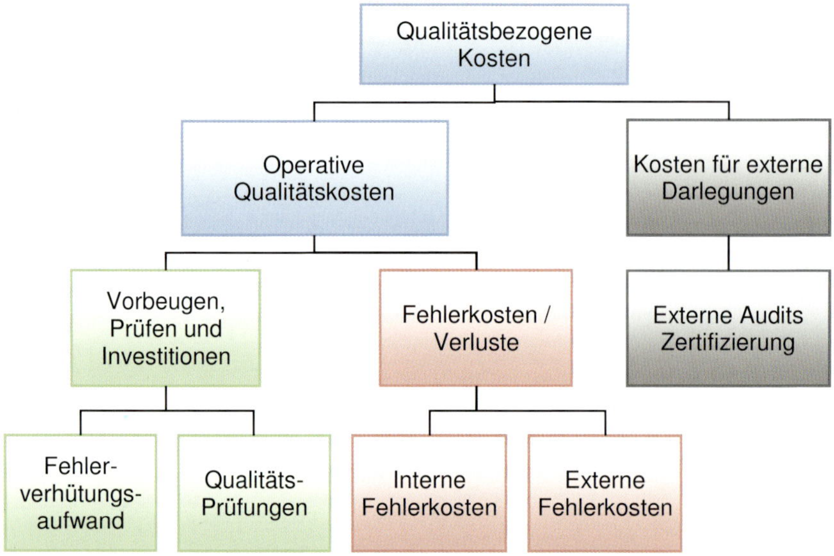

Abb. 31: Qualitätsbezogene Kosten nach der DGQ – Schrift 11-04

Die qualitätsbezogenen Verluste unterteilen sich in interne und externe Fehlerkosten.

Zu den **internen Fehlerkosten** gehören Kosten für Nacharbeit sowie Kosten, die durch ineffiziente Arbeitsweise (schlechte Ergonomie etc.) entstehen.

Zu den **externen Fehlerkosten** gehören (zukünftige) entgangene Verluste, die auf Grund von Unzufriedenheit von Kunden oder schlechtem Ruf resultieren. Es ist offensichtlich, dass letzter Punkt betriebswirtschaftlich schwierig zu handhaben ist – im Besonderen in Bezug auf Planungsaktivitäten.
Im Zusammenhang mit den qualitätsbezogenen Kosten stellt sich die Frage, welche Auswirkung der Aufwand vorbeugender Maßnahmen hat.

Die folgende Abbildung zeigt schematisch, wie durch gezielte Vorbeugung die Kosten für Prüf- und Fehlerkosten deutlich gesenkt werden können, so dass die Gesamtsumme der qualitätsbezogenen Kosten dadurch insgesamt kleiner wird:

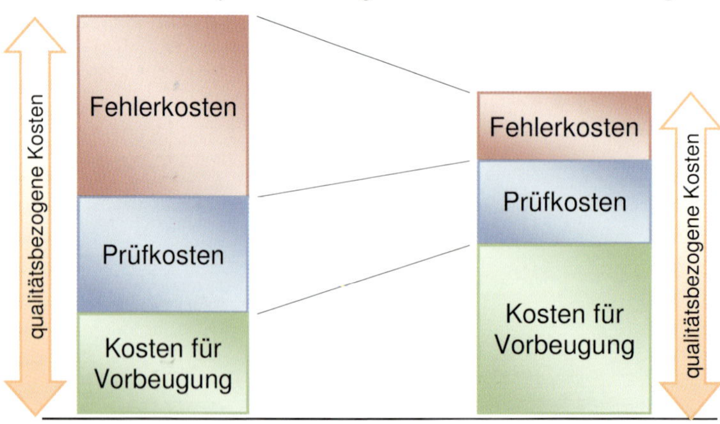

Abb. 32: Zweck der Vorbeugung in betriebswirtschaftlicher Hinsicht

Diesem Gedankengang trägt auch die Zehnerregel nach dem Qualitätswissenschaftler Genichi Taguchi Rechnung, nach der sich die Kosten eines Fehlers von Stufe zu Stufe verzehnfachen, je nachdem, wo der Fehler im Unternehmen gefunden bzw. behandelt wird.

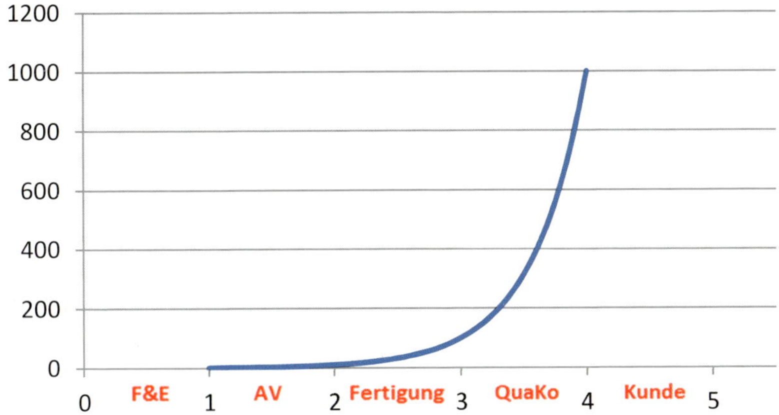

Abb. 33: Zehnerregel nach Taguchi – aus einem Euro werden 1.000 in drei Stufen

Im produktiven Betrieb bedeutet dies, dass beispielsweise ein einfach behebbarer Fehler in der Entwicklung sich auf dem Weg in die Arbeitsvorbereitung verzehnfacht – aus einem Euro werden zehn. Wird der Fehler erst in der Produktion entdeckt verzehnfacht er sich wieder und wiederum, wenn er erst in der Qualitätskontrolle entdeckt wird. Gelangt ein Produkt zum Kunden, bevor der Fehler entdeckt und behoben wird, so explodieren die Kosten (Rückrufaktionen etc.).

Als **Fazit** bleibt:

Sinnvolle Fehlervorbeugung hilft, Fehlerkosten und damit die Gesamtmenge der qualitätsbezogenen Kosten zu senken!

Berücksichtigt man den Sachverhalt, dass es Null Fehler in der Praxis nicht gibt bzw. hierzu ein theoretischer unendlich hoher Aufwand nötig wäre, so ergibt sich der folgende Zusammenhang zwischen Kosten für die Vorbeugung und den Fehlerkosten, die in Summe an einem bestimmten Punkt ein Minimum besitzen. Aus betriebswirtschaftlicher Sichtweise sollte genau dieser Stand des QM-Systems angestrebt werden – also so viel Aufwand für Prävention betreiben, um die Summe aus Präventiv- und Fehlerkosten so gering wie möglich zu halten.

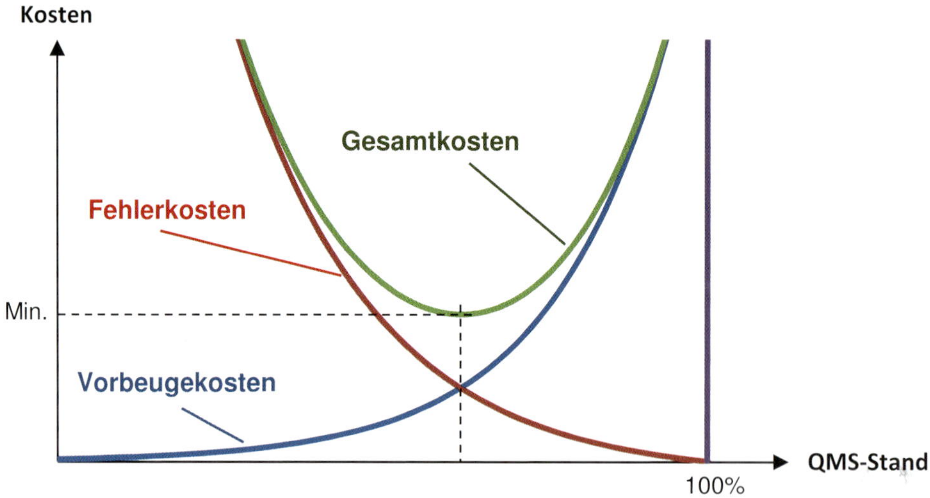

Abb. 34: Zusammenhang zwischen Präventions- und Fehlerkosten

3.4 Null-Fehler-Philosophie

Da Fehler wie gezeigt in der Regel mit (hohen) Kosten verbunden sind, sind Fehler so gut wie möglich zu vermeiden. In der Produktion gibt es hierzu die Null-Fehler-Philosophie.

Wie schon der Titel verlauten lässt, handelt es sich um eine Philosophie. In der Praxis wird das Ziel, keinen Fehler mehr zu machen, selten oder nie erreicht. Es handelt sich um ein Fernziel, dem man sich verschreibt und der beschrittene Weg dazu ist die Null-Fehler-Strategie.

Der Qualitätswissenschaftler Crosby hat hierzu beispielsweise für die Produktion ein 14-Punkte-Programm definiert.

Null-Fehler-Programm nach Philip B. Crosby

(Zero Defects Concept, 1961)

14-Punkte-Programm:

1. Verpflichtung des Managements
2. Lenkungsgruppe Qualität einführen
3. Qualitätsmessung einführen (potenzielle Q-Abweichungen / objektive Bewertung)
4. Qualitätsbezogene Kosten definieren und ermitteln
5. Qualitätsbewusstsein schaffen und verbessern
6. Korrekturmaßnahmen systematisieren
7. Null-Fehler-Planung einführen
8. Mitarbeiterschulung zur Unterstützung des Q-Verbesserungs-Programms

9. Tag der Qualität abhalten
10. Zielsetzung auf allen Ebenen und Umsetzung
11. Fehlerursachen beseitigen
12. Anerkennung
13. Expertengruppen mit regelmäßigen Treffen
14. Wieder von vorne anfangen

Warum hat die Philosophie ihre Grenzen?

- M-Faktoren (Mensch, Maschine, Material etc.)
- Zeit
- Geld
- Manpower
- „Konkurrenz der Fehler“ (Prioritäten)

Problematik

Die grundlegende Erkenntnis der Null-Fehler-Philosophie ist, dass Fehler niemals einfach akzeptiert werden dürfen, sondern ursächlich beseitigt werden müssen. Fehler sollten in der Praxis nur ein einziges Mal auftreten und danach ursächlich beseitigt werden.

Da dies in der Praxis aus den aufgezeigten Gründen nicht immer möglich ist, ist es wichtig, den Mitarbeitern das bewusste Akzeptieren von „kleineren“ Fehlern zu kommunizieren, damit diese im Sinne des Unternehmens das „Problemfeld“ mit tragen. Aus Frust und Unverständnis über nicht beseitigte Fehler, die aus Sicht der Mitarbeiter beseitigt werden müssten, erfolgt häufig ein „Dienst nach Vorschrift“ und dies führt in der Regel immer zu einem Rückgang der Leistung oder einer weiteren Erhöhung von Fehlern.

3.5 Verlustfunktion nach Taguchi

Der Japaner Genichi Taguchi beschreibt in seinen Studien eine wichtige Grundlage der Qualitätsphilosophie, die Einzug in alle Bereiche der Fertigung erhalten hat. Er bezeichnete **jede Abweichung vom Ideal als qualitativen Verlust**.

Die traditionelle Sichtweise geht von der Logik aus, dass es lediglich gut und schlecht gibt. Die Grenzen werden hierbei über die durch Toleranzen vorgegebenen Grenzwerte (UGW und OGW) gesetzt:

Dabei ist es unerheblich, wie breit ein Fertigungsprozess streut und wo er liegt – Hauptsache er liegt innerhalb der Toleranzgrenzen.

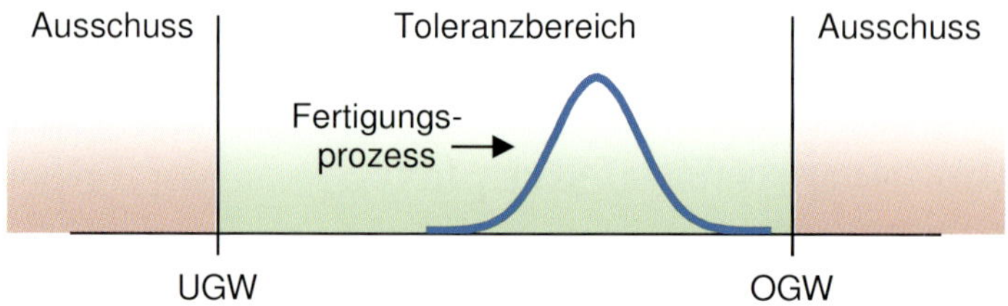

Abb. 35: Traditionelle Sichtweise: es gibt nur gut und schlecht

Taguchi ging nun aber davon aus, dass **jede Abweichung vom Ideal zu einem qualitativen Verlust führt**, auch wenn der Prozess innerhalb der gesetzten Toleranzgrenzen liegt. Der Verlust wird sich beispielsweise in Fertigungsproblemen, höheren Wartungskosten und Verschleiß äußern. Um diesen Verlust greifbar zu machen legte Taguchi eine quadratische „**Wannenkurve**" über den Toleranzbereich.

Der qualitative Verlust für ein einzelnes Merkmal (x) resultiert aus der quadrierten Abweichung vom Ideal (Zielwert Z), multipliziert mit einem Kostenfaktor (k):

$$V = k(x - Z)^2$$

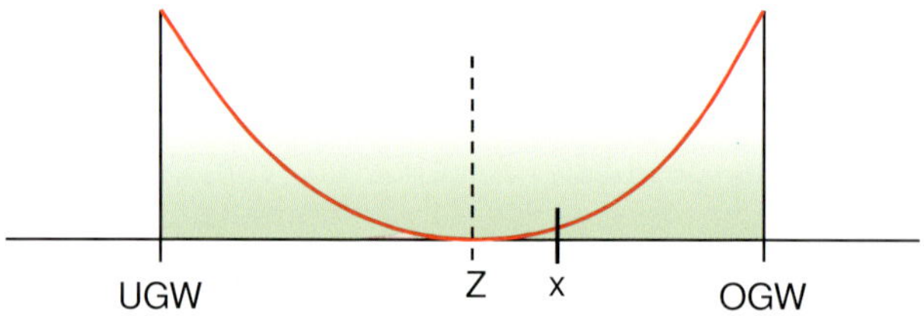

Abb. 36: Verlustfunktion nach Taguchi – bezogen auf ein einzelnes Merkmal

Bezogen auf einen kompletten Prozess spiegelt sich der qualitative Verlust dann in der Schnittfläche unterhalb der Prozesskurve und der Wannenkurve.

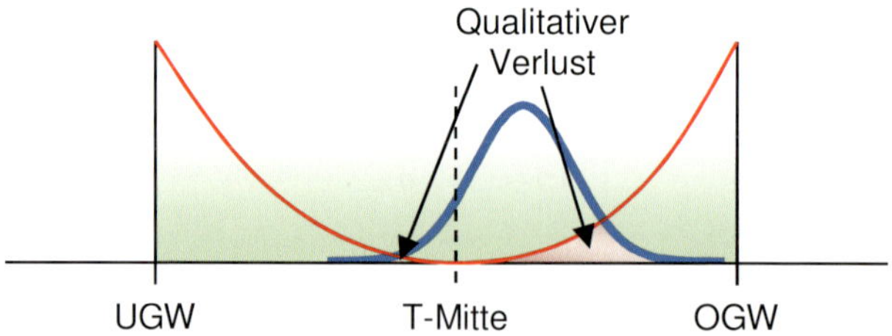

Abb. 37: Verlustfunktion nach Taguchi - Prozessbetrachtung

Was ist ein idealer Prozess? Der theoretisch ideale Prozess läge exakt in der Toleranzmitte und seine Streuung wäre null. Das hieße, alle Teile wären exakt auf das Maß der Toleranzmitte gefertigt. Da dies aber nur in der Theorie möglich ist, bedeutet es für die Praxis, dass jeder Fertigungsprozess verlustbehaftet ist. Je breiter die Streuung und je weiter die Entfernung von der Toleranzmitte, desto größer ist der Verlust.

Interessant ist dabei, dass Taguchi den Verlust als „volkswirtschaftlichen Schaden" bezeichnete und durch eine Transformation bzw. Multiplikation mit dem Kostenfaktor k in die Kostenrechnung überführte. Im Klartext heißt das, dass die Verlustfunktion im Ergebnis einen **Geldwert** liefert, der den qualitativen Verlust beziffert.

3.6 Zusammenhang zwischen Komplexität und Ausfallrate

Das Verständnis für den Zusammenhang zwischen Komplexität eines Produktes – also der Anzahl der Komponenten, aus denen es zusammengesetzt ist – und der Ausfallrate des gesamten Produktes ist elementar wichtig, um heutige Anforderungen an Zuliefer-Betriebe zu verstehen, wie sie heute beispielsweise im Bereich der Automobilindustrie gängige Praxis sind. Gefühlsmäßig wird jeder zustimmen, dass ein Produkt, das aus 500 Komponenten aufgebaut ist, anfälliger für einen Ausfall sein wird, als ein Produkt, das nur aus drei Komponenten besteht.

3

Sehen wir uns den Zusammenhang an:

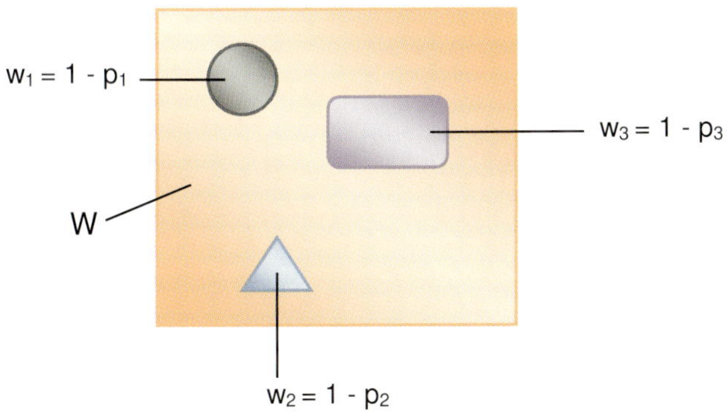

Abb. 38: Ein einfaches Produkt aus drei Komponenten

Die Abbildung zeigt ein Produkt, das aus drei Komponenten besteht. Die **Wahrscheinlichkeit W, dass das Produkt funktioniert** errechnet sich sehr einfach über das Produkt der Funktionierens-Wahrscheinlichkeiten der einzelnen Komponenten w_1, w_2 und w_3 (es wird davon ausgegangen, dass ein Ausfall der Komponenten unabhängig voneinander ist).

$$W = w_1 \cdot w_2 \cdot w_3$$

Beachten Sie, dass Großbuchstaben für das komplette Produkt und Kleinbuchstaben für die Komponenten verwendet wird.

Die Wahrscheinlichkeit, dass eine Komponente funktioniert, lässt sich auch über seine Ausschussquote ermitteln:

mit $w = (1 - p)$ ergibt sich dann:

$$W = (1 - p_1) \cdot (1 - p_2) \cdot (1 - p_3)$$

Kann man davon ausgehen, dass die Ausschussquoten bei allen drei Teilen identisch wären, so lässt sich die Formel reduzieren auf

$$W = (1 - p)^3$$

Für eine beliebige Anzahl Komponenten n lautet die Formel damit allgemein:

$$W = (1 - p)^n$$

In einem komplexen System – beispielsweise einem Automotor – sind heute 500 und mehr Einzelteile keine Seltenheit mehr. Die folgende Tabelle zeigt nun auf, wie sich die Funktionierens-Wahrscheinlichkeit eines Produktes verändert in Abhängigkeit von der Ausschussquote der Einzelteile:

p	w = 1 - p	W	P = 1 - W
10%	90%	≈ 0	≈ 100%
1%	99%	0,7%	99,3%
0,1%=1000 ppm	99,9%	60,6%	39,4%
100 ppm	99,99%	95,1%	4,9%
10 ppm	99,999%	99,5%	0,5%

Tabelle 6: Funktionierens-Wahrscheinlichkeit in Abhängigkeit von der Ausschussquote für n=500

Beachten Sie bitte bei der Logik, dass die Ausschussquote p für alle Komponenten als gleich angenommen wird! Ansonsten wäre oben hergeleitete Formel nicht gültig!

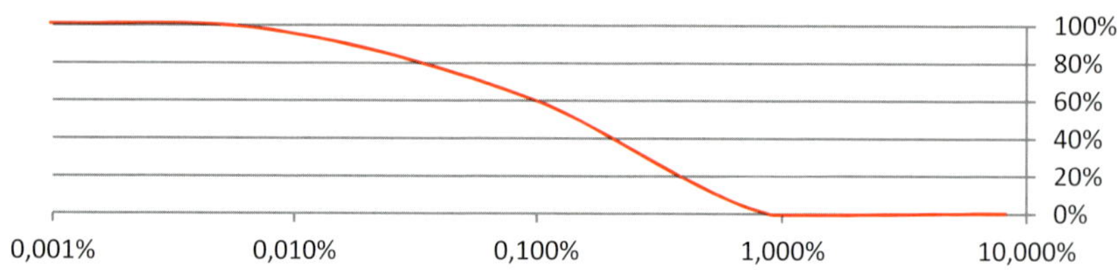

Abb. 39: Produktqualität in Abhängigkeit von der Ausschussquote der Einzelteile (für n=500)

Wie Sie sehen, würde eine durchschnittliche Zulieferqualität von 99,9% - also ein einziges Ausschussteil pro 1.000 gefertigter Teile – dazu führen, dass fast 40% der Produkte Ausschuss wären (rot markierte Zeile).

Bei einer Qualität von 10 ppm der Einzelteile – also nur 10 Ausschussteile pro 1.000.000 gefertigte – erhält man schließlich eine vertretbare Produktqualität von 99,5%. Das entspräche – um beim Beispiel Motor zu bleiben – 5 Ausschuss-Motoren auf 1.000 gefertigte.

Dies ist der Hintergrund, warum für komplexe Systeme die Anforderungen an die Teilequalität so eklatant hoch sind!

Die abschließende Abbildung soll ergänzend den Zusammenhang zwischen Funktionieren bzw. Ausfall eines Produktes in Abhängigkeit von der Anzahl der Einzelteile darstellen. Es wurde dabei angenommen, dass für alle Einzelteile eine Fertigungsqualität von 99,9%, also ein Ausschussteil pro 1.000 gefertigte, gilt.

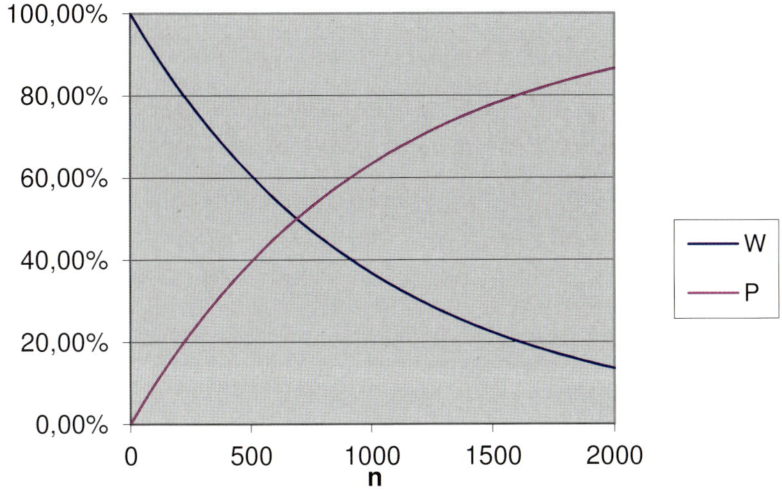

Abb. 40: *Zusammenhang zwischen Funktionierens-WS (W), Ausfall-WS (P) und Teilezahl (n) für p=0,1%*

3.7 Zusammenhang zwischen personen- und systembedingten Fehlern

Der deutsche Qualitätswissenschaftler Walter Masing wies darauf hin, dass jegliche Fehler in einem Betrieb sowohl einen personen-, als auch einen systembedingten Anteil besitzen. Die Anteils-Zusammensetzung ist jedoch abhängig davon, wo ein Fehler passiert.

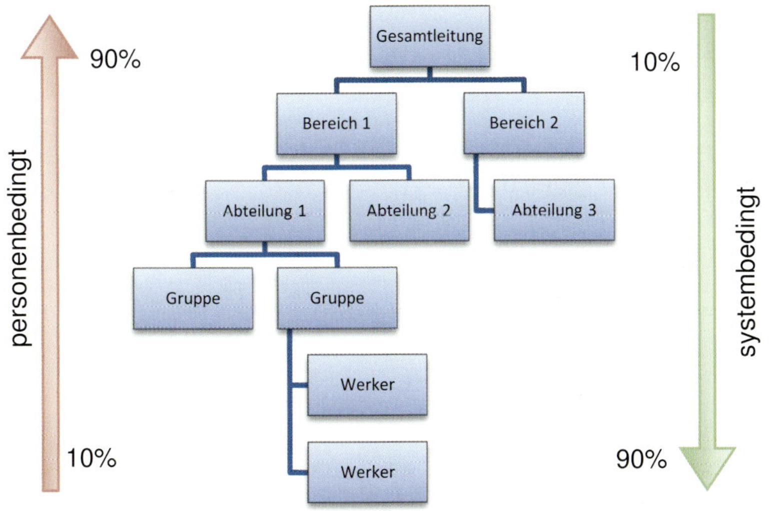

Abb. 41: *Zusammenhang zwischen personen- und systembedingten Fehlern nach Walter Masing*

Je weiter unten in der betrieblichen Hierarchie ein Fehler auftritt, desto geringer ist der Anteil der durch die Person verursacht wird und desto höher ist gleichzeitig der systembedingte (oder auch „hausgemachte") Fehleranteil.

Umgekehrt liegt in der Leitungsebene in der Regel der Hauptanteil des Fehlers in der Person (denn die Leitung bestimmt das System) und nur zu einem geringen Teil am System. Das folgende Schaubild zeigt den Zusammenhang, den man häufig auch mit „Der Fisch stinkt immer vom Kopfe her" umschreibt (Ausnahmen bestätigen die Regel).

Die Erkenntnis aus dieser Logik ist einfach. Bevor Führungskräfte ihre Mitarbeiter für Fehler verantwortlich machen, sollten sie zunächst das System hinterfragen, an dem sie in bestimmtem Maße ja Mitverantwortung tragen, in jedem Falle in höherem Maße als ein untergeordneter Mitarbeiter. Viele Fehler auf untergeordneten Ebenen sind direktes Kennzeichen eines fehleranfälligen Systems.

3.8 KVP und KAIZEN

In jedem QM-System „unterwirft" man sich dem Zwang zur ständigen Verbesserung. Als KVP wird der kontinuierliche Verbesserungsprozess bezeichnet.

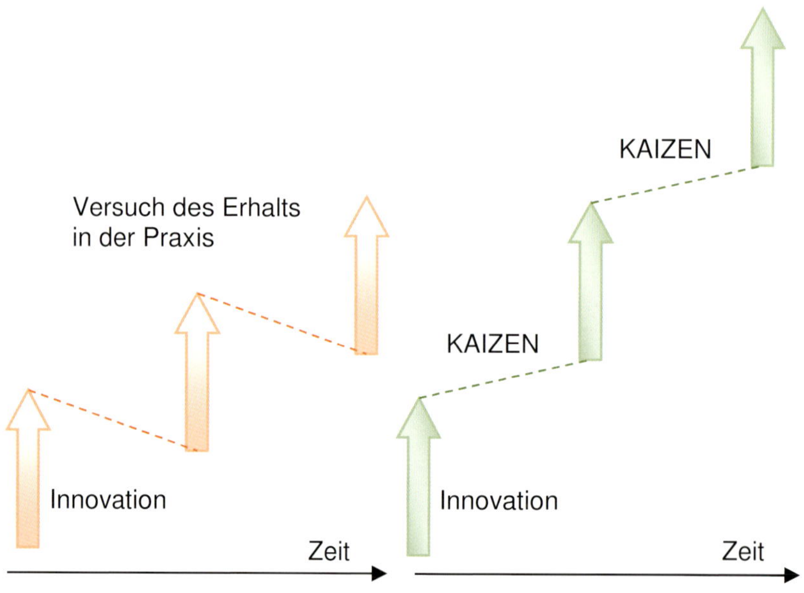

Abb. 42: Innovationen ohne und mit KVP / KAIZEN

Der Grund ist einfach verständlich, wenn Sie sich selbst folgende Frage beantworten:

„Was geschieht mit einem Schwimmer, der einen Fluss stromaufwärts schwimmt und der die Schwimmbewegungen einstellt?"

Er bleibt nicht „stehen", sondern treibt zurück. Genauso ergeht es jedem Unternehmen, das seine Bemühungen, ständig besser zu werden, einstellt. Ein viel zitierter Grundsatz im QM lautet daher:

Wer aufhört, besser werden zu wollen, hat aufgehört, gut zu sein!

Die Japaner haben uns mit ihrem KAIZEN[12]-Gedanken im Besonderen in der Automobilindustrie vor Augen geführt, dass es einen fundamentalen Unterschied zwischen traditionellem Denken und dem Ansatz der ständigen Verbesserung gibt.

Der Qualitätswissenschaftler Deming war dann der erste, der einen grundlegenden Kreislauf der Verbesserung beschrieben hat, den sog. PDCA- oder Deming-Zyklus. Dieser Kreislauf findet sich direkt oder indirekt in den meisten Qualitätsmodellen wieder wie in Six-Sigma (DMAIC), dem ISO 9000 Prozessmodell, dem EFQM-Bewertungsansatz (RADAR) und vielen weiteren.

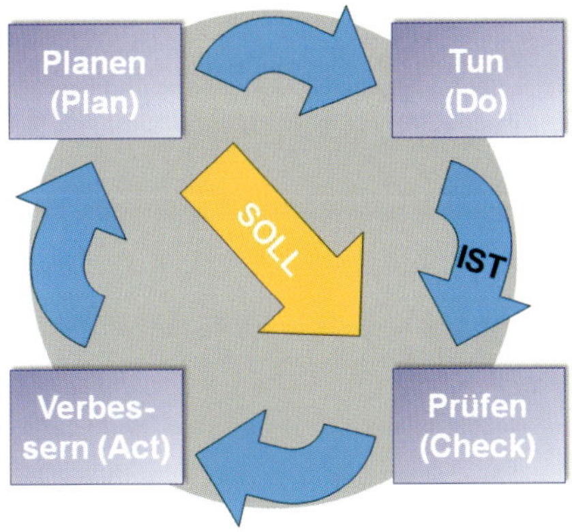

Abb. 43: Der PDCA- oder Deming-Zyklus

Im Folgenden sollen ein paar Gedanken der Kaizen-Philosophie heraus gegriffen werden, die hilfreich für ein tieferes Verständnis des Qualitätsmanagements sein können.

Im Sinne der ISO 9000 gehören zum KVP-Prozess folgende Maßnahmen und Schritte:

- Analysieren und Beurteilen der aktuellen Situation, um verbesserungswürdige Bereiche zu erkennen
- Festlegen der Ziele der Verbesserung
- Suchen nach möglichen Lösungen, um diese Ziele zu erreichen
- Beurteilen dieser Lösungen und Treffen einer Auswahl
- Verwirklichen der gewählten Lösung
- Messen, Verifizieren, Analysieren und Beurteilen der Ergebnisse der Verwirklichung, um zu ermitteln, ob die Ziele erreicht wurden
- Formalisieren der Änderungen

[12] **KAI**=Veränderung; **ZEN**=zum besseren

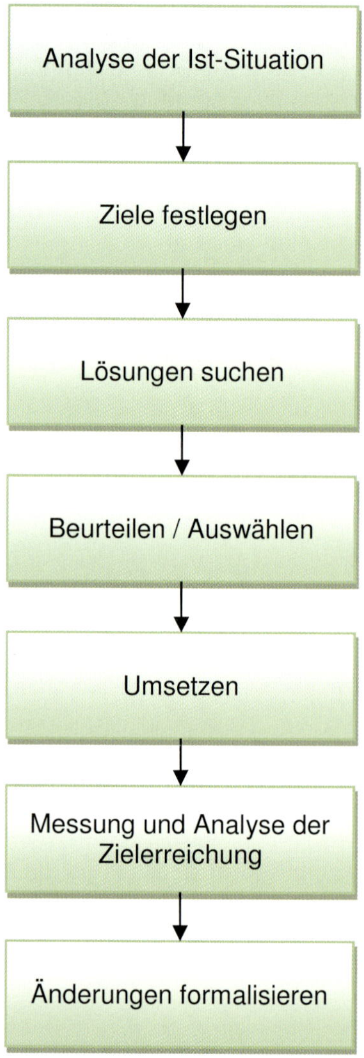

Abb. 44: KVP-Schritte gemäß ISO 9000

3.8.1 Die drei Mu

In der Kaizen-Philosophie gibt es drei Faktoren, die eine kontinuierliche Verbesserung fordern bzw. „treiben“. Diese Faktoren werden als die drei Mu bezeichnet – allesamt japanische Begrifflichkeiten, die mit den Buchstaben Mu.. beginnen:

Muda	Verschwendung
Muri	Überlastung
Mura	Abweichung

Tabelle 7: Die drei Mu

Hierbei gibt es **sieben Arten der Verschwendung**:

- Überproduktion
- Wartezeit
- Überflüssiger Transport
- Ungünstiger Herstellungsprozess
- Überhöhte Lagerhaltung
- Unnötige Bewegungen
- Herstellung fehlerhafter Teile

Im Rahmen der Kaizen-Strategie wird häufig eine 3-Mu-Checkliste eingesetzt, um die drei Faktoren im Betrieb zu identifizieren und im Besonderen dem Management stets die Verbesserungsmöglichkeiten vor Augen zu führen:

1.	Mitarbeiter / menschliche Arbeitskraft
2.	Technik
3.	Methode
4.	Zeit
5.	Möglichkeiten
6.	Vorrichtungen und Werkzeuge
7.	Material
8.	Produktionsvolumen
9.	Bestände, Vorräte
10.	Denkweise
11.	Arbeitsplatz

Tabelle 8: Die 3-Mu-Checkliste

Besondere Bedeutung haben die drei Mu sowie die im nächsten Kapitel beschriebenen „fünf S“ in Zusammenhang mit dem Toyota Production System (TPS) erlangt.

3.8.2 Die fünf S

Bei den fünf S handelt es sich um 5 japanische Begriffe, die mit dem Buchstaben S beginnen und Arbeitsplatzregeln darstellen:

Seiri	Ordnung schaffen
Seiton	Ordnungsliebe
Seiso	Sauberkeit
Seiketsu	Persönlicher Ordnungssinn
Shitsuke	Disziplin

Tabelle 9: Die fünf S

Die angegebenen Regeln haben in erster Linie für Werkstattarbeitsplätze Relevanz, zielen jedoch im Sinne des Kaizen grundsätzlich auf alle „wertschöpfenden" Bereiche ab.

3.9 Umsetzung qualitätsbezogener Ziele

Um den Anforderungen nach Kundenzufriedenheit, Fehler- und Kostenminimierung sowie ständiger Verbesserung begegnen zu können, muss ein Unternehmen regelmäßig qualitätsbezogene Ziele setzen und die Erreichung dieser Ziele regelmäßig überwachen.

Um dies durchführen zu können müssen Ziele klar und deutlich formuliert sein, realistisch und vor allem zwei Kriterien erfüllen:

- messbar
- terminiert

Nur über diese beiden Parameter kann zu einem bestimmten Zeitpunkt festgestellt werden, ob ein Ziel erreicht wurde oder nicht.

Qualitätsbezogene Ziele leiten sich beispielsweise ab, um

- die Kundenzufriedenheit zu erhöhen
- Fehler zu reduzieren
- Risiken zu vermeiden
- unnötige Kosten zu vermeiden
- effizient zu arbeiten
- einen Effektivitätsgrad ermitteln zu können

Die Umsetzung dieser Ziele wird in verschiedenen Bereichen durch spezielle Regelungen und Institutionen eingefordert:

- **gesetzlich geregelte Bereiche**
  Die Einhaltung von Normen ist gesetzlich vorgeschrieben und wird von unabhängigen Institutionen („Benannte Stellen") überwacht. Z. B. dient im Gesundheitswesen das Medizinproduktegesetz (MPG) dazu, dass keine

unnötigen Risiken für Anwender von Medizinprodukten auftreten; Hersteller von Medizinprodukten müssen hierzu eine Zertifizierung nach ISO 9001 oder ISO 13485 für das jeweilige Produkt nachweisen.
Im Bildungssektor gibt es eine Verordnung (AZWV), die einen gesetzlichen Rahmen vorgibt, was ein Bildungsanbieter nachweisen muss, um Bildungsgutscheine mit der Bundesagentur für Arbeit (BA) abrechnen zu können.
Häufig gibt es hier an offizieller Stelle eine sog. „Vermutungsklausel", die besagt, dass bei einem Nachweis der geforderten Norm „vermutet" wird, dass damit auch die gesetzlichen Rahmenbedingungen eingehalten werden.

- **gesetzlich nicht geregelte Bereiche**
  Leistungs- oder Interessensgemeinschaften definieren häufig eigene Qualitätskriterien und prüfen diese nach eigenen Verfahren bei den Mitgliedern ab. Im Ärztebereich gibt es beispielsweise fachspezifische Berufsverbände, die ein eigenes Gütesiegel entworfen haben.
  Als Beispiel für größere Regelwerke dieser Art sei die ISO/TS 16949 erwähnt, die im Automobil-Markt die Qualität von Zulieferern sicherstellen soll.

In der Praxis bereitet die Formulierung von Qualitätszielen Unternehmen häufig Schwierigkeiten. Während betriebswirtschaftliche Ziele („Wir erzielen im Jahr ... einen Umsatz von .... €") eine Selbstverständlichkeit darstellen, herrscht oft Unklarheit, wie man die typischen Qualitätsthemen wie Kundenzufriedenheit über Zahlen abbilden kann. „Wir wollen zufriedenere Kunden!" ist in diesem Sinne zwar eine Aussage, aber kein klar formuliertes Qualitätsziel.

Über Maßnahmen zum Ziel

In der Praxis ist es häufig einfacher, Maßnahmen zu definieren, die indirekt die Kundenzufriedenheit messbar machen sollen, z. B.:

- wir schreiben bis Ende des Jahres 100 Kunden an
- die Befragung soll mittels einseitigem Fragebogen mit 10 Fragen durchgeführt werden (per Post, per E-Mail etc.)
- 9 geschlossene Fragen, eine offene Frage
- angestrebt ist eine Rücklaufquote von 5%
- die Auswertung soll bis 01. März des Folgejahres erfolgen
- etc.

Auf Grund des Ergebnisses kann für das Folgejahr nun eine klare Messlatte für einzelne Bewertungskriterien definiert werden, da jetzt verschiedene Ausgangswerte zur Verfügung stehen.

Das Prinzip lässt sich auf weitgehend alle Bereiche des Qualitätsmanagement übertragen.

3.10 Der Prozesswirkungsgrad

Um auch aus prozessorientierter Sicht heraus Abläufe beurteilen zu können, müssen Prozesse messbar gemacht werden. Auch hieraus lassen sich dann qualitätsbezogene Ziele ableiten, wie im letzten Kapitel beschrieben.

Technisch betrachtet ist ein Prozess nichts anderes als die Umwandlung eines oder mehrerer „Input"-Faktoren in ein oder mehrere Ergebnis-Faktoren (vgl. Kap. 2.1 bzw. Abb. 8):

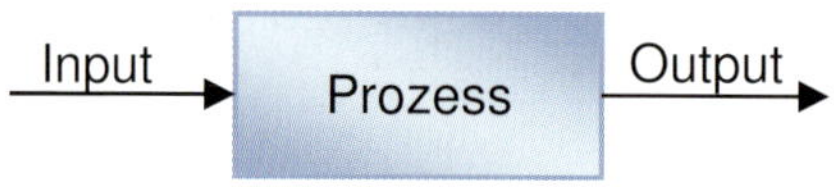

Abb. 45: Der Prozess als System-Modell (2)

Dabei geht wie in jedem System – z. B. durch Menschen verursachte Fehler oder fehlerhafte Materialien – etwas am maximal möglichen Prozess-Ergebnis verloren. Dieser Verlust drückt sich im Wirkungsgrad aus.

In der Technik berechnet sich der Wirkungsgrad aus dem Verhältnis von zugeführter zu abgegebener Leistung:

$$\eta = \frac{P_{ab}}{P_{zu}} \; mit \; 0 \leq \eta \leq 1$$

Durch den Verlust (z. B. Wärme bei der Bohrmaschine) ist die abgegebene Leistung stets kleiner als die zugeführte Leistung und der Wirkungsgrad dementsprechend immer kleiner als 1 bzw. 100%.

Beim Prozesswirkungsgrad unterscheiden wir vier verschiedene Leistungsarten:

Nutzleistung	Leistungen, von denen der Kunde einen „Nutzen" hat. Hierzu zählt jeder Verarbeitungs-, Montage- oder Veredelungsschritt. Nutzleistung fließt direkt in die Rechnung ein, die der Kunde bezahlt
Stützleistung	Notwendige unterstützende Leistungen, wie Rüst- und Werkzeugwechsel, Erstellen von Papieren etc.
Blindleistung	Jegliche Formen von „Puffer-Leistungen" – z. B. Pufferlager, um flexibel agieren zu können
Fehlleistung	Leistungen, die durch Fehler entstanden sind (Nacharbeit, Reparatur, Entsorgung)

Tabelle 10: Leistungsarten beim Prozesswirkungsgrad

Die Nutzleistung ist diejenige Leistung, die einem Kunden direkt in Rechnung gestellt werden kann und von der er einen Nutzen hat. Stütz-, Blind- und Fehlleistung hingegen können in der Regel nicht verrechnet werden, fallen aber bei der Leistungserbringung regelmäßig an und mindern damit den Wirkungsgrad.

Damit errechnet sich der Prozesswirkungsgrad wie folgt:

$$\eta = \frac{Nutzleistung}{Nutzleistung + Stützleistung + Blindleistung + Fehlleistung}$$

Alle Leistungsarten werden für gewöhnlich als Euro-Werte angegeben. Der Wirkungsgrad ist demnach dimensionslos und wird in der Regel als Prozentwert angegeben.

3.11 Missverständnisse zum Qualitätsmanagement

Eine weitere betriebliche Notwendigkeit stellt die gemeinsame Sichtweise auf Sachverhalte und Begriffe dar, um Reibungsverluste in der Praxis zu verhindern. Daher sollen im folgenden Abschnitt einige typische Missverständnisse im Qualitätsmanagement aufgezeigt werden, die es gilt, zu beseitigen.

3.11.1 Der Qualitätsbegriff – falsch verstanden

Beobachten wir folgenden Dialog:

Kurt: *„Die Deutsche Bahn hat in der ersten Klasse eine deutlich höhere Qualität als in der zweiten!"*

Erwin: *„Niemals – du spinnst doch – ich zahle doch nicht das doppelte, um von A nach B zu kommen!"*

Merke: Über „Qualität" lässt sich nicht streiten. Vergleichen Sie hierzu die Definition der ISO 9000: „Qualität ist der Grad, in dem Anforderungen erfüllt werden" (siehe Kap. 1.3). Doch was sind die Anforderungen?

Genau hierüber muss man sich unterhalten, will man unterschiedliche Qualitäts-Sichtweisen auf einen Nenner bringen. Wenn die Anforderungen an gute Qualität bei der Deutschen Bahn lauten: „große Beinfreiheit und Bier an den Platz gebracht bekommen", dann wird man diese Anforderung nur in der ersten Klasse erfüllt bekommen. Liegt jedoch die Anforderung ausschließlich auf dem kleinsten Preis, so wird die Qualität der zweiten Klasse besser abschneiden als die der ersten (nach dem modernen Qualitätsansatz ist der Preis selbst ein Qualitäts-Kriterium).

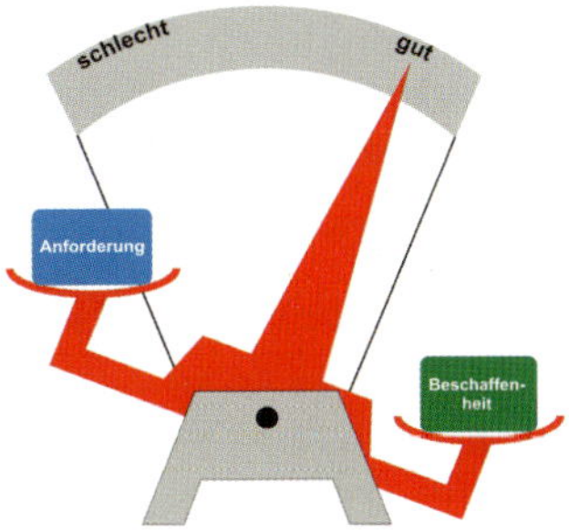

Abb. 46: Was sind die Anforderungen?

Fazit: Statt sich über Qualität zu streiten, sollte man die Frage stellen: Was sind die zu Grunde liegenden Anforderungen?

3.11.2 Control ≠ Kontrolle

Ein zweites häufiges Missverständnis rührt von der Wortübersetzung des englischen Wortes „control“ her, das häufig mit „kontrollieren“ übersetzt wird. Dies ist jedoch grundlegend falsch. Man spricht in diesem Zusammenhang auch von „falschen Freunden“ (false friends der beiden Wörter).

„Kontrollieren“ im Deutschen bedeutet auch „Prüfen“ und stellt den klassischen Soll-Ist-Vergleich dar. Dies wäre im Englischen mit „to check“ zu übersetzen.

Das englische „to control“ bedeutet hingegen wesentlich mehr! Es erfolgt nach dem Prüfschritt auf Grund der Erkenntnis aus dem Soll-Ist-Vergleich eine Rückkopplung in den Prozess (regeln) oder es wird der Zufluss des Input-Stromes angepasst (steuern).

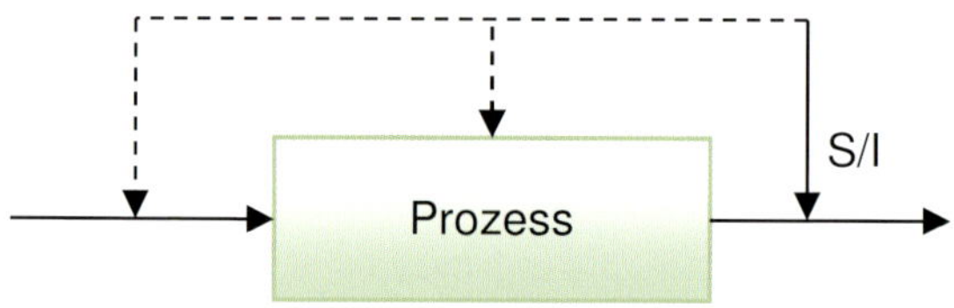

Abb. 47: Regelung oder Lenkung (control) ist mehr als Kontrolle (check)

Technisch gesehen wird to control häufig mit „regeln“ übersetzt. Im Qualitätsmanagement sprechen wir von „lenken“. Das typische Qualitätssiegel **TQC (Total Quality Control)** bedeutet demnach **„Umfassende Qualitätslenkung“** und impliziert, dass aus den Ergebnissen und Erkenntnissen der Prozesse (z. B. gemachte Fehler) eine Verbesserung durch Rückkopplung erfolgt.

to control = regeln / lenken

to check = prüfen / kontrollieren / Soll-Ist-Vergleich

3.11.3 QM ≠ QS ≠ QK

Leider werden die folgenden Begriffe häufig im gleichen Sinne benutzt obwohl sie klar voneinander abgrenzbar sind:

Qualitätskontrolle (QK)

Wie im letzten Abschnitt beschrieben stellt Qualitätskontrolle klassisch das Durchführen eines Soll-Ist-Vergleiches dar. Das Ergebnis lautet normalerweise „gut“ oder „schlecht“. Auch in heutigen Produktionsbetrieben ist eine klassische Qualitätskontrolle an verschiedenen Stellen noch notwendig und sinnvoll. Jedoch ist der Umfang an QK-Maßnahmen in den letzten Jahrzehnten durch Einsatz neuer Verfahren immer weiter zurückgegangen.

In der ISO 9000-Normenwelt ist der Begriff Qualitätskontrolle nicht mehr definiert. Der reine Begriff „Kontrolle“ wurde durch den Begriff der „Inspektion“ ersetzt, der in der ISO 9000 wiederum sinngemäß wie folgt definiert ist:

Inspektion ist eine Gut-/Schlecht-Bewertung durch Beobachten und Beurteilen, begleitet durch Maßnahmen wie Messen, Testen oder Vergleichen.

Flankierend sei hier noch der Begriff „**Test**“ erwähnt. Dieser steht gemäß ISO 9000 für das „Ermitteln eines oder mehrerer Merkmale, nach einem Verfahren“. Ein Test endet begrifflich mit der „Ermittlung“. Ein Test hat nicht unbedingt eine Bewertung der Konformität mit bestimmten Anforderungen zur Folge und ist damit deutlich von Begriffen wie Kontrolle oder Inspektion zu unterscheiden.

Qualitätssicherung (QS)

Unter Qualitätssicherung versteht man alle Maßnahmen, die darauf ausgerichtet sind, flankierend in Produktion und/oder Dienstleistungserbringung Qualität aus Kundensicht zu erzeugen. Dies kann einerseits durch vorbeugende Maßnahmen geschehen – z.B. Festlegung von Wartungsintervallen, Wareneingangsprüfungen, Werkzeug-Standzeiten etc. – als auch auf Tätigkeiten im obigen Sinne einer Qualitätskontrolle.

Die Definition nach ISO 9000 lautet:

Teil des Qualitätsmanagements, der Vertrauen darauf erzeugen soll, dass Qualitätsforderungen erfüllt werden.

Im ISO 9000 Prozessmodell beschränkt sich QS im Wesentlichen auf den Bereich 7. Produktrealisierung mit dem Ziel, die Kundenzufriedenheit zu erhöhen.

Qualitätsmanagement (QM)

Qualitätsmanagement umfasst die gesamte Organisation bzw. das gesamte Prozess-Modell gem. ISO 9000.

Es geht um das „Handhaben“ (Managen) der Qualität im gesamten Unternehmen, angefangen bei der Leitung („Qualität der Führung“) über die Mitarbeiter („Qualität der Ausbildung“) bis hin zum Managen des Verbesserungsprozesses.

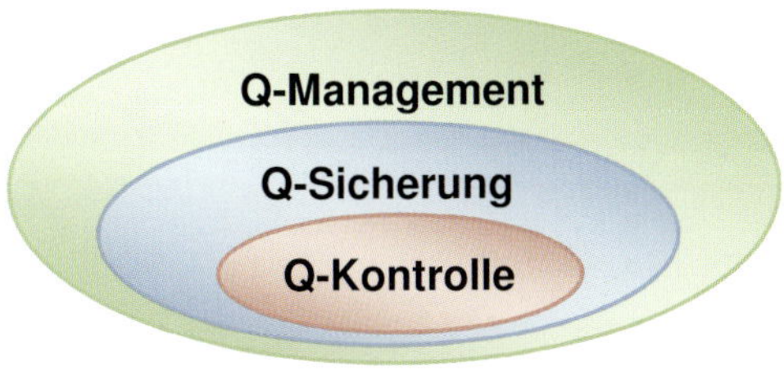

Abb. 48: QK als Teilmenge von QS und diese als Teilmenge von QM

Die Definition nach ISO 9000 lautet sinngemäß:

Qualitätsmanagement umfasst Tätigkeiten zum Leiten und Lenken einer Organisation in Bezug auf alle Aspekte der Qualität.

3.11.4 Die sieben Missverständnisse nach Töpfer

Eine Forschungsgruppe um Prof. Dr. Armin Töpfer von der TU Dresden hat in einer Studie 2011 folgende sieben grundlegende Missverständnisse herausgearbeitet, die eng mit den Erfolgsfaktoren des Qualitätsmanagements gekoppelt sind:

	Missverständnis	Erfolgsfaktor
1.	QM liefert keinen Beitrag zur Wertsteigerung des Unternehmens	QM steigert den Wert des Unternehmens
2.	Null-Fehler-Qualität ist zu teuer	Null-Fehler-Qualität senkt die Kosten, steigert den Umsatz und begeistert die Kunden
3.	QM verändert nichts Wesentliches	QM treibt positive Veränderungen für das Unternehmen voran
4.	QM kann isoliert sein	QM koordiniert umfassend unterschiedliche Konzepte der Qualitätsorientierung im Unternehmen
5.	Qualität ist Sache der Qualitätsmanager	jeder im Unternehmen ist für die Qualität seiner Arbeit verantwortlich
6.	Qualitätsmanager sind Bürokraten	Qualitätsmanager sind Experten in Sachen Qualität und Impulsgeber für Veränderung
7.	Gemessene Qualität entspricht immer der vom Kunden wahrgenommenen Qualität	Regelmäßiges Kundenfeedback spiegelt die wahrgenommene Qualität wider

Tabelle 11: Die sieben Missverständnisse nach Töpfer[13]

[13] Der vollständige Artikel hierzu ist nachzulesen in der Zeitschrift QZ, Jahrgang 56, Ausgabe 06/2011, S. 15ff; in den Folge-Ausgaben der QZ ist alle zwei Monate jeweils einem Missverständnis ein eigener Artikel gewidmet

4 Audits im Qualitätsmanagement

4.1 Über den Sinn von Audits

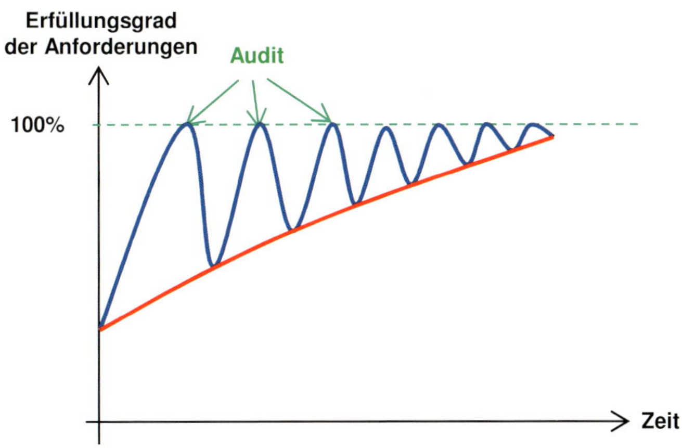

Abb. 49: Der Sinn von Audits

Locomotion Nr. 1 war die erste funktionierende Lokomotive der Welt. Sie explodierte jedoch und tötete den Lokführer. Versicherungen stellten darauf hin Ingenieure an, die Dampfkessel gezielt prüften und genehmigten. Dies führte zum Prinzip der Zertifizierung. Der Hintergrund war eine schlichte Risiko-Minimierung für diejenigen, die im Zweifelsfall den (finanziellen) Schaden hatten – das waren hier die Versicherungen. Die Bedeutung der Standards und Normen wurde im Laufe der Zeit aber immer stärker durch die „Versicherten" bestimmt. Versicherungen wurden so von einem Mittel zur Abwendung des Ruins schließlich zu einem Gütesiegel.

Auch heute gilt der Grundsatz, dass Zertifizierungen der Risikominimierung dienen. Ein TÜV-Aufkleber auf dem Auto mit erfolgter Begutachtung folgt genau diesem Prinzip.

Audits in Betrieben haben zum Ziel, Verbesserungspotenzial heraus zu arbeiten und im Besonderen das Vertrauen intern und extern zu stärken. Durch externe, unabhängige Stellen kann dies in besonderem Maße geschehen.

Ein **Audit** ist das gezielte **Sammeln von Nachweisen** dafür, dass ein Produkt, ein Prozess oder ein System **konform** ist zu vorgegebenen Anforderungen (**Audit-Kriterien**). Audit-Kriterien können Norm- oder Gesetzes-Vorgaben sein oder auch selbst erstellte Verfahrens- und Prozessvorgaben.

Ein Zertifikat, das durch ein Zertifizierungsaudit nach anerkannten Normen ausgestellt wurde, ist ein Leistungsnachweis eines Unternehmens. Damit kann es sich unter Umständen vom Mitbewerb absetzen oder Kunden gewinnen, die ein entsprechendes Zertifikat fordern. In öffentlichen Ausschreibungen ist es gängige Praxis, dass Zertifikate von QM-Systemen eingefordert werden.

Hinzu kommt, dass die Zertifizierung bzw. die Überwachung durch eine anerkannte Stelle nur einmal im Jahr erfolgt und nicht durch beliebig viele Kunden jedes Mal neu nachgewiesen werden muss. Das Zertifikat fungiert damit als indirekter Leistungsnachweis. Dies wiederum spart dem Unternehmen Geld, Zeit und Nerven.

4.2 Auditbegriffe 1: WER auditiert WEN

Aus der Sicht des Auditierenden bzw. des Auditierten werden verschiedene Stufen (Level) unterschieden:

First-Party-Audit / Erstparteien-Audit (internes Audit)	
Eigen-Auditierung eines Unternehmens (durch eigenes Personal oder auch durch externe Berater). In der deutschen Ausgabe der ISO 9000 mit „Erstparteien-Audit" übersetzt. Dies ist das klassische **interne Audit**.	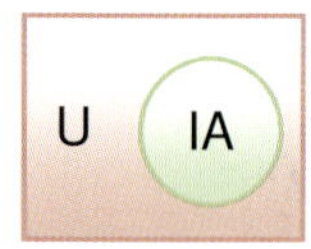
Second-Party-Audit / Zweitparteien-Audit (extern)	
auch **Kunden- oder Lieferanten-Audit**; Je nachdem, aus wessen Sicht das Audit betrachtet wird, sprechen wir einmal vom Kunden-Audit (aus Sicht des Lieferanten, der ja von seinem Kunden auditiert wird oder vom Lieferanten-Audit aus Sicht des Kunden, der seinen Lieferanten auditiert. Die Richtung ist aber immer: Kunde auditiert Lieferant!	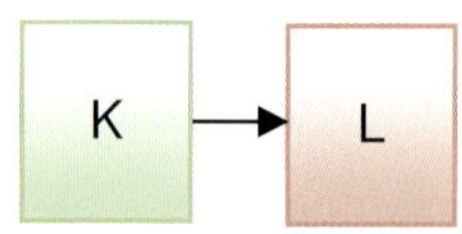
Third-Party-Audit / Drittparteien-Audit (extern) TÜV zertifizierung	
Auditierung des Unternehmens durch unabhängige "dritte" Partei, i.d.R. durch akkreditierte Gesellschaft (ZS=Zertifizierungsstelle); Ziel ist ein externes Zertifikat, das den Standard bescheinigt. Das ist das klassische **Zertifizierungs-Audit**.	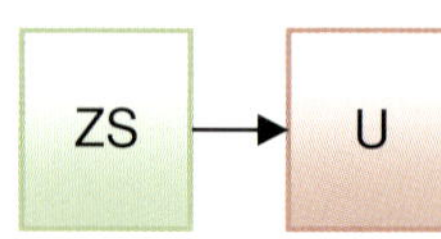

Tabelle 12: Auditbegriffe WER auditiert WEN

Bei den obigen Audit-Arten handelt es sich in der Regel um eine Mischform verschiedener Auditformen, die im nächsten Abschnitt beschrieben werden.

4.3 Auditbegriffe 2: WAS wird auditiert

In der Praxis finden wir meist eine Mischung der verschiedenen Auditarten vor. Ein reines Verfahrens-Audit, also das reine Prüfen des Einhaltens von Vorschriften, ist nicht mehr zeitgemäß und führt nicht zu einem tieferen Verständnis von Prozessabläufen. Hierzu ist es unbedingt erforderlich, die Prozesse an sich zu durchleuchten und ggf. falsche Verfahrens- und Arbeitsanweisungen der sinnvollen Praxis entsprechend anzugleichen.

System-Audit
Auditierung eines kompletten (QM-) Systems; i.d.R. Mischung aus Prozess- und Verfahrensaudit (s. u.)
Produkt-Audit
Prüfung von Produkt-Anforderungen NACH erfolgter Endprüfung; Prüfung der Eignung von QS-Maßnahmen
Verfahrens-Audit
Auditierung, ob dokumentierte Verfahren in der Praxis umgesetzt / eingehalten werden
Prozess-Audit
Auditierung von Prozessen und Prozess-Schnittstellen; Prüfung der Sinnhaftigkeit von Vorgehensweisen sowie Verfahrens- und Prozessbeschreibungen
Compliance-Audit
Auditierung der Einhaltung von Vorschriften, Regeln, Gesetzen etc.
Performance-Audit
Auditierung, ob Kennzahlen erfüllt werden oder Prüfung, ob Kennzahlen überhaupt sinnvoll gewählt wurden.

Tabelle 13: Auditbegriffe WAS wird auditiert

4.4 Auditbegriffe 3: Rund um die Zertifizierung

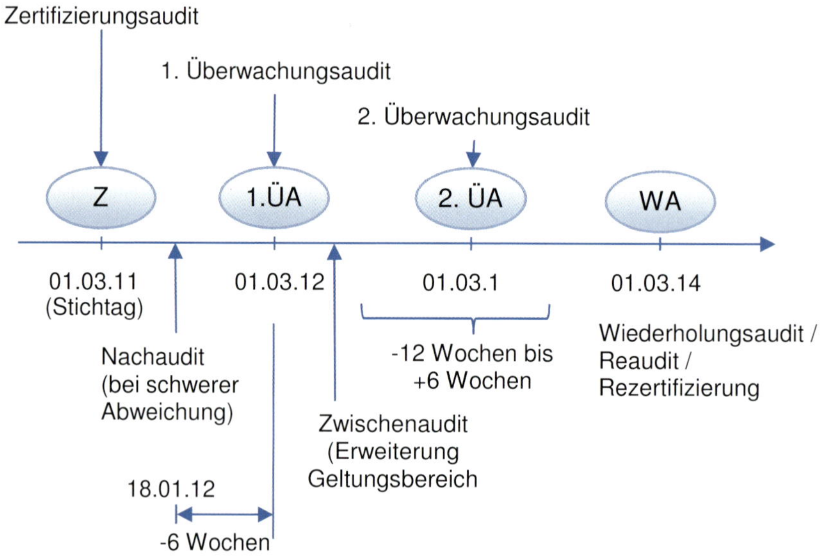

Abb. 50: Auditbegriffe im zeitlichen Verlauf

Neben den beschriebenen Auditbegriffen gibt es noch weitere, die in Zusammenhang mit Drittparteien-Audits (s.o.) auftreten. Die letzte Abbildung sowie die folgende Tabelle geben Aufschluss über die Begriffe – besonders in Hinblick auf deren Verwendung im zeitlichen Verlauf.

Zertifizierungsaudit (Z)
Das Audit, in dem ein Unternehmen erstmalig durch eine externe „dritte" Stelle zertifiziert wird. Der letzte Tag des Zertifizierungsaudits markiert den sog. **„Stichtag"**, der im weiteren Verlauf als fester Zeitanker fungiert. Im Zertifizierungsaudit werden alle Bereiche begutachtet (vollumfängliches Audit oder Vollaudit)! Am Stichtag orientieren sich zukünftig die für die Folgeaudits zur Verfügung stehenden Zeitrahmen. Das Zertifizierungsaudit findet zweistufig statt. In **Stufe 1** erfolgt eine Vorprüfung der Zertifizierungsfähigkeit des Unternehmens, **Stufe 2** ist das eigentliche Zertifizierungsaudit. Der Abstand zwischen Stufe 1 und 2 darf maximal 6 Monate betragen.
Überwachungsaudit (ÜW)
Die Überwachungsaudits finden in den Jahren zwischen zwei vollumfänglichen Audits statt. Der sog. Überwachungszeitraum ist abhängig von der gewählten Norm. Bei von der DAkkS akkreditierten Managementsystemnormen beträgt er standardmäßig 3 Jahre. In Überwachungsaudits werden verschiedene Bereiche bei der Begutachtung ausgelassen, außerdem ist der Stichprobenumfang kleiner.

Daher ist hier der Zeitumfang gegenüber dem Vollaudit reduziert. Bei der ISO 9001 muss das erste Überwachungsaudit innerhalb von 6 Wochen vor dem Stichtag im nächsten Jahr erfolgen. In den weiteren Folgejahren erweitert sich der Spielraum auf zwölf Wochen vor bis 6 Wochen nach dem Stichtag.	
Wiederholungsaudit (WA) / Reaudit / Rezertifizierung	
Nach Ablauf des Überwachungszeitraums (bei ISO 9001 drei Jahre) findet jetzt das nächste vollumfängliche Audit statt. Dies wird dann als Wiederholungs- oder Reaudit bezeichnet oder auch als Rezertifizierung. Der Stichtag bleibt erhalten.	
Nachaudit	
Tritt in einem Audit eine schwere Hauptabweichung auf, deren Beseitigung nicht in formaler Form auf dem Schriftweg oder elektronisch nachgewiesen werden kann, so muss der Auditor erneut vor Ort gehen und sich von der Beseitigung der Hauptabweichung persönlich überzeugen. Hier spricht man dann von einem Nachaudit	
Zwischenaudit	
Wenn ein Betrieb neue Bereiche in den Geltungsbereich des Zertifikates aufnehmen möchte, so muss i. d. R. ein sog. Zwischenaudit erfolgen, in dem ausschließlich der neue Bereich begutachtet wird.	
Voraudit	
Manche Unternehmen lassen von offiziellen Zertifizierungsstellen in einem sog. Voraudit den Stand ihres QM-Systems prüfen. Dabei handelt es sich nicht um ein Vollaudit, sondern Ziel ist es, dem Unternehmen seinen Bedarf für das Bestehen eines Zertifizierungsaudits aufzuzeigen. Voraudits sind grundsätzlich ein schwieriges Thema, da Auditoren keine Beratung durchführen dürfen. Der reine Verweis auf fehlende Unterlagen oder Prozesse ist für viele Unternehmen daher oft nicht ausreichend oder hilfreich.	

Tabelle 14: Auditbegriffe im Zertifizierungsablauf

4

4.5 Prozessorientiertes Auditieren

Zum Schluss dieses Abschnitts sollen noch ein paar Grundgedanken über prozessorientiertes Auditieren gegeben werden.

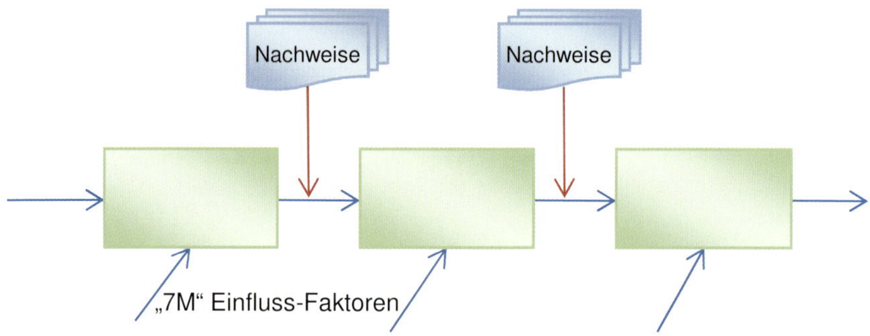

Abb. 51: Prozesskette als Grundlage für ein Prozess-Audit

Nach dem heute in allen modernen Unternehmen nicht mehr wegzudenkenden Ansatz der Prozessorientierung haben wir eine Wechselwirkung verschiedenster Einflussfaktoren auf den Prozess selbst und im Besonderen natürlich auf das Ergebnis am Ende der Prozesskette. Der japanische Qualitätswissenschaftler Kaoru Ishikawa hat hierzu die sogenannten **M-Begriffe** eingeführt, die jeden Prozess beeinflussen (siehe Kap. 6.2.7 – die „7M“).

In einem Prozess-Audit „hangelt“ sich der Auditor der Prozesskette entlang, um den Prozess in der Praxis nachzuvollziehen und Verbesserungspotenzial aufzudecken. Besonders an den Schnittstellen von einem Prozesselement zum nächsten entstehen in der Regel Nachweise, die sich begutachten lassen.

Nun stellt sich die Frage, was passiert, wenn sich der Auditor von vorne nach hinten durch die Prozesskette arbeitet und jeden Mitarbeiter bei seiner Arbeit und der Nachweiserstellung beobachtet. Er wird dann so gut wie keine Lücken im Prozess aufdecken können! Denn die begutachteten Vorgänge, die sich gerade im jeweils auditierten Prozess-Stadium befinden, haben keinen Zusammenhang.

Was ist also zu tun?

In jedem Fall müssen zum sinnvollen Auditieren Vorgänge ausgewählt werden, die bereits eine deutliche Spur im Unternehmen hinterlassen haben – also beispielsweise ziemlich am Ende der gesamten Prozesskette stehen.

In der Praxis geht der Auditor beispielsweise ins Auslieferlager und schreibt sich dort von zur Auslieferung bereitstehenden Waren Vorgangsnummern auf. Im Dienstleistungssektor werden Vorgänge gezogen, die sich bereits in der Abrechnung befinden und weitgehend komplett abgewickelt wurden. Anhand der so ermittelten Vorgangsnummern wird jetzt das Audit vorwärts oder rückwärts durch die Prozesskette durchgeführt.

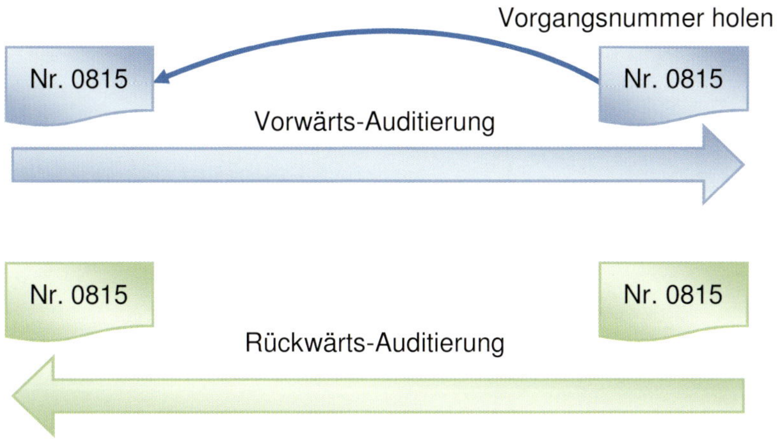

Abb. 52: Prozessorientiertes Auditieren vorwärts und rückwärts

Über diese Vorgehensweise können dann vorhandene Lücken, fehlende Nachweise etc. aufgedeckt werden.

5 Fördern des Qualitätsbewusstseins der Mitarbeiter

Das folgende Kapitel beschreibt verschiedene Aspekte, die das Qualitätsbewusstsein von Mitarbeitern fördern oder hemmen. Der Bogen soll dabei von alten und neuen Motivationstheorien, Betrachtungen zum Engagement von Mitarbeitern in Betrieben, speziellen Merkmalen und Randbedingungen qualitätsbewussten Handelns (z. B. Über- und Unterforderung), Formen der Mitarbeiterbeteiligung, den gezielten Einsatz von Leitbildern bis hin zu Aspekten der alltäglichen Kommunikation gespannt werden.

5.1 Der Motivationsbegriff

5.1.1 Intrinsische und extrinsische Motivation

In der klassischen Motivationspsychologie werden zwei Begrifflichkeiten unterschieden:

intrinsische Motivation	Das was uns in unserem Inneren antreibt und ursächlich für unser Verhalten verantwortlich ist
extrinsische Motivation	Das was uns von außen dazu antreibt, uns anders zu verhalten, als wenn der externe Reiz nicht da wäre

Tabelle 15: Intrinsische und extrinsische Motivation

Auf die Theorie der extrinsischen Motivation nach dem Motto „Wie motiviere ich meine Mitarbeiter, sich so und so zu verhalten" bauen unzählige Managementseminare auf und stellen inzwischen einen eigenen Wirtschaftszweig dar.

Der wohl bekannteste Kritiker Reinhard K. Sprenger führt in seinem Bestseller „Mythos Motivation" hingegen aus, dass extrinsische Motivation in der Regel immer eine Manipulation darstellt. Er unterscheidet daher auch deutlich zwischen dem Begriff der **Motivation** (=Eigensteuerung bzw. Antrieb von innen) und dem Begriff der **Motivierung** (=Fremdsteuerung bzw. Antrieb von außen).

Sprenger führt in seiner „**Grammatik der Verführung**" vor Augen, dass eine Motivierung niemals langfristig ist und statt zu einer dauerhaften Steigerung der Leistung im Gegenteil zu deren Abfall – eben zu Demotivierung – führt. Hierzu definiert er die **fünf großen B der Motivierung** (siehe Tabelle 16).

Belohnen	„Der beste bekommt…"
Belobigen	„Sie sind mein bester Mann – könnten Sie bitte…"
Bestechen	„Wenn Sie dies und jenes tun, dann erhalten Sie…"
Bedrohen	Strategie Zwang 1: „Funktioniere, dann bleibst du ungestraft!"
Bestrafen	Strategie Zwang 2: „Wer nicht hören will, muss fühlen!"

Tabelle 16: Die fünf großen B der Verführung nach Sprenger

Es sei darauf hingewiesen, dass aus dem Verb „**motivieren**" nicht hervorgeht, ob im beschriebenen Sinne Motivation oder Motivierung gemeint ist. Daher kommt dem Untersuchen des „Motivs" als Antriebsfeder von Verhalten eine wesentliche Bedeutung zu.

Während Sprenger vor Augen führt, wie alle gängigen Management-Praktiken weitgehend zum Scheitern verurteilt sind, werfen Kritiker ihm vor, dass er keine Alternativen bietet. Die aufgezeigte Empfehlung für Führungskräfte ist jedoch sehr einfach und fordert kein komplexes Managementseminar:

Schaffe ein Umfeld, in dem sich der Mitarbeiter wohl fühlt! [14]

Hierzu muss die Führungskraft jedoch wissen, was den Mitarbeiter bewegt und wie er ein geeignetes Umfeld schaffen kann. Alle Mitarbeiter sind unterschiedlich und diese Forderung verlangt der Führungskraft daher alles ab. Vor allem: **Sie belässt die Verantwortung über die Leistung des Mitarbeiters bei der Führungskraft!**

Im Grunde entspricht dieser Ansatz auch dem Modell von Masing (siehe Abb. 41) in Bezug auf Fehler. Nach persönlicher Erfahrung des Autors hat der Ansatz von Sprenger viel für sich und es kann für eine erfolgreiche Mitarbeiterführung nur dazu geraten werden, sich mit den Motiven seiner Mitarbeiter auseinander zu setzen. In den Motiven der Mitarbeiter liegt auch der Schlüssel für ein hohes Qualitätsbewusstsein (siehe hierzu Kap. 5.1.5)!

5.1.2 Modell nach Maslow

Der amerikanische Psychologe Abraham Maslow veröffentlichte 1943 ein Modell, mit dem er in Form einer Pyramide die Bedürfnisse des Menschen in fünf Stufen einordnete (siehe Abb. 53).

Motivation ist demnach das Streben nach Befriedigung der vorhandenen Bedürfnisse. Dabei bilden die Bedürfnisse die Inhalte der jeweiligen Stufe ab.

Die Grundaussage von Maslow war, dass Bedürfnisse einer bestimmten Hierarchiestufe erst dann „entstehen", wenn Bedürfnisse der darunter liegenden Stufe befriedigt wurden.

So wird ein Obdachloser in erster Linie seine Bedürfnisse in der Stufe der Grundbedürfnisse befriedigen und strebt außerdem nach Befriedigung der Stufe 2 „Sicherheit", er wird jedoch nicht nach Status oder Selbstverwirklichung streben. Hierzu müssten nach Maslow erst die Stufen dazwischen ausreichend befriedigt werden.

Außerdem unterschied Maslow noch nach zwei verschiedenen **Bedürfnisarten:**

- **Defizitbedürfnisse**
  Das sind die unteren Stufen der Pyramide. Wenn das „Defizit" (z. B. Essen) gestillt ist, erfolgt zunächst kein weiteres Streben nach Befriedigung dieses Bedürfnisses

[14] Sprenger stellt die interessante Frage: Warum ändert sich bei neuen Mitarbeitern, die zunächst „hochmotiviert" eine neue Arbeitsstelle antreten, im Laufe der Zeit deren Verhalten? Beantworten Sie diese Frage bitte für sich selbst!

- **Unstillbare Bedürfnisse**
  Das betrifft die Selbstverwirklichungs- und (zum Teil) die Statusebene. Der Drang, diese Bedürfnisse zu befriedigen endet nie

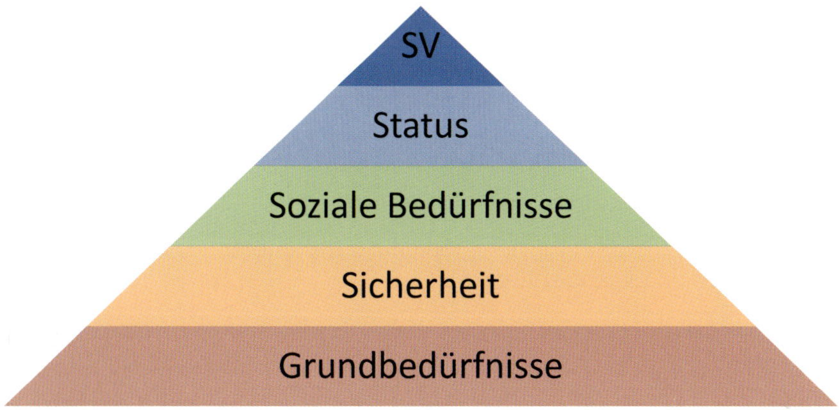

Abb. 53: Maslow'sche Bedürfnispyramide

Selbstverwirklichung (SV)	eigene Ziele setzen und diese erreichen
Status	Anerkennung
Soziale Bedürfnisse	Freundschaften / soziales Netzwerk / Familie bilden
Sicherheit	Wohnraum, Einkommen, Absicherung
Grundbedürfnisse	Schlafen, Essen, Trinken, Sexualtrieb

Tabelle 17: Die fünf Bedürfnisebenen nach Maslow[15]

Es bleibt dem Leser überlassen, was er davon hält, dass es nach dieser Theorie einen „einfachen" Arbeiter nicht geben kann, der in erster Linie seinem Job nachgeht, um sein Einkommen zu sichern, und um damit Miete und Essen bezahlen zu können (Stufe 2) und sich andererseits z. B. in seinem Hobby (Stufe 5) selbst verwirklicht.

5.1.3 Zwei-Faktoren-Theorie nach Herzberg

Aufbauend auf die Theorie von Maslow führte Frederick Herzberg zwei Faktoren ein, die nebeneinander als voneinander unabhängig betrachtet werden müssen und die in einem bestimmten Maße den fünf Stufen der Maslow'schen Bedürfnispyramide zugeordnet werden können (eine eindeutige Festlegung ist nicht möglich).

[15] Kurz vor seinem Tode hat Maslow noch eine weitere sechste Ebene unter der Bezeichnung „Transzendenz" hinzugefügt, die oberhalb der Selbstverwirklichung die Suche nach Gott bzw. Spiritualität widerspiegelt.

	Hygienefaktoren	Motivatoren
Fehlen führt zu...	Unzufriedenheit	Keine Zufriedenheit
Vorhandensein führt zu...	Keine Unzufriedenheit	Zufriedenheit
Maslow-Pyramide Stufen	1 bis 3	3 bis 5
Arbeitsbezug	Kontext / Umgebung	Arbeitsinhalt
Andere Bezeichnung	Unzufriedenheits-Verhinderer	Zufriedenheitsmacher

Tabelle 18: Motivatoren und Hygienefaktoren nach Herzberg

Die unabhängige Betrachtung der beiden Parameter Zufriedenheit und Unzufriedenheit führen zu folgender Logik:

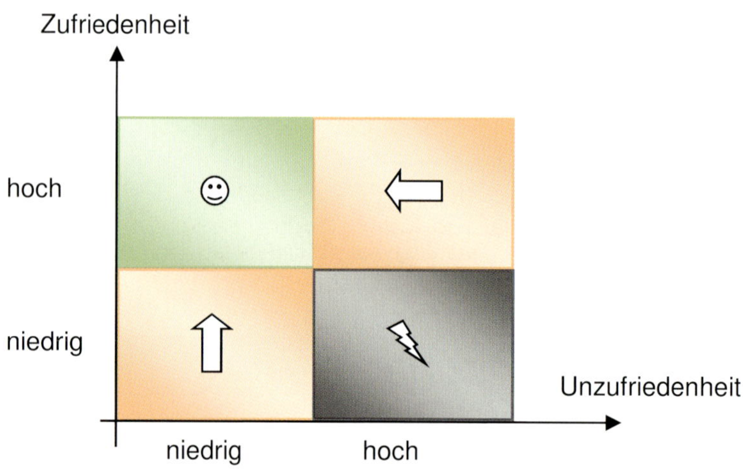

Abb. 54: Zufriedenheit und Unzufriedenheit nach Herzberg

Abb. 54 zeigt im oberen rechten Quadranten (Pfeil nach links) die nach Herzberg kuriose Konstellation, dass durch das Vorhandensein / Fehlen von Faktoren jemand sowohl zufrieden (Vorhandensein von Motivatoren) als auch unzufrieden sein kann (Fehlen von Hygienefaktoren). Da Gehalt als typischer Hygienefaktor zählt (Gehaltserhöhungen wirken nur kurzfristig als Motivator), lässt sich ein einfaches Beispiel für diese Konstellation konstruieren: Ein Manager, der alleinverantwortlich seinen Bereich führt und in seinem Job Erfüllung findet, jedoch völlig unterbezahlt ist.

Der linke untere Quadrant (Pfeil nach oben) zeigt die ebenfalls seltsame Situation, dass jemand nicht zufrieden (Motivatoren fehlen), aber gleichzeitig nicht unzufrieden ist (Hygienefaktoren vorhanden). Als Beispiel stelle man sich ein extrem gut bezahltes Reinigungspersonal vor.

Die Quadranten oben links und unten rechts zeigen die „Normalfälle“, dass entweder alle Faktoren vorhanden sind (Smiley) oder beide Faktoren völlig fehlen (Blitz).

5.1.4 X-Y-Theorien nach McGregor

Als letzte der klassischen Motivationstheorien und damit verbundene Führungsmethoden sollen nun die Theorien des Psychologen Douglas McGregor vorgestellt werden. McGregor formulierte ab 1960 zwei Theorien über den Menschen, die sich gegenseitig ausschließen (was auch die Ursache für die häufigste Kritik an den Theorien darstellt):

X-Theorie:

Menschenbild	Der Mensch hat eine Abneigung gegen Arbeit und ist von Natur aus faul. Er scheut Verantwortung und hat keinen Ehrgeiz.
Führungsstil	autoritär, direktiv, zielorientiert
Führungs-Methoden	Zwang, Kontrolle, Berichtspflicht, Strafe
Begriffe	Vorgesetzte, Untergebene, Befehle, Anweisungen

Tabelle 19: X-Theorie nach McGregor

Y-Theorie

Menschenbild	Arbeit hat einen hohen Stellenwert und ist Quelle von Zufriedenheit. Er ist von Natur aus fleißig und motiviert und sucht die Befriedigung seiner Bedürfnisse (i. B. das nach Selbstverwirklichung)
Führungsstil	kooperativ, partizipativ, mitarbeiterorientiert
Führungs-Methoden	MbO (Führen durch Zielvereinbarung), Delegation, Gruppenentscheidungen
Begriffe	Mitarbeiter, Kompetenz, Verantwortung

Tabelle 20: Y-Theorie nach McGregor

McGregor selbst favorisierte die Y-Theorie. Später entwickelte er noch die **Z-Theorie** („Der Mensch ist je nachdem"), die dem traditionellen japanischen Führungsstil entsprach.

Die Methoden und Führungsstile, Mitarbeiter gemäß ihrem Typ X oder Y zu führen, greifen nach heutigen Erkenntnissen deutlich zu kurz. Diese Theorie wurde hier nur der Vollständigkeit halber vorgestellt. Der folgende Abschnitt stellt ein neues, zeitgemäßes Modell der Persönlichkeit vor.

5.1.5 Die 16 Lebensmotive nach Steven Reiss

Der amerikanische Psychologe Steven Reiss hat die wohl umfangreichste und wissenschaftlich validierte Analyse der grundlegenden Motive bzw. Bedürfnisse des Menschen durchgeführt.

Außer den Theorien von Maslow und Herzberg, gab es weitere Arbeiten, die Reiss als Grundlage dienten. Der Psychologe McDougall hatte beispielsweise eine Liste mit 10.000 Motiven entwickelt und veröffentlicht. So erstellte Reiss eine Liste mit 328 „Ausgangswerten" und reduzierte im Rahmen einer groß angelegten Studie durch ein statistisches Verfahren namens Faktoranalyse diese 328 Ausgangswerte auf am Schluss 16 grundlegende Motive, die sich nicht mehr weiter reduzieren ließen.

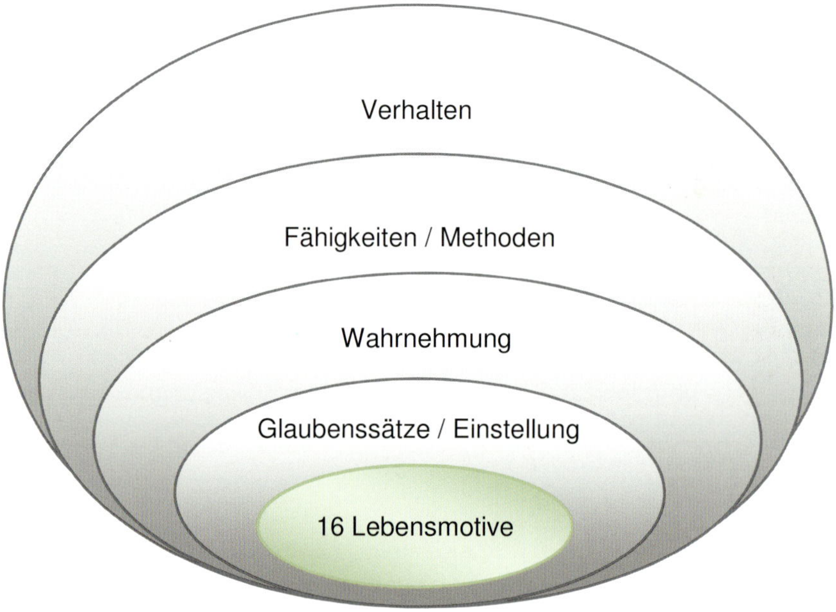

Abb. 55: Das Zwiebelschalenmodell nach Markus Brand basierend auf einer Idee von Robert Dilts

Anschließend entwickelte er einen 128 Fragen umfassenden Fragebogen, mit Hilfe dessen sich die Ausprägung der 16 Lebensmotive für jeden Menschen ermitteln lässt. Im Jahr 2000 veröffentlichte Reiss sein Buch „Wer bin ich – und was will ich wirklich?“ (Original-Titel „Who am I?“. Zu diesem Zeitpunkt hatten bereits mehr als 25.000 Personen in Nordamerika und Europa die Fragen zum Reiss-Profil beantwortet. Seit 2002 wird das Reiss-Profil auch in Deutschland erfolgreich eingesetzt – z. B. in den Bereichen Führung (Telekom, REWE, RWE und viele andere) oder im Leistungssport (Fußball Bundesliga - Borussia Dortmund oder Hannover 96, Handball-Nationalmannschaft, Judo-Nationalmannschaft).

Die meisten Instrumente zur Entwicklung von Mitarbeitern setzen auf der Verhaltens- oder Fähigkeiten-Ebene an und berücksichtigen die Motivstruktur des Mitarbeiters nicht.

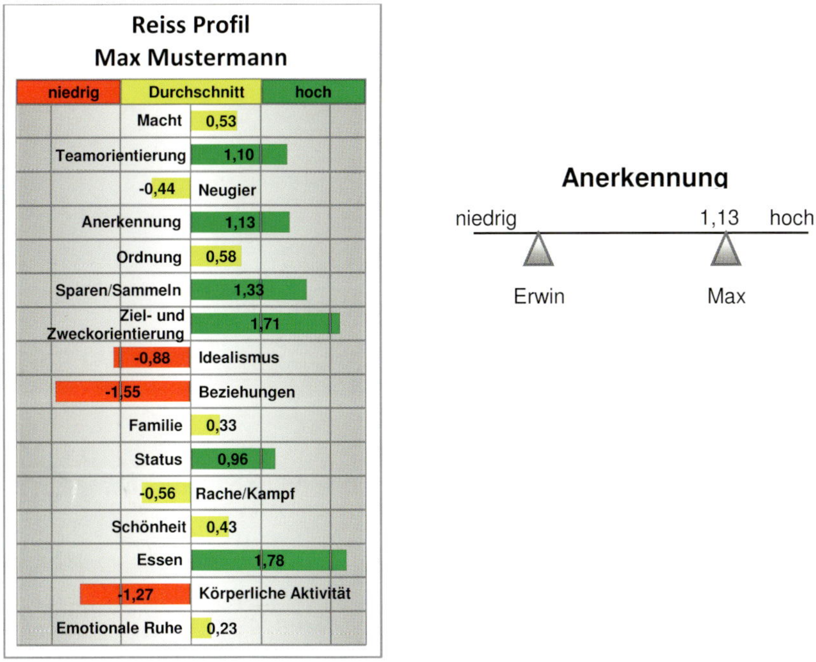

Abb. 56: Muster-Reiss-Profil mit Darstellung des Einzelmotivs Anerkennung als „Motiv-Kontinuum"

Nach Steven Reiss stellen die Lebensmotive jedoch die „Letztmotive", also die Endzwecke des menschlichen Handelns dar. Erkennt man an, dass jeder Mensch eine unterschiedliche Ausprägung der 16 Lebensmotive hat, so wird das Reiss-Profil zu einem individuellen Fingerabdruck der Persönlichkeit (5 Ausprägungsstufen je Motiv zu Grunde, so gibt es theoretisch $5^{16} \approx$ 152 Millionen Möglichkeiten). Die Abb. 56 zeigt ein Beispiel eines Reiss-Profils.

Entscheidend zum **Verständnis und zur Einordnung** des Profils sind folgende Punkte:

- das Reiss-Profil ist wissenschaftlich abgesichert:
  - valide (Nachweis, dass mit den Fragen auch tatsächlich das jeweilige Motiv „gemessen" wird)
  - reliabel (verlässlich in Bezug auf Zeitstabilität)
  - hat eine geringe „soziale Erwünschtheit"
(durch 8 Fragen je Motiv werden Ausreißer eliminiert)
- Es gibt kein gut und kein schlecht, lediglich obige fünf Ausprägungen eines Motivs
- jedes Motiv wird durch eine Zahl zwischen -2 und +2 ausgedrückt:

-2 bis -0,8	unterdurchschnittliche Ausprägung
-0,8 bis -0,4	leicht unterdurchschnittliche Ausprägung
-0,4 bis +0,4	neutrale Ausprägung
+0,4 bis +0,8	leicht überdurchschnittliche Ausprägung
+0,8 bis 2,0	überdurchschnittliche Ausprägung

Tabelle 21: Ausprägungen im Reiss-Profil

- Reiss unterscheidet zwischen
  - **Wohlfühl-Glück**
    entsteht aus dem Empfinden einer bestimmten Situation heraus und
  - **Werte-Glück**
    resultiert ausschließlich aus der Befriedigung von Lebensmotiven

Die Werte

Die Grenzwerte hat Steven Reiss an Hand einer Normalverteilung festgelegt:

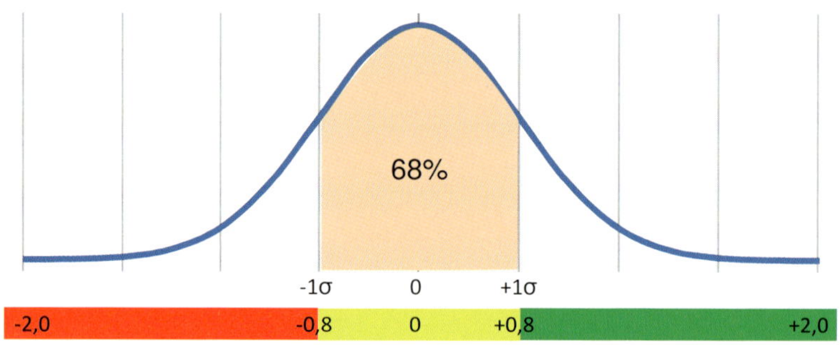

Abb. 57: Die Motivwerte an Hand der Normalverteilung

Im Abstand einer Standardabweichung um den Mittelwert ist -0,8 und +0,8 als Grenze zur hohen und zur schwachen Ausprägung festgelegt. Das Ende der Skala bilden dann -2,0 und +2,0. Den Durchschnitt bilden damit anteilig ca. 68% der Befragten eines Motivs, auf die über- bzw. unterdurchschnittlichen Ausprägungen entfallen je etwa 16%.

Da das persönliche Reiss-Profil grundsätzlich vor dem Hintergrund der Normstichprobe erstellt werden muss, kann es ausschließlich über zertifizierte Reiss-Profile-Master mit Zugang zur zentralen Datenbank generiert werden.

Interpretation der Motivausprägungen

Wie in Abb. 56 am Beispiel des Motivs Anerkennung dargestellt, handelt es sich bei jeder Motiv-Ausprägung um einen Wert auf einer kontinuierlichen Skala, der die Anteile der beiden gegensätzlichen Pole des Motivs repräsentiert. Die folgende Abbildung zeigt schematisch auf, wie bei einem Motiv je nach Motivwert die Anteile von rechtem und linkem Pol schematisch zu verstehen sind.

Im Beispiel zeigt die Länge der Linie im grünen Bereich für Max den Anteil, in dem Anerkennung angestrebt wird, die Länge der Linie im roten Bereich zeigt an, wie viel „Nicht-Anerkennung" für Max in Ordnung geht. Tendenziell bedeutet die Ausprägung von 1,13 also einen starken Drang nach Anerkennung (Anteil ist mehr als 75%). Für Max würde demnach ein Lob motivierend wirken.

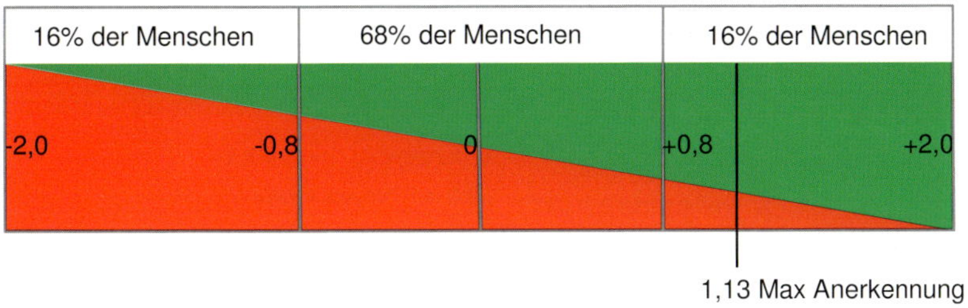

Abb. 58: Motivanteile

Die Führungskraft muss erkennen, dass der Mitarbeiter auf Basis dessen Motivstruktur geführt werden muss, wenn er motiviert arbeiten soll.

5

Dabei ist es unerheblich, welche Motivstruktur die Führungskraft hat. Auch wenn die Führungskraft selbst mit einem Lob überhaupt nichts anfangen kann (Anerkennung -2,0), so wird er mit einem wohl gemeinten Lob Max motivieren. Die Schwierigkeit liegt bei der Führungskraft, denn sie tut sich ja schwer, nachzuvollziehen, wozu ein Lob nötig ist.

Zeitstabilität

Bei der Erstellung eines Reiss-Profils werden die individuellen Antworten vor dem Hintergrund einer Normstichprobe aus tausenden von Personen gleichen Alters, gleicher Nationalität und Geschlechts gespiegelt. Das resultierende Profil ist damit immer relativ zur Normstichprobe zu verstehen. Mit zunehmendem Alter verschieben sich absolut betrachtet Motivausprägungen (z. B. ist bei einem 16-Jährigen das Familien-Motiv geringer ausgeprägt als bei einem 30-Jährigen). Da sich jedoch auch die Normstichprobe gemäß Alter, Geschlecht und Nationalität mit verändert, bleibt das Reiss-Profil relativ betrachtet sehr zeitstabil.

Self-Hugging (Selbstbezug)

Als Self-Hugging bezeichnet Steven Reiss den Umstand, dass man das eigene Profil für das Maß der Dinge hält. Menschen, die anders sind (ein deutlich abweichendes Profil haben) werden dann manchmal sogar als krank bezeichnet. Gelingt es jedoch, jedem Menschen sein eigenes Profil zuzugestehen und ihn so zu akzeptieren wie er ist, so führt dies direkt zu einer besseren Menschenkenntnis und einem einfacheren Umgang mit „Andersdenkenden".

Überblick über die 16 Lebensmotive

Es folgt nun ein abschließender Überblick über die 16 Lebensmotive mit einer Spalte für die Selbstbewertung:

Motiv	Niedrige Ausprägung	hohe Ausprägung	Selbst-Bewertung
Macht	geführt, dienstleistungsorientiert *„Ich will mich an anderen orientieren."*	führend, entscheidend *„Ich will Einfluss nehmen."*	
Teamorientierung	unabhängig, autark *„Ich will frei und eigenständig sein."*	team- & konsensorientiert *„Ich will emotional verbunden sein."*	
Neugier	praktisch, umsetzungsorientiert *„Ich will konkret handeln."*	wissbegierig, intellektuell *„Ich will Neues lernen."*	
Anerkennung	selbstsicher, kritikfähig Anerkennung *„Ich kann alles schaffen."*	perfektionistisch, sensibel *„Ich will anderen gefallen."*	
Ordnung	flexibel, spontan *„Ich will frei sein von Strukturen."*	planvoll, organisiert *„Ich will Struktur und Sauberkeit."*	
Sparen / Sammeln	großzügig, gebend *„Ich will generös sein."*	sparsam, bewahrend *„Ich will Dinge aufheben."*	
Ziel- und Zweck-orientierung	prinzipientreu, loyal *„Ich will Werte einhalten."*	ziel- & zweckorientiert *„Ich will nach meinen Regeln leben."*	
Idealismus	realistisch, pragmatisch *„Ich will Gerechtigkeit für mich."*	idealistisch, altruistisch *„Ich will Gerechtigkeit für alle."*	
Beziehungen	zurückgezogen, Nähe vermeidend *„Ich will alleine sein."*	gesellig, kontaktfreudig *„Ich will mit Menschen zusammen sein."*	
Familie	partnerschaftlich, familiär unabhängig *„Ich will nicht eingeengt sein."*	fürsorglich, kümmernd *„Ich will meinen Partner / meine Kinder umsorgen."*	
Status	bescheiden, unauffällig *„Ich will nicht herausgehoben sein."*	elitär, herausstechend *„Ich will gesehen werden."*	
Rache / Kampf	harmonieorientiert, ausgleichend *„Ich will in Harmonie leben."*	wettbewerbsorientiert, kämpferisch *„Ich will gewinnen."*	
Schönheit	asketisch, nüchtern *„Ich will keine Verdrehung der Sinne."*	sinnlich, ästhetisch *„Ich will Spaß an den schönen Dingen haben."*	
Essen	hungerstillend, eintönig essend *„Ich will mich nur ernähren."*	genussvoll, kulinarisch *„Ich will Essen genießen.*	
Körperliche Aktivität	bequem, gemütlich *„Ich will körperliche Anstrengung vermeiden."*	sportlich, athletisch *„Ich will mich bewegen und fit sein."*	
Emotionale Ruhe	stressrobust, risikobereit *„Ich will Abwechslung."*	stresssensibel, ängstlich *„Ich will vorsichtig sein."*	

Tabelle 22: Die Lebensmotive im Überblick mit Selbstbewertung

Möglichkeiten der Verwendung als Führungsinstrument

- Mitarbeiter in Bezug auf Ihre Motive einschätzen
- Bewusstmachen von Schwächen und Stärken
- Mitarbeiter nach deren Motiven führen („Der Wurm muss dem Fisch schmecken, nicht dem Angler")
- Bewusstes Vermeiden von Self-Hugging
- Erstellung von Team-Profilen für die Teambildung

Original- und Business-Profil

Im Original Reiss-Profil gibt es das Motiv **Eros**, das im Business-Profil durch **Schönheit** ersetzt wurde. Es sei darauf hingewiesen, dass es sich bei dem Motiv Schönheit um ein nicht validiertes Motiv handelt, da es nur einen Teilaspekt des Motivs Eros abbildet. Für geschäftliche Zwecke eignet sich das Business-Profil jedoch deutlich besser, da die Fragen nach dem Eros-Motiv in der Regel als Eingriff in die Privatsphäre empfunden werden, diejenigen nach dem Teilaspekt Schönheit dagegen nicht.

Außerdem heißt im Original-Profil das Motiv **Teamorientierung** mit vertauschten Skalenpolen eigentlich **Unabhängigkeit** und das Motiv **Ziel- und Zweckorientierung** ebenfalls mit vertauschten Skalenpolen **Ehre.** Gerade der letztere Begriff ist in Deutschland negativ besetzt.

5.2 Der Gallup Engagement-Index

Das bekannte Beratungs-Unternehmen Gallup untersucht seit Jahren in Form von Studien die emotionale Bindung von Mitarbeitern an ihre Unternehmen. Das Ergebnis dieser Untersuchungen spiegelt sich im sogenannten Engagement-Index wider.

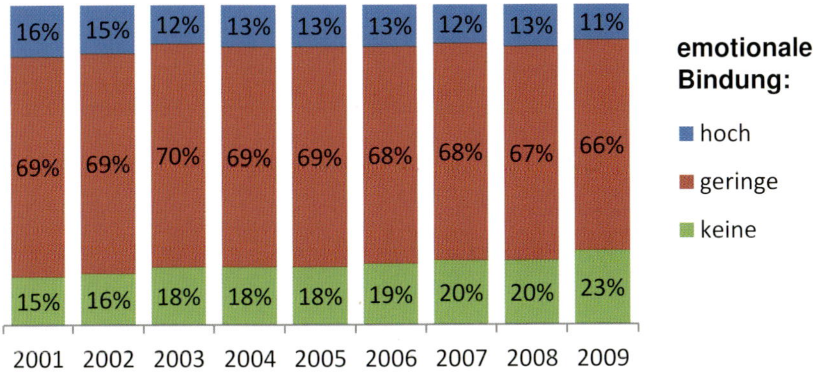

Abb. 59: Der Gallup Engagement-Index[16]

Die Studie zeigt, dass inzwischen 89% aller Mitarbeiter keine oder nur eine geringe emotionale Bindung an ihr Unternehmen haben – und das mit steigender Tendenz. Im

[16] Quelle: eu.gallup.com

Sinne eines Qualitätsmanagementsystems muss davon ausgegangen werden, dass sich dieser Sachverhalt erheblich nachteilig auf das Qualitätsbewusstsein der Mitarbeiter auswirkt.

Daher sollen im Folgenden noch ergänzend die 12 Schlüssel-Aussagen aufgezeigt werden, die Gallup für eine hohe Mitarbeiter- und Arbeitsgruppen-Leistung ermittelt hat:

- Ich weiß, was von mir in bzw. bei der Arbeit erwartet wird
- Ich habe das notwendige Material und die Ausrüstung, um meine Arbeit richtig ausführen zu können
- Ich habe bei der Arbeit jeden Tag die Gelegenheit, das zu tun, was ich am besten kann
- In den letzten sieben Tagen habe ich für gute Arbeit eine Anerkennung oder ein Lob erhalten
- Meine Führungskraft oder jemand anders in der Arbeit kümmert sich um mich als Mensch
- Es gibt jemanden in der Arbeit, der mich in meiner Entwicklung voranbringt bzw. ermutigt
- In der Arbeit scheint meine Meinung etwas zu zählen
- Die Mission bzw. der Unternehmenszweck meines Unternehmens verschaffen mir das Gefühl, dass meine Arbeit wichtig ist
- Meine Kollegen und Kontaktpersonen haben sich alle zu Qualität in/bei der Arbeit verpflichtet
- Ich habe einen besten Freund in der Arbeit
- In den letzten sechs Monaten hat in meiner Arbeit jemand mit mir über meine Fortschritte gesprochen
- Im zurück liegenden Jahr hatte ich verschiedene Gelegenheiten bei der Arbeit zu lernen und zu wachsen

Leider gibt es sehr viele Unternehmen, in denen Mitarbeiter keine oder nur wenige der obigen Aussagen für sich in Anspruch nehmen können. Warum sollten sie dann ein Qualitätsbewusstsein im Sinne des Unternehmens entwickeln?

Auch hier stellt sich für ein Unternehmen die Kernfrage: Wie schaffe ich ein Umfeld, in dem der Mitarbeiter engagiert arbeitet bzw. in seiner Arbeit „aufgeht"? Die 12 Schlüssel-Aussagen von Gallup geben mögliche Ansatzpunkte hierfür vor.

5.3 Merkmale und Randbedingungen qualitätsbewussten Handelns

Woran lässt sich erkennen, dass Mitarbeiter qualitätsbewusst im Alltag agieren? Hierzu müssen wir zunächst klären, was unter dem Begriff „Qualitätsbewusstsein" eigentlich zu verstehen ist.

Diese Frage lässt sich wieder über den Begriff „Anforderungen" angehen. Erinnern wir uns an die Definition des Qualitätsbegriffs aus der ISO 9000: *„Qualität ist der Grad, in* *dem ... Anforderungen erfüllt werden.“* Das heißt in der logischen Folge, **dass die Anforderungen an die Produkte und Dienstleistungen zuallererst definiert sein müssen, damit überhaupt erst klar ist, wann man von guter Qualität sprechen kann und wann nicht.**

Beispiel 1: Unternehmen Winterhaus legt besonderen Wert darauf, dass nach Vorschrift gearbeitet wird und die Mitarbeiter sich in dem vorgegebenen Rahmen bewegen. Qualitätsbewusstsein zeichnet sich hier bei Mitarbeitern dadurch aus, dass sie keine Fragen stellen, sondern ihren Job erledigen und keine Fehler machen. Fehler sind hier ein Zeichen für mangelndes Qualitätsbewusstsein.

Beispiel 2: Unternehmen Sommerbries legt Wert darauf, dass vorhandene Fehler unverzüglich auf den Tisch kommen und ursächlich baldmöglichst abgestellt werden. Qualitätsbewusstsein zeigt sich hier im offenen Umgang aller Mitarbeiter untereinander auf allen Ebenen. Die Anzahl behobener Fehler ist sowohl ein Maß für die ständige Verbesserung als auch das Qualitätsbewusstsein.

Die beiden Beispiele zeigen eines sehr deutlich:

Qualitätsbewusstsein zeigt sich in erster Linie im Umgang mit Fehlern!

Beide Unternehmen haben eine eigene Qualitätspolitik und entwickeln dadurch eine eigene Unternehmenskultur.

Allgemein lässt sich sagen, dass Fehler die *„Nichterfüllung einer Forderung“* (ISO 9000) sind. Solange Mitarbeiter die Anforderungen an ihre Arbeit, die Produkte, die Prozesse, die Dienstleistungen etc. nicht kennen, so ist auch der Begriff „Fehler“ unklar und ein Qualitätsbewusstsein lässt sich überhaupt nicht objektiv beurteilen.

Fazit: Die Merkmale qualitätsbewussten Handelns lassen sich am Erfüllen der unterschiedlichen Anforderungen im Unternehmen ablesen.

Die folgenden Kapitel geben nun einen Überblick über Aspekte, die qualitätsbewusstes Handeln direkt oder indirekt beeinflussen. Sie stellen limitierende Faktoren dar, unter denen sich qualitätsbewusstes Handeln entfalten kann.

5.3.1 Über- und Unterforderung

In einfachen neurologischen Tests kann der Zusammenhang zwischen ausgesendeten optischen Signalen – z. B. Lichtblitze unterschiedlicher Farbe – und der Verarbeitung durch eine Testperson überprüft werden. Hierbei zeigt sich, dass es bei ansteigender Frequenz einen Bereich gibt, in dem die Testperson „optimal“ die Signale richtig erkennt (z. B. durch Drücken des richtigen Knopfes).

Bei zu langsamer Frequenz entstehen Fehler durch Unkonzentriertheit, weil die Person auf Grund der „zu langen Pausen“ sich gedanklich nicht dauerhaft auf die Signale fokussieren kann – die Person ist **unterfordert**. Ist die Frequenz zu schnell, so kann der Proband den Signalen nicht mehr genügend folgen – die Person ist **überfordert.**

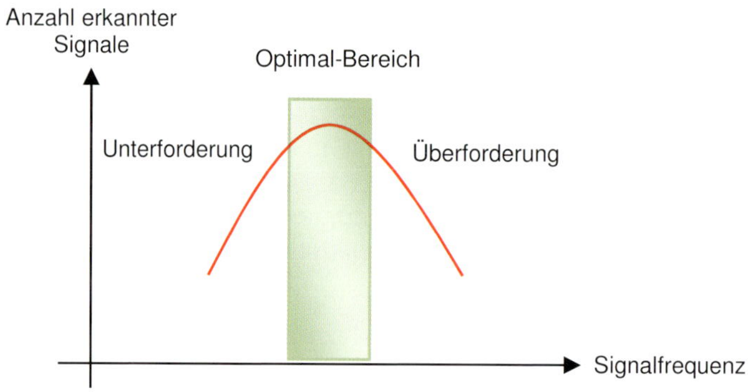

Abb. 60: Zusammenhang zwischen Signalfrequenz und Signal-Erkennung

Es gibt eine Spanne, innerhalb der gesunde Menschen üblicherweise ihren Optimalbereich haben und der Test kann helfen, neurologische Erkrankungen sichtbar zu machen. Jedoch gibt es auch zwischen gesunden Menschen deutliche Unterschiede, die teils von der Persönlichkeit des Probanden, teils vom Trainingszustand abhängig sind. Ein trainierter Morsefunker erkennt Signale beispielsweise mit einem x-fachen eines Untrainierten und dabei fühlt sich der Funker auch noch wohl, während der „normal Sterbliche" bei weit niedriger Signal-Häufigkeit bereits völlig verzweifelt.

Der Psychologe Mihaly Csikszentmihalyi definiert den Bereich zwischen Über- und Unterforderung als **Flow-Zustand** und kennzeichnet ihn durch folgende Eigenschaften:

- Wir sind der Aktivität gewachsen.
- Wir sind fähig, uns auf unser Tun zu konzentrieren.
- Die Aktivität hat deutliche Ziele.
- Die Aktivität hat unmittelbare Rückmeldung.
- Wir haben das Gefühl von Kontrolle über unsere Aktivität.
- Unsere Sorgen um uns selbst verschwinden.
- Unser Gefühl für Zeitabläufe ist verändert.
- Die Tätigkeit hat ihre Zielsetzung bei sich selbst (sie ist „autotelisch")
- Nicht alle Bestandteile müssen gemeinsam vorhanden sein.

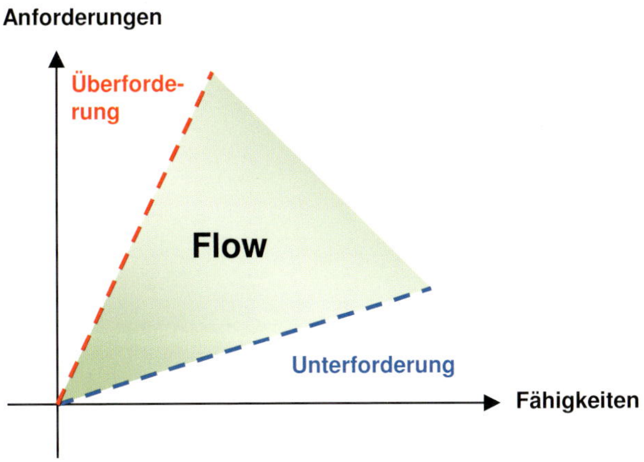

Abb. 61: Der Flow-Zustand zwischen Über- und Unterforderung

Gelingt es, dass ein Mitarbeiter im Bereich zwischen Über- und Unterforderung agiert, so ist eine Voraussetzung für qualitätsbewusstes Handeln gegeben. Es ist allerdings kein Garant dafür!

Flow ist etwas anderes als ein "Kick", es scheint mehr zu sein, vielleicht in diesem Sinne auch "wertvoller". Der Flow nach Csikszentmihalyi kann als Zustand beschrieben werden, in dem Aufmerksamkeit, Motivation und die Umgebung in einer Art produktiven Harmonie zusammentreffen.

Kritik am Modell bezieht sich vor allem auf den Punkt, dass der Eigenantrieb (Motivation) hier keine Berücksichtigung findet. Ein Mitarbeiter kann zwischen Über- und Unterforderung – also im „Optimalbereich" arbeiten und dennoch nie den Flow-Zustand erleben, weil ihm die Arbeit keinen Spaß macht bzw. sie ihn nicht erfüllt.

Für Führungskräfte leitet sich die Forderung ab, den Flow-Bereich der Mitarbeiter zu ermitteln und sie auch dementsprechend zu fordern und zu fördern.

5.3.2 Bedürfnis und Verhalten

Die Deutsche Gesellschaft für Qualität (DGQ) beschreibt in Band 14-61 einen Regelkreis von Bedürfnis und Verhalten:

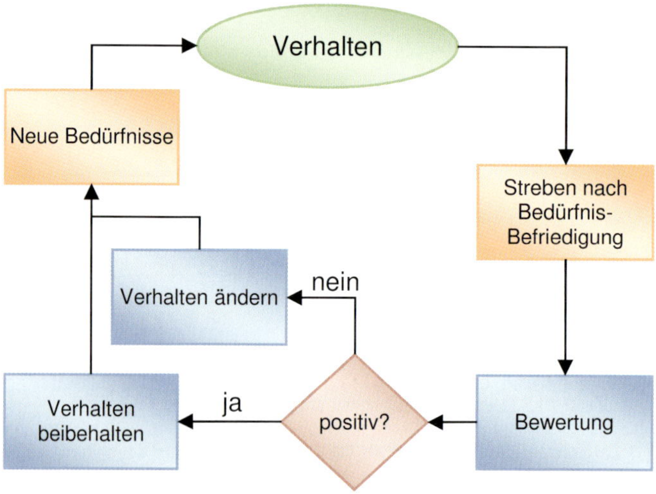

Abb. 62: Regelkreis von Bedürfnissen und Verhalten

Triebfeder des Verhaltens ist das Streben nach Befriedigung oder Erfüllung von Bedürfnissen. Werden diese Bedürfnisse mit dem Verhalten befriedigt, so wird es beibehalten, andernfalls entstehen neue Bedürfnisse, die wiederum eine Verhaltensänderung nach sich ziehen.

Beispiel: Ein neuer Mitarbeiter tritt eine neue Arbeitsstelle an und ist hoch motiviert, weil er gerne unter Beweis stellen möchte, dass er genau der Richtige für die Stelle ist. Nach einiger Zeit bewertet er (bewusst oder unbewusst), ob sein Verhalten seine Bedürfnisse (z. B. nach Anerkennung) befriedigt oder nicht. Erfolgt keine Bedürfnis-Befriedigung, so wird er sein Verhalten nach und nach ändern und dabei neue bzw. andere Bedürfnisse befriedigen. Er geht z. B. dazu über, Dienst nach Vorschrift zu machen. Die Bedürfnisse heißen jetzt „keine Strafe“ und das Verhalten lautet „so wenig arbeiten wie möglich, um keine Fehler zu machen“.

Dieses Beispiel macht deutlich, wie wichtig das Schaffen eines „motivierenden“ Umfeldes durch die Führungskraft ist. Dabei sind jedoch die Motive des Einzelnen von entscheidender Bedeutung (vgl. Kap. 5.1.5).

Der Psychologe Lutz von Rosenstiel untersuchte schließlich die Bedingungen, die unser Verhalten beeinflussen, etwas näher.

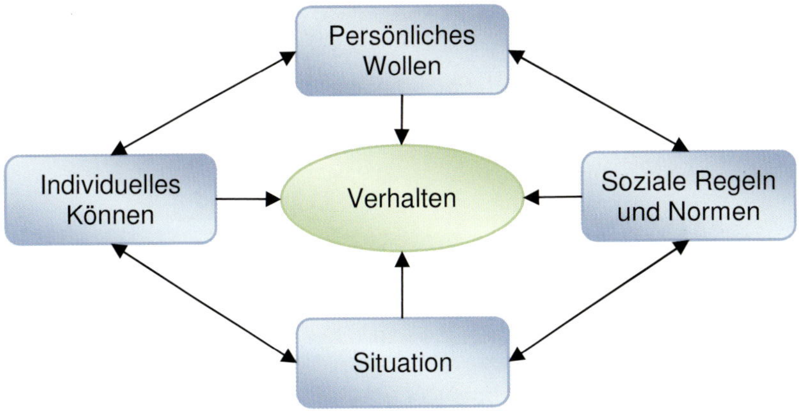

Abb. 63: Bedingungen des Verhaltens nach von Rosenstiel

Dabei bedeuten die Bedingungen im Einzelnen:

Persönliches Wollen	Eigenantrieb (Motivation)
Individuelles Können	Mitgebrachte und durch Fortbildung erworbene Fähigkeiten
Situation	Das organisatorische Umfeld, in dem sich der Mitarbeiter entfalten kann
Soziale Regeln und Normen	Das im Wechselspiel mit Kollegen, Führungskräften und unterstellten Mitarbeitern vorhandene persönliche Umfeld, in dem angstfreies Arbeiten möglich ist

Tabelle 23: Bedingungen des Verhaltens nach von Rosenstiel

5.3.3 Leistung nach Sprenger

Reinhard K. Sprenger hat drei der obigen Verhaltens-Bedingungen als die Kernfaktoren der Leistung identifiziert. Leistung ist für ihn das Produkt aus **B**ereitschaft (Wollen, Motivation), **F**ähigkeit und **M**öglichkeit:

$$L = B \times F \times M$$

Dabei können diese Faktoren von Mitarbeiter und Führungskraft in unterschiedlichem Maße beeinflusst werden, wie folgende Abbildung zeigt:

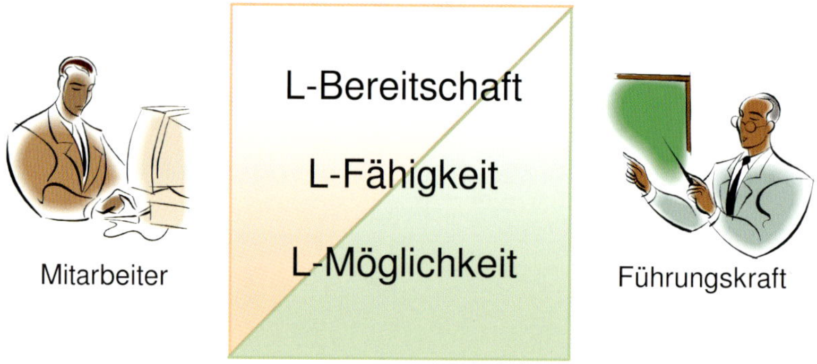

Abb. 64: Einflussfaktoren der Leistung nach Sprenger

Wie weiter oben bereits ausgeführt, obliegt die Motivation (Eigenantrieb) weitgehend beim Mitarbeiter.

Die Leistungs-Fähigkeit wird einerseits vom Mitarbeiter beeinflusst (Vorkenntnisse, Wille zur Fortbildung), andererseits jedoch auch durch die Führungskraft, die eine gezielte Fortbildung bzw. Erweiterung der Fähigkeiten und Kenntnisse ermöglichen kann.

Die Leistungsmöglichkeit schließlich ist hauptsächlich Sache der Führungskraft. Sie schafft das Umfeld in organisatorischer und persönlicher Hinsicht.

5.3.4 Betriebliche und persönliche Ziele

Wie weiter oben bereits ausgeführt, möchte jeder Mitarbeiter durch sein Verhalten vorhandene Bedürfnisse befriedigen. Steven Reiss hat uns deutlich gemacht, dass in der Struktur der grundlegenden Motive gleichzeitig auch der „Lebenszielplan" des Menschen liegt.

Die Kunst erfolgreicher Unternehmen besteht nun darin, die persönlichen Ziele der Mitarbeiter mit betrieblichen Zielen in eine gewisse Überdeckung zu bringen:

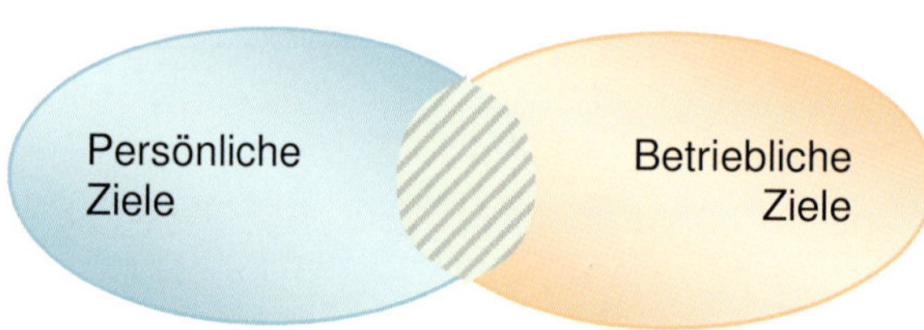

Abb. 65: Synergie durch Überlappung von persönlichen und betrieblichen Zielen

Durch die Überlappung betrieblicher mit persönlichen Zielen entsteht Synergie. Synergie ist mehr als die Summe der Einzelteile!

Beispiel: Ein Ruder-Achter soll aus 20 Personen besetzt werden. Man könnte nun die sportliche Leistung jedes einzelnen Sportlers auf einem Ergometer messen und die acht besten plus einen Steuermann auswählen. Eine solche Besetzung wird in der

Regel nicht der beste Achter sein! Ein optimales Team wird aus einer gemischten Gruppe bestehen, die gemeinsam mehr leisten können als die acht besten.

Auf den Arbeitsalltag übertragen wird ein gutes Team beispielsweise im Rahmen eines gemeinsamen Brainstormings besser in der Lage sein, ein komplexes Problem zu lösen als dies durch die Zusammenführung von Einzelvorschlägen der Beteiligten der Fall sein wird.

Für den einzelnen Mitarbeiter bedeutet dieser Ansatz, dass er durch die Überlappung von persönlichen und betrieblichen Zielen deutlich mehr leisten wird, als die reine Erfüllung der betrieblichen Aufgaben. So wird beispielsweise die gezielte Förderung von (persönlich angestrebten) Fortbildungsmaßnahmen sein, dass das erworbene Wissen an verschiedenen Stellen auch dem Unternehmen zugutekommen wird.

Abschließend sei an dieser Stelle noch einmal auf Kap. 5.1.5 verwiesen. Führen auf Basis der Lebensmotive des Mitarbeiters erweitert automatisch den Überlappungsbereich von persönlichen und betrieblichen Zielen und bereitet den Rahmen für qualitätsbewusstes Handeln.

5.3.5 Verbesserungsvorschläge und Anreizsysteme

Der Umgang mit Verbesserungsvorschlägen stellt mitunter ein sehr umstrittenes Thema dar.

Es gibt grundsätzlich nur zwei Lager:

- Befürworter von Anreizsystemen und
- strikte Gegner von Anreizsystemen

Die **Vorteile von Anreizsystemen** liegen auf der Hand:

- Sammeln vieler Vorschläge führt häufig auch zu betriebswirtschaftlichen Sparpotenzialen des Unternehmens
- Richtig eingeführt werden Mitarbeiter dazu ermutigt, Vorschläge zu machen (in der Regel sind sie immer an ein Belohnungssystem gekoppelt)
- Mitarbeiter können durch die Vorschläge direkt etwas an Missständen in ihrem Umfeld verändern
- Mitarbeiter partizipieren häufig auch direkt finanziell an Vorteilen, die das Unternehmen durch Umsetzen der Vorschläge erreicht

Häufig wird das Vorschlagswesen jedoch in einer Art und Weise betrieben, die langfristig **nachteilig** wirken:

- Vorgesetzte unterbreiten „nach oben" Vorschläge ihrer Untergebenen als eigene und streichen die Belohnung ein
- Vorschläge werden zeitversetzt umgesetzt, der Mitarbeiter geht leer aus
- Zugesicherte Belohnungen werden nicht eingelöst
- Belohnungen führen zu Erwartungshaltungen (vgl. Sprenger)

Mitarbeiter machen dann in der Folge Dienst nach Vorschrift und halten sich mit Vorschlägen bedeckt. Damit ist dann der eigentliche Sinn und Zweck des

Vorschlagswesens nicht nur verfehlt, sondern führt zu einer genau entgegengesetzten Richtung bzw. zur Demotivierung der Mitarbeiter.

Es folgen nun einige Punkte, die beim Vorschlagswesen Beachtung finden sollten bzw. die in der Praxis zu einem gut angenommenen Anreizsystem durch die Mitarbeiter geführt haben:

Prozessbe-schreibung	Für den Ablauf des Vorschlagswesens sollte eine klare Prozessbeschreibung erstellt werden, die allen Mitarbeitern zur Verfügung gestellt wird
Mentor	Es empfiehlt sich die Einführung einer Gruppe von Mentoren, aus der ein Mitarbeiter frei auswählen kann. Der Mentor begleitet den Mitarbeiter während der Vorschlagsbearbeitung und informiert regelmäßig über den aktuellen Status. Ein Melden des Vorschlags direkt bei der Führungskraft ist in der Regel nicht empfehlenswert.
Wieder-Aufleben	Es sollte die Möglichkeit geben, einen bereits getätigten Vorschlag wieder aufleben zu lassen, falls es zeitverzögert zu einer Umsetzung eines gemachten Vorschlages kommt.
Belohnung	Häufig wird ein „vermutliches Einsparpotenzial" errechnet, an dem der Mitarbeiter prozentual beteiligt wird. Dies führt bei größeren Summen meist zu Neid und Missgunst. Es sollte überlegt werden, ob umgesetzte Vorschläge nicht durch gezielte Aktionen dem ganzen Team des vorschlagenden Mitarbeiters zu Gute kommen (z. B. Ausflug, Etat zur freien Verfügung etc.). Auch eine Verlosung einer Reise unter den Vorschlagenden wäre denkbar.
abgelehnte Vorschläge	Es sollte klar geregelt sein, wie mit abgelehnten Vorschlägen verfahren wird. Mitarbeiter sollten dabei nicht frustriert oder demotiviert werden.

Tabelle 24: Vorschläge und Hinweise zur Umsetzung eines Anreizsystems

Abschließend sei die Frage gestattet, ob in einem Unternehmen, in dem Mitarbeiter mit Verbesserungsvorschlägen ein offenes Ohr bei ihren Führungskräften finden und diese auch zu ihrem eigenen Wohl umgesetzt werden, Mitarbeiter sich mit Vorschlägen zurück halten, weil es keine Belohnung gibt? Oder anders ausgedrückt: **Steigert ein Belohnungssystem die Qualität von Vorschlägen?** In jedem Fall wird es die Quantität steigern, so viel ist sicher.

5.4 Formen der Mitarbeiterbeteiligung zur Qualitätsverbesserung

Die folgenden Abschnitte beleuchten Maßnahmen und Aspekte, die der Qualitätsverbesserung von Produkten und im Sinne der Norm auch von Prozessen und erbrachten Dienstleistungen dienen.

5.4.1 Selbstprüfung

Um das Konzept der Selbstprüfung zu verstehen stellen wir folgende Überlegung an:

Abb. 66: Klassischer Prozessablauf in der Fertigung

In der Fertigung haben wir im klassischen Prozessablauf einen oder mehrere Prozessschritte, die am Ende der Prozesskette eine Qualitätskontrolle erfordern. Grundsätzlich sehen vier Augen mehr als zwei, also ist es sinnvoll, die Kontrolle durch eine andere Person ausführen zu lassen als die am Prozess beteiligte(n) Person(en).

Es gibt jedoch viele Fälle in der Praxis, in denen es aus verschiedenen Gründen sinnvoll ist, die Kontroll-Aufgabe trotzdem durch einen am Prozess beteiligten Mitarbeiter ausführen zu lassen. Dies gilt natürlich niemals für kritische Fehlerbauteile.

Vorteile für das Unternehmen:

- Zeit- und Kostenersparnis
- Gezielte Möglichkeit, die Arbeit des Mitarbeiters im gegebenen Fall besonders wertzuschätzen (z. B. höhere Lohn-Einstufung)
- Am Prozess beteiligte haben meist das höchste Fach-Know-how

Vorteile für den Mitarbeiter:

- Höhere Eigenverantwortung
- Ggf. besondere Vergütung der Leistung

Um eine Selbstprüfung sinnvoll einzuführen sind jedoch verschiedene **Voraussetzungen** nötig:

- Die Stelle im Prozess muss für die Selbstprüfung geeignet sein
- Mitarbeiter muss geeignet sein
- spezielle Kenntnisse in Qualitätsmanagement im Allgemeinen sowie Mess- und Prüftechnik im Besonderen
- genaue Kenntnis der Auswirkung möglicher Fehler
- eindeutig festgelegte Prüfverfahren

Beispiele aus der Praxis:

- An einer Fertigungsstraße gibt es mehrere Arbeitsschritte, bei denen durch die Art der Tätigkeit ein Kontrollschritt nicht möglich ist. An dem Punkt, wo eine Prüfung möglich wird, wird ein Selbstprüfer eingesetzt, der sämtliche Arbeitsschritte, die vorher stattfanden, mitkontrolliert und „freigibt".
- In teilautonomen Arbeitsgruppen (siehe Kap. 5.4.2) wird ein Mitarbeiter zum Selbstprüfer ernannt, der die Baugruppe oder das Halbfertigteil für die ganze Gruppe freigibt.

5.4.2 Teilautonome Arbeitsgruppen

Teilautonome Arbeitsgruppen finden häufig in der Industrie Anwendung (z. B. Automobilindustrie), wo es um die Fertigung von Halbfertigteilen geht. **Empfehlenswerte Gruppengrößen** liegen bei etwa 5 bis 20 Mitarbeitern, die für das Erzeugnis **eigenverantwortlich alle notwendigen Arbeitsschritte durchführen** (Planung, Organisation, Steuerung, Qualitätskontrolle). Es grenzt sich damit deutlich vom tayloristischen Arbeitsansatz ab (strenge Arbeitsteilung).

Die höhere Verantwortung führt zu einer **stärkeren Identifikation** des Teams mit ihrer Arbeit bzw. dem zu fertigenden Produkt und erhöht in der Regel die Qualität des Produkts. Ein oder mehrere Gruppenmitglieder sind meist als **Selbstprüfer** (siehe Kap. 5.4.1) ausgebildet und geben das Erzeugnis für die gesamte Gruppe frei.

5.4.3 Qualitätszirkel

Ein Qualitätszirkel ist eine Gruppe von Mitarbeitern, die sich regelmäßig treffen („Zirkel"), um die Qualität im Unternehmen zu steigern. Sie beschäftigen sich dabei sowohl mit Qualitätsproblemen als auch mit der Umsetzung von qualitätsrelevanten Verbesserungsvorschlägen.

Die Gruppe ist durch verschiedene Aspekte gekennzeichnet:

Aspekte:
• freiwillige Teilnahme
• gemischte Zusammensetzung aus allen möglichen Bereichen (Produktion, Entwicklung, Vertrieb) und Hierarchieschichten
• Gemeinsames Ziel: Kontinuierliche Verbesserung (KVP)
• Alle wichtigen Kompetenzen im Team vertreten (siehe Kap. 5.4.4)
• über die Arbeitsergebnisse wird in der Regel direkt an die Geschäftsleitung berichtet
• Erarbeitung von Vorschlägen und Maßnahmen zur Fehler-Minimierung bzw. -Ursachenbeseitigung

Tabelle 25: Aspekte eines Qualitätszirkels

Zuweilen ist es auch üblich, mehrere, verschiedene Qualitätszirkel im Unternehmen herauszubilden, die sich dann um unterschiedliche Teilbereiche kümmern.

In allen erfolgreichen Teams müssen verschiedene Kompetenzen vorhanden sein. Diesem Thema widmet sich der nun folgende Abschnitt.

5.4.4 Kompetenzen im Team

In jedem guten Team sind verschiedene Kompetenzen vorhanden, die zusammen ein gutes Arbeitsergebnis erzeugen sollen:

organisatorische Kompetenz	Organisation der Räumlichkeiten, Dokumentation der Ergebnisse etc.
sozial-integrative Kompetenz	die Fähigkeit, sich ohne Selbstdarstellung in die Gruppe zu integrieren
Persönlichkeits-Kompetenz	die Fähigkeit, sich auf andere einzustellen und mit ihnen zu interagieren
fachliche Kompetenz	Fachwissen um die behandelten Produkte, Prozesse, Dienstleistungen etc.
PR-Kompetenz	Die Darstellung der Arbeitsergebnisse der Gruppe nach außen („Tue Gutes und rede darüber!")
moderative Kompetenz	leitet und lenkt das Team; sorgt dafür, dass das Ziel erreicht wird

Tabelle 26: Kompetenzen im Team

Alle Kompetenzen sind wichtig und sollten im Team vertreten sein. Jedoch muss betont werden, dass ohne guten Moderator das Team weder effizient (zeitoptimal) noch effektiv (zielführend) arbeitet.

Der Moderator ist daher die wichtigste Person im Team!

Es sollte einleuchtend sein, dass der Moderator ausreichende Kenntnisse in Bezug auf Kommunikation und Gruppenführung haben sollte, um diese Tätigkeit auch erfolgreich ausführen zu können.

Problematik „Führungskraft ist der Moderator"

Häufig übernehmen in einer Gruppe Führungskräfte auch die Moderation. Es sollte beachtet werden, dass Gruppenmitglieder, die der Führungskraft unterstellt sind mitunter Angst haben, offen und ehrlich ihre Gedanken in den Kreis einzubringen. Gerade bei Einsatz von Werkzeugen wie Brainstorming bleiben so häufig wertvolle Vorschläge von Mitarbeitern ungenannt.

Das heißt im Klartext, **dass die Führungskraft sich die Ehrlichkeit und Offenheit der Mitarbeiter erst verdienen muss!**
Dies ist keine Selbstverständlichkeit.

Für viele Führungskräfte ist dieser Gedanke ungewohnt. Sie unterschätzen dabei aber, dass Angst ein mächtiger Gegner sein kann. Die Führungskraft allein ist für einen offenen und ehrlichen Umgang in der Gruppe verantwortlich – er ist niemals erzwingbar!

5.5 Qualitätspolitik und Leitbild

Qualitätspolitik ist Bestandteil der Unternehmenspolitik mit dem Ziel, dem Thema Qualität als bedeutsamem Erfolgsfaktor den notwendigen Stellenwert zu verschaffen.

Ein geeignetes Leitbild hilft dabei, die Qualitätspolitik in den Köpfen der Mitarbeiter zu verankern.

Abb. 67 zeigt die visuelle Darstellung eines Leitbildes der Firma Sanitätshaus Glotz aus Stuttgart.

Für dieses Leitbild hat sich die Führungsebene des Unternehmens mehrere Monate Zeit genommen, um elf „Firmenwerte“ zu erarbeiten, die dann schließlich durch einen Grafiker illustriert und im Bild als Leuchttürme dargestellt wurden. Um diese Werte im Bewusstsein der Mitarbeiter nun fest zu verankern, ist konzeptionell ein Zeitraum von fast zwei Jahren vorgesehen (pro Wert zwei Monate). Es versteht sich von selbst, dass die Voraussetzung hierfür ein angenehmes Betriebsklima und eine niedrige Mitarbeiter-Fluktuation erfordern. Der benötigte Zeitaufwand alleine lässt erahnen, welche Wichtigkeit die Firma Glotz seinem Leitbild zukommen lässt.

Die einfache Form: Leitsätze als Leitbild

Eine ganz einfache Form des Leitbildes kann darin bestehen, im Stil der 10 Gebote Unternehmens-Grundsätze aufzustellen (siehe Abb. 68).

Diese Grundsätze werden dann eingerahmt und im Unternehmen an verschiedenen Stellen aufgehängt.

Der Nachteil daran ist die Komplexität. Es wird wohl kaum einen Mitarbeiter geben, der die Grundsätze auswendig herunterbeten kann. Nichtsdestotrotz spiegelt sich – sofern es sich nicht um Lippenbekenntnisse handelt – darin die Qualitätspolitik und ein Stück Unternehmenskultur wider.

Die 8 Grundsätze von QM-Systemen aus der ISO 9000 oder dem EFQM-Modell eignen sich ebenfalls als Grundlage für eine derartige Form des Leitbildes.

Kurz aber effektiv: Der Visions-Leitspruch

Noch kürzer, aber zuweilen noch viel effektiver ist das Verpacken eines Leitbildes in einen einzigen kurzen Spruch, der die Vision – also das Fernziel des Unternehmens – abbildet.

„Beat Xerox“ war der Leitspruch, den Canon als kleines Elektro-Unternehmen ausgab und transportierte damit das Fernziel, den Branchenriesen Xerox mit einfachen Kopiermaschinen vom Thron zu stoßen, in die Köpfe der Mitarbeiter (was ihm schließlich auch gelang).

Was solche Leitsprüche auszeichnet sind:

- Faszinationskraft / Begeisterungsfähigkeit
- Einprägsamkeit / Einfachheit
- Fokus / Prioritäten-Vorgabe
- Ziellinie / Kennzeichnung des Punktes, an dem das Ziel erreicht ist

Abb. 67: *Leitbild-Beispiel mit freundlicher Genehmigung der Sanitätshaus Glotz GmbH, Stuttgart*

Leitbild

1. Im Mittelpunkt unserer Tätigkeit steht der Mensch.
2. Seine Bedürfnisse zu erfüllen, ist unsere Aufgabe.
3. Oberste Priorität hat ein respektvoller, zuvorkommender Umgang.
4. Wir haben uns für das was wir tun eine besondere Befähigung erworben und entwickeln diese stets weiter.
5. Unsere Mitarbeiter repräsentieren uns positiv an allen Schnittstellen des Unternehmens.
6. Wir arbeiten kostenbewusst und erfolgsorientiert.
7. Zuverlässigkeit und uneingeschränkte Beachtung der gesetzlichen Vorschriften bilden unsere Arbeitsgrundlage.
8. Der Einsatz moderner Technik und die ständige Verbesserung unserer Kompetenz und Prozesse gewährleisten die optimale Erfüllung von Kundenanforderungen.
9. Lieferanten, Kunden und Mitarbeiter bilden ein konstruktiv zusammenarbeitendes Netzwerk, in dem das Gesamtergebnis mehr ergibt als die Summe der Einzel-Elemente.
10. Unsere Ziele sind zufriedene Kunden und Mitarbeiter sowie ein geschäftlicher Erfolg auf der Grundlage, der Gesellschaft im positiven Sinne zu dienen.

Abb. 68: Beispiel-Leitbild in Form von Leitsätzen

5.6 Information und Kommunikation

Die folgenden Abschnitte sollen Grundsätze erfolgreicher Kommunikation vermitteln und Hintergrundwissen für anstehende Führungsaufgaben vermitteln. Gleichzeitig sind die dargestellten Sachverhalte wichtig und relevant für jeden, der direkt oder indirekt an allen Formen von Audits mitwirkt.

Eine geeignete Kommunikation ist die beste Grundlage dafür, Qualitätsbewusstsein zu entwickeln und zu fördern!

5.6.1 Sender-Empfänger-Modell

Um Kommunikation verstehen zu können, soll zunächst das sogenannte Sender-Empfänger-Modell erklärt werden:

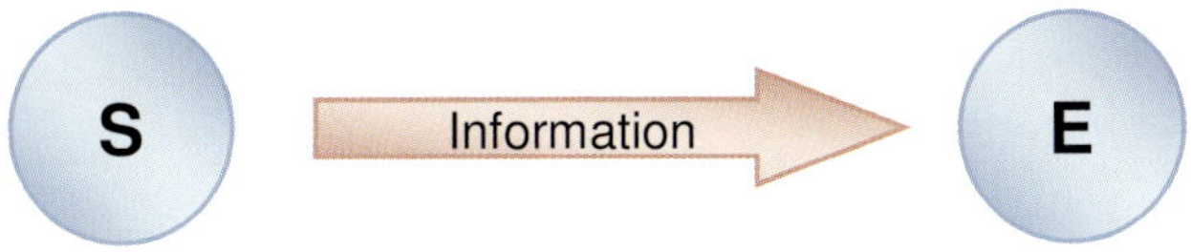

Abb. 69: Einfaches Sender-Empfänger-Modell: Information

Ein Sender sendet eine Information an einen Empfänger. Kommunikation entsteht jedoch erst dadurch, dass der Empfänger auf die Information antwortet – es entsteht ein zweiseitiger Informationsaustausch:

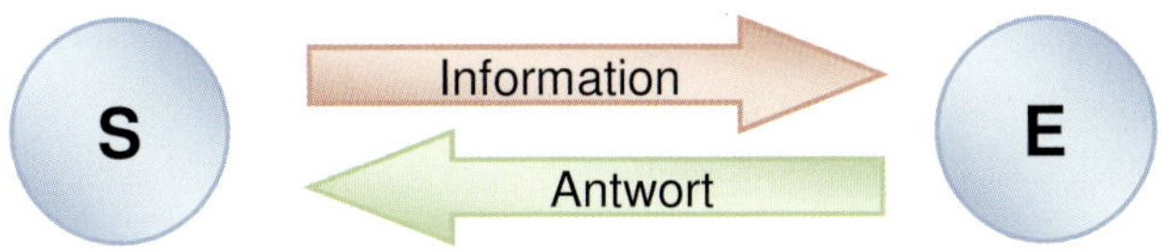

Abb. 70: Erweitertes Sender-Empfänger-Modell: Kommunikation

Alleine aus diesem Modell leiten sich verschiedene Unterscheidungs-Kennzeichen von Information und Kommunikation ab:

Information	**Kommunikation**
einseitig	zweiseitig
zielt auf Monolog ab	zielt auf Dialog ab
ohne Rückkopplung	mit Rückkopplung
Verzicht auf Reaktion	gewünschte Reaktion
Verständnis beim Empfänger fraglich	Verständnis wird signalisiert
genügt, wenn ein „Nicht-Verstehen" in Kauf genommen werden kann; einfache Inhalte	erforderlich für Verbesserungen, Risikominimierung, wichtige Inhalte und überall, wo eine Bestätigung erforderlich ist

Tabelle 27: Information und Kommunikation im Vergleich

5.6.2 Die vier Seiten einer Nachricht

Die Information, die vom Sender zum Empfänger fließt, enthält immer mehr als eine reine Sachinformation. In ihr schwingen auch andere Ebenen mit. Nach dem Psychologen **Paul Watzlawick** ist in jeder Nachricht (Information) stets auch eine Aussage über die Beziehung zwischen Sender und Empfänger vorhanden.

Der Kommunikationspsychologe **Friedemann Schulz von Thun** hat das Modell um zwei weitere Ebenen erweitert:

Abb. 71: Die vier Seiten einer Nachricht nach Schulz von Thun

Jeder Seite lässt sich nun auch ein „Ohr" zuweisen. So gibt es ein Sachohr, ein Selbstoffenbarungsohr, ein Appellohr und ein Beziehungsohr.

5.6.3 Störungen in der Kommunikation

In Anlehnung an das Buch „Miteinander reden" von Schulz von Thun soll eine Autofahrt eines Pärchens beleuchtet werden – sie fährt und er ist Beifahrer. Sie fahren auf eine Ampel zu und der Mann sagt: „Du, da vorne ist gelb!". Sie antwortet genervt: „Fährst du oder ich?"

Bei der Analyse dieses Beispiels wird offensichtlich, dass die Kommunikation zwischen beiden auseinander läuft. Ursache hierfür, ist, dass die Information des Senders an ein bestimmtes Ohr des Empfängers adressiert werden soll, dieser aber auf einem anderen Ohr empfängt.

In der Beispiel-Nachricht „Du, da vorne ist gelb!" könnten die vier Seiten der Nachricht wie folgt vertreten sein:

- **Sachebene:** Die Ampel ist gelb
- **Selbstoffenbarungsebene:** Ich bin aufmerksam
- **Appellebene** Achtung: Gib Gas oder bremse!
- **Beziehungsebene** Frauen können nicht Auto fahren

Angenommen, der Mann möchte in erster Linie die Sachinformation mitteilen, dass die Ampel gelb ist (vielleicht verbunden mit einem Appell „Gib Gas oder bremse!"), die Frau empfängt die Nachricht jedoch auf dem Beziehungsohr („Frauen können nicht fahren!"), so wird ihre Reaktion entsprechend ausfallen: „Fahr ich oder fährst Du?" – die Kommunikation ist gestört.

5.6.4 Erkennen und Behebung der Störung

Woran ist erkennbar, dass eine Störung in der Kommunikation vorliegt?

Die Antwort liegt auf der Hand: An der Reaktion des Gesprächspartners. Hätte die Frau einfach Gas gegeben, wäre die Kommunikation vermutlich erfolgreich verlaufen. Sie reagierte jedoch „auf einer anderen Ebene". Auf Grund des unerwarteten Feedbacks kann der Sender erkennen, dass die Nachricht offenbar auf einem „falschen Ohr" empfangen wurde und kann die Kommunikation klären:

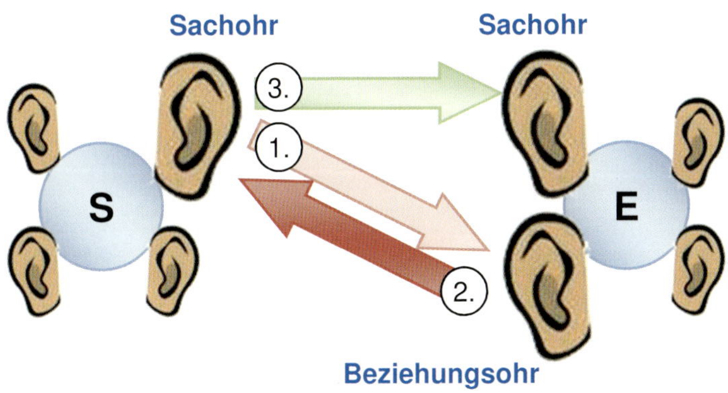

Abb. 72: Störung in der Kommunikation beheben

Umgangssprachlich hat der Empfänger die Nachricht „in den falschen Hals bekommen". Aus dem Sachverhalt leitet sich ein wichtiger Grundsatz der Kommunikation ab:

Der Sender ist verantwortlich für die richtige Ankunft der Nachricht beim Empfänger!

Denn nur der Sender kann auf Grund der Rückmeldung des Empfängers erkennen, dass die Kommunikation aus dem Ruder läuft.

5.7 Transaktionale Analyse (TA)

5.7.1 Einführung

Bei der Transaktionale Analyse handelt es sich um ein Instrument, mit dem auf Basis der Kommunikation speziell die Beziehungsebene zwischen Sender und Empfänger beleuchtet wird. Sie geht zurück auf den amerikanischen Psychiater **Eric Berne**.

Die TA geht davon aus, dass in jedem von uns drei verschiedene Persönlichkeiten vorhanden sind (als sog. ICHs bezeichnet), die wiederum zum Teil verschiedene Aspekte beinhalten:

- Eltern-Ich
    - kritisch
    - fürsorglich
- Erwachsenen-Ich
- Kindheits-Ich
    - natürlich
    - angepasst
    - rebellisch

Die verschiedenen Ichs melden sich in verschiedenster Art und Weise zu Wort:

Elt.-Ich kritisch	mahnend, gebietend, verbietend, Vorstellung festlegend, wie man sein soll
Elt.-Ich fürsorglich	helfend, behütend
Erwachsenen-Ich	nüchtern, sachlich, informierend, feststellend, analysierend, vernünftig
K.-Ich natürlich	ausgelassen, verspielt, spontan
K.-Ich angepasst	brav, unterwürfig
K.-Ich rebellisch	trotzig, aufmüpfig, patzig, wehleidig, schmollend

Tabelle 28: Kennzeichen der verschiedenen Ich-Persönlichkeiten der TA

Alle diese Ich-Zustände sind Bestandteile der Persönlichkeit eines Erwachsenen und wertvoll!

Soll die Kommunikation zweier Gesprächspartner analysiert werden, so werden diese durch je drei Kreise dargestellt und der Nachrichtenfluss durch Pfeile zwischen den Gesprächspartnern. Das folgende Beispiel zeigt exemplarisch den Kommunikationsfluss zwischen einem Elternteil und einem Kind (oder auch einem „Vorgesetzten“ und einem trotzigen „Untergebenen“):

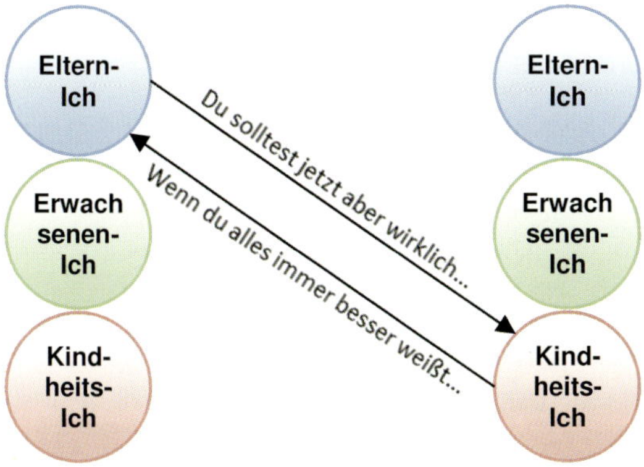

Abb. 73: *Darstellung von Transaktionen*[17]

5.7.2 Verdeckte Transaktionen

Idealerweise erfolgt die Kommunikation im täglichen Arbeits-Alltag parallel von Erwachsenen- zu Erwachsenen-Ich. Manchmal ist jedoch die Kommunikation nur scheinbar parallel und verdeckt die eigentlich stattfindende Transaktion. Am Beispiel aus Kap. 5.6.3 könnte das dann so aussehen, wie in der nachfolgenden Abbildung dargestellt. Die verdeckte Transaktion wird dabei gestrichelt dargestellt.

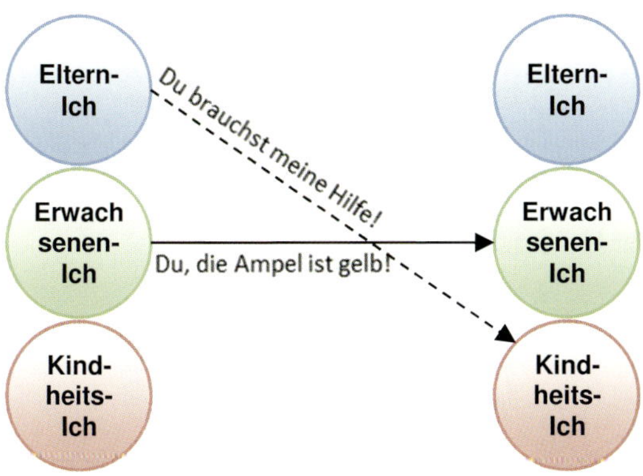

Abb. 74: *Verdeckte Transaktion*

Während im Vordergrund die parallele Erwachsenen-Ich-Kommunikation erfolgt („Du, da vorne ist gelb!"), schwingt unterschwellig das Eltern-Ich mit (Fürsorge, Mahnung).

5.7.3 Bewusstes Kreuzen

Wird im Gespräch erkannt, dass der Gesprächspartner direkt oder verdeckt eine Transaktion zwischen Kindheits- und Eltern-Ich führt, so muss als Reaktion hierauf

[17] nach Schulz von Thun, S. 173

bewusst die „Schräglinie“ gekreuzt werden, um die Kommunikation bewusst auf die parallele Erwachsenen-Ich-Ebene zu führen. Für Auditoren ist es beispielsweise enorm wichtig, dass sie diese Technik beherrschen, um der Auditierung in jedem Falle einen sachorientierten Verlauf geben zu können.

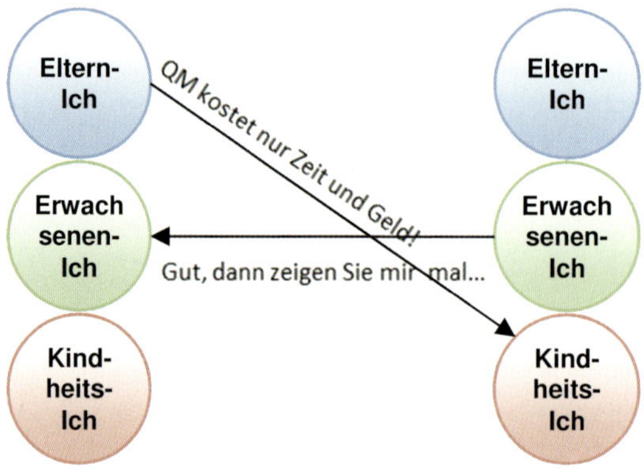

Abb. 75: Kreuzen der Kommunikation

Grundsätzlich gilt:

Es sollte stets eine parallele Erwachsenen-Ich-Kommunikation angestrebt werden! Transaktionen, die das Eltern- oder Kindheits-Ich ansprechen müssen gekreuzt und in eine parallele Erwachsenen-Ich-Kommunikation überführt werden.

5.8 Weitere Aspekte der Kommunikation

5.8.1 Aktives Zuhören

Das Aktive Zuhören ist der **Königsweg des Zuhörens:**

Aktives Zuhören ist die Wiederholung der Grundaussagen des Gesprächspartners mit eigenen Worten und ein klares Signal, dass man verstanden hat!

ACHTUNG:

Aktives Zuhören darf nicht verwechselt werden mit körpersprachlichen Signalen während man passiv zuhört (z. B. durch Kopfnicken oder –schütteln)! Dies signalisiert bereits eine Zustimmung oder Ablehnung des Gesagten und ist häufig nicht sinnvoll.

Gerade bei gegensätzlichen Meinungen ist das Aktive Zuhören durch die Wiederholung des Gesagten und das Signalisieren des Verstehens die Grundlage für eine Darstellung der eigenen Sichtweise. Durch das signalisierte Verständnis wird in der Regel beim Gegenüber die Bereitschaft aktiviert, auch zuzuhören und sich die „andere“ Meinung anzuhören.

Jede gute Führungskraft und jeder im Vertrieb tätige Mitarbeiter sollte die Kunst des Aktiven Zuhörens beherrschen. Hierüber wird sichergestellt, dass die Parteien nicht aneinander vorbei reden.

5.8.2 Ich-Form statt Du-Form

Worin liegt der Unterschied zwischen folgenden beiden Aussagen:

„Herr Meier, jetzt machen Sie schon wieder einen Fehler!" und

„Herr Meier, ich habe den Eindruck, dass Ihnen in letzter Zeit häufiger Fehler unterlaufen!"

Im ersten Beispiel wird die Du-Form verwendet („Du machst Fehler!"). In der zweiten Aussage wird die Ich-Form eingesetzt („Ich habe den Eindruck…").

Der Unterschied ist entscheidend für die Reaktion des Gesprächspartners:

Bei der Ich-Form bleibt offen, ob ich mich irre oder nicht. Die Du-Form ist eine finale Feststellung und lässt keinen Irrtum meinerseits zu. Damit lasse ich dem Empfänger biologisch gesehen keine „Rückzugs-Möglichkeit" (Flucht).

Da es in unserem biologischen Programm auf Angriffe nur die zwei Möglichkeiten **Angriff** und **Flucht** gibt, wird der Gesprächspartner auf seine Art angreifen. Entweder die Kommunikation wird aggressiv oder der angesprochene wird stumm und wird sich im Nachhinein auf seine Art rächen (auch wenn dies ein hartes Wort ist, aber so ist der Sachverhalt – und wenn es Rache durch „Dienst nach Vorschrift" ist).

5

5.8.3 Durch Fragen führen

Sokrates wurde berühmt, durch seine Fragen die Mitmenschen zum Nach- und Umdenken zu bewegen. Rhetorisch geschulte Fachkräfte sorgen durch gezielte Fragen für eine Selbsterkenntnis beim Befragten. Besonders im Audit ist die richtige Fragetechnik entscheidend für eine angenehme und entspannte Atmosphäre.

Im Folgenden sollen verschiedene Fragetechniken kurz erläutert werden:

- Geschlossene Fragen (Ja / Nein – Fragen)
    - geeignet für den Einstieg oder den Ausstieg
    - führen zu kurzen Antworten „ohne Inhalt"
- Alternativfragen
    - bieten im Gegensatz zur geschlossenen Frage mehrere alternative Auswahlmöglichkeiten für die Antwort (Grundlage: Entscheidungsbaum!)
- Offene Fragen (W-Fragen – des Auditors 6 Freunde)
    - sind „direkte" Fragen
    - führen zu ausführlichen Antworten
    - fördern / signalisieren das aktive Zuhören
    - verbessern das Klima

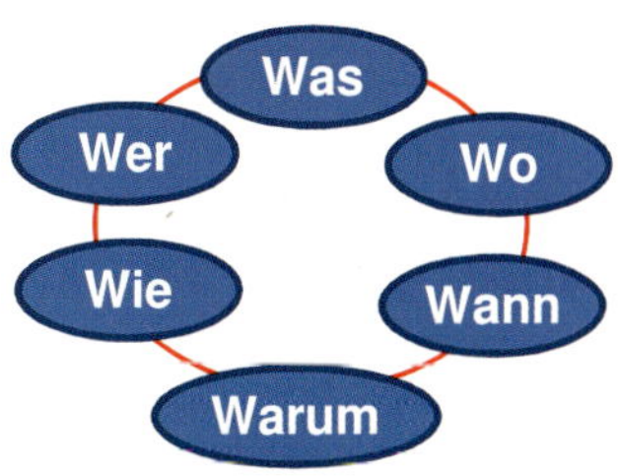

- Suggestivfragen („Stimmts?")
    - unterstellen einen bestimmten Sachverhalt (manipulativ!)
    - tunlichst unterlassen!

- Gegenfragen („Wie meinen Sie das?“)
  - verschafft Zeitgewinn und erspart sofortige Antwort
  - führt dazu, dass man mehr Informationen erhält
- Kontrollfragen („Wären Sie damit einverstanden…?“)
  - stellt die gemeinsame Sichtweise sicher
  - sollten vor der Schlussphase gestellt werden
- Meinungsfragen („Wie finden Sie… ?“)
  - Sonderform der offenen Frage; stark in der Wirkung, da wir es mögen, wenn wir nach unserer Meinung gefragt werden
- Bedingungsfragen („Angenommen… ?“)
  - liefert weitere Informationen
  - Ansprechpartner wird zum Mitdenken angeregt
  - kann gut in der Einwandbehandlung angewendet werden
- Erklärende Fragen („Wie … ?“)
  - Sonderform der offenen Frage; hat Eisbrecher-Funktion; für Einwandbehandlung jedoch ungeeignet!

5.8.4 Nonverbale Kommunikation

Es ist eine weitläufig bekannte Tatsache, dass man nicht „Nicht kommunizieren“ kann. Gemeint ist damit, dass selbst bei nonverbalen Äußerungen das „Gegenüber“ kommuniziert – und zwar durch seine Körpersprache.

Dies führt zu dem Aspekt, dass besonders in Hinblick auf Störungen in der Kommunikation auf nonverbale Signale geachtet werden sollte. Sie zeigen auch eventuelle Differenzen zwischen verbaler und nonverbaler Kommunikation auf.

Machen Sie sich bitte bewusst: **Die transportierte Information eines Gesprächs steckt zu**

7%	in den Worten
38%	im Stimm-Klang
55%	in der Körpersprache

Tabelle 29: verbale und nonverbale Anteile der Information[18]

Das bedeutet, der reine Sachinhalt (Worte) ist im Vergleich zu den anderen Signalen (Stimme und Körpersprache) verschwindend gering.

Noch ein Grundsatz ist sehr wichtig:

Körpersprache kann nicht lügen, Worte schon!

[18] Simon, Grundlagen der Kommunikation S. 127

In einem gewissen Maße kann Körpersprache bewusst eingesetzt werden, aber der weitaus überwiegende Teil ist unbewusst und damit willentlich nicht steuerbar.

Wir unterscheiden im Besonderen folgende **zwei Aspekte der Körpersprache** mit verschiedenen möglichen Ausprägungen:

- **Mimik** (Ausdrucksbereiche des Gesichts)
    - Stirnfalten (waagerecht / senkrecht)
    - Blickkontakt (gerade / von oben / von unten / seitlich)
    - Mundstellung (offen / lächelnd / zusammengepresst)
- **Gestik** (Ausdrucksbewegungen des restlichen Körpers)
    - Kopf (aufrecht / gesenkt / schaukelnd)
    - Arme (ruhig / unruhig)
    - Hände (Handfläche oben / unten / vorne; Fingerstellung)
    - Oberkörper (zugewandt / abgewandt)
    - Beinstellung (zugewandt / abgewandt / ängstlich)

Im Mienenspiel (**Mimik**) zeigt sich der „Spiegel der Seele". Es offenbart Gefühle wie Freude, Unlust, Frust, Ärger, Interesse, Langeweile. Es gibt nichts, was enger mit dem Seelenleben verknüpft ist als die Mimik.

Die **Gestik** – im Besonderen die Hand-, Arm- und Beinarbeit – lässt sich in gewissem Maße trainieren, um eigene Aussagen wirksam zu unterstreichen. Trotzdem gilt auch hier, dass der überwiegende Teil nicht oder nur sehr schwer kontrollierbar ist.

Die **Stimme** erzeugt zu 38% ebenfalls Teil-Informationen, die ergänzend wahrgenommen werden durch:

- Tonhöhe (tief / mittel / hoch / piepsend)
- Stimmklang (sonor / rasselnd / scheppernd)
- Sprachmelodie (gleiche / wechselnde Tonhöhe)

Diese Teil-Informationen sind bei Telefonaten entscheidend, weil hier die körpersprachlichen Aspekte nicht wahrgenommen werden können.

Im E-Mail- oder Schriftverkehr fällt dieser Aspekt auch noch weg. Was übrigbleibt sind die Worte – und das kann bei wichtigen Dingen gefährlich sein!

Daher sollte stets der folgende Grundsatz Berücksichtigung finden:

Wichtige Sachverhalte sollten stets **von Angesicht zu Angesicht** im persönlichen Gespräch geklärt werden, weil nur hier alle Aspekte der Informationen aufgenommen werden können – und zwar von beiden Seiten!

5.8.5 „Zweinigkeit"

Ein Begriff, den die Managementtrainerin Vera Birkenbihl erfunden hat für den Sachverhalt, dass es Situationen gibt, in denen zwei verschiedene Meinungen nebeneinander bestehen bleiben, ohne dass eine explizite Einigung auf eine Meinung oder einen Konsens erfolgen muss.

Die Grundaussage der Zweinigkeit lautet also:

Du hast deine Meinung und ich habe meine – und das ist gut so!

Es dürfte einleuchtend sein, dass diese Methode nicht überall einsetzbar ist – aber in geeigneten Situationen kann es durchaus hilfreich sein.

5.8.6 Meta-Kommunikation

Als letzter Punkt sei noch die aus dem NLP (Neurolinguistische Programmierung) stammende Methodik der Meta-Kommunikation erwähnt. Hier geht es darum, bewusst die drei Positionen in der Kommunikation einzunehmen und zu analysieren:

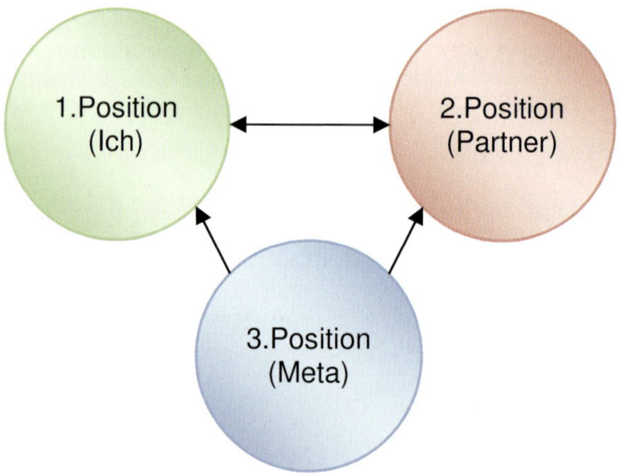

Abb. 76: Die drei Positionen im NLP

In Position 1 vertrete ich meinen eigenen Standpunkt. Position 2 ist die Sicht meines Gegenübers. Ich versuche, den Standpunkt des anderen zu verstehen (siehe auch Kap. 5.8.1 Aktives Zuhören).

In der dritten Position wird nun eine neutrale Position eingenommen („Hubschrauber-Perspektive"), um die Kommunikation beider Gesprächspartner nüchtern zu analysieren. Fragen wie „Wie ist die Atmosphäre?", „Respektieren sich beide Partner?" usw. helfen dabei, zu erkennen, wo grundsätzlich die Kommunikation beider Partner gestört ist – unabhängig von deren Inhalt.

Position 3 verlangt, sich vom reinen Gesprächsinhalt vollständig zu lösen.

Meta-Kommunikation ist die Kommunikation über die Kommunikation selbst!

6 Werkzeuge und Methoden

6.1 Qualitätstechniken – eine Begriffsbestimmung

Mit Qualitätstechniken werden Werkzeuge und Methoden beschrieben, die im Qualitätsmanagement Anwendung finden.

Dabei grenzen sich die Begriffe Werkzeug und Methode klar voneinander ab. Es gibt z. B. mehrere Methoden ein Bild aufzuhängen. Dabei bedient man sich – je nach Methode – unterschiedlicher Werkzeuge.

Methode 1: Nagel einschlagen / Bild aufhängen

Methode 2: Loch bohren / Dübel setzen / Haken eindrehen

Werkzeuge sind bei Methode 1 ein Hammer, bei Methode 2 eine Bohrmaschine, ein Hammer und eine Zange. Das heißt, je nach Methode wird sich unterschiedlicher Werkzeuge bedient. Diese Logik ist im Qualitätsmanagement nicht anders. Die folgende Tabelle gibt eine kurze Übersicht über die begriffliche Abgrenzung:

Methode	Werkzeug
beschreibt den Weg zu einem Ziel, das planmäßige, folgerichtige Vorgehen (WIE)	beschreibt das eingesetzte Mittel oder Instrument (WAS und WOMIT)
komplex / vielschichtig	einfach
häufig bereichsübergreifend; viele Personen sind daran beteiligt	wird häufig durch Einzelne angewendet
Beispiele:	
SPC (Statistic Process Control)	Qualitätsregelkarte
DoE (Design Of Experiments)	orthogonale Tafeln
QFD (Quality Function Deployment)	House Of Quality (HoQ)
FMEA (Fehlermöglichkeit- und Einfluss-Analyse)	FMEA-Formblatt

Tabelle 30: Begriffsabgrenzung Werkzeuge und Methoden

6

6.2 Die sieben Werkzeuge (7 Q-Tools, Q7)

Vorneweg sei erwähnt, dass es sich bei den 7 Q-Tools um einen Begriff für eine Sammlung von Werkzeugen handelt, die sich in der Literatur je nach Quelle unterscheiden. Allgemein wird diese Sammlung wie ein „Schweizer Taschenmesser" für die Qualitätssicherung betrachtet. Sie stellt elementare Werkzeuge zur Fehlererfassung und –analyse bereit.

Die wohl am weitesten verbreitete Darstellung ist die von Kamiske, die im Folgenden kurz dargestellt werden soll. Sie geht zurück auf Ishikawa, der diese Werkzeuge ursprünglich zur Anwendung in Qualitätszirkeln zusammenstellte:

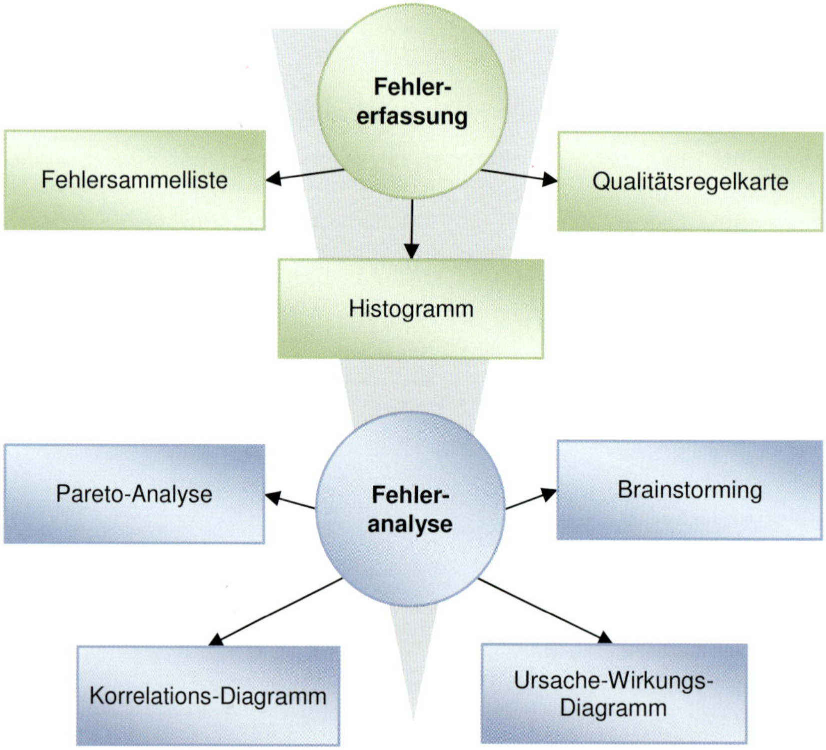

Abb. 77: Die sieben Qualitätswerkzeuge in Anlehnung an Kamiske[19]

Nach Darstellung der Q7 nach Kamiske werden weitere Werkzeuge vorgestellt, die im Qualitätsmanagement (und anderen Bereichen) sinnvoll eingesetzt werden können und die – je nach Literaturquelle – auch als Bestandteil der Q7 dargestellt werden.

6.2.1 Fehlersammelliste (Strichliste)

Die Fehlersammelliste ist wohl die **grundlegendste Form der Fehler-Datenerfassung** zur späteren Auswertung und Analyse.

[19] Kamiske, Qualitätsmanagement von A bis Z, S. 226

Nr.	Fehlerart	Zeitraum: KW 27	Gesamt
1.	Kratzer	𝍸 III	8
2.	Delle	𝍸 𝍸 𝍸 I	16
3.	Beule	III	3
4.	Verschmutzung	IIII	4
5.	…		

Tabelle 31: Beispiel einer standardisierten Fehlersammelliste

Im ersten Schritt werden die Fehlerklassen festgelegt sowie die Zeiträume, die mit einem Formblatt zu erfassen sind (oben beispielsweise werden die Fehler pro Kalenderwoche gesammelt). Am Ende des Zeitraums wird die Summe der einzelnen Fehlerarten ermittelt.

Eine alternative Fehlersammel-Methode erfolgt häufig direkt in Form von Skizzen oder technischen Zeichnungen, um hierauf die Orte der Fehler festzuhalten sowie gegebenenfalls die Art des Fehlers.

Artikel-Nr.: 0815	Datum: 16.06.2011
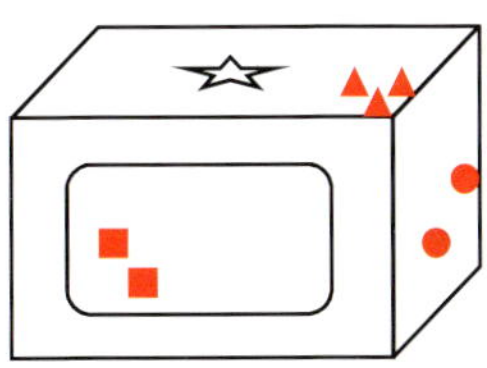	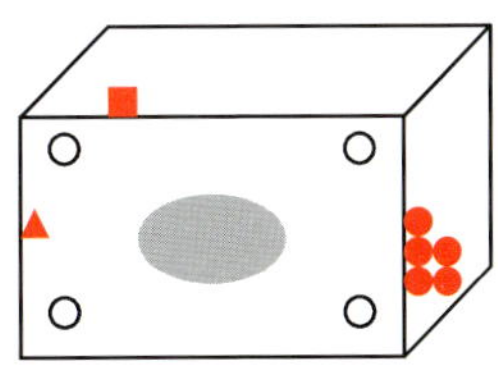
■ Kratzer ● Delle ▲ Beule	Prüfer: Max Mustermann

Tabelle 32: Beispiel eines Fehler-Zählblattes

6.2.2 Qualitätsregelkarte

Die Qualitätsregelkarte soll an dieser Stelle nur erwähnt werden, weil sie eines der klassischen Q-Tools nach Ishikawa darstellt. Ausführlich wird sie in Kap. 8.8 behandelt.

Die Qualitätsregelkarte (QRK) dient dem systematischen Erfassen von Lage und Streuung eines Serienprozesses, dem frühzeitigen Erkennen von Fehlern (RUN, TREND, Überschreiten von Eingriffs- und Warngrenzen) und der Möglichkeit eines frühzeitigen Eingreifens noch bevor Ausschuss produziert wird.

6.2.3 Histogramm

Die Erstellung eines Histogramms wird ausführlich in Kap. 8.5.2 behandelt.

Das Histogramm dient der **Darstellung von Verteilungen stetiger** oder kontinuierlicher **Merkmale**. Das sind in der Regel messbare Merkmale (also alles was eine physikalische Einheit trägt wie m, kg, s etc.).

Zusammenfassend erfolgt die Erstellung eines Histogramms in folgenden Schritten:

- Daten sammeln (Stichprobe vom Umfang n)
- Klassen-Anzahl ermitteln: $\boldsymbol{k = \sqrt{n}}$ (k ist natürliche Zahl!)
- größten und kleinsten Wert / Spannweite R bestimmen
- Klassen-Weite ermitteln: $\boldsymbol{w = \frac{R}{k} = \frac{x_{max} - x_{min}}{k}}$
- Klassen eindeutig voneinander abgrenzen
- Datenwerte den Klassen zuordnen / Häufigkeitstabelle erstellen
- Histogramm zeichnen

Histogramm-Analyse

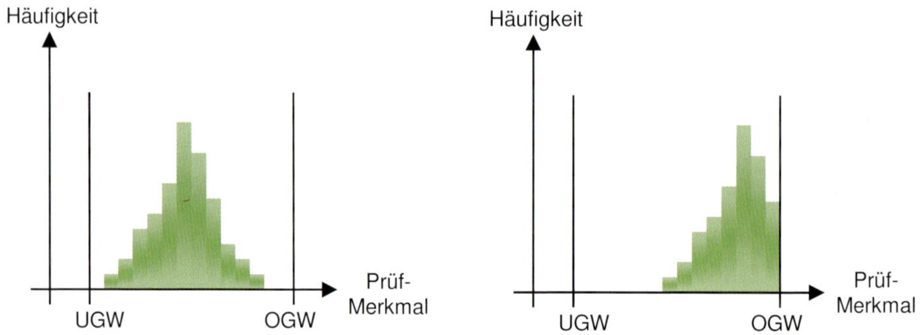

Abb. 78: Histogramm-Beispiele 1 und 2

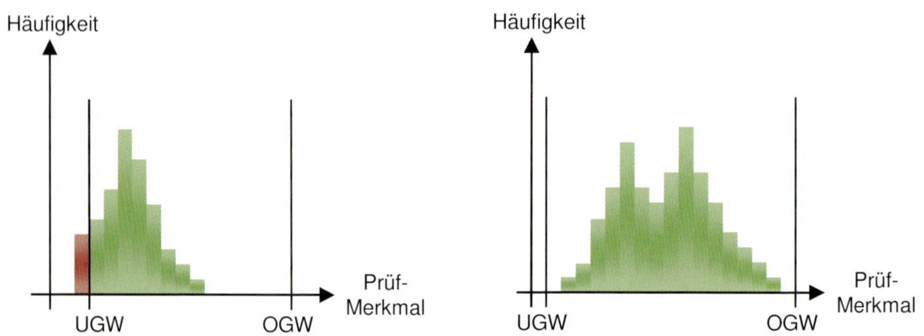

Abb. 79: Histogramm-Beispiele 3 und 4

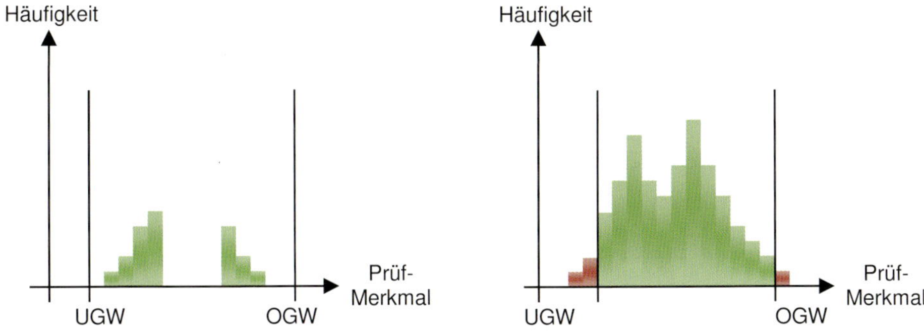

Abb. 80: Histogramm-Beispiele 5 und 6

Stellen wir uns vor, wir sind zuständig für den Wareneingang und erhalten von unserem Lieferanten eine umfangreiche Lieferung von 10.000 Teilen (**Lieferlos**). Eine sinnvoll durchgeführte Histogramm-Analyse kann dabei helfen, ganz bestimmte Sachverhalte aufzudecken, die im Folgenden kurz erläutert werden sollen. In das Histogramm werden dabei grundsätzlich oberer und unterer Grenzwert mit eingezeichnet.

Die folgende Tabelle gibt eine kurze Übersicht über die Interpretation der Histogramme:

Nr.	Hinweise
1	normales Histogramm; annähernde Normalverteilung mit höchstem Wert ungefähr in der Toleranzmitte
2	Die Histogramm-Mitte ist außermittig bzw. nach rechts verschoben. Am oberen Grenzwert wurde offensichtlich aussortiert
3	Die Histogramm-Mitte ist außermittig bzw. nach links verschoben. Am unteren Grenzwert wurde offensichtlich aussortiert, aber schlecht – es sind Ausschussteile vorhanden!
4	Es gibt zwei Normalverteilungs-Gipfel. Dies lässt auf das Zusammenwerfen zweier Chargen schließen bzw. es ist keine Stratifikation erfolgt.
5	Hier wurden die mittleren Klassen aussortiert. Offensichtlich handelt es sich um Ware 2. Wahl.
6	Zwei Chargen wurden zusammengeworfen; keine Aussortierung erfolgt; Ausschuss vorhanden.

Tabelle 33: Histogramm-Interpretation

Die Histogramm-Analyse kann auch im Rahmen der Serienfertigung in der Endkontrolle in Bezug auf das eigene **Fertigungslos** angewendet werden. Obige Aussagen gelten dann entsprechend für die Fertigung.

6.2.4 Pareto-Diagramm

Der Volkswissenschaftler Vilfredo Pareto ist auf eine Art Naturgesetz gestoßen, das in vielen Bereichen unseres alltäglichen Lebens auftritt, nämlich dass etwa 80% einer Auswirkung von nur etwa 20% der Ursachen bewirkt wird. Dieser Ansatz wird daher auch als 80-20-Regel bezeichnet.

Beispiele:

- ein Unternehmen macht etwa 80% des Umsatzes mit 20% seiner Produkte
- mit etwa 20% der Lieferanten erfolgen etwa 80% des Einkaufsvolumens
- 20% der Bevölkerung besitzen etwa 80% des gesamten Volkseinkommens
- 20% der Versicherungsnehmer einer Versicherung verursachen 80% der Gesamtschadenssumme
- Im QM-Bereich bedeutet das, dass etwa 20% der Fehler 80% der Fehlerkosten verursachen

Der 80-20-Sachverhalt ist eine Daumenregel und gilt nicht überall. So gibt es beispielsweise weltweit etwa 8.000 Sprachen. 50% aller Menschen sprechen lediglich 5 Sprachen und bereits 95% aller Menschen sprechen zusammen lediglich 100 Sprachen, das entspricht in etwa 1% aller Sprachen. Hier würde es sich um eine „95-1-Regel" handeln. In jedem Fall gilt aber:

Das Pareto-Diagramm dient der **Analyse des Zusammenhangs zwischen Ursache und Wirkung**. Es wird dabei davon ausgegangen, dass in einem sehr kleinen Teil der Ursachen der Großteil der Wirkung steckt. Es hilft dabei, **Wichtiges von Unwichtigem zu trennen**.

Vorgehensweise

- Analysekriterium festlegen (z.B. Fehleranzahl od. Fehlerkosten)
- Daten sammeln (z. B. Fehlersammelliste)
- Summen über die Fehlerklassen bilden
- Rangabsteigend sortieren (!!! nicht vergessen !!!)
- Summen kumulieren (aufaddieren)
- Paretodiagramm zeichnen
- ggf. 80-20-Punkt markieren oder ABC-Analyse anschließen

Im folgenden Beispiel wurden über einen bestimmten Zeitraum Fehlerdaten gesammelt, die Summen gebildet und bereits rangabsteigend sortiert (Schritte 1 bis 5).

Beachten Sie bitte, dass die rangabsteigende Sortierung hier nach den Gesamt-Kosten pro Fehlerart erfolgt ist. Würde man die Fehler-Anzahl als Analyse-Kriterium heranziehen, so wären die Sortierung und damit auch das später resultierende Pareto-Diagramm anders!

Im Beispiel sieht man, dass die ersten beiden Fehlerklassen Kratzer und Dellen einen Anteil von 82% an den Gesamt-Fehlerkosten haben.

Kl.	Fehlerart	Anz.	Kosten pro Fehler	Kosten Gesamt	in %	kum.
3.	Kratzer	84	9,60 €	806,40 €	45%	45%
5.	Dellen	111	6,10 €	677,10 €	38%	83%
2.	Beulen	15	4,20 €	63,00 €	3%	86%
1.	Montagefehler	3	19,70 €	59,10 €	3%	89%
4.	Element defekt	4	14,30 €	57,20 €	3%	92%
6.	Verfahrensfehler	13	3,39 €	44,13 €	2%	94%
8.	Kabel / Elektrik	4	9,30 €	37,20 €	2%	96%
7.	Bauteil-Bruch	17	1,97 €	33,44 €	2%	98%
10.	Sonstiges	17	2,10 €	17,60 €	1%	99%
9.	Bedienungsanleitung	1	5,10 €	5,10 €	1%	100%
			Summe:	**1800,27 €**	**100%**	

Tabelle 34: Beispiel-Tabelle für ein Pareto-Diagramm

Man erkennt auch deutlich den 80-20-Punkt, an dem die Kurve einen starken Knick macht. Bis zu diesem Punkt hat man einen „großen Hebel“ – sprich einen starken Zusammenhang zwischen Ursache und Wirkung. Danach flacht (im wahrsten Sinne des Wortes) die Auswirkung der Ursachen ab.

6

Die Kumulierung erfolgt grafisch durch Übereinanderschichten der „Fehler-Blöcke“:

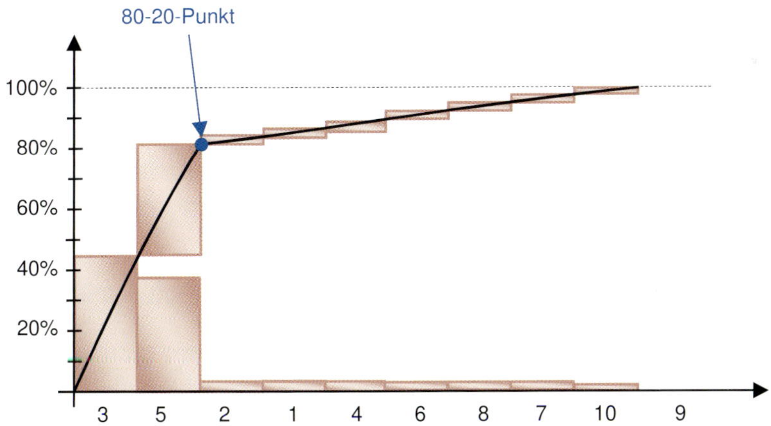

Abb. 81: Pareto-Diagramm zu Tabelle 34

ABC-Analyse

Die ABC-Analyse ist ein zusätzlicher Schritt, nachdem das Pareto-Diagramm erstellt wurde. Es erfolgt eine Dreiteilung durch Einzeichnen von zwei zusätzlichen Linien auf der vertikalen Achse bei etwa folgenden Prozentwerten:

- A/B: 70%
- B/C: 90 – 95%

Die Dreiteilung bietet nun drei priorisierte Bereiche, die in der Regel mit A, B und C bezeichnet werden. Je nach untersuchtem Merkmal spricht man dann von A-Produkten, A-Lieferanten, A-Fehlern usw.

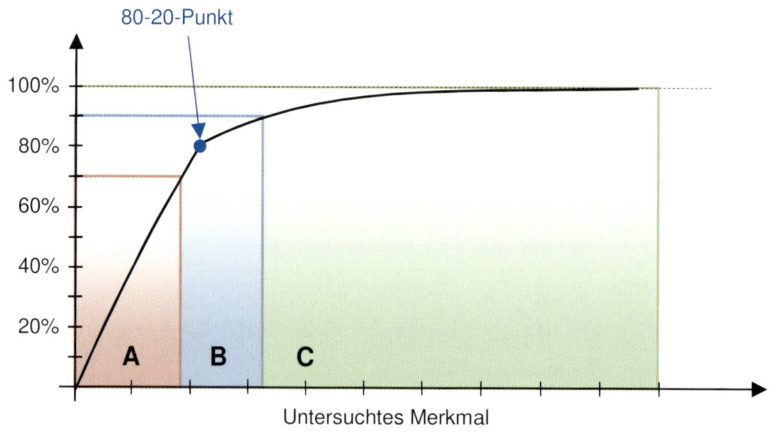

Abb. 82: ABC-Analyse in Ergänzung des Pareto-Diagramms

Abschließend sei erwähnt, dass die Pareto-Analyse ein extrem wichtiges Werkzeug in der Praxis darstellt, nicht nur in Hinblick auf die Fehleranalyse im Qualitätsmanagement. Sie stellt eine unschätzbare Hilfe in allen Bereichen dar, in denen in kurzer Zeit ein Überblick über Sachverhalte benötigt wird sowie Hinweise, wo Hebel anzusetzen sind (vor allem auch in betriebswirtschaftlicher Hinsicht).

6.2.5 Korrelationsdiagramm

Das Korrelationsdiagramm dient der Analyse des mathematischen Zusammenhangs zweier Größen. Es zeigt jedoch nicht unbedingt einen Ursache-Wirkungs-Zusammenhang auf!

Beispiele für Korrelationen im Alltag:

- Häufigkeiten der Durchsagen in einem Supermarkt korrelieren negativ mit dem Umsatz
  (der Einkäufer beschleunigt seine Einkaufs-Geschwindigkeit, vermutlich weil er durch die Ansagen genervt ist; ein positiver Effekt ist nur spürbar wenn der Kunde während der Ansage direkt vor dem Angebot steht)
- langsame Musik erhöht die Verweildauer im Geschäft
  (verlangsamt die Einkaufs-Geschwindigkeit)
- langsame Musik in einer Boutique führt jedoch zu Umsatz-Rückgang (gefühlt wird hier durch die langsame Musik die Ware teurer)
- Versicherungen: Bis zum 11.09.01 ging man davon aus, dass Lebens-, Luftfahrt- und Gebäudeversicherungen nicht korrelieren. Mit mehr als 3.000 Toten und 45 Milliarden Dollar war der 11. September der größte Versicherungsfall aller Zeiten (=> Risiken müssen auf Korrelationen abgeprüft und verteilt werden)

- In einer bestimmten Altersgruppe korreliert das Kaufverhalten von Männern, die regelmäßig Windeln kaufen mit der Bereitschaft auch Bier zu kaufen

Die Beispiele zeigen, dass korrelierende Größen wie Windelkauf und Bierkauf nicht unbedingt in einem Ursache-Wirkungs-Zusammenhang stehen müssen. Die Korrelationsanalyse weist Handlungsempfehlungen auf, ohne dass dazu die Ergründung einer Ursache erforderlich wäre.

Das Beispiel 11. September zeigt, wie wichtig eine Korrelationsanalyse in Hinblick auf Risikoabschätzung und Verteilung von Risiken ist.

Als Grundlage für ein Korrelationsdiagramm ist eine **x/y-Wertetabelle** nötig. Jeder Punkt im Diagramm repräsentiert ein x/y-Wertepaar. Zum Beispiel könnte man die Körpergröße und das Gewicht einer Gruppe auf Korrelation untersuchen. Eine Achse wäre dann die Körpergröße (x) und die senkrechte Achse das Gewicht (y). Jedes Mitglied der Gruppe wäre dann durch einen Punkt vertreten. Sollten zwei Teilnehmer exakt gleiche Körpergröße und Gewicht haben, so lägen die Punkte übereinander und erschienen im Diagramm als ein einziger Punkt.

Der Korrelationskoeffizient r

Mit dem Formelbuchstaben r wird allgemein der Korrelationskoeffizient bezeichnet. Er liegt in einem **Wertebereich zwischen -1 und +1** und **zeigt zwei Dinge auf**:

- ob ein Zusammenhang stark oder schwach ist
  (durch den Zahlenwert)
- ob ein Zusammenhang steigend oder fallend ist
  (durch das Vorzeichen)

Ein „perfekter“ Zusammenhang wäre ein Korrelationskoeffizient von +1 oder -1. Die Punkte erscheinen wie auf einer Schnur aufgefädelt auf einer Geraden. Je mehr sich r der 0 nähert, umso „nebulöser“ wird der Zusammenhang. Die folgenden Abbildungen verdeutlichen die Zusammenhänge.

Wichtig ist hierbei:

- Der Zahlenwert sagt nichts über die Steigung aus! Er definiert lediglich, wie „eng“ sich die Punkte an die Gerade schmiegen
- Das Vorzeichen gibt lediglich die Richtung des Zusammenhangs an: + = steigend; - = fallend
- $0 < r \ll 1$ bedeutet, dass r näher an der 0 ist als an der 1
- $0 \ll r < 1$ bedeutet, dass r näher an der 1 ist als an der 0

Wenn eine Gerade nicht mehr in die Punktewolke gelegt werden kann, so liegt keine Korrelation vor – der Korrelationskoeffizient ist 0.

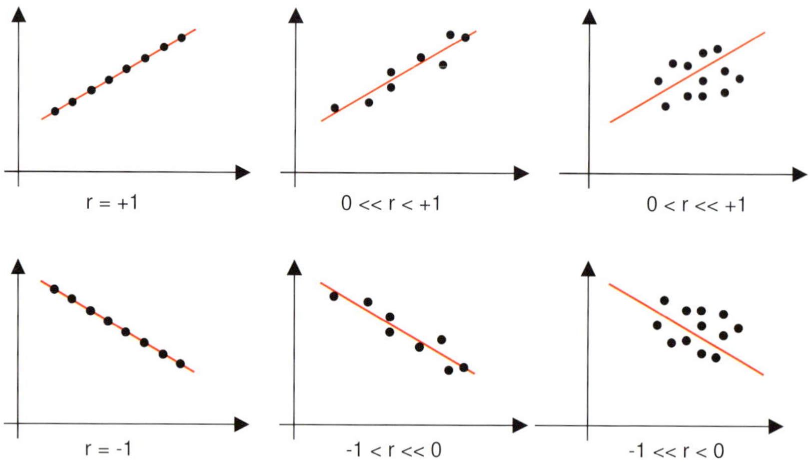

Abb. 83: Der Korrelationskoeffizient und seine Bedeutung

Ein Korrelationskoeffizient von 0 ergibt sich jedoch noch auf anderen Wegen:

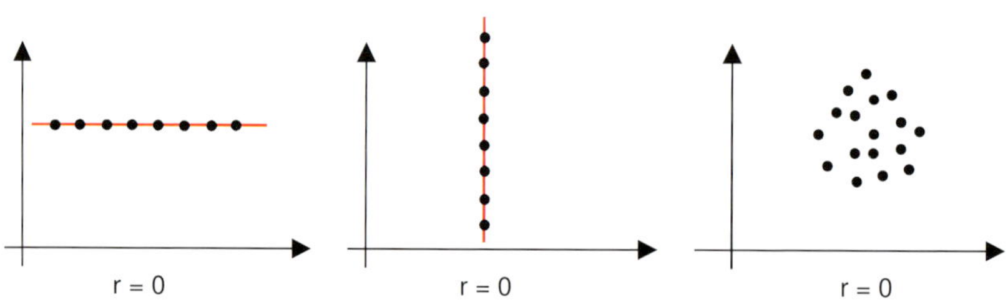

Abb. 84: r = 0 – es liegt keine Korrelation vor

Eine Gerade, die eine Parallele zur x- oder y-Achse bildet, kann keine Korrelation ergeben. Korrelation bedeutet, dass es zu jedem x-Wert genau einen y-Wert gibt und nicht mehrere. Dies wäre bei den Parallelen aber der Fall.

Einfacher Zusammenhang über das Quotenverhältnis (Assoziationsmaß)

Eine ganz einfache Methode der Ermittlung, ob ein Zusammenhang zwischen zwei Größen vorliegt, ist folgendermaßen möglich:

- Man legt in die Punktewolke eine parallele Gerade zur x-Achse, so dass die Anzahl der Punkte oberhalb gleich der Anzahl unterhalb der Geraden ist
- Man legt eine zweite parallele Gerade – diesmal zur y-Achse – so dass die Anzahl der Punkte links gleich der Anzahl rechts der Geraden ist
- Nun ermittle man die Anzahl der Punkte in den vier Quadranten a bis d und berechne das normierte Quotenverhältnis nach folgender Formel:

$$Q = \frac{a \cdot c - b \cdot d}{a \cdot c + b \cdot d}$$

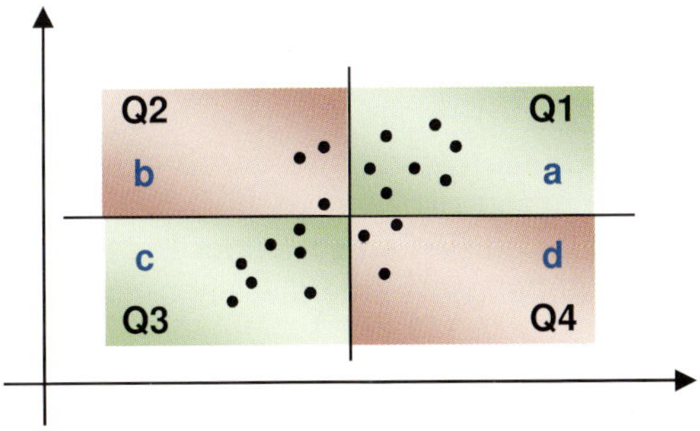

$$Q = \frac{7 \cdot 7 - 3 \cdot 3}{7 \cdot 7 + 3 \cdot 3} = \frac{40}{58} \approx 0{,}70$$

Abb. 85: Berechnung des normierten Quotenverhältnisses (Assoziationsmaß) über einfaches Auszählen von Quadrantenpunkten

Auch das normierte Quotenverhältnis Q liegt im Wertebereich zwischen -1 und +1. Es berücksichtigt jedoch die Lage der einzelnen Punkte deutlich weniger als der Korrelationskoeffizient.

Ermittlung mit dem Taschenrechner (nicht prüfungsrelevant)

6

Mit dem Taschenrechner lassen sich im Statistik-Modus die x/y-Wertepaare eingeben und der Korrelationskoeffizient direkt abrufen. Beispiele sind in der Regel in der Bedienungsanleitung des Taschenrechners vorhanden.

Ausblick: Regressionsanalyse

Eine Frage ist in jedem Fall geblieben: Wie liegt eigentlich die Gerade in der Punktewolke? Diese Frage ist vor allem interessant, wenn man sie für eine Prognose interpolieren will, also gedanklich verlängern möchte, um zu beliebigen x-Werten entsprechende y-Werte zu ermitteln (und umgekehrt). Das Verfahren, das hierzu angewendet wird, heißt **lineare Regression**.

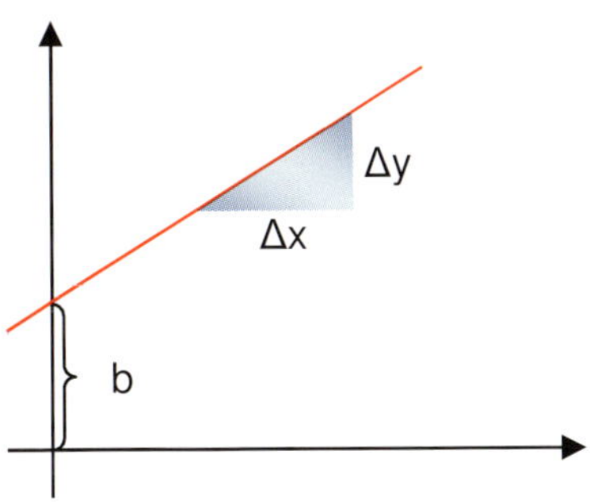

Abb. 86: Die Parameter m und b einer beliebigen Geraden

Zur Bestimmung der Geraden sind zwei Parameter nötig, die eine beliebige Gerade eindeutig bestimmen:

- die **Steigung der Geraden m**
  ermittelt durch das sog. „Steigungsdreieck“: $a = \frac{\Delta y}{\Delta x}$
- der sog. **Achsenabschnitt b**
  (der Punkt auf der y-Achse, bei dem die Gerade die y-Achse schneidet)

Auch hier können die beiden Parameter a und b nach Eingabe einer x/y-Wertepaarliste direkt mit dem Taschenrechner abgerufen werden (a und b heißen in der Literatur und in vielen Bedienungsanleitungen zum Taschenrechner allerdings anders). Das manuelle Bestimmen des Korrelationskoeffizienten sowie der Parameter der Geraden ist relativ aufwändig und wird im Anhang an einem kleinen Beispiel gezeigt.

Abschließend sei darauf hingewiesen, dass die Korrelationsanalyse nicht nur auf lineare Aufgabenstellungen anwendbar ist, also auf eine Annäherung der Korrelation durch eine Gerade, sondern auch durch andere Kurvenformen. Diese „nicht lineare“ Regressionsaufgaben erfordern jedoch in der Regel die Kenntnis der höheren Mathematik.

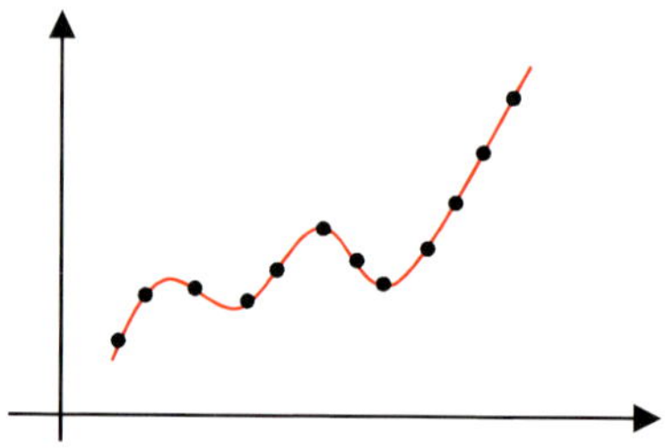

Abb. 87: Beispiel einer nicht linearen Regression

6.2.6 Brainstorming

Brainstorming („Gedankensturm“) wird gezielt eingesetzt, um im Team zu beliebigen Themen Ideen, Lösungsansätze etc. zu sammeln. Es ist ein Kreativ-Werkzeug.

Brainstorming kann offen oder verdeckt erfolgen und benötigt in jedem Falle einen Moderator.

Entscheidend sind folgende Punkte:

- Organisation: Es sollte ein Raum mit Flipchart oder Whiteboard und/oder Moderationswand zur Verfügung stehen. Es muss sichergestellt werden, dass keine Störungen auftreten / alle Handys und Telefone aus.
- die Zeit für das Brainstorming sollte im Vorfeld vereinbart und eingehalten werden
- das behandelte Thema muss schriftlich an einer Tafel oder einem Flipchart allen Teilnehmern dauerhaft „vor Augen“ geführt werden
- alle Teilnehmer müssen signalisieren, dass sie das Thema oder die Aufgabe verstanden haben

- die Ideen können in einer mehreren Runden schriftlich über Karten beim Moderator eingereicht und dann in der Runde vorgestellt werden; danach erfolgt die nächste Runde. Es ist jedoch auch ein von Anfang an offenes Brainstorming möglich.
- Sämtliche Ideen und Vorschläge müssen vom Moderator für alle lesbar schriftlich fixiert werden (entfällt bei der Kartenmethode)
- alle Vorschläge sind erlaubt (auch die abstrusesten!)
- eine Bewertung der Vorschläge ist nicht zugelassen (erfolgt in einer späteren Phase)

Die Ideen der anderen sollen auf die eigenen Gedanken zurück koppeln und so wiederum neue Ideen auslösen – eigenes Gedankengut soll mit dem der anderen verbunden werden und so ein Synergieeffekt erzeugt werden (das Ergebnis ist mehr als die Summe der einzelnen Vorschläge).

Brainstorming wird von Ishikawa als Q-Tool benannt, gilt heute jedoch als klassisches Managementtool für alle möglichen Arten von Aufgaben- und Problemstellungen.

6.2.7 Ursache-Wirkungs-Diagramm

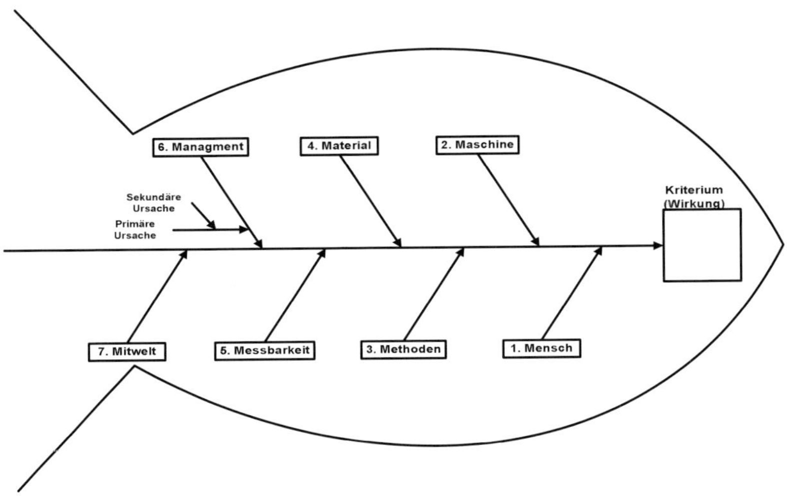

Abb. 88: Das Ishikawa-, Fischgräten-, oder Ursache-Wirkungs-Diagramm

Das nach dem japanischen Qualitätswissenschaftler Kaoru Ishikawa (1915-1989) benannte Werkzeug dient der systematischen und strukturierten Sammlung von Ursachen, die zu einer festgelegten Auswirkung führen.

In der Praxis wird es beispielsweise in der Entwicklung eingesetzt, um im Rahmen eines Brainstormings Risiko-Ursachen zu finden und zu dokumentieren, die später im Rahmen einer FMEA einer fundierten Bewertung unterzogen werden (zur FMEA siehe Kap. 6.4.1.).

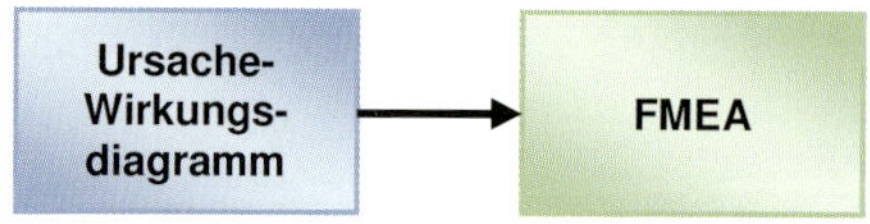

Abb. 89: Zusammenhang zwischen Ursache-Wirkungs-Diagramm und FMEA

Ishikawa empfahl, die Untersuchung an Hand einiger festgelegter Aspekte – die sog. M-Begriffe – durchzuführen. Die Hauptäste (Gräten), die am „Rückgrat" des Fisches enden, symbolisieren genau diese Hauptaspekte. Von damals 4 M-Begriffen sprechen wir heute von 7 M-Begriffen: **Mensch, Maschine, Material, Methode, Mitwelt (Milieu), Management und Messbarkeit**. Nach Aussage eines Bekannten gibt es in seinem Unternehmen noch ein achtes M – nämlich Money. Bis heute weiß der Autor nicht, ob das ein Scherz war oder nicht. Im Sinne „Welche Folgen hat es, wenn das Bestechungsgeld nicht ausreicht" wäre das achte M auf jeden Fall nachvollziehbar...

Jedenfalls werden die gesammelten Ursachen als Äste (Primärursachen) und Unteräste (Sekundärursachen) an die Hauptgräten angetragen. Bei einer Risikoanalyse werden beispielsweise mögliche Fehler-Ursachen erarbeitet, die durch den Mensch ausgelöst werden (z. B. Fehlverhalten), durch fehlerhaftes Material usw.

Eine moderne Form des Ishikawa-Diagramms bilden **Mindmaps**, bei denen im Zentrum ein Schlüsselbegriff steht (die Auswirkung) und als Äste die gefundenen Ursachen. Für die Darstellung von Mindmaps gibt es inzwischen Freeware-Tools, die EDV-gestützt die Erstellung auch komplexer Mindmaps ermöglichen.

Abb. 90 zeigt eine Beispiel-Mindmap, wie sie vor einer umfangreicheren Risikoanalyse (FMEA) erstellt wurde.

Abschließend sei erwähnt, dass die Hauptaspekte nicht unbedingt die M-Begriffe bilden müssen, sondern der jeweiligen Aufgabenstellung jederzeit angepasst werden können.

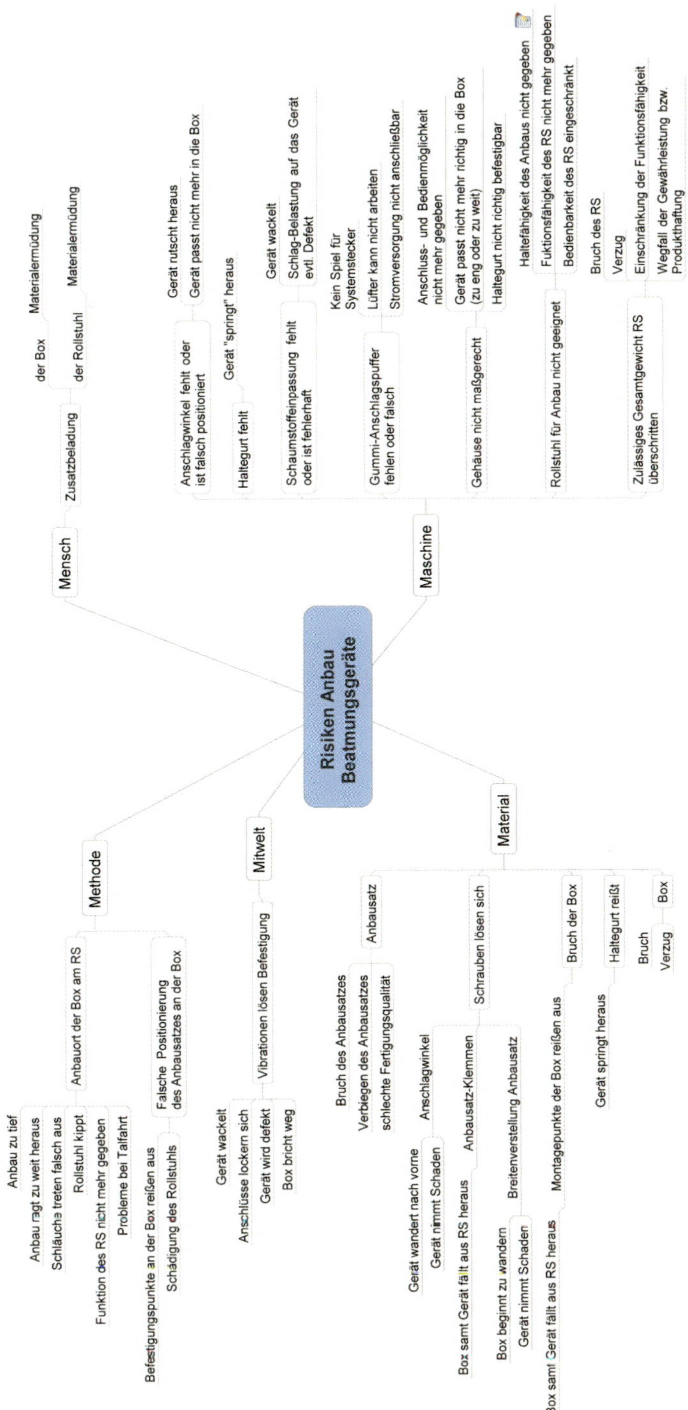

Abb. 90: Beispiel einer Mindmap zum Sammeln von Risiken beim Anbau eines Beatmungsgerätes an einen Rollstuhl im Medizinbereich

6

6.3 Weitere Werkzeuge

6.3.1 Stratifikation (Datenschichtung)

Die Grundidee hinter dem Begriff der Stratifikation oder auch Stratifizierung besagt, dass die Ergebnisse eines Prozessschrittes niemals miteinander vermischt sondern getrennt voneinander („geschichtet") gesammelt werden sollen.

In manchen Lehrbüchern wird die Stratifikation als eines 7 Q-Tools beschrieben. Sinn und Einsatzzweck der Stratifikation ist die schnelle Identifikation vorn fehlerverursachenden Prozess-Elementen.

Beispiel: Zwei Maschinen fertigen das gleiche Erzeugnis. Nur eine strikte Trennung der Auffangbehälter stellt sicher, dass im Zweifelsfall Ausschussware schnell identifiziert und ausgesondert werden kann.

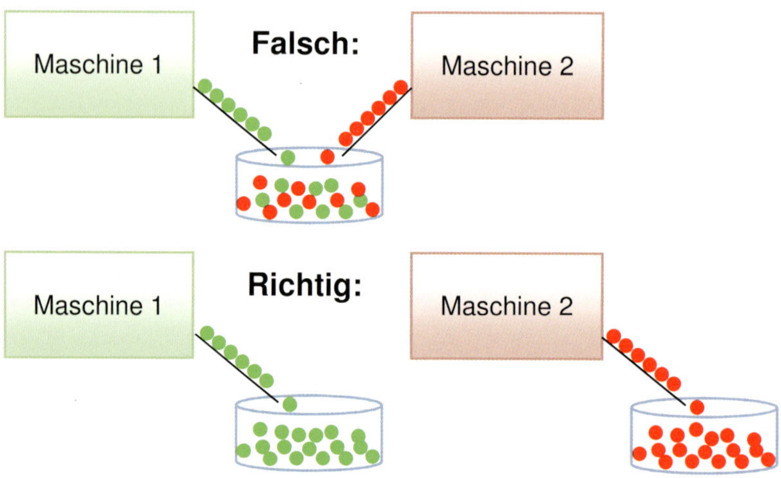

Abb. 91: Prinzip der Stratifikation am Beispiel der Maschinenfertigung

Das Grundprinzip lässt sich auch auf andere Prozesse anwenden – beispielsweise auf Vorgänge in der Verwaltung (getrennte Ablage von Akten für bestimmte Prozessschritte). Der gezielte Einsatz der Stratifizierung dient in der Regel dem Auffinden von Fehlern.

6.3.2 Visualisierung

Unter Visualisierung versteht man die bildliche Darstellung eines Sachverhaltes.

Ein Bild sagt mehr als tausend Worte. Darum ist die Visualisierung von Ideen, Problem- und Aufgabenstellungen ein wichtiges und nützliches Werkzeug. Der Autor bemüht sich, im Besonderen diesem Ansatz mit dem vorliegenden Buch zu folgen.

Eine gelungene bildhafte Darstellung macht Worte überflüssig und wird damit unabhängig von der Sprache (und der Fähigkeit zu lesen wie wir alle seit der Werbung gegen Analphabetismus wissen).

Die folgende Tabelle gibt eine kleine Übersicht über Visualisierungen im Alltag und im Beruf:

Visualisierung	Beispiele / Anwendungsfelder
Diagramme	Torten-, Säulen- und Trend-Diagramme, Qualitätsregelkarten
Flussdiagramme / Prozessschaubilder	QM-Modelle, Verfahrens- und Prozessbeschreibungen
Mindmaps	Risiko- und Fehlerursachenanalyse
Schilder	Arbeitssicherheit, Orientierungshilfen
Fotos	Montage
Zeichnungen	Fertigung, Montage, Bedienungsanleitungen
Skizzen	Kreativ- und Entwurf-Phase; Ideen-Vorstellung
Baumdiagramme	Darstellung von Abhängigkeiten; Fehlersuche

Tabelle 35: Beispiele von Visualisierungen

Hinweis:

Tabellen stellen keine Visualisierung dar! Eine reine Auflistung von Daten in Tabellenform erzeugt bei vielen Menschen kein Bild, sondern sorgt häufig sogar für Verwirrung. Ebenso ist „PowerPoint" keine Visualisierung sondern ein Programm, das die Möglichkeit zu einer bildhaften Präsentation bietet. Der Autor musste jedoch schon Präsentationen erleben, die über zwei Tage hinweg lediglich Aufzählungen von Textpassagen ohne ein einziges Bild enthielten – trotz PowerPoint! Dagegen kann eine gut erzählte Geschichte bewusst Bilder im Kopf entstehen lassen, die dazu führen, dass ein Sachverhalt besser eingeprägt werden kann.

Die Geschichte vom Zweibein

Versuchen Sie den folgenden Satz einmal zu lesen und dann auswendig aufzusagen:

„Ein Zweibein sitzt auf einem Dreibein und spielt mit einem Einbein. Da kommt ein Vierbein und nimmt dem Zweibein das Einbein weg. Daraufhin schmeißt das Zweibein nach dem Vierbein mit dem Dreibein."

Ist schwierig gell?

Probieren Sie jetzt Folgendes: Stellen Sie sich vor, das Zweibein ist ein Mensch, der auf einem Hocker (Dreibein) sitzt. Er spielt dabei mit einem Knochen (Einbein). Da kommt ein Hund (Vierbein) und nimmt dem Mensch den Knochen weg. Daraufhin wirft der Mensch nach dem Hund mit dem Hocker. Jetzt dürfte es besser gehen. Der Grund ist einfach: Im Kopf werden die abstrakten Begriffe Einbein, Zweibein usw. durch konkrete Bilder im Kopf ersetzt und zu einer Geschichte zusammengefügt. Der abstrakte Inhalt kann dadurch sehr einfach „gelernt" bzw. verarbeitet werden.

Dem vorgeführten Ansatz folgen Referenten, wenn sie Anekdoten erzählen. Die nachvollziehbaren Geschichten (Bilder im Kopf) beinhalten Sachverhalte, die durch die Verbindung mit der Geschichte einfacher gelernt werden können.

Jeder Mensch denkt visuell

Es ist seit langem bekannt, dass unser Gehirn aus zwei Gehirnhälften besteht, von denen jede bevorzugt für spezielle Aufgabenbereiche zuständig ist. Unser Gehirn funktioniert zwar großteils holografisch, das bedeutet, dass Inhalte über größere, vernetzte Bereiche des Gehirns verteilt sind und damit auch der Ausfall von einzelnen Gehirnzellen kompensiert werden kann. Es ist jedoch unbestritten, dass die linke Gehirnhälfte stärker für die Analyse und Struktur von Sachverhalten zuständig ist, die rechte dagegen für Bilder, Empfindungen, Farben usw.

Ein rein textuell vorgetragener Sachverhalt spricht im Wesentlichen nur die linke Gehirnhälfte an. Unter Verwendung von Bildern wird ein größerer Gehirnbereich aktiviert, der bei so ziemlich allen Menschen dazu führt, dass ein Sachverhalt besser verstanden und behalten werden kann.

Lehrer, die bewusst auf Bilder und Anschaulichkeit verzichten, weil abstraktes Denken eine „Anforderung an weiterführenden Schulen" darstellt, sollten sich mit den Erkenntnissen der Hirnforschung auseinandersetzen. Ein entsprechend aufbereiteter Unterricht würde das Verständnis (und die Akzeptanz) der vermittelten Inhalte drastisch erhöhen.

6.3.3 (Fehler-) Baum-Diagramm

Baumdiagramme dienen der visuellen Darstellung von Abhängigkeiten und geben Orientierung.

Sie finden daher beispielsweise Einsatz bei komplexen Systemen zur Fehlersuche (z. B. Atomkraftwerke, Supportabteilungen) oder grafischen Software-Systemen zur Ausstattung von komplexen Produkten (z. B Kraftfahrzeuge).

Vorteile

- zielgerichtete Führung des Anwenders
  (Beispielsweise kann auf Basis eines geeigneten Fehlerbaumdiagramms in einer Telefon-Hotline eine einheitliche Support-Qualität realisiert werden)
- einfachere Einarbeitung neuer Mitarbeiter in neue Gebiete

Die detaillierte **Erstellung** eines solchen Diagramms ist **mit einem hohen Aufwand verbunden**. Dieser zahlt sich jedoch immer dann aus, wenn mehrere Mitarbeiter in einer einheitlichen Art und Weise komplexe Themen bearbeiten sollen.

Wie im Beispiel (

Abb. 92) zu erkennen, wird ein Baumdiagramm sehr schnell sehr umfangreich. Es ist daher wichtig mit einem **geeigneten Medium** den Baum so abbilden zu können, dass er hinterher von den Anwendern auch sinnvoll genutzt werden kann. In der Praxis erfolgt dies heute fast immer mit Hilfe von Software-Systemen (z. B. Mindmaps).

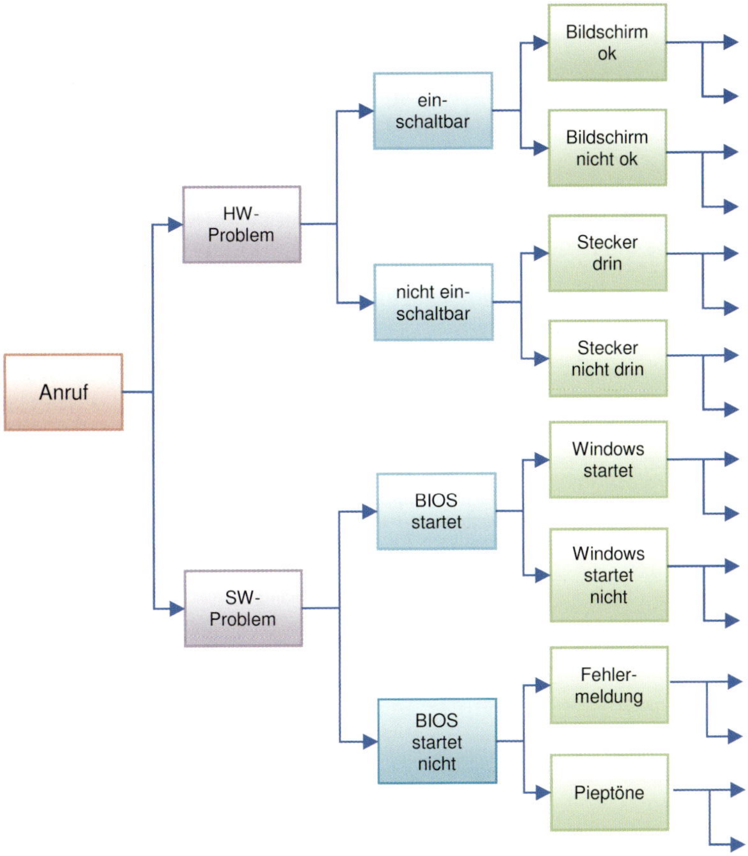

Abb. 92: Fehlerbaumdiagramm am Beispiel einer PC Telefon-Hotline

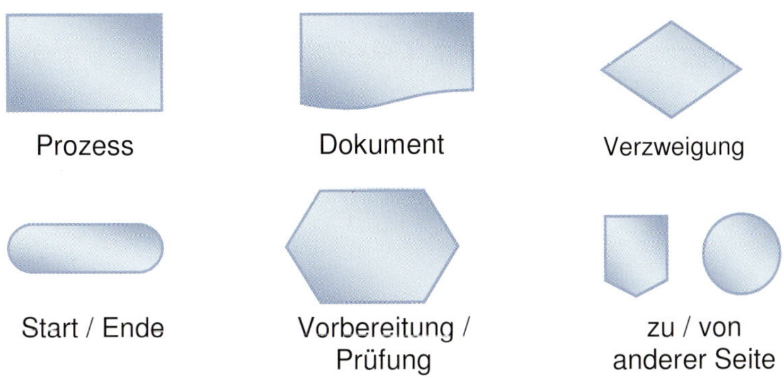

Abb. 93: Wichtige Flussdiagrammsymbole

6.3.4 Flussdiagramm

Mit Hilfe von Flussdiagrammen lassen sich Prozessabläufe einschließlich der verwendeten Input-/Output-Datenflüsse sowie den jeweiligen Prozesseignern darstellen.

Flussdiagramme (oder neudeutsch „Flowcharts") finden sinnvollen Einsatz in Verfahrensanweisungen und Prozessbeschreibungen. Mit Hilfe der Symbole aus Abb. 93 lassen sich 80 bis 90% aller Prozessabläufe im Unternehmen beschreiben.

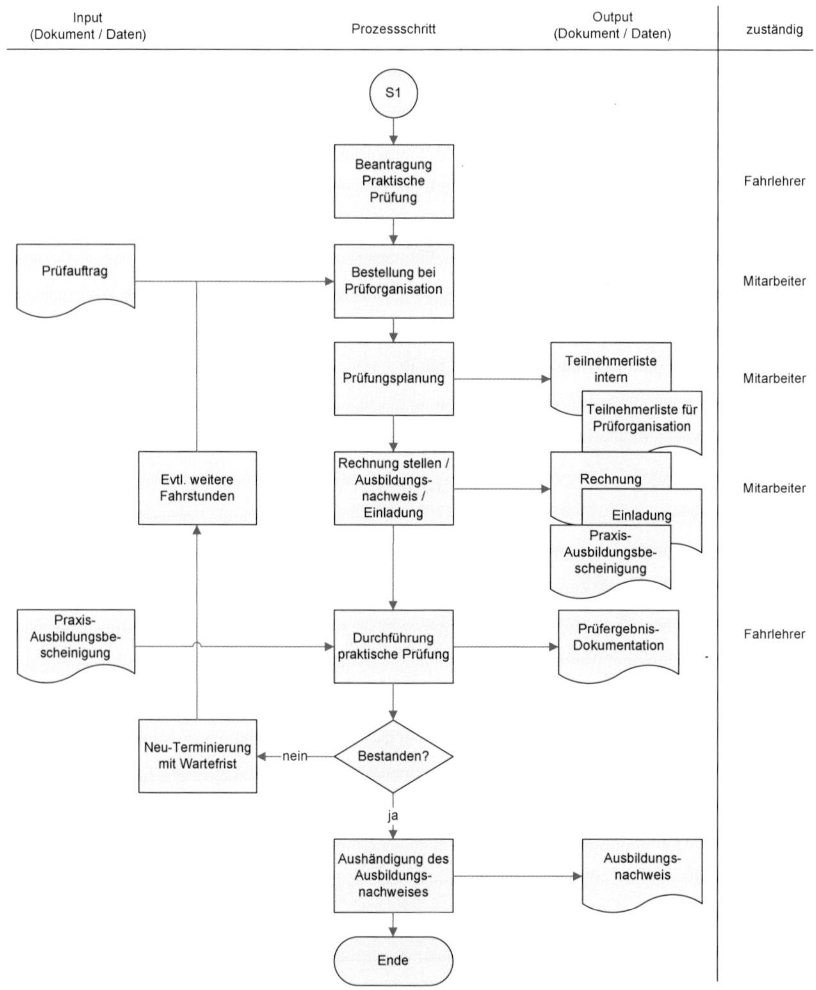

Abb. 94: Auszug aus einer Prozessbeschreibung zur Prüfungsabwicklung in Fahrschulen

Während es für die einzelnen Symbole eine eigene DIN-Norm gibt, kann die Darstellung des Prozesses in beliebiger Weise erfolgen. Als sinnvoll hat sich zum Beispiel die folgende Logik erwiesen, nach der auf der linken Seite Input-Daten stehen, in der Mitte der Prozess (von oben nach unten in zeitlicher Abfolge) und rechts daneben die Output-Daten. Ganz rechts außen kann die Verantwortlichkeit oder Zuständigkeit geregelt werden.

Die Vorteile liegen auf der Hand:

- relativ schnelle Erstellung bei der Prozessaufnahme
- Beschränkung auf das Wesentliche (kein Fülltext wie bei rein verbalen Beschreibungen)
- leichte Nachvollziehbarkeit von Verzweigungen (bei rein textbasierten oder tabellenorientierten Beschreibungen ist das sehr schwierig!)
- In Prozess-Besprechungen innerhalb eines Teams kann ein Flussdiagramm als eindeutiger, roter Faden dienen
- Die Diagramm-Ansicht basiert ausschließlich auf den Gesetzen der Logik. Eine Fehlinterpretation, wie das bei Text oder Tabellen möglich ist, ist weit weniger gegeben

Für die Erstellung einfacher Diagramme eignen sich bereits Office-Programme wie Word oder Excel oder auch Freeware-Programme wie DiagramDesigner. Professionellere Programme (MS Visio, iGrafx iProcess, ViFlow u.v.a.) ermöglichen eine sehr schnelle Erstellung mit unterschiedlichsten Darstellungsoptionen. Beispielsweise können hier Abteilungen als sog. **Swimlanes** (Schwimmbahnen) abgebildet werden, durch die sich dann ein Prozess wie bei einer Landkarte hindurchzieht.

Programme wie iProcess von iGrafx ermöglichen zusätzlich die **Simulation von Prozessen**, indem hinter den jeweiligen Prozess-Symbolen verschiedenste Parameter eingepflegt werden können (Arbeitszeiten, Anzahl der Arbeitskräfte etc.). Über die Simulation können dann Flaschenhälse im Prozess sichtbar gemacht werden und durch Veränderungen in den Parametern ein optimaler Prozess gefunden werden.

6.3.5 Matrix-Diagramm

Das Matrix-Diagramm ist ein Werkzeug zur gezielten Ermittlung von Gewichtungen bei einer Vielzahl von Auswahlmöglichkeiten.

Ein neues Auto

Eine (fast) einfache Aufgabe: Sie möchten sich ein neues Auto kaufen und können sich gefühlsmäßig zwischen drei verschiedenen Modellen nicht entscheiden. Sie stellen nun einen Kriterienkatalog in Form einer Tabelle mit 7 verschiedenen Merkmalen auf. Sie beginnen für die drei Fahrzeuge eine Punktbewertung durchzuführen, als Sie merken, dass die 7 Merkmale, die Sie sich erdacht haben, Ihnen nicht gleich wichtig sind. Aber wie bekommen Sie einen möglichst sinnvollen Gewichtungsschlüssel, der auch Ihrem „Bauchgefühl“ entspricht?

Die Antwort liefert ein Matrix-Diagramm:

Kriterien	Leistung	Kofferraum	Sicherheit	Verbrauch	Verarbeitung	Komfort	Image	**Summe (Gew.)**	**Rang**
Leistung		2	2	2	0	0	2	8	2.
Kofferraum	0		0	0	0	0	2	2	4.
Sicherheit	0	2		0	2	2	2	8	2.
Verbrauch	0	2	2		2	2	2	10	1.
Verarbeitung	2	2	0	0		1	2	7	3.
Komfort	2	2	0	0	1		2	7	3.
Image	0	0	0	0	0	0		0	5.

Tabelle 36: Beispiel-Matrix-Diagramm

Die Kriterien werden in die Tabelle vertikal in die erste Spalte und horizontal in die oberste Zeile eingetragen. Danach erfolgt ein paarweiser Vergleich in Form folgender Logik:

- 2 Punkte: Zeilenkriterium ist wichtiger
- 1 Punkt: Zeilen- und Spaltenkriterium sind gleich wichtig
- 0 Punkte: Spaltenkriterium ist wichtiger

Dabei werden immer zwei Werte – einer im roten und einer im grünen Bereich eingetragen. Beispiel Leistung und Verbrauch (blaue Kästchen): Verbrauch ist wichtiger als Leistung, also wird in der Zeile bei Leistung eine 0 und in der ersten Spalte bei Verbrauch eine 2 eingetragen.

Die korrespondierenden Werte müssen in Summe immer 2 ergeben!

Danach wird die Zeilensumme für alle Kriterien ermittelt. Die Summe spiegelt den Gewichtungsfaktor wider, mit dem das Kriterium in die Gesamtheit aller Kriterien einfließt! Dieser könnte nun direkt als Gewichtungsfaktor für eine Nutzwertanalyse der drei Fahrzeuge verwendet werden.

Der Vorteil des Matrixdiagramms besteht darin, dass durch die Konzentration auf jeweils nur zwei Kriterien, die betrachtet werden, in sehr kurzer Zeit ein objektives Bild der Gewichtung entsteht!

Besonders interessant wird dieses Werkzeug in Verbindung mit dem Lösen von Problemen nach der Methode von Thomas Gordon (siehe Kap. 6.4.7), bei der im Schritt 3 die gefundenen Lösungsansätze mit Hilfe eines Matrixdiagrammes bewertet werden können.

6.3.6 Offene Formblätter zur Fehlererfassung

Wie bereits mehrfach erwähnt ist Qualitätsmanagement in erster Linie Fehlermanagement. Für verschiedene konkrete Zwecke wurden bereits Werkzeuge zur Erfassung von Fehlern vorgestellt (z. B. Strichliste).

Mit der Einführung von QM-Systemen kann jedoch häufig noch keine vernünftige Fehlerklassifizierung vorgenommen werden.

In diesem Fall eignet sich ein „offenes" Formblatt zur Erfassung von Problemen jeglicher Art (interne Fehler, Kunden- und Lieferantenfehler), die nur eine sehr grobe Rahmenstruktur vorgeben, jedoch die Möglichkeit zum Eintragen von Freitext ermöglichen. Nachteil eines solchen Formblattes ist die mangelhafte statistische Auswertbarkeit. Als Vorstufe zu einer klassenorientierten Fehlererfassung kann es jedoch ausgezeichnete Dienste liefern, da es meist große Akzeptanz bei den Mitarbeitern findet. Die nachfolgende Abbildung zeigt exemplarisch einen möglichen Aufbau eines solchen Fehlererfassungs-Formblattes.

Als wesentlich komplexer wird in Kapitel 6.4.6 die Methode des 8D-Reports vorgestellt.

KVP-Bericht

Datum	K/L/I	MA	Beschreibung	Maßnahme / Vorschlag	Zeitbedarf

Legende: K=Kunde, **L=**Lieferant, **I=**intern, **MA=**Mitarbeiter

Abb. 95: Muster eines Formblattes zur Fehler-Erfassung

6.4 Methoden

Wie bereits zu Beginn des Abschnittes 0 erläutert, beschreiben Methoden den Weg (das WIE), das folgerichtige Vorgehen in Bezug auf ein ganz bestimmtes Ziel. Im Qualitätsmanagement werden als Methoden komplexe, systemische Ansätze verstanden, die sich auf dem Weg zum Ziel auch verschiedener Werkzeuge bedienen, die zum Teil in den vorhergehenden Abschnitten beschrieben wurden, zum Teil aber auch im Folgenden bei der jeweiligen Methode behandelt werden.

6.4.1 Fehlermöglichkeit- und Einflussanalyse (FMEA)

Die Fehlermöglichkeits- und Einflussanalyse (FMEA) ist eine Methode zur systematischen Bewertung von Risiken sowie der Ableitung von Maßnahmen zur Risiko-Minimierung.

In der Praxis werden drei Arten der FMEA unterschieden:

- System-FMEA
- Prozess-FMEA
- Konstruktions-FMEA

Um welche Art es sich handelt, bestimmt der Untersuchungsgegenstand, der der FMEA zu Grunde gelegt wird und im ersten Schritt der FMEA in seine Einzelteile oder –abschnitte zerlegt wird:

6

Typ	Untersuchungsgegenstand
System-FMEA	Produkt, (komplexes) System
Prozess-FMEA	Prozess
Konstruktions-FMEA	einzelnes Bauteil; Konstruktionszeichnung

Tabelle 37: Die drei FMEA-Typen

Ein Risiko im Sinne der FMEA stellt grundsätzlich eine denkbare Kombination aus Fehlerursache (FU) und Fehlerfolge (FF) dar.

Vereinfacht lässt sich eine FMEA in fünf Schritten durchführen:

- Zerlegung (System, Prozess, Bauteil)
- Finden von Risiken (FU/FF-Kombinationen)
- Bewertung der gefundenen Risiken (RPZ = A x B x E)
- Ableitung von Maßnahmen zur Risikominimierung
- Neu-Bewertung des verbliebenen Rest-Risikos (RPZ)

zu 3./5.: Die Bewertung über die Risikoprioritätszahl (RPZ)

Die Bewertung im Rahmen einer FMEA erfolgt über das Produkt der folgenden drei Faktoren:

	Faktor	Wertebereich
A	Auftretenswahrscheinlichkeit	1 (niedrig) – 10 (hoch)
B	Bedeutung (der Fehlerfolge)	1 (niedrig) – 10 (hoch)
E	Entdeckungswahrscheinlichkeit	1 (hoch) – 10 (niedrig)

Tabelle 38: Die drei Bewertungsfaktoren der Risikoprioritätszahl (RPZ)

Setzt man die maximale Punktzahl für jeden Faktor von 10 an, liegt das maximale Risiko bei RPZ = 1.000. Das geringste Risiko ist 1.

Wichtige Hinweise:

- Ein mittleres Risiko hat man bei RPZ = 5 x 5 x 5 = 125
- Eine hohe Entdeckungswahrscheinlichkeit ist gut und hat demzufolge eine niedrige Punktzahl; das heißt, der Fehler ist gut oder einfach zu entdecken
- Sobald ein Risiko nicht mehr innerhalb des Unternehmens sondern erst beim Kunden erkennbar ist, so ist für die Entdeckungswahrscheinlichkeit immer eine 9 oder 10 anzusetzen
- Sobald eine Fehlerfolge einen Personenschaden beinhaltet, ist für die Bedeutung 10 anzusetzen
- Jede Kombination aus Fehlerursache und Fehlerfolge ist separat zu bewerten (eine Ursache kann unterschiedliche Fehlerfolgen auslösen; verschiedene Ursachen können ein und dieselbe Fehlerfolge auslösen)

Das Werkzeug: Das FMEA-Formblatt

Der formale Aufbau eines FMEA-Formblattes folgt der oben beschriebenen Struktur:

Teil/Prozess	Fehlerursache	Fehlerfolge	A	B	E	RPZ	Maßnahmen	A	B	E	RPZ
1.	2.			3.			4.			5.	

Tabelle 39: formaler Aufbau eines FMEA-Formblattes

Je nach Zielsetzung und Bedarf lassen sich **weitere Spalten** einfügen:

- Vorgesehene Prüfmaßnahmen (vor 3. / erste Bewertung)
- Vorgeschlagene Maßnahmen zur Risikominimierung (bei 4.)
- Umzusetzende / Beschlossene Maßnahmen (bei 4.)
- Verantwortlichkeit (bei 4.)
- Verbleibendes Restrisiko (vor 5. / zweite Bewertung)

Das folgende Beispiel zeigt einen Auszug aus einer FMEA zum Anbau von Beatmungsgeräten an Rollstühlen und setzt direkt auf das Ishikawa-Diagramm bzw. Mindmap aus Abb. 90 auf, das zum Sammeln möglicher Risiken erarbeitet wurde.

Produkt / Leistung	Risikoart / Fehlerursache	Fehlerauswirkungen / Potenzielle Folgen	Risikobewertg.				Maßnahmen zur Risikominimierung	Verbleibendes Restrisiko	Restrisiko-Kennz.			
			A	B	E	RPZ			A	B	E	RPZ
3 Material	3.3 Schrauben der Anbausatz-Klemmen lösen sich	3.3.1 Box samt Gerät fällt aus RS heraus	3	10	8	240	Hinweis in Bedienungsanleitung bzgl. regelmäßiger Kontrolle der Festigkeit der Klemmschrauben durch Benutzer		1	10	8	80
	3.4 Breitenverstellung Anbausatz löst sich	3.4.1 Box beginnt zu wandern - Gerät nimmt Schaden	3	10	8	240	Loctite verwenden; mit definiertem Drehmoment anziehen; Rüttelprüfung mit anschließender Drehmomentsprüfung der Schrauben		1	10	2	20
	3.5 Bruch der Box	3.5.1 Montagepunkte der Box reißen aus; Box samt Gerät fällt aus RS heraus	1	10	10	100	Durchführen einer Erschütterungs- und einer Belastungsprüfung		1	10	3	30
	3.6 Haltegurt reißt	3.6.1 Gerät springt heraus	1	10	8	80	Durchführen einer Erschütterungs- und einer Belastungsprüfung		1	10	3	30
	3.7 Box verzieht sich	3.7.1 Gerät wackelt	1	2	6	12	Durchführen einer Erschütterungs- und einer Belastungsprüfung		1	2	3	6
4 Mitwelt	4.1 Vibrationen lösen Befestigung	4.1.1 Gerät wackelt	3	2	10	60	Durchführen einer Erschütterungs- und einer Belastungsprüfung		2	2	3	12
		4.1.2 Anschlüsse lockern sich	3	10	10	300	Durchführen einer Erschütterungs- und einer Belastungsprüfung		2	10	3	60
		4.1.3 Gerät wird defekt	3	10	10	300	Durchführen einer Erschütterungs- und einer Belastungsprüfung		2	10	3	60
5 Methode	5.1 Anbauort der Box am RS falsch	5.1.1 Anbau zu tief; Mangelhafte Kipp-Möglichkeit des RS; schlechtes "Hinkommen" an den RS	7	4	5	140	Bordsteinkanten-Prüfung; Hinweis in Bedienungsanleitung, dass Funktionseinschränkung bei Treppen-Bewältigung vorliegt		1	4	1	4

Tabelle 40: Auszug aus einer FMEA

6.4.2 Versuchsmethodik (DoE)

Unter Versuchsmethodik versteht man eine systematische Vorgehensweise bei der Durchführung von Versuchen oder (Labor-) Experimenten, um eine theoretisch mögliche, sehr hohe Anzahl von Versuchskonstellationen auf ein praktikables Maß zu reduzieren. Das Ziel ist es, eine stabile (robuste) Produkt-Konstellation zu finden.

Die Abkürzung DoE steht für die englischen Begriffe **Design of Experiments** und wird häufig auch als Statistische Versuchsplanung bezeichnet. DoE zeigt als Begriff etwas deutlicher, um was es hier geht, nämlich um das „Designen" – um das „Maßschneidern" – von Experimenten.

Die hier vorgestellte Methode stammt von dem Japaner Genichi Taguchi, weil es die am weitesten verbreitete Methode darstellt.

Haupteinsatzbereiche des DoE:

- Produktentwicklung
- Fehlersuche

Zunächst sind zwei **Faktoren-Begriffe** wichtig:

- Konzeptfaktoren (durch das Unternehmen bestimmt)
- Rauschfaktoren (durch die Umwelt bestimmt)

Taguchi unterscheidet zwischen Faktoren, aus denen ein Produktkonzept zusammengesetzt ist (Konzeptfaktoren) und Faktoren, die durch die Umwelt hervorgerufen sind und daher in der Praxis nicht beeinflussbar sind.

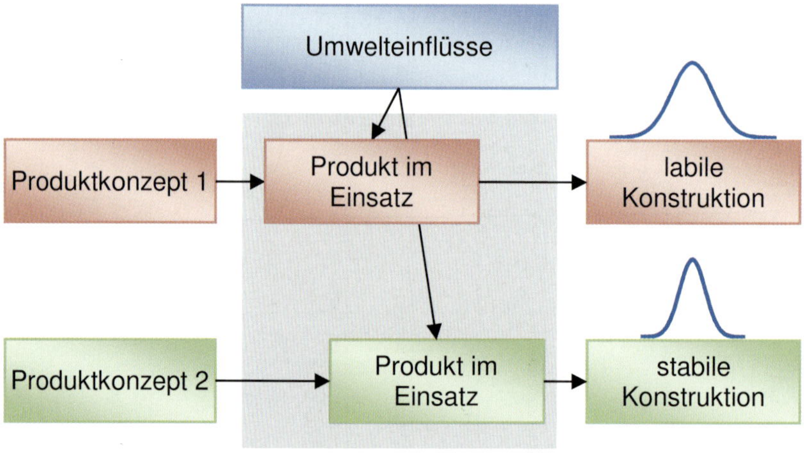

Abb. 96: Zielsetzung im DoE: Finden einer robusten Konstruktion

Robustheit

Ziel des DoE ist es, eine robuste Produkt-Konstellation zu finden (also eine selbstgewählte Mischung aus Konzeptfaktoren), die auch unter dem Einfluss von verschiedenen, schwankenden Umwelteinflüssen (Rauschfaktoren), eine stabile, unbeeinträchtigte Funktionsweise gewährleistet.

Irre Anzahl an Versuchen

Stellen wir uns folgendes vor: Sie entwickeln ein neues Produkt (z. B. einen neuen Auto-Scheinwerfer), welches aus ganzen sieben Komponenten zusammengesetzt ist (Konzeptfaktoren). Für jedes, dieser sieben Komponenten lassen wir lediglich zwei verschiedene Ausprägungen zu. Dann gäbe es theoretisch 2 x 2 x 2 x 2 x 2 x 2 x 2 = 2^7 = 128 Möglichkeiten, diese sieben Komponenten miteinander zu kombinieren. Nehmen wir noch drei Umgebungsvariablen hinzu (Rauschfaktoren), mit denen wir schwankende Umwelteinflüsse simulieren möchten, so steigt die Anzahl der theoretisch möglichen Versuche auf 2^{10} = 1.024 an. Wer diese Versuche alle durchführen möchte, der kann auf absehbare Zeit keine Mittagspause mehr machen.

Absenken auf 32 Versuche

Mit Hilfe der Versuchsmethodik soll die Anzahl dieser extrem hohen, theoretisch möglichen Anzahl auf eine vertretbare Größe gesenkt werden. Hierzu schlägt Taguchi folgende Vorgehensweise vor:

- Festlegung von 8 Produktkonzepten
  (die Konzepte, die nach Meinung eines Expertenteams am erfolgversprechendsten sind)
- Festlegung von 4 Rauschkonzepten
  (also eine Zusammensetzung von simulierten Umweltbedingungen)

In das praktische Experiment gelangen damit schließlich nur noch insgesamt 8 x 4 = 32 Versuche.

	Konzeptfaktor	**+**	**-**
A	Gehäuse	Kunststoff 1	Kunststoff 2
B	Heizdraht	Typ 1	Typ 2
C	Kabel	Hersteller 1	Hersteller 2
D	Auswurfmechanismus	Hersteller 3	Hersteller 4
E	Druck-Hebel	Konstruktion 1	Konstruktion 2
F	Netzteil	Hersteller 5	Hersteller 6
G	Zeitsteuerung	Hersteller 7	Hersteller 8
	Rauschfaktor	**+**	**-**
M	Umgebungstemperatur	-5°C	30°C
N	Luftfeuchtigkeit	40%	80%
P	Untergrund	Holz	Glas

Tabelle 41: Konzept- und Rauschfaktoren für neuen Toaster

6

Beispiel Toaster
An einem kleinen Beispiel soll die Vorgehensweise nun verdeutlicht werden. Wir entwickeln jetzt „gedanklich“ einen neuen Toaster. Um ein stabiles, robustes Produktkonzept zu finden, untersuchen wir folgende sieben Konzeptfaktoren sowie drei Rauschfaktoren, die wir mit jeweils zwei verschiedenen Merkmalsausprägungen der Untersuchung zu Grunde legen. Die erste Merkmalsausprägung wird in den Konzepten jeweils mit +, die zweite mit – bezeichnet (siehe Tabelle 41).

Das Werkzeug: Orthogonale Tafeln

Zur Darstellung der Versuchsmethodik werden nun sogenannte orthogonale Tafeln verwendet. Dabei werden Produkt- und Rauschkonzepte rechtwinklig zueinander tabellarisch angeordnet. Die mittleren Y-Werte repräsentieren die vier Einzelergebnisse eines einzelnen Produktkonzeptes unter Einfluss der vier Rauschkonzepte.

	Rauschkonzepte			
	1.	2.	3.	4.
M	+	-	+	+
N	-	-	+	-
P	+	+	-	-

Produktkonzepte	Konzeptfaktoren A	B	C	D	E	F	G		Ergebnisse					
1.	+	-	+	+	+	-	+	→	Y_{11}	Y_{12}	Y_{13}	Y_{14}	→	Z_1
2.	+	-	-	-	+	+	+	→	Y_{21}	Y_{22}	Y_{23}	Y_{24}	→	Z_2
3.	+	-	+	-	-	+	-	→	Y_{31}	Y_{32}	Y_{33}	Y_{34}	→	Z_3
4.	+	+	-	-	+	+	-	→	Y_{41}	Y_{42}	Y_{43}	Y_{44}	→	Z_4
5.	-	+	+	+	-	-	-	→	Y_{51}	Y_{52}	Y_{53}	Y_{54}	→	Z_5
6.	-	-	+	-	+	+	+	→	Y_{61}	Y_{62}	Y_{63}	Y_{64}	→	Z_6
7.	-	-	+	+	+	-	-	→	Y_{71}	Y_{72}	Y_{73}	Y_{74}	→	Z_7
8.	-	+	+	+	+	+	-	→	Y_{81}	Y_{82}	Y_{83}	Y_{84}	→	Z_8

Tabelle 42: Orthogonale Tafeln für das Beispiel Toaster

Die vier Einzelergebnisse werden schließlich zum Gesamtergebnis Z für ein einzelnes Produktkonzept zusammengeführt.

Die Ergebniswerte Y und Z stehen stellvertretend für geeignete Ergebnisparameter, die das Produkt kennzeichnen. Für den Toaster könnten das z. B. Lebensdauer, maximale Hitzeentwicklung, max. Stromentnahme usw. sein. Ein einzelner Ergebniswert kann auch eine Kombination mehrerer Parameter sein, man spricht dann von einem

Ergebnisvektor, z. B.: $Z = \begin{pmatrix} Lebensdauer \\ max.\,Hitzeentwicklung \\ max.\,Stromentnahme \end{pmatrix}$

Das schlussendlich gewählte Produktkonzept wird in der Regel dasjenige sein, das den optimalen Ergebnisvektor liefert. Auf die Analyse von Ergebnisvektoren soll hier jedoch nicht näher eingegangen werden.

Das wesentliche Risiko bei der Versuchsmethodik besteht in der Versuchsplangestaltung (Produkt- und Rauschkonzepte). Sinnvoll eingesetzt bietet sie jedoch große Möglichkeiten in Bezug auf Produkt- und Prozessqualität. Aus diesem Grunde wird sie auch häufig zur gezielten Optimierung bei schwierig greifbaren Qualitätsproblemen eingesetzt.[20]

6.4.3 Poka Yoke

Poka Yoke ist eine Methode zum gezielten Verhindern unbeabsichtigter Fehler.

Zur Bedeutung der Begriffe:

- Poka bedeutet unbeabsichtigter Fehler
- Yoke bedeutet Vermeidung

Häufig wird Poka Yoke auch mit „narrensicher“ übersetzt. Dies ist jedoch in Hinblick darauf, dass in der Regel niemand Fehler absichtlich begeht, falsch bzw. trifft nicht den Kern des Ganzen.

Vom geschichtlichen Hintergrund wurde Poka Yoke in Verbindung mit dem Toyota Production System (TPS) eingeführt und war auf Fertigungsprozesse ausgerichtet. Seit langer Zeit hat der Poka Yoke-Gedanke jedoch auch unseren Alltag als Nutzer von Produkten erreicht. Beispiele hierfür sind jede Art verdreh- und verwechslungssicherer Steckverbinder, wie sie heute in der PC-Technik gang und gäbe sind.

Es lassen sich verschiedene **Methodenbereiche** unterscheiden.

Nach dem Auslösemechanismus eines erkannten Fehlers lassen sich drei Methoden unterscheiden:

- **Kontaktmethode**
(Sensoren erfassen unzulässige Abweichungen in der Arbeitsfolge)
- **Fixwertmethode**
(Überprüfen der Anzahl der erreichten Teilschritte)
- **Schrittfolgemethode**
(automatische Erkennung der Standardabfolge von Arbeitsschritten)

Nach der Maßnahme, die auf einen Fehler folgt, lassen sich zwei Methoden unterscheiden:

- **Eingriffs- oder Abschaltmethode**
(sofortiges Abschalten der Methode; z. B. Zweihandbedienung von gefährlichen Maschinen)
- **Alarmmethode**
(Auslösen eines optischen oder akustischen Signals)

[20] näheres hierzu finden Sie bei Graf in QZ 09/2008, S. 28ff

Daneben gibt es **Maßnahmen**, die – wie im Beispiel der verdrehsicheren Steckverbinder – einen **Fehler von vorneherein systematisch ausschließen**.

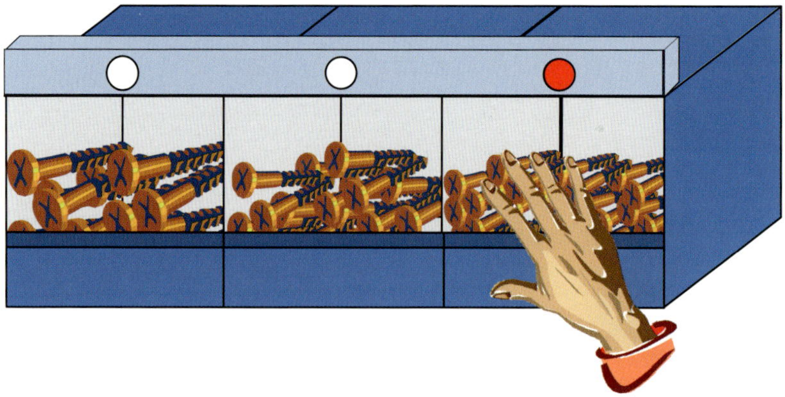

Abb. 97: Poka Yoke-Beispiel in der Montage – ein Griff in die falsche Schütte löst ein optisches Signal aus

Der Aufwand der Methode steckt in der genauen Risikoanalyse der einzelnen Vorgänge (z. B. in Form einer FMEA), um daraus eine geeignete Poka Yoke-Maßnahme abzuleiten. Der Nutzen liegt in der Konsequenz in einer verringerten Fehlerrate und damit verbunden geringeren Fehlerkosten.

6.4.4 Quality Function Deployment (QFD)

Unter Quality Function Deployment (QFD) versteht man eine Methode zur umfassenden und systematischen Qualitätsplanung, um Produkte zu entwickeln, zu fertigen und auch vermarkten zu können, die den Kundenwünschen entsprechen.

Vom Englischen „to deploy“ = anwenden / umsetzen geht es beim QFD um die Umsetzung der (oft recht vagen) Kundenwünsche in konkrete Produkte, die diesen Wünschen gerecht werden.

Vier Phasen

QFD läuft in der Regel in vier Phasen ab, die im Folgenden kurz erläutert werden sollen:

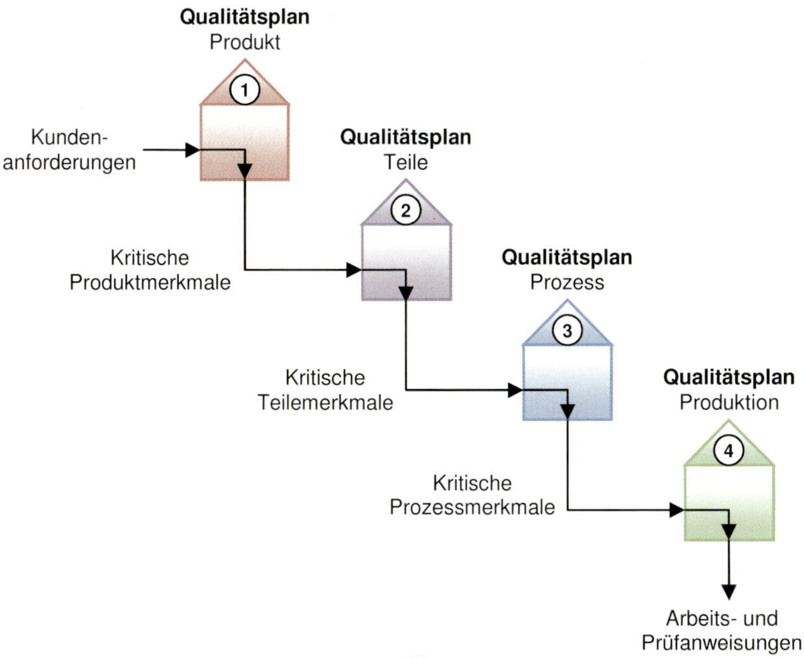

Abb. 98: Die vier Phasen des QFD[21]

Den Anfang bilden die Kundenanforderungen, die beispielsweise durch Marktforschung bzw. gezielte Kundenbefragung ermittelt wurden. In jeder weiteren Phase wird dann das Ergebnis der vorherigen Phase als Input-Kriterium hergenommen.

Am Ende der Kette stehen Arbeits- und Prüfanweisungen, die sicherstellen, dass kritische Fertigungsprozesse erfolgreich durchlaufen werden, die wiederum sicherstellen, dass die kritischen Teile keinen Ausschuss aufweisen, wodurch wiederum sichergestellt wird, dass die schließlich gefertigten Produkte exakt die Produktmerkmale aufweisen, die die ursprünglichen Kundenanforderungen erfüllen.

Werkzeug: Das House of Quality (HoQ)

Als Werkzeug wird im QFD das sogenannte House of Quality eingesetzt. Es dient der Visualisierung der einzelnen Schritte innerhalb der vier Phasen des QFD (manchmal wird es auch nur für Phase 1 genutzt).

Schematisch wird über das House of Quality folgende Frage beantwortet: **WIE kann ich erreichen, WAS gefordert wird?**

[21] nach Brauer/Kamiske [2006]

6

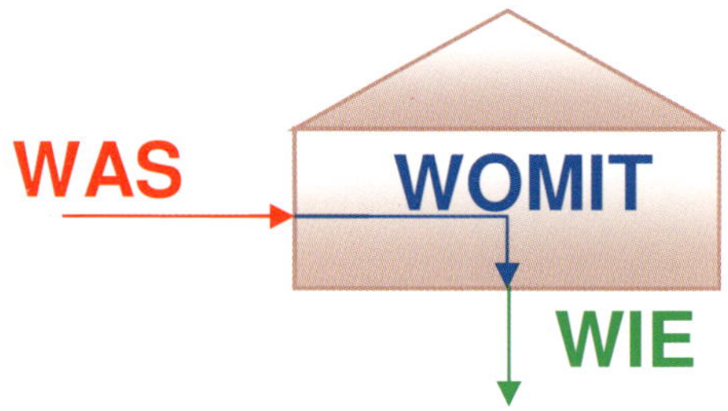

Abb. 99: Grundprinzip des House of Quality (HoQ)

An einem Beispiel der Phase 1 soll das Prinzip des HoQ näher erläutert werden.

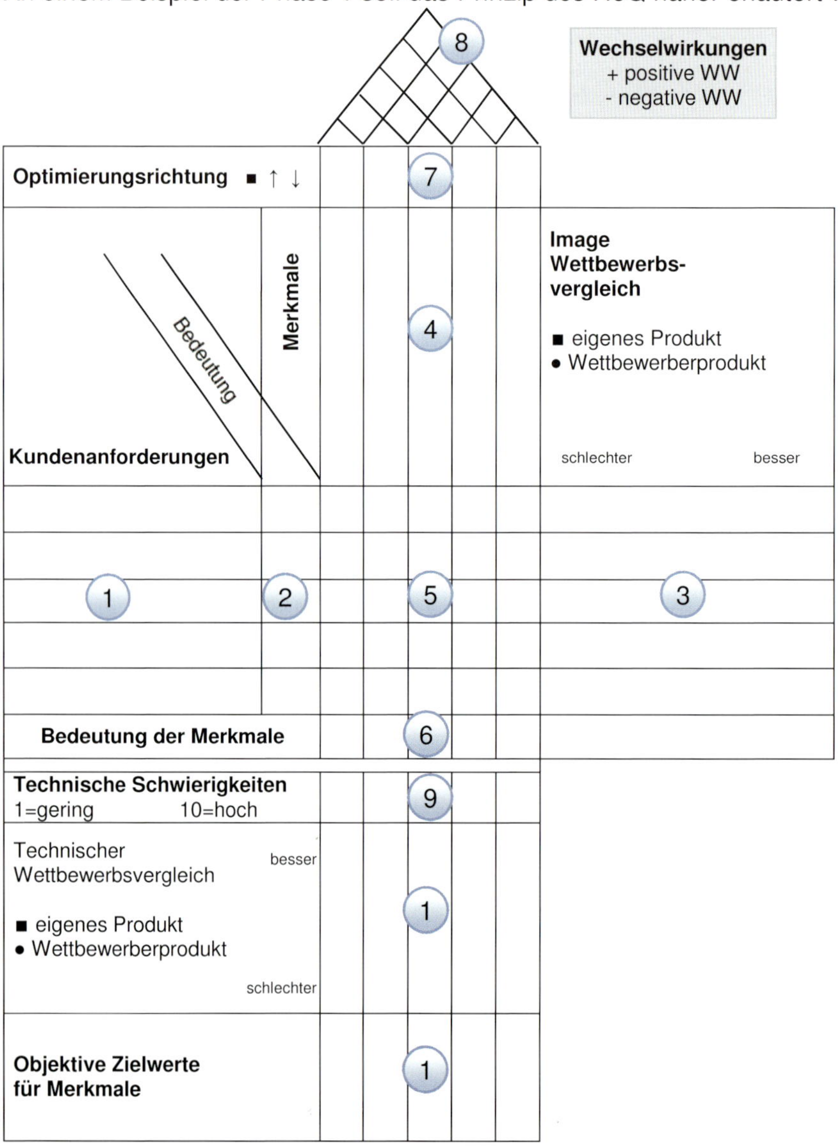

Abb. 100: Schematischer Aufbau eines House of Quality mit schrittweisem Vorgehen

Im Anhang finden Sie ein leeres Muster-Formblatt, das Sie zu Übungszwecken nutzen können.

Es folgt nun eine kurze Erläuterung der einzelnen Schritte, aus der auch die komplexe Verzahnung der einzelnen Bereiche und Abteilungen hervorgeht:

Schritt	Erklärung
1	Die Ermittlung der Kundenanforderungen (das erste WAS) erfolgt i.d.R. durch Marketing und Vertrieb. Die Angaben sind häufig „schwammig“ – z. B. „das Produkt soll lange halten!“
2	Die Anforderungen werden nun nach Bedeutung gewichtet (z. B. mit 1 bis 10)
3	Kritischer Wettbewerbsvergleich aus Kundensicht mit ein oder mehreren wichtigen Mitbewerber-Produkten; sollte ebenfalls von Marketing oder Vertrieb durchgeführt werden und keine technischen Details berücksichtigen
4	Festlegung der Produktmerkmale, über die die Anforderungen der Kunden direkt oder indirekt erfüllt werden können
5	Ohne Berücksichtigung der Gewichtung wird nun bewertet, wie die jeweiligen Produktmerkmale die jeweilige Kundenanforderung beeinflusst (stark, mittel, schwach oder gar nicht; z. B. mit Punkten von 0 bis 3)
6	Hier erfolgt jetzt eine Rangfolgen-Festlegung der Merkmale; Sie bildet die Priorität bzw. Wichtigkeit des einzelnen Merkmals ab
7	Festlegen der Optimierungsrichtung der Produktmerkmale; es gibt nur drei mögliche: ■ Es sollte ein genauer Punktwert erreicht werden ↑ Das Merkmal ist zu maximieren ↓ Das Merkmal ist zu minimieren
8	Festlegen der Wechselbeziehungen, inwiefern sich die Merkmale gegenseitig positiv oder negativ beeinflussen
9	Von den Ingenieuren und Technikern erfolgt nun eine Bewertung der technischen Schwierigkeiten
10	Hier kann nun ein technischer Wettbewerbsvergleich erfolgen, den im Vergleich zu Schritt 3 die technische Abteilung – z. B. die Entwicklung – durchführt
11	Final werden nun die konkreten Zielwerte festgelegt, die die Produktmerkmale aufweisen müssen (WIE), um schließlich die eingangs festgelegten Kundenanforderungen zu erfüllen

Tabelle 43: Die Schritte beim House of Quality

6.4.5 Statistische Prozess-Regelung (SPC)

Die Statistische Prozess-Regelung (SPC - Statistic Process Control) soll an dieser Stelle nur der Vollständigkeit halber als wichtige Methode im Qualitätsmanagement erwähnt werden.

Eine Einführung zu SPC finden Sie in Abschnitt 8.8.1.

6.4.6 8D-Report

Ein 8D-Report ist eine systematische Vorgehensweise im Reklamationsmanagement in 8 Schritten, durch die eine Reklamation im Gegensatz zur reinen Symptombekämpfung ursächlich beseitigt werden soll.

Das „D“ steht dabei für die acht „Disziplinen“ im Sinne von Prozessschritten, die bei der Bearbeitung von Reklamationsvorgängen systematisch abgearbeitet werden sollen und die vom Verband der Automobilindustrie (VDA) als Standard festgeschrieben wurde.

Als Grundlage für die Praxis dient in der Regel ein Formblatt, das die 8 Schritte in Form von Feldern abbildet und in die während der Reklamationsbearbeitung der jeweilige Fortschritt der Bearbeitung eingetragen wird.

D1	Zusammenstellen eines Teams für die Problemlösung
D2	Problembeschreibung
D3	Sofortmaßnahmen festlegen
D4	Fehlerursache(n) feststellen
D5	Planen von Abstellmaßnahmen
D6	Einführen der Abstellmaßnahmen
D7	Fehlerwiederholung verhindern
D8	Würdigen der Teamleistung

Tabelle 44: Die acht Schritte des 8D-Reports

Die folgende Abbildung zeigt ein Muster-Formblatt, wie ein 8D-Report in der Praxis gestaltet werden kann.

FB 8D-Report

<table>
<tr><td>Vorgang</td><td>Reklamationsnummer</td><td>Reklamationsdatum</td></tr>
<tr><td>Kundenname</td><td>Ort</td><td>Referenzinfo</td></tr>
<tr><td colspan="3">1 Bearbeitendes Team</td></tr>
<tr><td colspan="3">2 Problembeschreibung</td></tr>
<tr><td colspan="3">3 Sofortmaßnahmen (Korrektur)</td></tr>
<tr><td colspan="3">4 Fehlerursachen-Ermittlung ☐ erstmaliger Fehler ☐ Wiederholfehler</td></tr>
<tr><td colspan="3">5 Geplante Korrekturmaßnahmen / Planung der Wirksamkeitsprüfung</td></tr>
<tr><td colspan="2">6 Umgesetzte Korrekturmaßnahmen</td><td>Datum (Wann)</td></tr>
<tr><td colspan="2">7 Maßnahmen gegen Wiederholfehler</td><td>Datum (Wann)</td></tr>
<tr><td colspan="2">8 Wirksamkeitsprüfung (Ist) und Teamwürdigung</td><td>Datum (Wann)</td></tr>
<tr><td>Verantwortlicher (Unterschrift)</td><td>Ersteller d. Berichts (Name)</td><td>Abschlussdatum Kunde</td></tr>
<tr><td>Finale Entscheidung</td><td>Korrekturmaßnahme akzeptiert
☐ Ja
☐ Nein / Maßnahme nötig</td><td>Abschlussdatum Unternehmen</td></tr>
<tr><td colspan="3">Anlagen</td></tr>
</table>

Abb. 101. Muster-Formblatt für einen 8D Report

6

6.4.7 Problemlösung nach Thomas Gordon

Die Problemlösungsmethode nach Thomas Gordon ist ein universelles Management-Instrument zur Lösung unterschiedlichster Aufgaben- und Problemstellungen in sechs Schritten.

In seinem Bestseller „Managerkonferenz“ beschreibt Thomas Gordon den Manager – und das entspricht in diesem Sinne jegliche Art von Führungskraft – als Problemlöser. In der Tat ist es so, dass Führungskräfte in ihrer Hauptaufgabe Probleme lösen. Spinnt man den Gedanken von Reinhard K. Sprenger weiter, dass Führungskräfte dafür verantwortlich sind, ein motivierendes Umfeld für die optimale Entfaltung ihrer Mitarbeiter zu schaffen, so wird der Ansatz Führungskraft = Problemlöser nachvollziehbar.

Die Methode von Thomas Gordon soll an dieser Stelle vorgestellt werden, weil sie in der Praxis eine hohe Relevanz für alle denkbaren Arten von Problemstellungen bietet und in sehr kurzer Zeit gute und von allen Beteiligten tragfähige Lösungen aufzeigen kann.

Die Vorgehensweise besteht aus sechs Schritten und nutzt dabei verschiedene bereits beschriebene Werkzeuge:

Schritt	Inhalt
1.	Problem schriftlich definieren
2.	Brainstorming zur Erarbeitung alternativer Lösungen
3.	Bewertung der gefundenen Lösungen
4.	Treffen der Entscheidung
5.	Umsetzen der beschlossenen Lösung
6.	Kontrolle, ob die Lösung das Problem wirksam und nachhaltig beseitigt hat

Tabelle 45: Problemlösung nach Thomas Gordon

Wichtige Hinweise:

- Das Ziel der Gordon-Methode ist der Konsens – nicht ein Kompromiss! Alle Mitglieder des Teams sollen die Lösung mittragen.
- Die Gruppengröße für die Anwendung dieser Methodik sollte nicht mehr als 5 bis 12 Mitarbeiter umfassen. Alle Teammitglieder müssen die Methode kennen und sich ständig gegenseitig dazu disziplinieren, innerhalb der einen Stufe zu bleiben, die gerade behandelt wird.
- Das schriftlich fixierte Problem am Anfang ist der maßgebliche Schlüssel-Schritt. Mündlich reicht nicht aus! Erst wenn am Whiteboard oder Flipchart das Problem nüchtern und sachlich formuliert steht und von allen Teilnehmern „abgenickt" worden ist, darf zu Schritt 2 übergegangen werden.
- Für das Brainstorming zum Erarbeiten alternativer Lösungsvorschläge gelten alle Hinweise aus Abschnitt 6.2.6. Zu Schritt 3 (Bewertung) darf erst übergegangen werden, wenn Schritt 2 abgeschlossen wurde.
  Benötigtes Hilfsmittel: Flipchart oder Whiteboard zur Dokumentation der Vorschläge
- Für die Bewertung der alternativen Vorschläge eignet sich im einfachen Fall ein einfaches Noten- oder Punktesystem; bei vielen Lösungsmöglichkeiten, die ähnlich sind, bietet sich das Matrix-Diagramm bzw. ein paarweiser Vergleich an (siehe Kap. 6.3.5).
- Die Entscheidung für eine Lösung fällt in einem separaten Schritt! Die Bewertung in Schritt 3 zeigt nur scheinbar die „beste" Lösung auf. Vielmehr führt die Diskussion in Schritt 3 zu einem tieferen Bewusstwerden der Zusammenhänge. Dies hat aber wiederum nicht selten zur Folge, dass nicht unbedingt die am besten bewertete Lösung dann auch umgesetzt werden soll.
- Die Umsetzung erfordert meist die Definition konkreter Maßnahmen mit Prüfschritten und Verantwortlichkeitsregelung
- In einem geeigneten Zeitabstand nach Umsetzung der Lösung muss ein Kontrollschritt erfolgen, der über eine geeignete Wiedervorlage durch die verantwortliche Person realisiert wird.
- Gordon empfiehlt bei sehr komplexen Themen, für jeden der sechs Schritte ein eigenes (zeitlich überschaubares) Meeting anzusetzen, in dem ausschließlich der jeweils benannte Schritt innerhalb einer vorgegebenen Zeit behandelt wird. Richtig eingesetzt führt dies zu einer hoch entwickelten Meeting-Kultur, in der endlose und Nerv tötende Diskussions-Sessions der Vergangenheit angehören.

In der beruflichen Praxis des Autors konnten zahlreiche, komplexe Probleme – besonders auch in Hinblick auf Qualitätsprobleme – mit Hilfe der Gordon-Methodik erfolgreich gelöst werden.

Wichtig für den Erfolg der Methode ist neben der Kenntnis der einzelnen Schritte im Besonderen der erklärte Wille aller Teammitglieder, sich innerhalb der jeweils behandelten Schritte zu bewegen und daraus nicht auszubrechen.

6.4.8 Six Sigma

Bei Six Sigma handelt es sich eigentlich um mehr als eine Methode des Qualitätsmanagements. Es ist eigentlich ein eigenes Managementsystem, mit dem unter Einsatz statistischer Methoden das Ziel verfolgt wird, Prozesse bis auf ein maximal zulässiges Maß von 3,4 Fehler pro Million Vorgängen zu verbessern.

Die 3,4 fpm als Zielsetzung leiten sich aus folgender Logik ab:

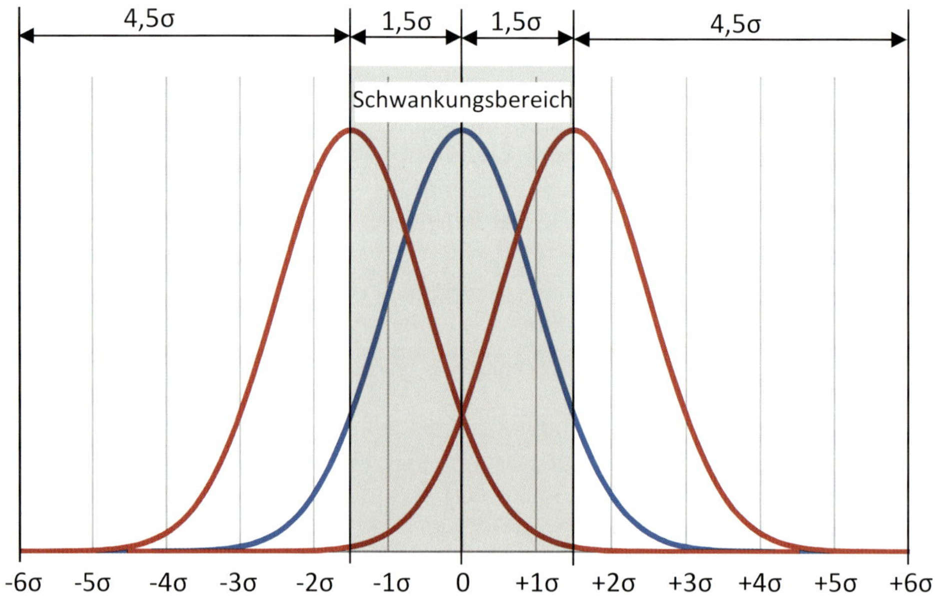

Abb. 102: Die Schwankungsbreite von 1,5σ bei Six Sigma

Bei allen Prozessen, bei denen es sehr viele Vorgänge und Wiederholungen gibt, schwanken die einzelnen Prozesse in der Praxis und sind in Bezug auf den Mittelwert niemals an derselben Stelle. Die Six Sigma-Philosophie berücksichtigt eine Schwankung von Prozessen von 1,5σ um den Mittelwert. Setzt man nun eine Toleranzbreite von -6σ bis +6σ an (dieser Ansatz hat der Methode ihren Namen zu verdanken), so verbleiben unter Berücksichtigung der Schwankung noch 4,5σ nach rechts und links bis zur Toleranzgrenze. Errechnet man nun den zulässigen einseitigen Ausschuss an einer der beiden Toleranzgrenzen, so erhält man genau die oben genannten 3,4 Fehler pro Million (fpm – failure per million). In der Six Sigma-Sprache sprechen wir allgemein von Fehlern pro Million und nicht von ppm (parts per million), da diese Methodik auf alle Arten von Vorgängen angewendet werden kann. Auf den Prozess der Briefzustellung bei der Post angewendet, hieße das, dass bei 5 Millionen zugestellten Briefen nur maximal 17 Stück verloren gehen dürfen.

Um dieses Ziel zu erreichen, wird der sog. DMAIC-Regelkreis angewendet. Dieser entspricht ähnlich dem PDCA-Zyklus einem fünfstufigen Phasenmodell:

- **D**efine Definieren
- **M**easure Messen
- **A**nalyze Analysieren
- **I**mprove Verbessern
- **C**ontrol Lenken

Im Rahmen dieser fünf Phasen kommt eine **Toolbox** zum Einsatz, die aus sieben Bereichen je sieben Werkzeuge und Methoden, also insgesamt **49 Techniken** umfasst. Bestandteil dieser Toolbox sind unter anderem die 7 -> Q-Tools (Q7) sowie die 7 Management-Tools (M7).

Als Entwicklungsunternehmen von Six Sigma gilt Motorola (1987 in den USA). Ende der 90'er Jahre konnte General Electric (GE) große Erfolge unter umfänglichem Einsatz von Six Sigma verbuchen. Heutzutage wird Six Sigma in Unternehmen jedoch projektorientiert betrieben oder mit den Methoden des Leam Managements verbunden (Lean Six Sigma). Six Sigma-Projekte werden in der Regel von speziell geschulten Mitarbeitern durchgeführt, die orientiert an den Gürtel-Rangstufen aus dem Kampfsport als Black Belt, Green Belt etc. bezeichnet werden.

7 Planen, Lenken und Sichern

7.1 Qualitätsplanung

Im Duden wird der Begriff „Plan" beschrieben mit „Entwurf, Karte, Absicht". Aus dem Projektmanagement gibt es eine sehr nachdenklich stimmende Umschreibung des Planungs-Begriffs:

Planen ist das Ersetzen des Zufalls durch den Irrtum!

Die Logik ist simpel: Nicht zu planen bedeutet, vieles dem Zufall zu überlassen. Planen bedeutet dagegen, dass man einen Entwurf, eine Absichtserklärung vornimmt, die nicht sicher ist und bei der man sich irren kann. Jedoch bietet die Erfahrung aus einer vorherigen Planung die Möglichkeit, im Sinne einer ständigen Verbesserung die nächste Planung besser durchzuführen als die vorherige. Wer nicht plant, bringt sich um genau diesen Vorteil der Erkenntnis und gezielten Verbesserung!

Die Qualitätsplanung (QP) ist auf der strategischen und auf der operativen Ebene angesiedelt:

Abb. 103: Einordnung der Qualitätsplanung (QP)

Abgrenzung der Begriffe

Die **Vision** stellt das am weitesten entfernte Fernziel dar und kann in der Regel zeitlich nicht benannt werden. Als Peter Jackson, der Regisseur von „Herr der Ringe" in seiner Jugend den Film „King-Kong und die weiße Frau" sah, hatte er zum ersten Mal die Vision, King-Kong so zu verfilmen, dass er realistisch wirkte. Sein gesamtes filmisches Wirken ab diesem Zeitpunkt widmete sich diesem Fernziel, das er Jahrzehnte später schließlich erreichte.

Die **Mission** eines Unternehmens ist der „Auftrag", der Unternehmenszweck, dem sich das Unternehmen verschreibt und der sich aus der langfristigen Vision ableitet. Um beim Beispiel Peter Jackson zu bleiben, verschrieb sich Jackson fortan der Mission Filme mit Trickeffekten zu drehen und baute seine Fähigkeiten diesbezüglich systematisch aus.

Von der Mission leiten sich dann **Unternehmenspolitik, Leitbild** und **Unternehmenskultur** ab, die den Geist und das Bewusstsein der Mitarbeiter leiten und lenken (sollen).

Die Ebene darunter bilden schließlich die zeitlich konkret formulierbaren **Unternehmensziele**. Als Zeithorizont wird meist ein Zeitraum von 2 bis 5 Jahren angenommen. Die Planung der Unternehmensziele fällt in die strategische Ebene.

Die unterste Ebene schließlich stellt das **operative Tagesgeschäft** dar.

Die letzten beiden Ebenen stehen auch in Zusammenhang mit zwei weiteren, häufig verwechselten Begriffen:

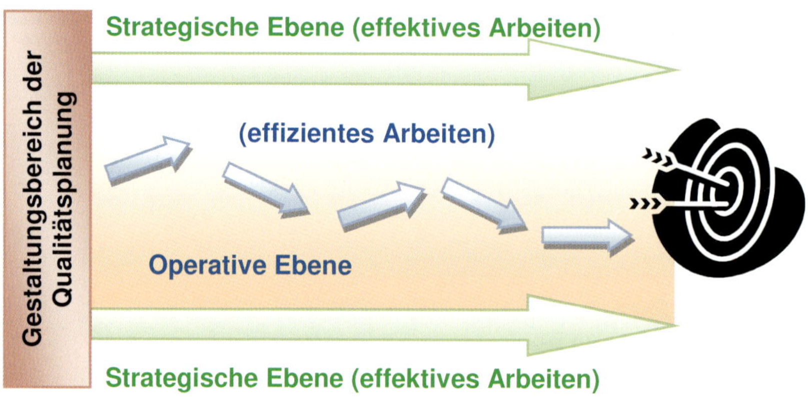

Abb. 104: Effektivität und Effizienz im Vergleich

Für die **Formulierung von Zielen** empfiehlt sich das **smart-System**. Danach müssen Ziele **s**pezifisch, **m**essbar, **a**ttraktiv, **r**ealistisch und **t**erminiert sein.

Effektivität bestimmt den Zielerreichungsgrad, während **Effizienz** das ökonomische Prinzip – das beste Aufwand-/Nutzen-Verhältnis – abbildet.

Effektivität vor Effizienz!

Effektivität ist „die richtigen Dinge tun" (do the right things) während Effizienz „die Dinge richtig tun" (do the things right) beschreibt. Wer die falschen Dinge angeht, wird niemals die gesetzten Ziele erreichen, egal wie effizient er dies tut. Das heißt im Klartext: **Effektivität vor Effizienz!**

Qualitätsplanung ist sinngemäß der ISO 9000 der Teil des Qualitätsmanagements, der die Qualitätsziele, die notwendigen Umsetzungsmaßnahmen sowie die zugehörigen Ressourcen zum Erreichen der Qualitätsziele festlegt.

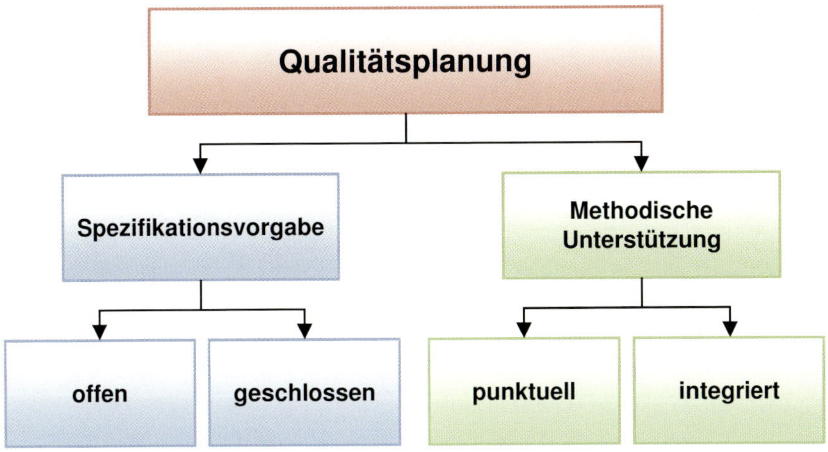

Abb. 105: Aufgaben und Gestaltungsspielräume der Qualitätsplanung[22]

In der Qualitätsplanung geht es darum, Entwicklungsprozesse und Schnittstellen zwischen Prozessen zu gestalten. Die **Spezifikationsvorgabe** (offen/geschlossen) legt dabei den Detaillierungsgrad fest. Eine **methodische Unterstützung** kann punktuell (z. B. durch Fachexperten) erfolgen oder integriert (durch Methoden wie QFD).

7.2 Lenkung qualitätswirksamer Maßnahmen

Qualitätslenkung ist singgemäß der ISO 9000 der Teil des Qualitätsmanagements, der die Erfüllung von Qualitätsforderungen sicherstellen soll.

Der Begriff Lenkung entspricht dem technischen Begriff des Regelns.

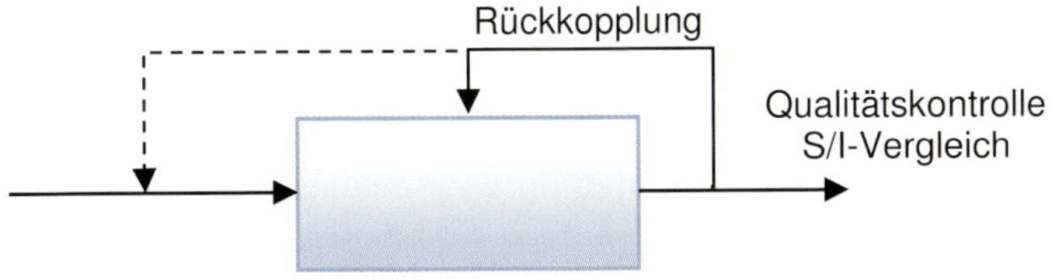

Abb. 106: Qualitätslenkung = Regeln

Auf das Ergebnis eines Prozesses (Output) erfolgt ein Soll-Ist-Vergleich – das entspricht der klassischen Qualitätskontrolle. Qualitätslenkung ist nun das Zurückkoppeln in den Prozess oder den Prozess-Input, um Abweichungen zu korrigieren und damit gestellte Anforderungen zu erreichen.

[22] nach Masing (2007)

TQC – Total Quality Control 

Das TQC-Zeichen, das auf vielen Produkten steht, soll genau diesen Gedankengang zum Ausdruck bringen: Erkenntnisse über irgendwelche Fehler an Produkt oder Dienstleistung fließen automatisch in die Fortentwicklung ein und verbessern auf diesem Wege stetig das Produkt.

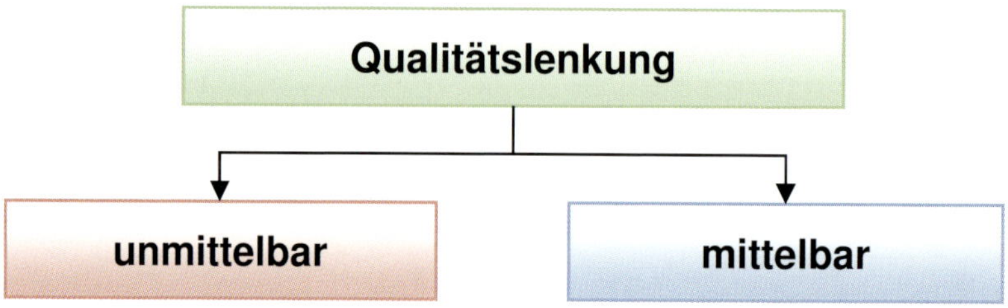

Abb. 107: Zeitliche Aspekte der Qualitätslenkung

Zeitliche Unterscheidung von Lenkungsmaßnahmen

Zeitlich betrachtet gibt es Maßnahmen, die sofort (**unmittelbar**) oder mit einer gewissen zeitlichen Verzögerung (**mittelbar**) greifen.

Die folgende Tabelle gibt einen kleinen Überblick über die Einordnung von mittelbaren und unmittelbaren Lenkungsmaßnahmen:

unmittelbar	mittelbar
Wareneingangsprüfung	Lieferantenbewertung
Führen der Qualitätsregelkarte	Bestimmen der Prozessfähigkeit
Qualitätskontrolle	QFD
Nacharbeiten	Qualitätszirkel
Durchführen von Reparaturen	Durchführen von Wartungen

Tabelle 46: Beispiele für unmittelbare und mittelbare Lenkungsmaßnahmen

Für die finale Beurteilung von Produkten kommen im Besonderen zwei verschiedene Verfahren zum Einsatz, die im Folgenden kurz erklärt werden sollen.

7.3 Sichern der Ziele

Um die Zielerreichung zu sichern, sind verschiedene Aspekte zu berücksichtigen. Zum einen sind die realisierten Produkte und Dienstleistungen gegen die Anforderungen bzw. Qualitätsziele mit geeigneten Methoden zu prüfen und (hoffentlich) zu bestätigen. Daher geht es in den nächsten beiden Abschnitten um die in diesem Zusammenhang wichtigen Begriffe Verifizierung und Validierung.

Der Abschnitt danach beschäftigt sich mit dem speziellen Thema der Mitarbeiter-Qualifizierung, denn ohne für ihre Aufgaben qualifizierte Mitarbeiter lassen sich festgelegte Ziele von vorneherein nicht oder nur mit anderweitigem Aufwand erreichen.

7.3.1 Verifizierung

Die Definition nach ISO 9000 lautet sinngemäß:

Verifizierung ist ein **Nachweis,** dass **festgelegte Forderungen** erfüllt worden sind.

Um etwas verifizieren zu können, werden demnach die „festgelegten Anforderungen" benötigt. Im Rahmen eines Pflichtenheftes erfolgt in der Regel die Definition der grundlegenden Eigenschaften, die ein Produkt erfüllen muss und die durch eine geeignete Prüfung auch nachgewiesen werden können müssen (z. B. festgelegte Laufzeit eines Produktes unter Laborbedingungen). Die Prüfung dieser festgelegten Eigenschaften ist die Verifizierung.

7.3.2 Validierung

Die Definition nach ISO 9000 lautet sinngemäß:

Validierung ist ein **Nachweis**, dass die Forderungen **für einen spezifischen beabsichtigten Gebrauch** erfüllt worden sind.

Für eine Validierung wird ausschließlich der beabsichtigte Gebrauch betrachtet.

Beispiel:

Betrachten wir eine Arztpraxis, die nach einer Operation das Operationsbesteck sterilisieren will. Hierzu wird ein Sterilisator eingesetzt, der bei bestimmungsgemäßem Gebrauch sicherstellen soll, dass das Besteck nach dem Sterilisationsvorgang auch tatsächlich steril ist.

Ob die gewünschte Keimreduktion tatsächlich eingetreten ist, kann der Arzt nicht prüfen, er wendet das Verfahren einfach an und hofft darauf, dass es funktioniert. Das „Funktionieren" des Verfahrens muss der Sterilisator-Hersteller nachweisen, indem er von unabhängiger Seite die Keimreduktion über ein Labor nachweist. Damit wird die Keimreduktion im Labor „verifiziert" und damit das Verfahren „validiert". Wendet der Arzt nun dieses validierte Verfahren an, so kann er sicher sein, dass der Sterilisationsvorgang auch funktioniert. Hierzu muss er sämtliche Anwendungsvorschriften des Herstellers beachten, inklusive der regelmäßig durchzuführenden Sterilisator-Überprüfungen.

In den meisten Betrieben ist eine Validierung von Prozessen nicht anwendbar bzw. wirtschaftlich unsinnig. Da jedoch – wie im Beispiel eines Sterilisator-Herstellers – die Validierung von Verfahren einen sehr wichtigen Stellenwert einnehmen kann, ist der Validierung von Prozessen ein eigenes Kapitel in der ISO 9001 gewidmet.

7.3.3 Mitarbeiter-Qualifizierungen

Die Erreichung gesetzter Ziele kann in der Regel nur realisiert werden, wenn die Mitarbeiter **„die zur Ausführung ihrer Arbeit notwendige Sachkenntnis besitzen"**. Die ISO 9001 behandelt die Anforderungen an die Qualifizierung von Mitarbeitern in Abschnitt 6.2. Hierbei kommt es vor allem auf folgende drei Schritte an, die im Weiteren näher beschrieben werden:

- Ermittlung und Planung des Qualifizierungsbedarfs

- Durchführung und Evaluierung von Qualifizierungsmaßnahmen
- Geeignete Dokumentation

7.3.3.1 Ermittlung und Planung des Qualifizierungsbedarfs

Der erste Schritt besteht in der Feststellung, wo an welcher Stelle im Betrieb ein Qualifizierungsbedarf vorhanden ist. Während in Kleinbetrieben dieser Bedarf häufig alleine durch Geschäftsführer oder Betriebsleiter festgestellt wird, ist in größeren Unternehmen diese Aufgabe durch die jeweiligen Führungskräfte durchzuführen.

Exemplarisch könnte ein Prozess zur Bedarfsfeststellung aktiv durch die Personalabteilung durch den Versand eines geeigneten Formblattes an die zuständigen Führungskräfte ausgelöst werden, die wiederum für die jeweiligen Mitarbeiter / Kostenstellen in ihrem Bereich bestimmte Schulungsmaßnahmen beantragen.

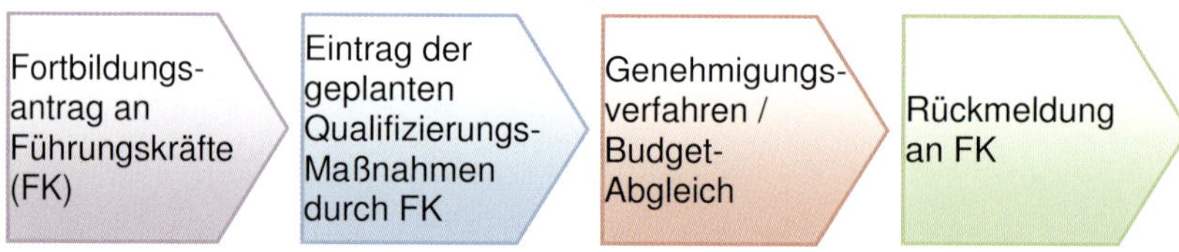

Abb. 108: Beispiel-Prozess der Schulungsbedarfs-Ermittlung in einem größeren Betrieb

Die beantragten Schulungsmaßnahmen werden zentral gesammelt und einem Genehmigungsverfahren unterzogen. Hierbei könnte zum Beispiel ein standardisierter Budget-Abgleich erfolgen, der durch die Geschäftsleitung vorgegeben wurde. Nach diesem Schritt erhalten die Führungskräfte wiederum Rückmeldung über das genehmigte Schulungsbudget, über das sie dann frei und zielgerichtet verfügen können.

Schulungsthema	Mitarbeiter	Plan-Termin	Ist-Termin	Kosten	Ort / Veranstalter
Arbeitssicherheit	alle	01.03.11	01.03.11		intern
Datenschutz	alle	01.10.11			intern
QM	alle	02.04.11	02.04.11		intern
Verhalten im Verkauf	AB, CD	2.HJ 2011	15.07.11	1.500	GutVerkauf
...					

Tabelle 47: Beispiel eines einfachen Schulungsplans

Über diesen Prozess hat man im Unternehmen an zentraler Stelle einen Überblick über anstehende Schulungsmaßnahmen sowie eine Steuermöglichkeit wofür und wieviel in Schulungen investiert wird. Im ganz einfachen Fall eines kleineren Betriebs könnte ein Schulungsplan auch ganz einfach aussehen, wie in Tabelle 47 exemplarisch dargestellt.

Die Gestaltung eines Schulungsplans ist grundsätzlich frei. Jedoch sind einige Punkte bedenkenswert:

- Der Schulungsplan sollte sowohl einen Plan- als auch einen Ist-Zeitraum ausweisen, um aufzuzeigen, wo Soll und Ist auseinander driften
- Themen, die nur selten im Alltag bewusst wahr genommen werden (und daher regelmäßig wieder vergessen werden), sollten als Standard-Schulung einmal pro Jahr angesetzt werden, um die damit verbundenen Inhalte gezielt ins Bewusstsein zu holen (Arbeitssicherheit, Datenschutz, QM, Notfallmanagement etc.)
- Sollte der Schulungsplan an mehreren Stellen im Betrieb Einsatz finden, so sind die einzelnen Pläne regelmäßig zusammenzuführen, um einen zentralen Überblick zu ermöglichen
- Schulungspläne können Strukturhilfe für wiederkehrende Schulungsthemen wie Erste Hilfe oder ähnliches bieten, um die Erfüllung gesetzlicher oder berufsgenossenschaftlicher Auflagen sicher zu stellen

Abschließend soll noch ein Verfahren zur gezielten Bedarfsermittlung mit Hilfe des Entwicklungsstufenmodells von Kenneth Blanchard und Patricia und Drea Zigarmi dargestellt werden.

Das **Entwicklungsstufenmodell** geht davon aus, dass Mitarbeiter für bestimmte Aufgaben in Abhängigkeit von Engagement und Kompetenz vier verschiedene Entwicklungsstufen durchlaufen. Das Engagement setzt sich dabei aus den Komponenten Motivation (Eigenantrieb) und Selbstbewusstsein zusammen (wenn jemand nicht engagiert arbeitet, dann kann es daran liegen, dass er nicht will oder dass er Angst hat, etwas falsch zu machen).

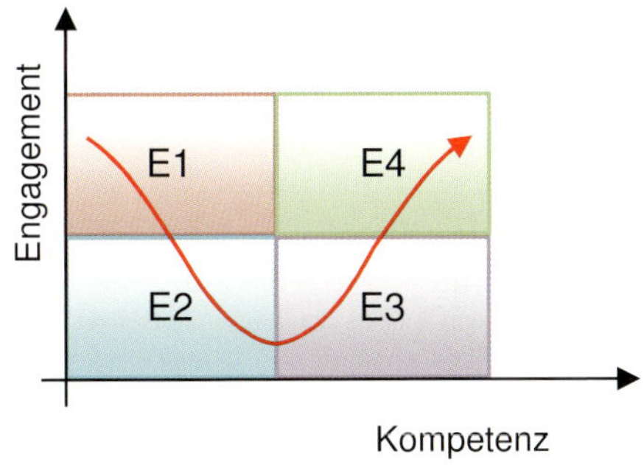

Abb. 109: Entwicklungsstufenmodell in Anlehnung an Blanchard/Zigarmi

- E1: hohes Engagement, niedrige Kompetenz
- E2: niedriges Engagement, niedrige Kompetenz
- E3: niedriges Engagement, hohe Kompetenz
- E4: hohes Engagement, hohe Kompetenz

Blanchard / Zigarmi haben dieses Modell eingeführt, um Führungskräften ein System zur situativen Führung von Mitarbeitern an die Hand zu geben. Jeder dieser

Entwicklungsstufen entspricht nämlich ein **Führungsstil**, auf die allerdings im Weiteren nicht näher eingegangen werden soll:

- E1 => S1 Dirigieren, Anleiten
- E2 => S2 Trainieren
- E3 => S3 Coachen
- E4 => S4 Delegieren

Erstellt man nun eine Matrix, in der horizontal die wichtigsten Aufgaben eines Mitarbeiters („Hauptaufgaben") dargestellt werden, so kann man in einer einzigen Übersicht sichtbar machen, welcher Mitarbeiter sich in Bezug auf welche Aufgabe in welcher Entwicklungsstufe befindet. So lassen sich auf einen Blick sämtliche E1- und E2-Stufen ersehen (niedrige Kompetenz), von denen sich wiederum ein direkter Schulungsbedarf innerhalb einer Mitarbeitergruppe ableiten lässt.

Hauptaufgabe	**Meier**	**Huber**	**Müller**	**...**		
Montage	Z2	V4	Z1			
Werkzeugtechnik	Z3	V4	Z1			
...						

Tabelle 48: Muster-Aufbau einer Hauptaufgaben-Matrix

Die Matrix kann gleichzeitig als Gesamt-Überblick über den Qualifikationsstatus sowie Zuständigkeit und Verantwortlichkeit dienen. Die Zuständigkeit (Z) kennzeichnet dabei Mitarbeiter, die Aufgaben praktisch ausführen, die Verantwortlichkeit (V) kennzeichnet Mitarbeiter, die für die jeweilige Aufgabe Führungsverantwortung bzw. Entscheidungsbefugnis haben.

Entscheidend für das Entwicklungsstufenmodell und das entsprechende situative Führungsstilmodell ist, dass die Festlegung einer Entwicklungsstufe zwischen Führungskraft und Mitarbeiter in Absprache erfolgen muss. Nur dann ist sichergestellt, dass der Führungsstil beim Mitarbeiter auch „ankommt". Angenommen ein Mitarbeiter sieht sich selbst in Entwicklungsstufe E1 (benötigt Richtungsgabe), die Führungskraft sieht den Mitarbeiter jedoch in E4 (vor allem auf Grund des hohen Engagements), dann wäre es völlig falsch, diesem Mitarbeiter Aufgaben vollständig zu delegieren – er wäre damit völlig überfordert. Daher ist für den erfolgreichen Ansatz dieses Führungsmodells die Absprache der Entwicklungsstufe von entscheidender Bedeutung.

7.3.3.2 Durchführung und Evaluierung

Die Durchführung von Qualifizierungsmaßnahmen sollte **im Schulungsplan vermerkt** werden (**IST-Spalte**), um später eine lückenlose Abweichung von Plan und Ist aufzeigen zu können. In größeren Unternehmen gestaltet sich genau diese Anforderung häufig schwierig, weil viele Mitarbeiter ihrer Verpflichtung zur Rückmeldung nicht nachkommen.

Eine sinnvolle Unterstützung kann hier eine **elektronische Wiedervorlage** in der Personalabteilung bieten, die nach einem Plantermin das Aussenden eines Feedbackbogens an den Teilnehmer bewirkt, der diesen ausgefüllt und mit einer Kopie erhaltener Zertifikate zurück an die Personalabteilung senden muss.

Gegebenenfalls kann an die Rückleitung des ausgefüllten Feedbackbogens die Auszahlung von Spesen gekoppelt werden.

Das Feedback soll sicherstellen, dass von zentraler Stelle gesteuert werden kann, dass keine unnützen Schulungen wiederholt stattfinden.

Im Kleinbetrieb ist das schriftliche Fixieren eines Feedbacks nicht unbedingt erforderlich.

Im Idealfall kann die Personalabteilung in Vorbereitung auf durchzuführende Mitarbeitergespräche auf Knopfdruck für Führungskräfte ein vorbereitetes Gesprächsprotokoll-Formblatt ausdrucken, auf dem besuchte und nicht besuchte (aber geplante) Schulungsmaßnahmen bereits als Gesprächsgrundlage vermerkt sind.

7.3.3.3 Geeignete Dokumentation

Die ISO 9001 fordert im letzten Abschnitt des Kapitels 6.2 das Führen „geeigneter Aufzeichnungen". In den vorhergehenden Absätzen wurde versucht, darzustellen, was im Schulungswesen an Dokumentation sinnvoll ist und wie die gewählte Vorgehensweise von der Unternehmensgröße abhängig ist.

In jedem Fall wird benötigt:

- Ein Schulungsplan (Nachweis der Bedarfsfeststellung)
- Eine Sammlung der Nachweise von durchgeführten bzw. besuchten Aus-, Fort- und Weiterbildungen (Nachweis der Deckung des Bedarfs)
- bei größeren Betrieben auch schriftliche Bewertungen der Schulungsmaßnahmen (Wirksamkeitsnachweis); im Kleinbetrieb kann dies auch entfallen, beispielsweise, wenn sich die Geschäftsführung persönlich im Gespräch oder durch Leistungen des Mitarbeiters von der Wirksamkeit von Schulungsmaßnahmen überzeugt

8 Statistik im Qualitätsmanagement

8.1 Einführung / Begriffe

8.1.1 Was ist Statistik?

Eine kurze Definition, was heute unter Statistik verstanden wird, lautet wie folgt:

Die Statistik beschäftigt sich mit der Gewinnung und Auswertung mengenmäßiger (quantitativer) Informationen von zufälligen Ereignissen und (Massen-) Erscheinungen (Ergebnisse von Versuchen, Beobachtungen, Erhebungen) und bedient sich dabei vor allem Rechenmethoden der Wahrscheinlichkeitstheorie.

Historisch gesehen geht das Wort auf das lateinische „statisticum" zurück, was so viel heißt wie „den Staat betreffend". Andere Quellen geben auch das italienische „statista" als Vokabel für den „Staatsmann" oder „Politiker" als Ursprung an. Unstrittig ist in jedem Fall, dass die Statistik seine Ursprünge im Sammeln von Daten zu einem politisch verwalteten Staat hat. So gab es beispielsweise nachgewiesene Volkszählungen im alten Ägypten und in China bereits Hunderte von Jahren vor Christi Geburt. Als Datum der wissenschaftlichen Einführung des Begriffs gilt allgemein das Jahr 1749 in Verbindung mit einer von dem deutschen Juristen und Gelehrten Gottfried Achenwall (1719*-1772†) eingeführten „Lehre von den Daten über den Staat".

Die heutige Statistik mit der Trennung in ihre zwei Teilgebiete, der beschreibenden und der schließenden Statistik sowie die Anwendung der statistischen Methoden auf immer weitere Anwendungsbereiche der Wissenschaft und des täglichen Lebens, sind im Laufe des 19. und 20. Jahrhunderts entstanden. Die wichtigsten Wegbereiter waren

- Abraham de Moivre (1667*-1754†)
- Thomas Bayes (1702*-1761†)
- Pierre-Simon Laplace (1749*-1827†)
- Carl-Friedrich Gauß (1777*-1855†)
- Adolphe Quételet (1796*-1874†)
- Sir Francis Galton (1822*-1911†)
- Richard von Mises (1883*-1953†)

8.1.2 Tarnen und Täuschen mit Statistik

Der Satz *„Glaube keiner Statistik, die du nicht selbst gefälscht hast!“* wird Winston Churchill zugeschrieben. Es geht damit die Meinung einher, dass Statistiken in erster Linie dazu dienen, Meinungen zu beeinflussen bzw. zu manipulieren. Dieser Sachverhalt ist nicht so einfach von der Hand zu weisen, da Statistiken in der Praxis – vor allem im journalistischen Alltag – häufig genau zu diesem Zweck verwendet werden. Dabei werden jedoch in aller Regel – ob bewusst oder unbewusst – statistische Fehler begangen, die im Folgenden kurz beleuchtet werden sollen. Ziel dieses Abschnitts ist es, dabei zu helfen, seriöse von unseriösen Statistiken zu unterscheiden.[23] Allerdings soll das Thema in diesem Rahmen auf Basis einiger Schwerpunkte nur kurz angerissen werden.

Basis-Fehler und -Verzerrungen

Prozent-Angaben entstehen in der Regel dadurch, dass Verhältnisse angegeben werden sollen, die mathematisch durch einen Bruch mit Zähler und Nenner ausgedrückt werden. Der Nenner bildet dabei die Basis der Betrachtung.

Betrachten wir folgende Aussage:

„70% aller Autounfälle werden durch Nicht-Alkoholisierte verursacht!“

Damit könnte suggeriert werden, dass es besser ist, alkoholisiert zu fahren als nüchtern, denn nur 30% werden durch Alkoholisierte verursacht. Logisch?

Hier schlägt ein Basis-Fehler zu. Nehme ich als Basis alle Unfälle, die in Deutschland 2014 auftraten, mag obige Aussage zutreffen – diese ist jedoch völlig unsinnig! Sinnvoll ist es, zu fragen, wie viele Autounfälle wurden von Alkoholisierten aus der Menge der alkoholisierten Autofahrer insgesamt verursacht. Und wie viele Unfälle wurden von nüchternen Autofahrern aus der Gesamtmenge nüchterner Autofahrer verursacht. Jetzt werden die Prozentzahlen anders aussehen – und sie werden sich vermutlich nicht zu 100% ergänzen. Achten Sie also darauf, was als Basis angenommen wird – nur so können Sie diesen Fehler gegebenenfalls entlarven.

Ein besonders krasser Fall von Manipulation auf Grund der Basis-Verzerrung wird von Dewdney (1994) beschrieben. In den USA sollte Mitte der 70‘er Jahre ein Radarsystem beschafft werden. Dabei gab es eine prozentuale Vorgabe, wie viele Flugzeuge von dem Radarsystem automatisch erfasst und verfolgt werden konnten. Es ging bei dieser Entscheidung vor allem auch darum, ob Millionen von Dollar Entwicklungskosten in den Sand gesetzt werden oder nicht. Also manipulierte man kurzerhand die „Erfolgsquote“ des Systems, und zwar so: Flugzeuge, die innerhalb der Reichweite des Systems starteten (nennen wir sie Typ 1-Flugzeuge) wurden sowohl im Zähler wie im Nenner berücksichtigt (also ggf. als Treffer und als Bestandteil der Grundgesamtheit). Mit diesem Typ 1 erreichte man jedoch nicht die geforderte Quote (in Abb. 110 hat der Autor die Logik mit eigenen, einfachen Zahlen nachgebildet – hier wurden nur 75% erreicht; als Vorgabe wurden 80% angenommen).

Nun wurden Flugzeuge eingeführt, die außerhalb der Reichweite des Systems starteten (nennen wir sie Flugzeuge vom Typ 2). Wenn diese innerhalb der Reichweite erfolgreich erkannt wurden, dann wurden sie als Treffer gewertet, wenn

[23] Wer tiefer in dieses Feld einsteigen möchte, dem sei besonders Krämer (2009) empfohlen

jedoch nicht, dann fiel das jeweilige Flugzeug komplett aus der Betrachtung (also aus dem Nenner!). Damit erreichte man für diese Flugzeuge vom Typ 2 eine volle 100%-Trefferquote. Auf dieser Basis konnte man nun das Ergebnis beliebig manipulieren, bis es oberhalb der geforderten Trefferquote lag.

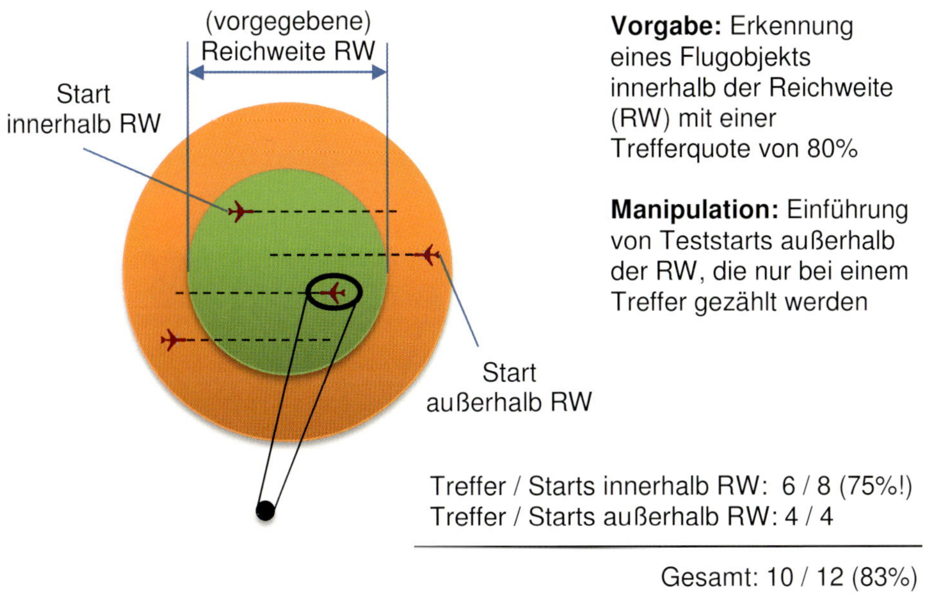

Abb. 110: Manipulation der Entscheidung für ein Radar-System

Weitere Beispiele für typische Basis-Fehler (finden Sie den Fehler?)[24]:

- *Roland Weghorn: „Ich habe noch nie ein Tennisspiel auf Rasen verloren!“*
- *„Studie belegt: Fußball ist die gefährlichste Sportart in Deutschland!“*
- *„Studie belegt: Eheleben gefährlich! 50% aller Frauen vom eigenen Mann umgebracht!“*
- *„Studie belegt: Im Alter wirst du glücklicher! Bei Unter-20-jährigen ist die Selbstmordrate mit 25% am höchsten!“*
- *„Zahlen zeigen: Flugzeuge sind sicherer als die Bahn!“*
- *„Studie belegt: Großfamilien machen kriminell!“*

Grafik-Täuschungen

Manipulationen durch visuelle Darstellungen in Diagrammen basieren meist auf einer oder mehreren unerlaubten Aktionen. Um dies zu verdeutlichen, sehen wir uns ein einfaches Beispiel an, bei dem folgende Datenreihe zugrunde liegt, die Umsätze über die Jahre wiedergibt:

[24] Basisfehler-Lösungen: noch nie Tennis auf Rasen gespielt; Fußball nicht bezogen auf alle Sportler; Eheleben: Grundlage müsste die Motivbetrachtung sein; Selbstmordrate wird nicht auf die jeweilige Altersgruppe bezogen; Verkehrssicherheit: Betrachtung pro transportierte Personen, pro zurückgelegte km oder pro Reisezeit? Kriminalitätsstudie bezieht sich nicht auf Haushalte sondern auf alle Fälle.

8

Jahr	2005	2006	2007	2008	2009	2010	2011	2012	2013	2014
Umsatz	100	102	101	103	102	103	104	103	104	105

Tabelle 49: Beispiel-Umsätze zur Grafik-Täuschung

Die folgenden Abbildungen wurden allesamt aus dieser Datenreihe erstellt:

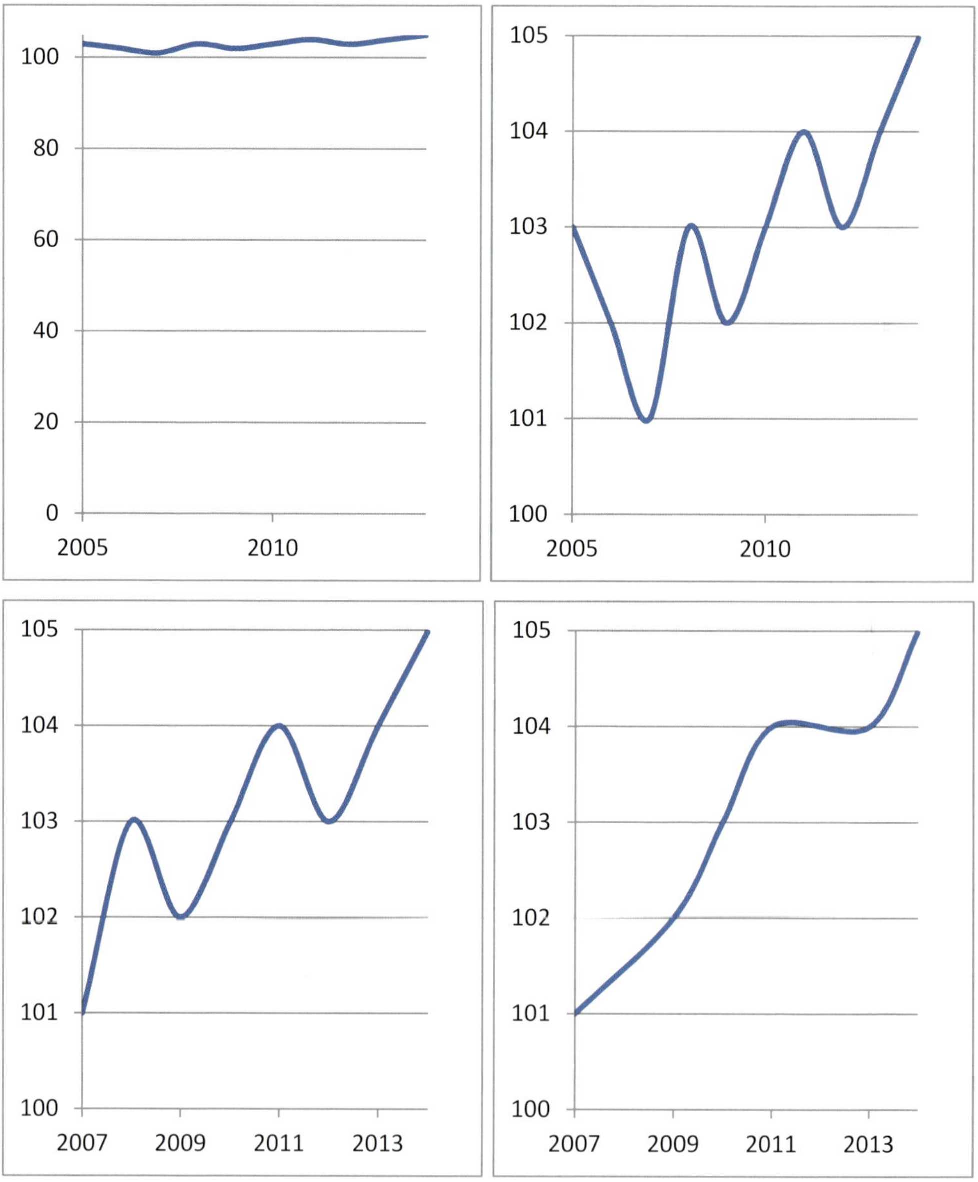

Abb. 111: Täuschungen durch Grafiken

Die Täuschungen kommen durch folgende Effekte zustande:

- Fehlender Nullpunkt
- Weglassen von Zwischenwerten
- Dehnung oder Stauchung von Achsen
- Bewusstes Legen des Ausgangspunktes

Versuchen Sie zu entschlüsseln, wie die unterschiedlichen Darstellungen zustande kamen bzw. wie hier manipuliert wurde. Nur die Abbildung oben links ist unverfälscht und dementsprechend recht unspektakulär.

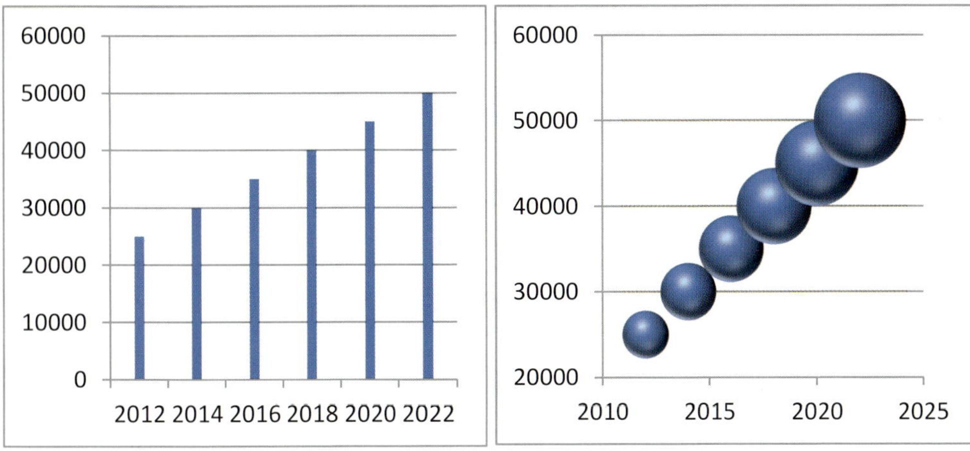

Abb. 112: Täuschung durch Dimension und Trendfortschreibung

Interessant ist auch die Technik, eine vorhandene Dimension mehrfach zu verwenden. In Abb. 112 wird ein eigentlich linearer Verlauf (linkes Bild) dadurch verzerrt, dass der Datenwert nicht nur die Höhe auf der Y-Achse widerspiegelt, sondern zusätzlich noch durch die Blasengröße repräsentiert wird. Dadurch entsteht unterbewusst der Eindruck einer exponentiellen Steigerung, die aber gar nicht vorhanden ist. Außerdem wird im rechten Bild der Nullpunkt – und damit der Bezugspunkt – ausgeblendet. Fragwürdig ist auch das Vorgehen, nach Vorhandensein von ganzen zwei Daten (2012 und 2014) einfach einen Trend bis 2022 fortzuschreiben. Wodurch wäre das gerechtfertigt?

Täuschungen rund um den Prozent-Begriff

Prozent heißt wörtlich „von Hundert“. Mathematisch gesehen ist es ein Platzhalter für den Bruch 1/100. Jede beliebige Zahl lässt sich als Prozentwert ausdrücken, indem man mit 100 multipliziert (Kommaverschiebung um 2 Stellen nach rechts) und das Prozentzeichen anhängt: 4 = 400%.

Täuschungen oder Manipulationen können beispielsweise durch folgende Sachverhalte entstehen:

- Verstecken / Verschleiern der Basis
- Wachstumsraten mit der Steigerung von Wachstumsraten vertauschen
- Prozentpunkte mit Prozenten vertauschen

Diese drei Punkte sollen kurz erläutert werden.

„Wir beschäftigen zu 58% Produktionsmitarbeiter...“

Nehmen wir z. B. folgende Aussage: *„Das Unternehmen beschäftigt zu 57% Mitarbeiter in der Produktion, 29% sind in der Konstruktion angestellt und 14% bilden die Verwaltung.“* Hier wissen Sie nicht, welche Basis – also die Gesamtmenge aller Mitarbeiter – hinter dieser Aussage steckt. **Die Basis wird hier durch ziemlich große Prozentwerte verschleiert**. Sie trifft nämlich unter anderem auch folgendes Zahlenbeispiel zu: 4 Produktionsmitarbeiter (57%), 2 Konstrukteure (29%) und 1 Mitarbeiter in der Verwaltung (14%). Was ist obige Aussage also wert? Angaben wie 33% oder 66% könnten darauf hindeuten, dass ganze 3 Daten für eine Aussage vorliegen.

„Sterblichkeit um über 300% gestiegen!“

Stellen wir uns als nächstes folgende Zahlen vor, die in absoluten Zahlen die Sterblichkeit für eine bestimmte Krankheit über drei Jahre widerspiegeln:

Jahr	2011	2012	2013
Sterblichkeit	157	158	161

Tabelle 50: Entwicklung der Sterblichkeit über drei Jahre

Die Wachstumsrate der Sterblichkeit beträgt vom ersten zum zweiten Jahr 1/157 ≈ 0,6%, vom zweiten zum dritten Jahr 3/158 ≈ 1,9% - also durchaus überschaubar. Betrachtet man jedoch die **Steigerung der Wachstumsraten** selbst, dann erhalten wir von zweiten zum dritten Jahr eine Steigerung von sage und schreibe 317% (1,9/0,6). *„Sterblichkeit um über 300% gestiegen!“* könnte die Schlagzeile in der Zeitung lauten. Dabei wird hier die Realität völlig verzerrt.

„Krankenkassenbeitrag steigt um einen Prozentpunkt!“

Ist das viel? Wenn bisher der Beitrag bei 13% des Einkommens lag und jetzt auf 14% steigt, dann ist das doch vertretbar oder? Was ist schon ein läppisches Prozent? Das macht die Krankenkassen auch nicht reicher – und der Arbeitnehmer zahlt sowieso nur die Hälfte! Doch Vorsicht – es geht hier nicht um ein Prozent Beitragserhöhung, sondern um einen **Prozentpunkt** des Einkommens! Das ist ein kleiner, aber wesentlicher Unterschied. Der Beitragssatz selbst steigt nämlich mitnichten nur um ein Prozent sondern um weit über 7%! Sehen wir uns dazu ein konkretes Beispiel an: Bei einem Netto-Einkommen von 1.000 € wächst der Krankenkassenbeitrag von 130 auf 140 €. 10 € von 130 € entspricht aber einer Steigerung von 10/130, also ungefähr 7,6%. Für die Krankenkasse ist das die spürbare Beitragssteigerung, nicht lediglich nur 1%!

Das soll als Einstieg ins Thema genügen. Es gäbe noch viele Manipulationsfelder wie die Korrelationsanalyse, in denen uns mathematische Zusammenhänge als Ursache-Wirkungs-Prinzipien verkauft werden (z.B. *„Hüftspeck macht schlau“*[25]) oder Mittelwerte zu den eigenen Gunsten genutzt werden (Arithmetischer Mittelwert vs.

[25] aus FOCUS 47/2007

Median). Diese Themenbereiche werden in eigenen Abschnitten behandelt. Wir wollen jetzt ernsthaft in die Statistik einsteigen.

8.1.3 Gebiete der Statistik

Je nach Untersuchungsgegenstand unterteilt man die Statistik in zwei Teilgebiete, in denen man sich wiederum unterschiedlicher Methoden bedient:

	Beschreibende Statistik	**Schließende Statistik**
andere Bezeichnungen	Deskriptive Statistik	Analytische Statistik Beurteilende Statistik Induktive Statistik
Untersuchungs-gegenstand	Grundgesamtheit (GG)	Stichproben (SP)
Methoden	Ordnen von Daten Darstellen von Daten Kennwert-Berechnung	Rückschließen von SP auf GG Aufstellen von Hypothesen Schätzen von Parametern

Tabelle 51: Vergleich der beschreibenden und der beurteilenden Statistik

In diesem Artikel wird stets von **beschreibender Statistik** gesprochen, wenn es um Grundgesamtheiten geht und von **schließender Statistik**, wenn es um Stichproben geht und den Rückschluss von der Stichprobe auf die Grundgesamtheit.

8.1.4 Merkmale und Skalenniveaus

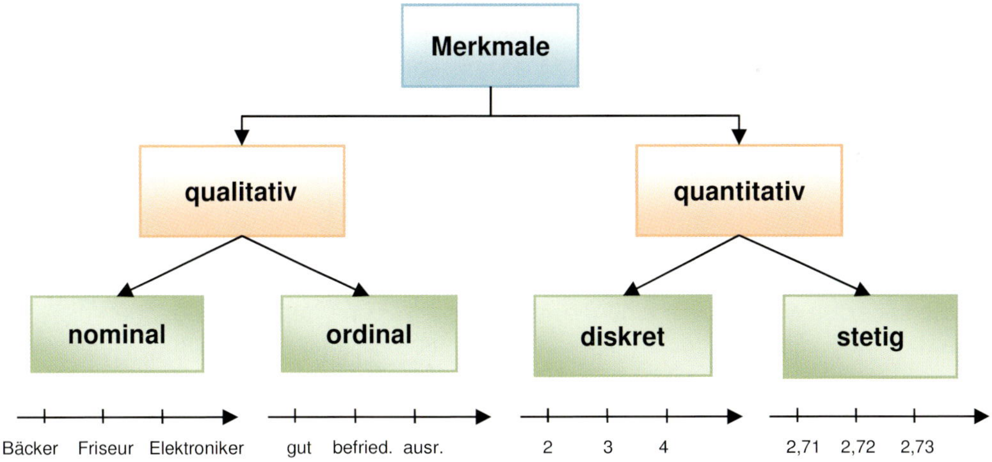

Abb. 113: Merkmalsarten und Merkmalsskalen

Das was in der Statistik untersucht wird, nennt man **Merkmale**. Je nach untersuchtem Merkmal gibt es sowohl unterschiedliche zur Verfügung stehende Rechenmethoden, als auch je nach Merkmalstyp unterschiedliche **Merkmalswerte**, die die jeweiligen Merkmalsvariablen annehmen können. Die zugehörigen **Merkmalsachsen** werden auch als **Skalenniveau** bezeichnet und sind in der Abb. 113 beispielhaft abgebildet.

Qualitative Merkmale sind nicht durch Zahlen ausdrückbar. Ihre Werte sind reine Namens-Bezeichnungen, die entweder eine logische Ordnungsstruktur haben (**ordinale Merkmale**) oder nicht (**nominale Merkmale**).

Quantitative Merkmale hingegen sind durch Zahlen ausdrückbar (von Quantum = Menge). **Diskrete Merkmale** können ganzzahlige Werte annehmen und werden auch zählbare Merkmale genannt, bei **stetigen** oder **kontinuierlichen Merkmalen** können die Werte innerhalb eines bestimmten Intervalls beliebige Zahlenwerte annehmen. Stetige Merkmale sind in der Regel meist messbare Werte, die eine physikalische Einheit besitzen.

Auf einer **Nominalskala** werden die (nominalen) Merkmalswerte in einer beliebigen Reihenfolge angeordnet. Die Merkmalswerte sind reine Namensbezeichner („Nomen"). Beispiele hierfür wären Haarfarben, Berufe, Religionszugehörigkeit usw.

Auf einer **Ordinalskala** sind die (ordinalen) Merkmalswerte nach einem logischen Rang geordnet. Beispiele hierfür wären das klassische Notensystem, die Hotel-Klassifizierung oder auch die Wochentage.

Eine **diskrete Skala** bildet natürliche Zahlen ab. Jegliche Art von Häufigkeitsskalen sind diskrete Skalen. Beispiele für diskrete Merkmale sind Anzahl von Ausschussteilen in einer Stichprobe, Anzahl der Kinder eines Haushaltes usw.

Auf einer **stetigen Skala** befinden sich lediglich „Ankerpunkte". Die zugehörigen Merkmalswerte können jedoch auch jeden belieben Zwischenwert zwischen zwei auf der Skala dargestellten Ankerpunkte annehmen. Beispiele hierfür wären Durchmesser eines Drehteiles, Widerstand eines Verbrauchers, Körpergröße usw.

So lässt sich beispielsweise eine statistische Fehleranalyse auf Basis von diskreten Merkmalen untersuchen (z. B. die Anzahl fehlerhafter Teile pro Stichprobe) oder auf Basis eines stetigen Merkmals (z. B. der Durchmesser eines gefertigten Drehteils).

Hinsichtlich der Merkmals- und Skaleneinteilung finden sich in der statistischen Literatur noch weitere Unterscheidungen, die der Vollständigkeit hier kurz umrissen werden sollen, jedoch für die weiteren Betrachtungen in Bezug auf Statistik im Qualitätsmanagement eher von untergeordneter Bedeutung sind.

Von **dichotomen Merkmalen** spricht man, wenn das entsprechende Merkmal nur zwei Ausprägungen annehmen kann (z. B. Kopf und Zahl beim Münzwurf). Bei **intervallskalierten Merkmalen** sind die Abstände zwischen den Ausprägungen nicht einheitlich bzw. linear oder sind interpretierbar (z. B. Längen- und Breitengradangaben). Ratioskalen bzw. **ratioskalierte Merkmale** zeichnen sich durch das Vorhandensein eines natürlichen Nullpunktes aus (z. B. Größe, Gewicht; die Temperatur in °C oder °F ist dagegen kein ratioskaliertes Merkmal, da hier der Nullpunkt willkürlich über eine Formel festgelegt wurde). Von **Absolutskalen** wird schließlich gesprochen, wenn eine Messung in natürlichen Einheiten wie Stück oder Vielfachen von mathematischen Einheiten (z. B. Vielfache von π) erfolgt.

8.1.5 Fehler-Begriffe

Fehler lassen sich nach verschiedenen Kriterien unterscheiden. Die folgende Tabelle gibt einen kurzen Überblick:

	Erklärung	Beispiel
1. Typisierung nach der Abweichung		
Absoluter Fehler	$\Delta x = x_I - x_S$ x_I = Istwert x_S = Sollwert	Durchmesser eines Bolzens hat ein Sollmaß von 50mm (=Toleranzmitte!). Mit dem Messschieber messen wir 49,80mm: Δx = - 0,2mm Δx_{rel} = - 0,004 Δx_{rel} = - 0,4%
Relativer Fehler	$\Delta x_{rel} = \frac{x_I - x_S}{x_S}$	
Prozentualer Fehler	$\Delta x_{rel}[\%] = \Delta x_{rel} \cdot 100\%$	
Hinweis: Bei Messgeräten entspricht der absolute Fehler der Abweichung des angezeigten vom wahren Wert. Der relative Fehler ist analog		
2. Typisierung nach dem Auftreten		
Systematischer Fehler	Fehler tritt in regelmäßiger Weise immer wieder auf	Messgerät ist falsch kalibriert
Zufälliger Fehler	Fehler tritt sporadisch und ohne erkennbare Zusammenhänge auf	An der Stereoanlage setzt hin und wieder der Sound für mehrere Sekunden aus.
Hinweis: Zufällige Fehler sind in der Praxis kritisch, da sie häufig schwer zu lokalisieren und zu beseitigen sind!		
3. Typisierung nach der Fehler-Auswirkung		
Kritischer Fehler	Fehler, der zu Gefahr für Leib und Leben führt	Bremsen
Hauptfehler	Nicht kritischer Fehler, der jedoch erhebliche Auswirkungen nach sich zieht (z. B. finanzielle)	Lack-Kratzer beim Neufahrzeug
Nebenfehler	Fehler, der keine wesentlichen Folgen nach sich zieht	Eingerissene Gummitülle an einem Stecker
Hinweis: Reicht die Dreiteilung nicht aus, werden Haupt- und Nebenfehler in zwei Untergruppen (A und B) unterteilt. Somit erhält man insgesamt 5 Fehlergruppen. Kritische Fehlerbauteile müssen 100%-geprüft werden! Nebenfehler können vom Endkunden in der Regel am Produkt nicht mehr entdeckt werden, nur noch in der internen Qualitätskontrolle.		

Tabelle 52: Fehler-Typen und –Begriffe

Bei der Untersuchung von Stichproben auf Fehler muss vor allem unterschieden werden, ob die Anzahl fehlerhafter Teile oder die Anzahl an Fehlern analysiert wird. Ein einzelnes Teil kann schließlich mehr als einen Fehler aufweisen. Die Grundlage für die Analyse von Fehlern in Stichproben bildet die Wahrscheinlichkeitsrechnung. Bevor jedoch hierauf näher eingegangen wird, sollen zunächst ein paar mathematische Grundlagen erläutert werden.

8.2 Wahrscheinlichkeitsrechnung

8.2.1 Wichtige mathematische Grundlagen

8.2.1.1 Summenzeichen

Das Summenzeichen ist ein mathematischer Hilfsoperator, der eine einfachere Darstellung der Summen von Zahlen ermöglicht:

$$\sum_{i=1}^{n} x_i = x_1 + x_2 + \cdots + x_n$$

Angenommen, es sind folgende Zahlen gegeben: 5, 7, 4, 3

Die erste Zahl 5 steht für x_1, die 7 für x_2 usw. – das heißt, im Beispiel ist die Anzahl der Zahlen n = 4.

Dann wäre die Summe der Zahlen:

$$\sum_{i=1}^{4} x_i = 5 + 7 + 4 + 3 = 19$$

Dem Summenzeichen kann über den Index i dabei ein Startwert (unter dem Zeichen) und ein Endwert (über dem Zeichen) zugeordnet werden. So würde über folgende Anweisung lediglich der zweite und der dritte Zahlenwert addiert werden:

$$\sum_{i=2}^{3} x_i = 7 + 4 = 11$$

8.2.1.2 Produktzeichen

Das Produktzeichen ist ähnlich wie das Summenzeichen ein mathematischer Hilfsoperator, der eine einfachere Darstellung der Produkte von Zahlen ermöglicht:

$$\prod_{i=1}^{n} x_i = x_1 \cdot x_2 \cdot \ldots \cdot x_n$$

Angenommen, es sind folgende Zahlen gegeben: 5, 7, 4, 3

Die erste Zahl 5 steht für x_1, die 7 für x_2 usw. – das heißt, im Beispiel ist die Anzahl der Zahlen n = 4.

Dann wäre das Produkt der Zahlen:

$$\prod_{i=1}^{4} x_i = 5 \cdot 7 \cdot 4 \cdot 3 = 420$$

Auch dem Produktzeichen kann über den Index i dabei ein Start- und ein Endwert zugeordnet werden. So würde über folgende Anweisung nur der zweite und der dritte Zahlenwert multipliziert werden:

$$\prod_{i=2}^{3} x_i = 7 \cdot 4 = 28$$

8.2.1.3 Fakultät

Als Fakultät wird es bezeichnet, wenn für eine beliebige, natürliche Zahl x von dieser Zahl alle Zahlen in absteigender Folge bis zur 1 miteinander multipliziert werden:

$$x! = x \cdot (x-1) \cdot \ldots \cdot 2 \cdot 1$$

Beispiel:

$$5! = 5 \cdot 4 \cdot 3 \cdot 2 \cdot 1 = 120$$

Auf dem wissenschaftlichen Taschenrechner finden Sie die Fakultätsfunktion in der Regel mit **[x!]** bezeichnet.

8.2.2 Kombinatorik

Die Kombinatorik als grundlegende Teildisziplin der Wahrscheinlichkeitsrechnung untersucht die Möglichkeiten, Gegenstände bzw. Elemente auf verschiedene Arten anzuordnen. Dabei wird im Wesentlichen zwischen den drei Begriffen Permutation, Kombination und Variation unterschieden. Im Folgenden sollen die Begriffe kurz beleuchtet und die damit verbundenen sechs Formeln an Beispielen kurz vorgestellt werden.

8.2.2.1 Permutationen

Permutationen bezeichnen die maximal mögliche Anzahl, wie vorgegebene Elemente angeordnet werden können. Dabei kommt die im vorigen Abschnitt vorgestellte Fakultätsrechnung zum Einsatz.

a) Permutationen von n Elementen

Beispiel: Wie viele Möglichkeiten gibt es, aus den drei Buchstaben a, b und c Codewörter zu erstellen?

Lösung: $3! = 3 \cdot 2 \cdot 1 = 6$ (abc, acb, bac, bca, cab, cba)

Bei vier Buchstaben a, b, c und d wären es bereits 24 Möglichkeiten.

Interpretation: Für die erste Stelle gibt es drei Möglichkeiten, für die zweite nur noch zwei und für die letzte nur noch eine.

Allgemein lautet die Formel für die Anzahl an Permutationen von n Elementen

$$P = n! = 1 \cdot 2 \cdot 3 \cdot \ldots \cdot n$$

b) Permutationen wenn von den n Elementen m Gruppen mit p_i gleichen Elementen bildbar sind:

Wenn unter den Elementen Gruppen von gleichen Elementen sind, so verringert sich die Anzahl der Möglichkeiten.

Beispiel: Wie viele Möglichkeiten gibt es, aus den vier Buchstaben a, b und zweimal c vierstellige Codewörter zu erstellen?

Lösung:

$$P = \frac{4!}{1 \cdot 1 \cdot 2} = 12$$

8

Durch das zweimal vorhandene c verringert sich die Anzahl der Möglichkeiten also von 24 auf 12.

Allgemein lautet die Formel für Permutationen, wenn von den n Elementen m Gruppen mit p_i gleichen Elementen bildbar sind:

$$P = \frac{n!}{p_1 \cdot p_2 \cdot \ldots \cdot p_m} \quad mit \quad p_1 + p_2 + \cdots + p_m = n$$

8.2.2.2 Variationen

In der Kombinatorik wird die **Variationsrechnung** benötigt, um die Anzahl an möglichen Kombinationen von Elementen zu berechnen, bei der **die Anordnung der Elemente eine Rolle** spielt.

Dabei wird unterschieden, ob die einzelnen Elemente wiederholt auftreten können oder nicht.

a) Variationen ohne mögliche Wiederholung der Elemente

Beispiel: Wie viele Möglichkeiten gibt es, dass drei Personen **an unterschiedlichen Tagen** Geburtstag haben?

Lösung: $V = 365 \cdot 364 \cdot 363 = 48.228.180$

Die allgemeine Formel für die Anzahl an **Variationen ohne Wiederholung der Elemente** lautet:

$$V = \frac{n!}{(n-k)!}$$

Im Beispiel 4 gibt es für die erste Person (P1) 365 Möglichkeiten, für die zweite (P2) nur noch 364 und für die dritte (P3) nur noch 363 Möglichkeiten. Für die Anzahl der Möglichkeiten ist die Anordnung entscheidend, wie das folgende Beispiel zeigt:

P1	P2	P3
27.05.	02.01.	03.07.
02.01.	27.05.	03.07.
03.07.	02.01.	27.05.

Das sind drei verschiedene Möglichkeiten, die sich im Gesamtergebnis widerspiegeln, da es entscheidend ist, wer wann Geburtstag hat – dies ist „**mit Berücksichtigung der Anordnung** der Elemente“ gemeint.

Auf dem Taschenrechner finden Sie die Variationsrechnung ohne Wiederholung in der Regel mit **[nPr]** bezeichnet (P für Permutation). Rein mathematisch werden hier im Gegensatz zur Fakultät nur die ersten r Zahlen von der Fakultätskette – beginnend bei n – miteinander multipliziert.

Übung: Rechnen Sie obige Aufgabe unter Eingabe von 365 [nPr] 3 auf Ihrem Taschenrechner.

b) Variationen mit möglicher Wiederholung der Elemente

Beispiel: Wie viele Möglichkeiten gibt es, dass drei Personen Geburtstag haben?

Lösung: $V_w = 365 \cdot 365 \cdot 365 = 365^3 = 48.627.125$

Bei dieser Lösung wird im Vergleich zu oben berücksichtigt, dass auch mehrere Personen am selben Tag Geburtstag haben können. Es handelt sich in diesem Fall also um eine mögliche Wiederholung der Elemente.

Die allgemeine Formel für die Anzahl an **Variationen mit Wiederholung der Elemente** ist vergleichsweise einfach und lautet:

$$V_w = n^k$$

Auf dem Taschenrechner finden Sie diese Funktion meist mit **[x^y]**bezeichnet.

8.2.2.3 Kombinationen

Wie oben dargelegt, ist für verschiedene Aufgabenstellungen die Reihenfolge von Elementen nicht von Belang. Man spricht von Zusammenstellungen (Permutationen) „ohne Berücksichtigung der Anordnung der Elemente“.

In der Kombinatorik wird die **Kombinationsrechnung** benötigt, um die Anzahl an möglichen Kombinationen von Elementen zu berechnen, bei der **die Anordnung der Elemente keine Rolle** spielt.

Auch hier wird wie im vorherigen Abschnitt wieder unterschieden, ob die Elemente wiederholbar sind oder nicht.

a) Kombinationen ohne mögliche Wiederholung der Elemente

Beispiel Lottozahlen: Es wurden folgende sechs Zahlen nacheinander gezogen: 6, 17, 5, 49, 25, 13

Auf dem Lottoschein kann diese Kombination nur einmal angekreuzt werden, also ist die Reihenfolge unerheblich. Die Variationsrechnung (siehe letzter Abschnitt) würde uns ein viel zu hohes Ergebnis liefern, wollten wir die Anzahl an Möglichkeiten hierüber errechnen. Dafür gibt es die Kombinationsrechnung mit folgender Formel:

$$C_n^k = \binom{n}{k} = \frac{n!}{(n-k)! \cdot k!}$$

Gegenüber der Variationsformel unterscheidet sich der Ausdruck um den Faktor k! im Nenner. Es wird das Ergebnis der Variationsrechnung noch durch die Anzahl der Möglichkeiten geteilt, die Elemente verschieden anzuordnen – also im Lotto-Beispiel, wie viele Möglichkeiten es gibt, sechs Zahlen unterschiedlich anzuordnen – und das sind genau 6!. Wendet man die Formel auf die Lotto-Aufgabe an, so erhält man:

$$C_{49}^6 = \frac{49!}{(49-6)! \cdot 6!} = 13.983.816$$

Die Wahrscheinlichkeit, einen Sechser im Lotto zu haben, errechnet sich damit etwa mit 1:14 Mio.

Eine besonders wichtige Rolle spielt diese Rechnung in Verbindung mit der Binomialverteilung. Der Ausdruck $\binom{n}{k}$, der genau obiger Möglichkeitszahl entspricht wird auch als Binomialkoeffizient bezeichnet.

Auf dem Taschenrechner finden Sie die Kombinationsrechnung meist mit **[nCr]** bezeichnet. Das C steht dabei für das englische „Combinations“.

8

Übung: Rechnen Sie obige Lotto-Aufgabe unter Eingabe von 49 [nCr] 6 auf Ihrem Rechner.

b) Kombinationen mit möglicher Wiederholung der Elemente

Sind Wiederholungen von Elementen zugelassen, so errechnet sich die Anzahl an möglichen Kombinationen nach folgender Formel:

$$C_w = \binom{n+k-1}{k} = \frac{(n+k-1)!}{(n-1)! \cdot k!}$$

Beispiel: Wie viele Möglichkeiten gibt es, aus einer Lostrommel mit Kugeln mit den mehrfach vorhandenen Zahlen 1 bis 3, eine Zweierkombination zu bilden?

Lösung: 11, 12, 13, 22, 23, 33

$$C_w = \binom{3+2-1}{2} = \binom{4}{2} = 6$$

Beachten Sie bitte, dass hier wie beim Lotto-Beispiel die Anordnung der Zahlen keine Rolle spielt. Die Möglichkeit 12 ist dieselbe wie 21.

Wäre die Lotto-Lostrommel so bestückt, dass jede gezogene Zahl von 1 bis 49 mehrfach vorkommen kann, so gäbe es insgesamt $\binom{49+7-1}{7} = \binom{55}{7} = 202.927.725$ Möglichkeiten, Zahlenkombinationen zu ziehen. Allerdings ließe sich eine mehrfach vorkommende Zahl nicht in einem Lotto-Kästchen ankreuzen, daher ist dieses Beispiel nicht von praktischer Bedeutung.

8.2.3 Einführung in die Wahrscheinlichkeitsrechnung

Mathematiker sind seltsame Menschen. Fragt man einen Mathematiker, was zu tun ist, wenn die Wahrscheinlichkeit 1:100.000 beträgt, dass sich in einem Flugzeug eine Bombe befindet, dann rät er, aktiv eine eigene Bombe mitzunehmen, da nämlich die Wahrscheinlichkeit, dass sich zwei Bomben an Bord eines Flugzeuges befinden, dann auf
1 : 100.000.000.000 sinkt! Krass was?

Nichtsdestotrotz bildet die Wahrscheinlichkeitsrechnung, die ihren Ursprung im Glücksspiel hat, die Grundlage für die gesamte Statistik bzw. deren Methoden. Wichtig zu Beginn ist zu wissen, dass zwei Arten von Ereignissen unterschieden werden:

- das sichere Ereignis (1 oder 100%)
- das Ereignis, das auf keinen Fall eintritt (0)

Die grundlegende Formel für die Berechnung von Wahrscheinlichkeiten wird dem Mathematiker Laplace zugeschrieben und lautet:

$$P = \frac{günstige\ Fälle}{mögliche\ Fälle}$$

Mit dieser einfachen Formel lassen sich bereits verschiedene Aufgabenstellungen lösen. Es ist allgemein üblich, Wahrscheinlichkeiten mit P zu bezeichnen (für englisch „probability“). Im Bereich des Qualitätsmanagements ist obige Formel die Grundlage für die Berechnung von Wahrscheinlichkeiten, in einer Stichprobe ein fehlerhaftes Teil zu finden. Befinden sich in einer Stichprobe vom Umfang 50 drei fehlerhafte Teile, so ist die Wahrscheinlichkeit, bei Entnahme eines zufälligen Teiles ein fehlerhaftes zu erwischen 3/50 = 6%.

Beispiel 1: Wie wahrscheinlich ist es, mit einem „idealen“ Würfel[26] eine 1 oder eine 2 zu würfeln?“

Mit der Formel errechnet sich die Wahrscheinlichkeit P wie folgt:

$$P = \frac{2}{6} = \frac{1}{3} \approx 0{,}33 = 33\%$$

Beispiel 2: Ein Pokerspiel besteht aus 52 Karten. Wie groß ist die Wahrscheinlichkeit, dass man beim Ziehen einer Karte ein rotes Ass erwischt?

Die günstigen Fälle sind hier 2, denn es gibt zwei rote Asse im Spiel. Damit berechnet sich die Wahrscheinlichkeit mit

$$P = \frac{2}{52} = \frac{1}{26} \approx 0{,}04 = 4\%$$

Beispiel 3: Wie berechnet sich die Wahrscheinlichkeit mit zwei Würfeln einen „Meier“ zu würfeln (eine 2 und eine 1 – das ist die höchste Wertung beim „Meiern“)[27]?

Die folgende Abbildung zeigt die möglichen Würfelsummen von zwei Würfeln. Bitte beachten Sie, dass der Meier (die Zahlensumme 3) sowohl durch eine 2 (Würfel 1) und eine 1 (Würfel 2), als auch durch eine 1 (Würfel 1) und eine 2 (Würfel 2) zustande kommen kann. Beide sind je ein günstiges Ereignis.

	⚀	⚁	⚂	⚃	⚄	⚅
⚀	2	3	4	5	6	7
⚁	3	4	5	6	7	8
⚂	4	5	6	7	8	9
⚃	5	6	7	8	9	10
⚄	6	7	8	9	10	11
⚅	7	8	9	10	11	12

Abb. 114: Würfelsummen bei zwei Würfeln

[26] ein „normaler“ oder auch „Laplace'scher“ Würfel genannt, bedeutet, dass die Wahrscheinlichkeit, dass eine der sechs Seiten fällt exakt 1/6 ist. Dies ist nur in der Theorie möglich.

[27] „Meiern“ ist ein altes Würfelspiel mit zwei Würfeln, bei dem die höchste Wertung eine 1 und eine 2 (den Meier) darstellt.

Es gibt daher 2 günstige Ereignisse von insgesamt 36 möglichen und P errechnet sich zu:

$$P = \frac{2}{36} = \frac{1}{18} \approx 0{,}06 = 6\%$$

Beispiel 4: Wie wahrscheinlich ist es, aus einem Pokerspiel mit 52 Karten vier Karten zu ziehen und dabei genau die vier Asse zu erwischen?

Gedanklich trennen wir die Aufgabe in vier Schritte auf: zuerst Karte 1 ziehen, dann Karte 2 usw. Da das Ziehen der einzelnen Karten unabhängige Ereignisse darstellen, deren Einzel-Wahrscheinlichkeiten multiplikativ miteinander verknüpft werden[28], errechnet sich die Wahrscheinlichkeit hierfür wie folgt:

$$P = \frac{4}{52} \cdot \frac{3}{51} \cdot \frac{2}{50} \cdot \frac{1}{49} = 1{:}\,270.725$$

Am Taschenrechner gibt es für diese Art Rechnungen verschiedene Funktionen, die man hier gut nutzen kann. Sie erhalten dieses Ergebnis beispielsweise, wenn Sie folgendes in den Rechner eintippen[29]:

4 [!] [:] 52 [nPr] 4 oder auch 1 [:] 52 [nCr] 4

Die verwendeten Funktionen entstammen der Kombinatorik, einem Teilgebiet der Wahrscheinlichkeitsrechnung, die jedoch hier nicht näher erläutert werden soll.

Die Wahrscheinlichkeitsrechnung erzeugt in verschiedenen Bereichen Ergebnisse, die unserem „gesunden" Menschenverstand zu widersprechen scheinen. Es folgen ein paar interessante Beispiele, die im Statistik-Unterricht immer wieder ratlose Blicke hervorrufen.

Beispiel 5: Das Geburtstags-Paradox

Sie sind auf einer Party mit 35 Gästen. Wie hoch ist die Wahrscheinlichkeit, dass mindestens 2 der Gäste am selben Tag Geburtstag haben (Tag und Monat)?

Die Wahrscheinlichkeit liegt bei über 80%, ab 41 Personen sogar über 90%! Sie können auf Partys darauf wetten, denn die Wirklichkeit bestätigt dieses paradoxe Ergebnis. Seit 5 Jahren hat der Autor in verschiedenen Meister-Kursen anonyme Befragungen durchgeführt und kann diesen hohen Wert empirisch bestätigen. Wie lässt sich diese Aufgabe rechnerisch lösen?

Die Antwort liegt in der Tatsache begründet, dass wir hier mit dem sog. **Gegenereignis** rechnen. Die Wahrscheinlichkeit, dass mindestens zwei am selben Tag Geburtstag haben ist exakt 100% minus die Wahrscheinlichkeit, dass jeder an einem anderen Tag Geburtstag hat.

Wer das am Taschenrechner einmal nachrechnen will, muss folgendes eingeben: 1 - (365 [nPr] 35 [:] 365 [^] 35)

[28] Über diese Logik der multiplikativen Verknüpfung unabhängiger Ereignisse errechnet sich auch die Wahrscheinlichkeit aus der Einleitung, dass zwei Bomben an Bord eines Flugzeuges sind.

[29] [nPr] (Variationen) und [nCr] (Binomialkoeffzient) sind die Funktionsbezeichner auf den meisten Taschenrechnern, können aber je nach Modell auch anders lauten

Ab einer Teilnehmerzahl von 40 steigen jedoch die meisten Taschenrechner aus, wenn mit diesen Funktionen gerechnet wird.

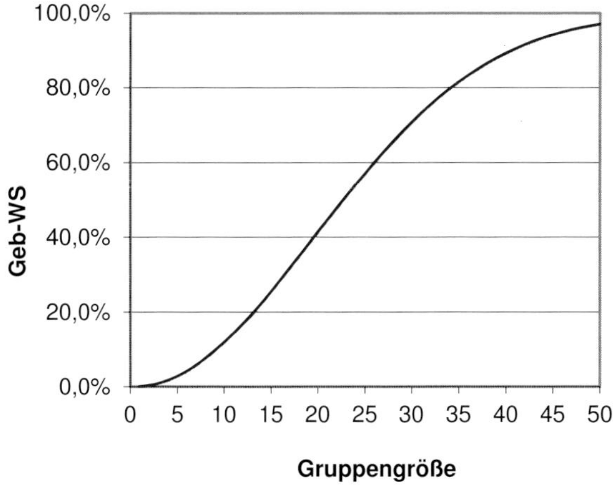

Abb. 115: Das Geburtstagsparadox

Mit gleicher Logik lässt sich beispielsweise auch die Wahrscheinlichkeit errechnen, dass es innerhalb von 100 Jahren unter den 420 derzeit weltweit vorhandenen Atomkraftwerken (AKW) zu mindestens einem GAU (Größter Anzunehmender Unfall) kommt. Vorausgesetzt ein AKW havariert einmal in 10.000 Jahren, errechnet sich die Wahrscheinlichkeit mit Hilfe oben beschriebener Logik zu 98,5%. Fukushima und Tschernobyl lassen vermuten, dass die 10.000 Jahre pro AKW und GAU wohl zu hoch angesetzt sind![30]

Beispiel 6: Das Ziegenproblem

Als letztes Beispiel sei noch das Ziegenproblem oder auch Monty-Hall-Experiment (benannt nach der gleichnamigen Spielshow) dargestellt, das ebenfalls immer wieder zu großem Staunen führt.

Wir stellen uns eine Kandidatin in einer Spielshow vor. Sie steht vor drei verschlossenen Türen. Hinter einer der drei Türen steht ein nagelneues Auto (Preis), hinter den anderen beiden je eine Ziege (Niete). Der Spielleiter weiß, hinter welcher Tür das Auto steht.

[30] Wer es genau wissen will:

$$P = 1 - \left[1 - p\left(\text{min. } 1\,\frac{\text{GAU}}{\text{Jahr}}\right)\right]^{100} =$$

$$1 - \left\{1 - \left[1 - \left(\frac{9999}{10000}\right)^{420}\right]\right\}^{100} \approx 98{,}5\%$$

Abb. 116: Das Ziegenproblem

Nun darf die Kandidatin raten, welche Tür (wie groß ist die Wahrscheinlichkeit, dass sie die richtige Tür errät? 1/3 – richtig!). Der Moderator geht jetzt zu einer der beiden verbliebenen Türen und öffnet eine davon. Er sagt „Schauen Sie mal, was wir hier haben!“ und zeigt der Kandidatin eine Ziege. Und jetzt kommt's: Die Kandidatin darf jetzt, wenn sie will, sich nochmals umentscheiden. Es gibt jetzt nur noch zwei verschlossene Türen und sie darf neu wählen. Sollte sie bei ihrer ersten Wahl bleiben oder sich für die andere Tür entscheiden?

Die Antwort ist schwer zu glauben, aber mit einem Wechsel zur anderen Tür verdoppelt sie ihre Gewinnchance von 33 auf 67%.

Von Anfang an waren ihre Chance bei Tür 1 nur 33% und bei den anderen beiden Türen zusammen genommen bei 67%. Da der Moderator immer diejenige Türe öffnet, hinter der sich die Ziege verbirgt, vereinigt er auf seiner Seite die vollen 67%. Daher sollte man wechseln. Wüsste der Moderator selbst nicht, wo das Auto ist, dann stünde es hinsichtlich Wechsel tatsächlich 50:50 für die Kandidatin. Allerdings könnte es dann passieren, dass der Moderator die Türe mit dem Auto öffnet.

Eine alternative Erklärung ist die analoge Umsetzung des Problems auf 100 Türen statt auf drei. Stellen Sie sich vor, die Kandidatin wählt Tür 1. Der Moderator öffnet daraufhin 98 von den verbliebenen 99 Türen. Sollte die Kandidatin zur einzigen Tür wechseln, die der Moderator nicht geöffnet hat? Hier erhöht die Kandidatin ihre Gewinnchance bei einem Wechsel von 1/100 auf 99/100. Meist wird die Logik des Problems nach diesem Ansatz verstanden.

Über dieses Problem hat Gero von Randow ein eigenes, sehr unterhaltsames Buch geschrieben. Es sei jedem ans Herz gelegt, der in die Wunder der Wahrscheinlichkeitsrechnung tiefer einsteigen möchte.

Im Folgenden sollen in Kürze die wichtigsten Begriffe und Zusammenhänge der Wahrscheinlichkeitsrechnung dargestellt werden.

8.2.4 Ereignis-Begriffe

Vorab ein paar wichtige Begriffe zum Verständnis:

Elementarereignis:

Ein Elementarereignis ist ein einzelnes Element aus einer Menge von Möglichkeiten.

Z.B. ist eine 6 ein Elementarereignis beim Würfeln oder Kopf ein Elementarereignis beim Münzwurf.

Ereignis:

Ein Ereignis ist eine Menge, die sich aus einem oder mehreren einzelnen Elementarereignissen zusammensetzt.

Beispiel: {1, 3, 5} ist das Ereignis „Ungerade Zahl beim Würfeln" oder { K, K } ein mögliches Ereignis beim zweimaligen Münzwurf.

Ereignisraum Ω:

Der Ereignisraum ist die Menge aller möglichen Elementarereignisse und wird allgemein mit Ω dargestellt.

Beispiel: {1, 2, 3, 4, 5, 6} ist der Ereignisraum beim Würfeln oder { K, Z } der Ereignisraum beim Münzwurf.

Sicheres / Unmögliches Ereignis:

Ein Ereignis ist dann sicher, wenn es alle Elemente des Ereignisraumes umfasst. Die Wahrscheinlichkeit eines sicheren Ereignisses ist immer 1 bzw. 100%.

Ein Ereignis ist dann unmöglich, wenn es kein einziges Elementarereignis des Ereignisraumes umfasst. Die Wahrscheinlichkeit des unmöglichen Ereignisses ist immer 0 und wird auch mit { } oder Ø als Symbol für die leere Menge dargestellt.

8

Beispiel: Die Wahrscheinlichkeit, mit einem Würfel eine 1, 2, 3, 4, 5 oder 6 zu würfeln ist 100%, da dieses Ereignis alle Elemente des Ereignisraumes abdeckt. Das Ereignis, eine ungerade Zahl zu würfeln, ist dagegen unsicher, da hier nicht alle Elemente des Ereignisraumes abgedeckt werden. Das Ereignis, eine 7 zu würfeln, ist unmöglich, da dieses Ereignis überhaupt kein Element des Ereignisraumes berücksichtigt.

Komplementärereignis $\overline{A}$

Ein Komplementärereignis $\overline{A}$ zu einem Ereignis A umfasst die Menge aller Elementarereignisse des Ereignisraums, die durch das Ereignis A nicht umfasst sind. Die Kennzeichnung des Komplementärereignisses erfolgt durch einen einfachen Querstrich über dem zugehörigen Ereignis-Buchstaben, zu dem es das Komplement (= Gegenstück) bildet.

Beispiel: Das Komplementärereignis zum Ereignis {1, 4} beim Würfeln ist {2, 3, 5, 6}.

Die folgende Tabellen und Darstellungen soll nun einen kurzen Überblick über die wichtigsten Begriffe der Wahrscheinlichkeitsrechnung und deren Zusammenhang geben. Es wird dabei auf sogenannte **Venn-Diagramme** zurückgegriffen, die das Verständnis der Zusammenhänge erleichtern. Der gesamte Ereignisraum ist dabei der äußere Rahmen und die Ereignisse sind die inneren, mit A oder B bezeichneten Kreise. Die Darstellungen entstammen der klassischen Mengenlehre.

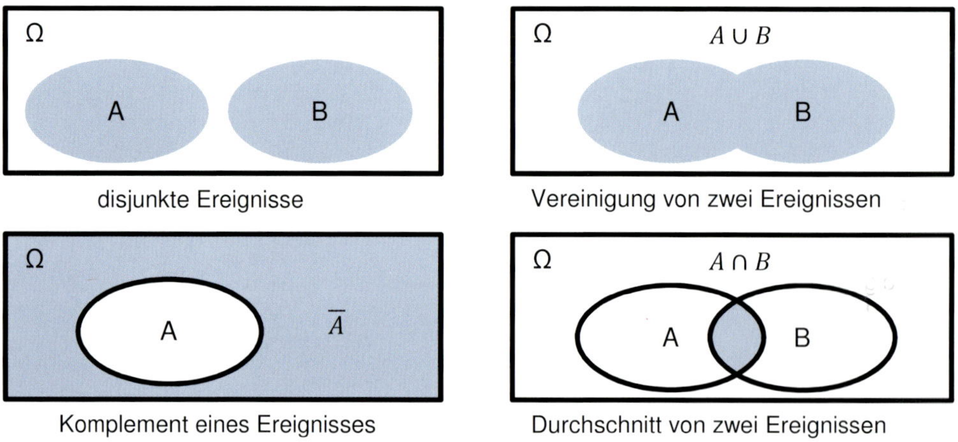

Abb. 117: Venn-Diagramme zur Veranschaulichung von Ereignis-Operationen

Damit lassen sich jetzt die **Additionsgesetze der Wahrscheinlichkeitsrechnung** darstellen:

Additionsgesetz für zwei disjunkte Ereignisse ($A \cap B = \emptyset$)	$P(A \cup B) = P(A) + P(B)$
Additionsgesetz für zwei beliebige Ereignisse	$P(A \cup B) = P(A) + P(B) - P(A \cap B)$ $P(A \cap B) = P(A) + P(B) - P(A \cup B)$
Wahrscheinlichkeit des Komplementärereignisses	$P(\overline{A}) = 1 - P(A)$ $P(A) = 1 - P(\overline{A})$

Tabelle 53: Additionsgesetze der Wahrscheinlichkeitsrechnung

Beachten Sie, dass bei zwei überlappenden Ereignissen die Schnittmenge einmal abgezogen werden muss, da sie beim Addieren der beiden Mengen doppelt gezählt wurde.

Zufallsexperiment:

Ereignisse werden in der Statistik im Rahmen von Versuchen und Beobachtungen betrachtet, von denen im Voraus ungewiss ist, was sich als Ergebnis zeigen wird.

Unter einem Zufallsexperiment versteht man einen (beliebig oft) wiederholten Vorgang mit mindestens zwei möglichen (und verschiedenen) sowie im Voraus unbekannten Ereignissen als Ergebnis.

8.2.5 Bedingte Wahrscheinlichkeit und Abhängigkeit

Häufig müssen Ereignisse betrachtet werden, die voneinander abhängen. Um solche Aufgaben visuell darstellen zu können, empfiehlt sich die Darstellung in einem Baumdiagramm.

Beispiel: 15% aller Männer (M) haben Herzinfarkte (H), jedoch nur 5% der Frauen (F). Männer und Frauen sind gleich verteilt (je 50%).

Die nachfolgende Abbildung zeigt den Zusammenhang, in dem die Prozentangaben einfach in absolute Zahlen übersetzt werden. Im linken Ausgangspunkt werden 200 Personen angesetzt und dann erfolgt die Verteilung gemäß den gemachten Angaben. „15% aller Männer haben Herzinfarkte" bedeutet mathematisch korrekt: Die bedingte Wahrscheinlichkeit für einen Herzinfarkt unter der Bedingung, dass es sich um einen Mann handelt, ist 15% und wird durch P(H/M) ausgedrückt. Der erste Parameter in der Klammer ist das betrachtete Ereignis H (Herzinfarkt), nach dem Querstrich folgt die Bedingung M (Mann). Das entspricht hier 15 Männern. Da innerhalb eines Verästelungsbereiches sich alle bedingten Wahrscheinlichkeiten zu 100% ergänzen müssen, ergibt dies logischerweise, dass $P(\overline{H}/M) = 85\%$, also 85 Männer keinen Herzinfarkt haben.

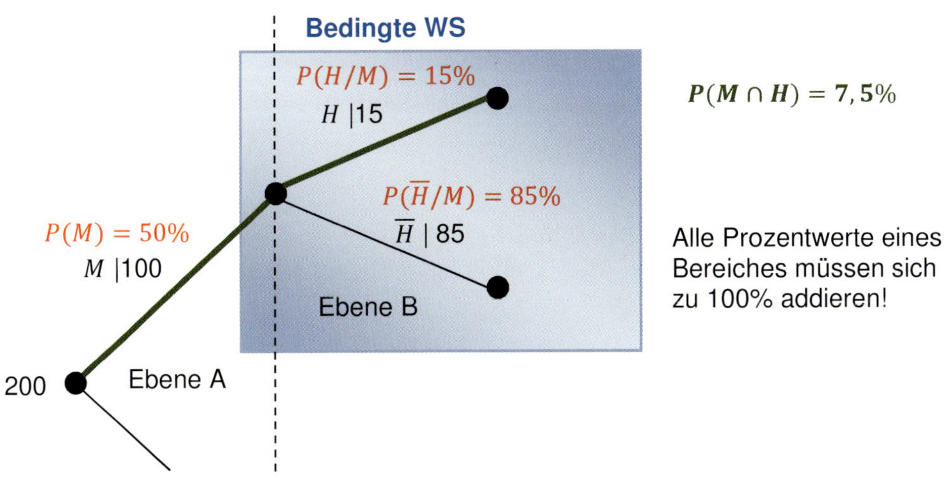

Abb. 118: Bedingte Wahrscheinlichkeit im Baumdiagramm

Die bedingte Wahrscheinlichkeit ist abhängig vom jeweils voreilenden Zweig. Die 15% gelten nur für Männer, nicht für Frauen. Man spricht in diesem Zusammenhang von

8

stochastisch abhängigen Ereignissen. Dies führt uns zur Definition der stochastischen Unabhängigkeit:

Zwei Ereignisse sind stochastisch unabhängig, wenn gilt:
$\boldsymbol{P(A/B) = P(A/\overline{B})}$

Umgekehrt gilt: Zwei Ereignisse sind stochastisch abhängig, wenn gilt:
$\boldsymbol{P(A/B) \neq P(A/\overline{B})}$

Die bedingte Wahrscheinlichkeit, dass eine Frau einen Herzinfarkt bekommt, beträgt nur 5% und damit sind die beiden Ereignisse stochastisch abhängig: $P(H/M) = 15\% \neq P(H/\overline{M}) = 5\%$.

Fällt Ihnen ein **Beispiel für stochastisch unabhängige Ereignisse** ein?

Stellen Sie sich einfach ein klassisches Glücksspiel wie Würfeln, Münzwurf oder Roulette vor. Jeder Wurf eines Würfels ist vom vorherigen Ereignis völlig unabhängig. Die Wahrscheinlichkeit, eine 6 zu würfeln, ist stets 1/6, egal ob vorher eine 3 oder etwas anderes gewürfelt wurde: $P(W6/W3) = P(W6/\overline{W3}) = \frac{1}{6}$. Beide Ereignisse sind stochastisch voneinander unabhängig. Unabhängige Ereignisse werden in der Regel nicht in einem Baumdiagramm dargestellt, da die Verästelung des Baumes ja gerade die Abhängigkeit der Ereignisse abbilden soll.

Dies führt nun zu den **Multiplikationssätzen der Wahrscheinlichkeitsrechnung:**

Multiplikationssatz für beliebige Ereignisse	$P(A \cap B) = P(A) \cdot P(B/A)$ $P(A \cap B) = P(B) \cdot P(A/B)$
Multiplikationssatz für stochastisch unabhängige Ereignisse	$P(A \cap B) = P(A) \cdot P(B)$

Tabelle 54: Multiplikationssätze der Wahrscheinlichkeitsrechnung

Will man also wissen, wie groß die Wahrscheinlichkeit ist, dass eine Person ein Mann ist und einen Herzinfarkt erleidet (das „und" entspricht dem Mengenlehre-Zeichen ∩), dann gilt:

$$P(M \cap H) = P(M) \cdot P(H) = 0{,}5 \cdot 0{,}15 = 0{,}075 = 7{,}5\%$$

Bitte achten Sie auf den Unterschied: Die Wahrscheinlichkeit, dass eine Person ein Mann ist und einen Herzinfarkt erleidet (7,5%) ist etwas anderes als die Wahrscheinlichkeit, dass ein Mann einen Herzinfarkt erleidet (15%). Um die Wahrscheinlichkeit für das „Und"-Ereignis von der bedingten Wahrscheinlichkeit unterscheiden zu können, bezeichnen wir diese zukünftig als **Wahrscheinlichkeit des gemeinsamen Ereignisses.**

Für die Wahrscheinlichkeit des gemeinsamen Ereignisses sind also die Einzelwahrscheinlichkeiten aller Teiläste ab dem linken Startpunkt bis zum Endpunkt zu multiplizieren, während die bedingte Wahrscheinlichkeit lediglich die Wahrscheinlichkeit eines einzelnen Teilastes darstellt.

8.2.6 Totale und Bayes'sche Wahrscheinlichkeit

Bestimmt man für alle Endknotenpunkte die zusammengesetzten „Und"-Wahrscheinlichkeiten, so ergibt sich folgendes Gesamtbild inklusive aller absoluten Zahlen, wenn man wieder von 200 Personen ausgeht.

Soll nun die Wahrscheinlichkeit berechnet werden, einen Herzinfarkt zu erleiden – losgelöst davon, ob man Mann oder Frau ist, so müssen die Wahrscheinlichkeiten der Endknotenpunkte addiert werden, die jeweils einen Herzinfarkt berücksichtigen. Im Beispiel ergibt das:

$$P(H) = P(M \cap H) + P(F \cap H) = 7{,}5\% + 2{,}5\% = 10\%$$

Während die erste Ebene (A) vom Startknotenpunkt aus gegeben war (Mann und Frau jeweils 50%), so lässt sich über die Gesamtwahrscheinlichkeit, einen Herzinfarkt zu erleiden P(H) zunächst noch nichts aussagen, da die hierzu notwendigen Informationen in den bedingten Wahrscheinlichkeiten der Teiläste verborgen liegt. Will man die Gesamtwahrscheinlichkeit eines Ereignisses der zweiten Ebene (B) ermitteln, so muss mit der Totalen Wahrscheinlichkeit gearbeitet werden. Sie ist die Summe der Endknotenpunkt-Wahrscheinlichkeiten für das gesuchte Ereignis – in unserem Fall das Ereignis Herzinfarkt.

Allgemein gilt damit folgende Formel für die **Totale Wahrscheinlichkeit:**

$$P(B) = \sum_{i=1}^{n} P(B/A_i) \cdot P(A_i)$$

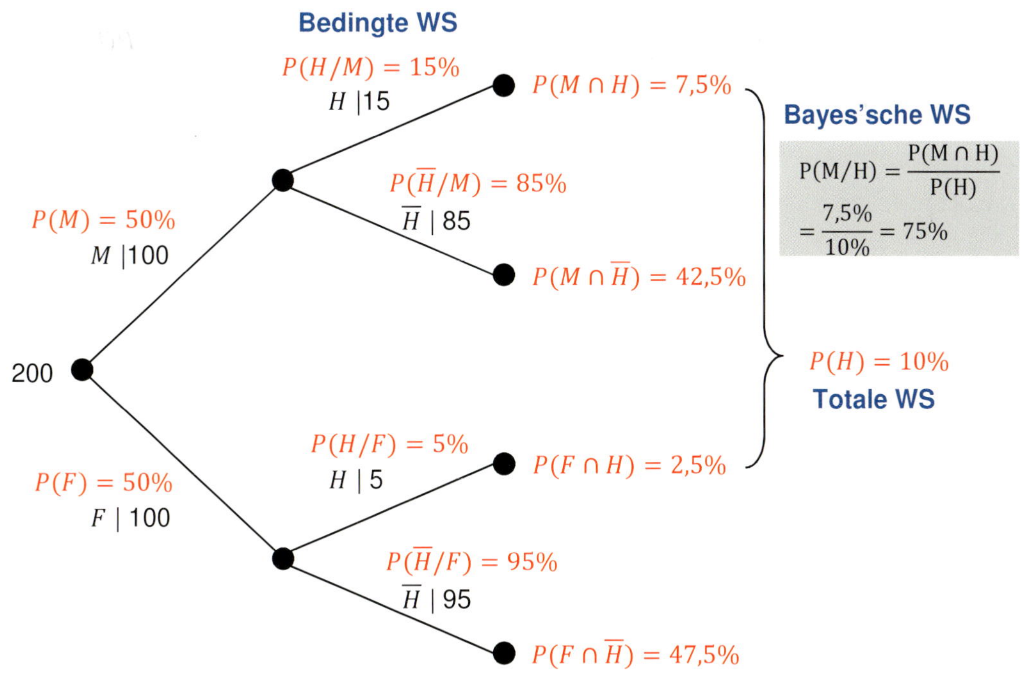

Abb. 119: Gesamtbild der Wahrscheinlichkeitsbegriffe

In der Abb. 119 wurde neben den Prozentsätzen mit absoluten Zahlen gearbeitet – Warum?

Weil wir Menschen von Prozentzahlen in der Regel immer nur eine vage Vorstellung besitzen. Die Lieferung hat 0,4% Ausschuss! Was bedeutet das? Erst wenn wir absolute Zahlen einführen, erhalten wir ein konkretes Bild des Sachverhalts. 4 von 1.000 getesteten Teilen ist Ausschuss – das kann sich jeder vorstellen. Es empfiehlt sich grundsätzlich, Prozentangaben in absolute Zahlenwerte zu zerlegen. Dies schult einerseits den Umgang mit den Formeln, andererseits ermöglicht es eine bildliche Vorstellung der Problemstellung und damit üblicherweise auch eine schnellere Lösungsfindung.

Der letzte Abschnitt dieses Kapitels soll sich mit dem Bayes'schen Satz beschäftigen. Viele Schüler und Studenten plagen sich mit seiner Logik, obwohl er mit etwas visueller Unterstützung einfach zu verstehen ist. Wir wollen wieder bei unserem Beispiel mit dem Herzinfarkt bleiben. Stellen wir uns vor, wir möchten nun ermitteln, wie groß die Wahrscheinlichkeit ist, dass eine aufgefundene Person, die einen Herzinfarkt erleidet, ein Mann ist. Mathematisch hieße das: $P(M/H)$ – die Wahrscheinlichkeit, dass es sich um einen Mann handelt unter der Bedingung, dass die Person einen Herzinfarkt hat.

Bei der Bayes'schen Logik wird der Gaul von hinten aufgezäumt. Wir kennen diverse Wahrscheinlichkeiten der Endknotenpunkte und wollen hieraus auf eine Wahrscheinlichkeit der Ebene B zurück schließen. Alles was benötigt wird, ist die Laplace'sche Grundformel der Wahrscheinlichkeit:

$$P = \frac{günstige\ Ereignisse}{mögliche\ Ereignisse}$$

Den Nenner bildet die Totale Wahrscheinlichkeit – also die Summe aller Endknoten-Wahrscheinlichkeiten zu einem Ereignis der B-Ebene (in unserem Beispiel die Summe aller Wahrscheinlichkeiten, bei denen Herzinfarkt im Spiel ist). Wie oben bereits berechnet ist P(H) = 10%. Den Zähler – das günstige Ereignis – bildet die Endknoten-Wahrscheinlichkeit des gemeinsamen Ereignisses, dass es sich um einen Mann mit Herzinfarkt handelt, also $P(M \cap H)$, in unserem Fall 7,5%. Damit ergibt sich die gesuchte Wahrscheinlichkeit mit:

$$P(M/H) = \frac{P(M \cap H)}{P(H)} = \frac{7{,}5\%}{10\%} = 75\%$$

In absoluten Zahlen heißt das, dass von den 10 Personen (2,5+7,5) mit Herzinfarkt 7,5 Männer sind, das sind 75%. Auch hier ist diese Vorgehensweise wesentlich anschaulicher als die reine Prozentrechnerei.

Damit ergibt sich die Bayes'sche Formel der Wahrscheinlichkeit:

$$P(B/A) = \frac{P(A \cap B)}{P(B)}$$

In unserem Beispiel lassen sich die A- und die B-Ebene vertauschen. Damit wird die eben ermittelte Bayes'sche Wahrscheinlichkeit zur bedingten Wahrscheinlichkeit in einem Teilast und umgekehrt. Die folgende Abbildung soll diese Betrachtung abschließend verdeutlichen.

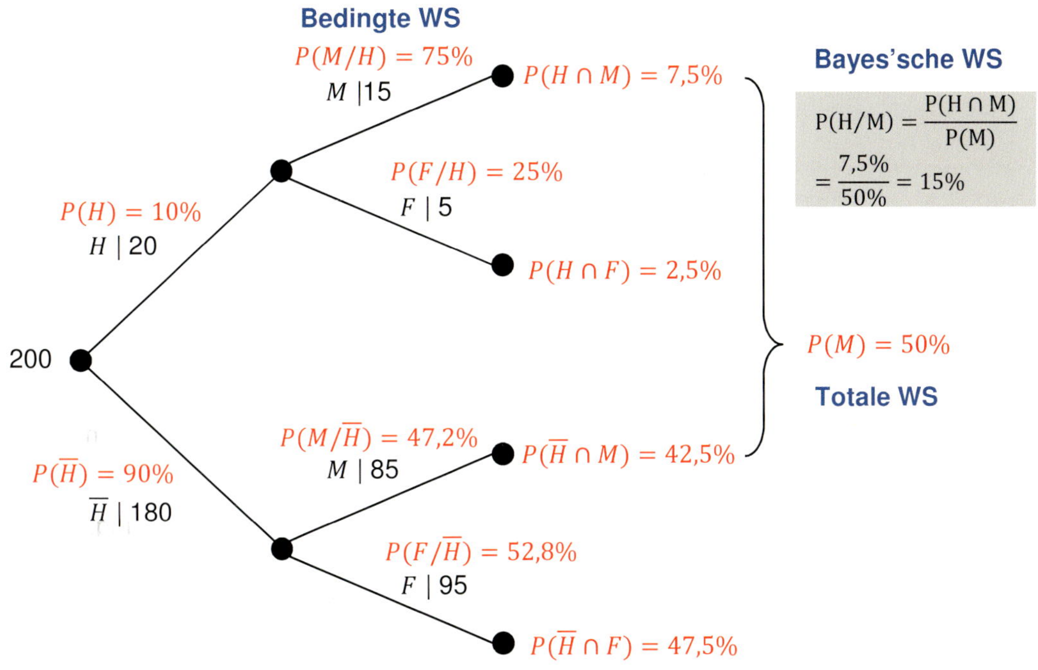

Abb. 120: Andere Darstellung des Beispiels mit vertauschten Ebenen

Andere Darstellung desselben Beispiels: Gegeben sind jetzt: 10% der Bevölkerung hat einen Herzinfarkt. 75% aller Herzinfarkte entfallen auf Männer.

Diese Formel hat in der statistischen Praxis höchste Relevanz, wenn beispielsweise Ärzte von Symptomen (B-Ebene) auf die zu Grunde liegende Krankheit (A-Ebene) zurückschließen müssen oder die Polizei auf Grund von Zeugen-Hinweisen (B-Ebene) auf einen Täter (A-Ebene) zurückschließen muss.

Da von den Endknotenpunkten bzw. den Wahrscheinlichkeiten der gemeinsamen Ereignisse auf die Ebene A zurückgeschlossen wird, wird die Bayes'sche Wahrscheinlichkeit häufig auch als **A-priori-Wahrscheinlichkeit** bezeichnet.

Den Abschluss zu diesem Einführungskapitel zur Wahrscheinlichkeitsrechnung soll eine Beispielaufgabe bilden, in der die Zusammenhänge noch einmal aufgegriffen werden:

Beispiel: Wie groß ist die Wahrscheinlichkeit für eine 40- bis 50-jährige Frau, an Brustkrebs zu erkranken, wenn ein Mammografie-Test positiv ist?[31]

Gegeben sind ferner folgende Angaben: Die Gesamt-Wahrscheinlichkeit, überhaupt an Brustkrebs zu erkranken, beträgt 0,8%. In 90% zeigt die Mammografie ein positives Ergebnis, wenn die Frau tatsächlich Brustkrebs hat, in 7% jedoch fälschlicherweise ein positives Ergebnis, obwohl die Frau gar nicht erkrankt ist.

[31] aus Kaplan (2007)

8

Ist diese Aufgabe verwirrend für Sie? Da sind Sie nicht alleine. In einem Lehrkrankenhaus wurde diese Aufgabe angehenden Medizinern gestellt. Die Hälfte der Ärzte gab als Lösung 90%, ein Drittel gab 1% als Lösung an. Ja was denn nun?

Das direkte Rechnen mit Wahrscheinlichkeitswerten ist zwar möglich, aber sehr verwirrend und für die meisten Menschen nur schwer logisch zu durchblicken. Setzt man die Wahrscheinlichkeitsangaben jedoch in absolute Zahlen um und reduziert das Problem auf unsere obige Grundformel (günstige/mögliche), dann löst sich das Problem tatsächlich relativ einfach auf:

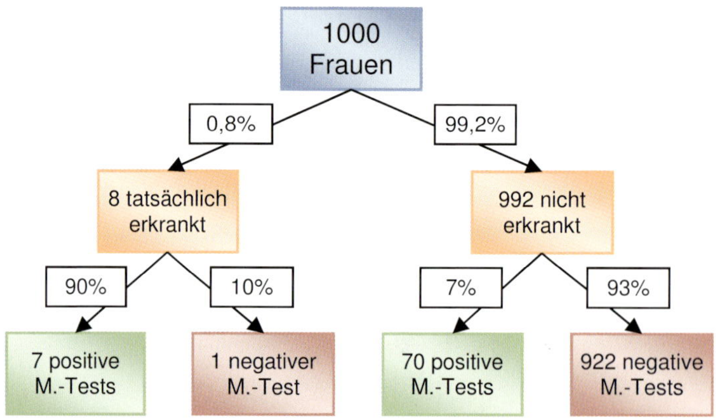

Abb. 121: Wahrscheinlichkeitsdiagramm zum Mammografie-Test

Wie sich in der Abbildung einfach zeigen lässt, gibt es von 1.000 Frauen insgesamt 77 positive (=mögliche) Testergebnisse, jedoch nur 7 davon sind die Resultate von tatsächlich erkrankten Frauen (=günstige). Die Wahrscheinlichkeit liegt damit gerade einmal bei 7/77 = 1/11 oder ca. 9% (= Bayes'sche Wahrscheinlichkeit)!

8.3 Wichtige Verteilungen

8.3.1 Die Binomialverteilung

Historisch gesehen ist sie entstand die Binomialverteilung aus der Beobachtung des britischen Naturforschers Francis Galton, der einen Versuch mit einem nach ihm benannten Nagelbrett unternahm:

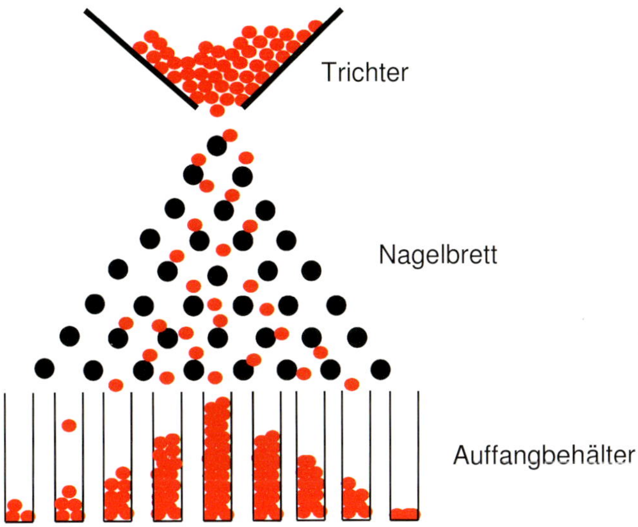

Abb. 122: Galton'sches Nagelbrett

Aus einem Trichter rieseln Kugeln durch ein Nagelbrett in darunter befindliche Auffangbehälter. Die interessante Erkenntnis Galtons war nun, dass die Auffangbehälter nach einem ganz bestimmten Muster gefüllt wurden. Das erhaltene Muster lässt sich mathematisch als sog. Pascal'sches Dreieck darstellen (benannt nach dem Mathematiker Blaise Pascal):

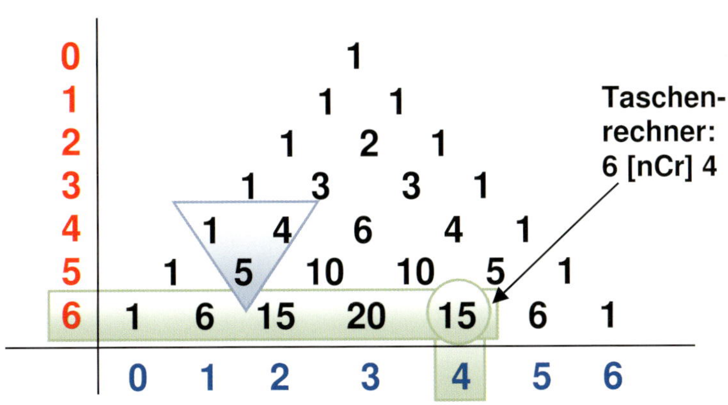

Abb. 123: Pascal'sches Dreieck

Wie man sieht, ergibt sich jede Zahl im Dreieck aus der Summe der beiden übergeordneten Zahlen (z. B. die 5 im blauen Dreieck ergibt sich aus 1 und 4 aus den beiden darüber liegenden Zahlen). Im Beispiel sind lediglich die ersten sieben Reihen des Pascal'schen Dreiecks dargestellt, das Muster lässt sich jedoch beliebig weiter fortsetzen.

Die charakteristischen Werte im Dreieck lassen sich für jede beliebige Reihe nach einer Formel berechnen und werden als **Binomialkoeffizient** bezeichnet. Ihren Namen erhalten diese Zahlen von der charakteristischen Verteilung – der sog. **Binomialverteilung**.

Die richtige Schreibweise für den Binomialkoeffizienten ist $\binom{n}{r}$ - gesprochen „n über r" oder auch „r aus n" und entspricht der Anzahl an möglichen Kombinationen von Elementen ohne Berücksichtigung der Anordnung (siehe Kap. b)).

Die exakte, mathematische Formulierung des Binomialkoeffizienten lautet:

$$\binom{n}{r} = \frac{n!}{(n-r)! \cdot r!}$$

Stellt man die Häufigkeiten der Kugeln aus Galtons Nagelbrett dar, so ergibt sich ein Diagramm, das in etwa wie folgt aussieht:

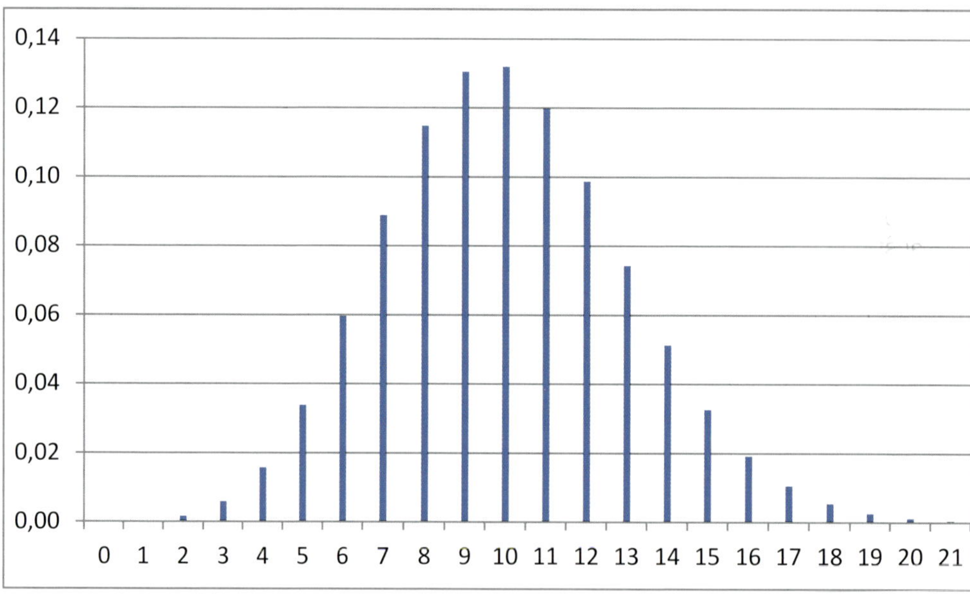

Abb. 124: Binomialverteilung mit n = 100 und p = 0,1

Es zeigt sich, dass die Verteilung einen annähernd symmetrischen Aufbau hat. Für die Praxis ist die Verteilung für folgende Aufgabenstellung wichtig:

Man ziehe eine Stichprobe vom Umfang n aus einem Los vom Umfang N (z. B. Fertigungs- oder Lieferlos). Bei Annahme einer bestimmten Fehlerwahrscheinlichkeit p im Los (= Grundgesamtheit) lässt sich nun mit Hilfe der Binomialverteilung die Wahrscheinlichkeit berechnen, eine bestimmte Menge an fehlerhaften Teilen in der Stichprobe zu finden.

Die Wahrscheinlichkeit berechnet sich mit folgender Formel:

$$P = \binom{n}{k} \cdot p^k \cdot (1-p)^{n-k}$$

Im Qualitätsmanagement entsprechen die Parameter der Binomialverteilung dem Stichprobenumfang n, dem Fehleranteil p sowie der Anzahl fehlerhafter Teile k.

Beispiel: Wie groß ist die Wahrscheinlichkeit, in einer Stichprobe vom Umfang n=100 und einem (vereinbarten, maximalen) Fehleranteil von 10% genau 4 fehlerhafte Teile zu finden?

$$P = \binom{100}{4} \cdot 0{,}1^4 \cdot 0{,}9^{96} \approx 1{,}6\%$$

Das Ergebnis entspricht der Länge des Stabes über der 4 in Abb. 124.

Genau genommen müsste – um diese Formel anwenden zu können – nach jeder Untersuchung eines Teiles das Teil wieder zurück in das Lieferlos geworfen werden, bevor eine erneute Ziehung eines neuen Teiles erfolgt. Man spricht hier von einer Untersuchung „**mit Zurücklegen**". Für eine komplette Ziehung von z. B. 50 Teilen („**ohne Zurücklegen**") müsste streng genommen die kompliziertere Hypergeometrische Verteilung verwendet werden. Für Stichprobengrößen über 10 und Fehleranteilen in der Grundgesamtheit von unter 90% - was praktisch immer der Fall ist – kann jedoch mit der Binomialverteilung gerechnet werden.

8.3.2 Die Poissonverteilung

Stellen Sie sich bitte zunächst vor, was passiert, wenn die Binomialverteilung immer weiter nach links geschoben wird und schließlich die Y-Achse erreicht. Dies ist dann der Fall, wenn n sehr groß wird (theoretisch unendlich) und p sehr klein (theoretisch 0). Als Faustregel gilt: **wenn n > 10 und p < 0.05 oder das Produkt aus n·p < 10 ist**, dann ist die Binomialverteilung nicht mehr geeignet und sollte durch eine andere Verteilung ersetzt werden, nämlich die **Poissonverteilung**. Die Poisson-Verteilung ist damit die Grenzverteilung der Binomialverteilung.

Der Mittelwert μ ist dabei genau das Produkt aus n und p. Abb. 125 zeigt eine Poissonverteilung für $\mu = n \cdot p = 1{,}8$. Man kann erkennen, dass das Ganze wie eine an die Y-Achse gedrückte Binomialverteilung aussieht.

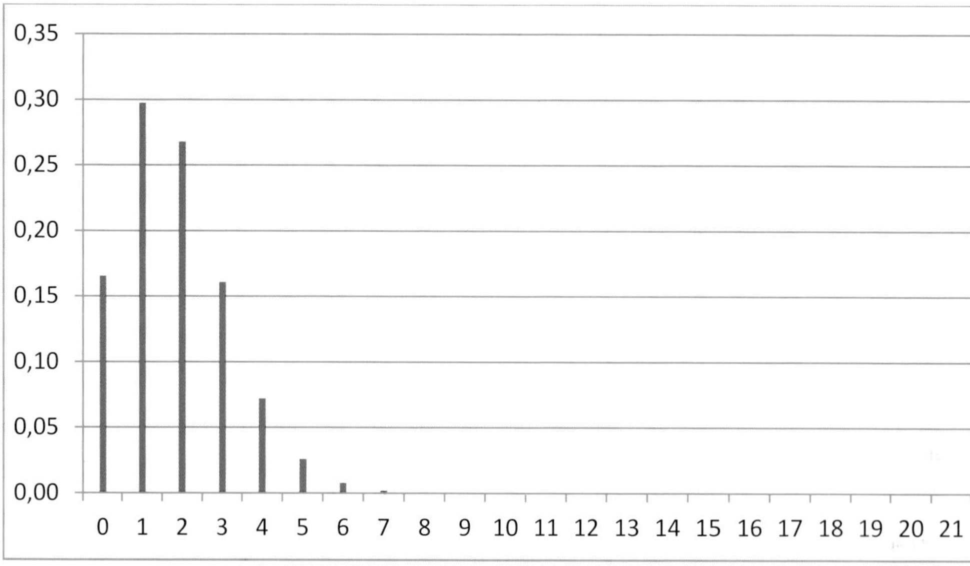

Abb. 125: Poissonverteilung mit μ = 1,8

Für die Berechnung der einzelnen Wahrscheinlichkeitswerte wird auf die Fakultätsrechnung zurückgegriffen und folgende Formel benötigt:

$$P(k;\mu) = \frac{\mu^k \cdot e^{-\mu}}{k!} \; mit \; \mu = n \cdot p$$

Bezogen auf eine Stichprobenprüfung im Qualitätsmanagement sind die Parameter der Poissonverteilung der Mittelwert μ (Produkt aus n und p) und die Anzahl fehlerhafter Teile k.

Beispiel: Wie groß ist die Wahrscheinlichkeit, in einer Stichprobe vom Umfang n=30 und einem (vereinbarten, maximalen) Fehleranteil von 6% genau 1 fehlerhaftes Teil zu finden?

$$P = \frac{(30 \cdot 0{,}06)^1 \cdot e^{-30 \cdot 0{,}06}}{1!} \approx 30\%$$

Das Ergebnis entspricht der Länge des Stabes über der 1 in Abb. 125.

Die Poissonverteilung wird in der Praxis außerhalb des QM eingesetzt, um Fälle mit geringen Wahrscheinlichkeiten zu untersuchen, z. B. seltene Krankheiten oder Ereignissen, die in bestimmten Zeitintervallen nur selten auftreten (Verkehrszählungen, Telefonanrufe pro Minute usw.).

Sowohl Binomialverteilung, als auch Poissonverteilung sind diskrete Verteilungen und werden in Form von Stabdiagrammen dargestellt. Für jeden k-Wert kann eine eigene Wahrscheinlichkeit berechnet werden (Länge des Stabes). Die zu verwendenden Formeln hierzu sind jedoch komplex und relativ aufwändig in der Anwendung. Wird der Stichprobenumfang sehr groß, so wird daher in der Praxis nicht mehr mit diesen Verteilungen gerechnet, sondern mit einer anderen Verteilung, die zwar stetig und nicht diskret ist, jedoch weitaus einfacher in der praktischen Handhabung. Dieser in der Praxis am meisten eingesetzten Verteilung ist der folgende Abschnitt gewidmet.

8.3.3 Die Normalverteilung

8.3.3.1 Einführung in die Normalverteilung

In vielen Fällen – immer dann, wenn die Anzahl der Reihen bzw. von Stichprobenumfängen sehr groß wird – lässt sich mit einer sehr viel einfacheren Form der Verteilung rechnen: Die **Normalverteilung** oder auch „Gauß'sche Verteilung" – benannt nach dem Mathematiker Carl-Friedrich Gauß. Gauß hat die ihr zu Grunde liegenden Gesetzmäßigkeiten erforscht. Ein Nachteil der Normalverteilung sei vorneweg genannt:

Normalverteilungen sind stetig und daher lassen sich keine Wahrscheinlichkeitswerte für einzelne Merkmalswerte ermitteln. Es können immer nur Wahrscheinlichkeiten für Intervalle berechnet werden!

Normalverteilungen findet man in allen Dingen, die der Schwerkraft unterworfen sind – beispielsweise Körpergrößen und Körpergewichte. Mit oben geschildertem Nachteil ist es nicht möglich, zu berechnen, mit welcher Wahrscheinlichkeit ein deutscher Mann genau 190cm groß ist. Man kann lediglich die Wahrscheinlichkeit berechnen, mit der er zwischen 189cm und 191cm groß ist.

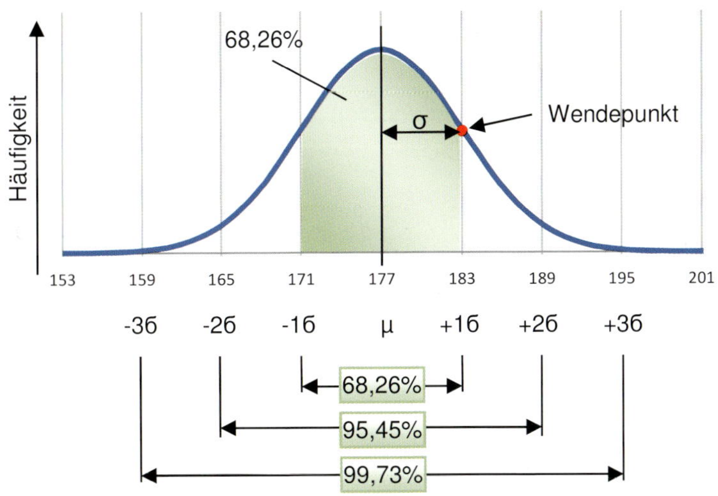

Abb. 126: Normalverteilung am Beispiel der Körpergrößen

Abb. 126 zeigt die charakteristische Glockenform einer Normalverteilung, die aus den gemeldeten Körpergrößen erwachsener Männer auf Basis der Volkszählung aus dem Jahr 1987 entstanden ist:

Dabei sind zwei Kenngrößen wichtig:

Mittelwert μ:

Das ist der Wert auf der Merkmalsachse mit dem höchsten Punkt der Glocke – im Beispiel sind das 177cm. Das ist der häufigste Wert – sprich die meisten Männer im Jahr 1987 waren 177cm groß.

Standardabweichung σ:

Die Standardabweichung stellt den Abstand zwischen Mittelwert und einem der beiden Wendepunkte auf der Kurve dar (das ist der Punkt, an dem die Rechts- in eine Linkskurve „wendet"). Im Beispiel sind das 6 cm. Die Standardabweichung ist ein Maß für die Streuung der Normalverteilung.

Die Normalverteilung wird durch folgende Formel beschrieben (**Wahrscheinlichkeitsdichtefunktion**):

$$f(x) = \frac{1}{\sigma \cdot \sqrt{2\pi}} \cdot e^{-\frac{1}{2}\left(\frac{x-\mu}{\sigma}\right)^2}$$

Wichtig: Die Normalverteilung ist symmetrisch und durch die beiden Kenngrößen Mittelwert und Standardabweichung eindeutig beschrieben!

Dies ist der Grund, warum häufig mit der Normalverteilung gerechnet wird – sie ist über ganze zwei Kennwerte vollständig beschrieben. Im Vergleich hierzu ist die Binomialverteilung sehr komplex.

Flächenbegrenzungen

Der folgende Sachverhalt fällt häufig schwer zu glauben. Fällt man links und rechts vom Mittelwert durch den Wendepunkt (also in einem σ Abstand) eine Senkrechte auf die Merkmalsachse, so schließt die Normalverteilung einen festen Flächenanteil mit der Merkmalsachse ein. Zwischen – σ und + σ sind es 68,26%. Dabei ist es unerheblich, um welche Normalverteilung es sich handelt – ob Körpergrößen oder Fertigungsprozesse. Der Flächenanteil ist immer 68,26% - das ist quasi ein Naturgesetz.

In gleicher Weise sind weitere Flächenanteile durch das σ-Raster festgelegt:

-1 σ bis +1 σ	68,26%
-2 σ bis +2 σ	95,45%
-3 σ bis +3 σ	99,73%
-4 σ bis +4 σ	99,9937%
-5 σ bis +5 σ	99,99994267%
-6 σ bis +6 σ (theoret.)	99,99999980%

Tabelle 55: Flächenanteile der Normalverteilung

In der Praxis geht man jenseits der +/-6 σ -Marke davon aus, dass keine weiteren Anteile mehr existieren. Dies ist besonders wichtig in Hinblick auf die Berechnung von Ausschuss-Anteilen in der Fertigung, doch hierzu später mehr.

Auf Basis dieser Erkenntnisse lassen sich nun verschiedene Fragestellungen und Antworten ableiten:

Beispiel 1: Wie wahrscheinlich ist es, dass uns ein junger Mann im Jahr 1987 begegnet ist, der zwischen 1,83 und 1,89m groß war?

Die Antwort liegt bei etwa 13,6% - vollziehen Sie das bitte nach.

Beispiel 2: Wie hoch ist der Ausschuss-Anteil, wenn ein Fertigungsprozess durch folgende Normalverteilung dargestellt wird und die konstruktiv vorgegebenen Toleranzgrenzen bei 160 und 310 mm liegen?

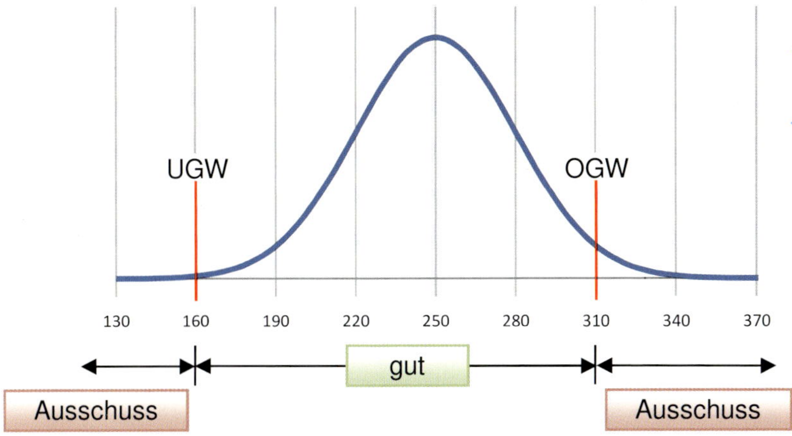

Abb. 127: Beispiel 2: Ausschuss-Betrachtung in der Fertigung

Die Antwort gestaltet sich hier schon etwas schwieriger. Es ergeben sich 2,41% - versuchen Sie bitte auch dies nachzuvollziehen.

Andere Verteilungen

Es gibt viele andere Verteilungsformen, die jedoch im Rahmen dieses Buches nicht behandelt werden. Nicht normalverteilt sind in der Regel alle Dinge, die mit Geld zu tun haben – Vermögensverteilungen beispielsweise. Es gibt sog. „schiefe" Verteilungen, die nicht symmetrisch sind. Normalverteilungen setzen voraus, dass einzelne „Ausreißer" das Gesamtergebnis der Normalverteilung – im Besonderen den Mittelwert – nicht erheblich beeinflussen.

Nehmen Sie 1.000 Personen und bestimmen Sie deren Durchschnittsgewicht. Sie erhalten beispielsweise 70 kg. Jetzt nehmen wir den schwersten Menschen auf Erden mit hinzu – sagen wir, er wiegt 500 kg. Wie verändert sich jetzt der Mittelwert? Der Mittelwert steigt auf 70,43 kg – er verändert sich nicht einmal um ein einziges Kilo. **Körpergewichte sind normalverteilt!**

Nehmen Sie nun im Vergleich hierzu die gleichen 1.000 Personen und ermitteln den Durchschnittswert ihres Vermögens. Lassen Sie uns 60.000 € Durchschnittsvermögen jedes einzelnen annehmen[32]. Und jetzt nehmen wir analog zum schwersten Menschen den reichsten Menschen auf Erden hinzu. Stand 2011 ist das Carlos Slim Helú mit etwa 74 Milliarden US-Dollar Vermögen, das entspricht etwa 52 Milliarden Euro (Stand 2011). Wenn wir jetzt den arithmetischen Mittelwert errechnen, so erhalten wir als Durchschnitt ca. 52 Millionen Euro pro Person. Durch eine einzige

[32] 2009 gab es ein gesamtes Geldvermögen in Deutschland von etwa 4,6 Billionen €. Bei einer Bevölkerung von 81,75 Mio. ergibt das im arithmetischen Mittel ca. 56.000 € pro Bürger. aus „Deutschland in Zahlen" (2011)

Person werden schlagartig alle zu Multimillionären. **Vermögen ist eben NICHT normalverteilt!**

Dieses Beispiel macht deutlich, dass Verteilungsformen und verwendete Rechenmethoden immer in Abhängigkeit vom zu Grunde liegenden Zusammenhang gesehen werden müssen!

Für unsere Betrachtungen in der Fertigung bzw. der Betrachtung von Prozessen ist die Normalverteilung jedoch bestens geeignet – auch wenn die eigentlich „richtige" Verteilungsform die Binomialverteilung wäre.

8.3.3.2 Die Berechnung von Mittelwert und Standardabweichung

Wie bereits erwähnt, bedient man sich bei hinreichend großen Stichproben (>30) den Rechenmethoden, die die Normalverteilung liefert, da dies häufig sehr viel einfacher ist.

Im Folgenden sollen die beiden Parameter der Normalverteilung – Mittelwert und Standardabweichung – hergeleitet und für das Beispiel aus dem letzten Kapitel berechnet werden.

Zunächst ist die Unterscheidung wichtig, dass es für die Grundgesamtheit und Stichproben unterschiedliche Formelbuchstaben gibt:

Grundgesamtheit		**Stichprobe**
μ	Mittelwert	$\bar{x}$
σ	Standardabweichung	s

Tabelle 56: Formelbuchstaben für Grundgesamtheit und Stichproben

Diese Unterscheidung ist sinnvoll, denn in der schließenden Statistik erhält man nach Untersuchung einer Stichprobe lediglich Wahrscheinlichkeits-Aussagen über die Grundgesamtheit. Kennt man also $\bar{x}$ und s, so kennt man noch lange nicht μ und σ.

Der Vollständigkeit halber sei noch erwähnt, dass es noch sog. „**Schätzwerte**" gibt. Diese ergeben sich, wenn nicht eine sondern mehrere Stichproben genommen werden und mit den Mittelwerten der einzelnen Stichproben-Mittelwerte und Standardabweichungen der einzelnen Stichproben gerechnet wird. Diese Schätzwerte werden häufig auch als „Dachwerte" bezeichnet und werden formal mit $\hat{\mu}$ und $\hat{\sigma}$ dargestellt.

Berechnet werden die Größen gemäß folgender Formeln:

	Taschenrechner-Tasten[33]
Mittelwert (Stichproben) $$\overline{x} = \frac{1}{n} \cdot \sum_{i=1}^{n} x_i$$	n = ~~Summe~~ Anzahl $\overline{x}$ Formel für Durchschnitt
Mittelwert (Grundgesamtheit) $$\mu = \frac{1}{N} \cdot \sum_{i=1}^{N} x_i$$	$\overline{x}$
Standardabweichung (Stichproben) $$s = \sqrt{\frac{1}{n-1} \cdot \sum_{i=1}^{n} (x_i - \overline{x})^2}$$	s oder σ_{n-1}
Standardabweichung (Grundgesamtheit) $$\sigma = \sqrt{\frac{1}{N} \cdot \sum_{i=1}^{N} (x_i - \mu)^2}$$	σ_n

Tabelle 57: Formeln für Mittelwert und Standardabweichung

Für die Berechnung der Standardabweichung der Grundgesamtheit wird im Nenner nur mit n und nicht mit (n-1) gerechnet. Mathematisch lässt sich beweisen, dass sich bei Verwendung dieser Formel über viele Stichproben hinweg als Erwartungswert für den Schätzwert $\hat{\sigma}$ exakt die Standardabweichung der Grundgesamtheit σ ergibt.

Das folgende einfache Zahlenbeispiel soll verdeutlichen, wie die Formeln angewendet werden und welcher Aufwand dahinter steckt.

x_1	x_2	x_3	x_4	x_5
5	8	7	6	9

Tabelle 58: Beispielwerte für die Berechnung von Mittelwert und Standardabweichung

Im Beispiel berechnet sich der Mittelwert damit zu:

[33] Die Angaben gelten für die meisten Taschenrechner, jedoch gibt es viele verschiedene Varianten, die hier nicht alle dargestellt werden können

$$\bar{x} = \frac{\sum_{i=1}^{n} x_i}{n} = \frac{x_1 + x_2 + x_3 + x_4 + x_5}{n} = \frac{5+8+7+6+9}{5} = \frac{35}{5} = 7$$

Diese Rechnung ist noch einigermaßen einfach, kompliziert wird es jetzt jedoch bei der Standardabweichung:

$$s = \sqrt{\frac{\sum_{i=1}^{n}(x_i - \bar{x})^2}{n-1}} = \sqrt{\frac{(5-7)^2 + (8-7)^2 + (7-7)^2 + (6-7)^2 + (9-7)^2}{5-1}}$$

$$s = \sqrt{\frac{(-2)^2 + 1^2 + 0^2 + (-1)^2 + 2^2}{4}} = \sqrt{\frac{4+1+0+1+4}{4}} = \sqrt{\frac{10}{4}} \approx 1{,}58$$

Stellen wir uns vor, diese Rechnung mit 50 oder mehr Messwerten durchzuführen, bekommen wir einen Herzinfarkt und eine Migräne gleichzeitig.

Daher setzen wir für diese Rechnungen einen wissenschaftlichen Taschenrechner ein. Nehmen Sie nun den Taschenrechner zur Hand und gehen Sie wie folgt vor:

1. in den Statistik Modus schalten (rechnerabhängig; i.d.R. erscheint im Display dann „SD“ für Statistic Data)
2. Alten Speicher löschen (damit keine Altwerte in die Berechnung einfließen)[34]
3. Urwerte eingeben (i.d.R. Wert eingeben und mit einer „Datentaste“ bestätigen (DT oder Enter)
4. Gewünschte Parameter ($\bar{x}$ und s) abrufen.

Versuchen Sie nun, die vier Schritte am einfachen Beispiel von oben mit den fünf Werten nachzuvollziehen. Für $\bar{x}$ müssen Sie 7 und für s 1,58 als Ergebnis erhalten. Wenn Sie auch noch die Standardabweichung für die Grundgesamtheit abrufen, erhalten Sie 1,41. Durch das (n-1) im Nenner ist s bei gleichen zu Grunde gelegten Werten immer größer als σ.

Hinweis zur Anzahl der Nachkommastellen:

Es wird stets auf eine Nachkommastelle mehr gerundet, als die zu Grunde liegenden Urwerte haben!

Versuchen Sie nun, die Urliste aus Kap. 8.5.2 (Tabelle 63) einzugeben und Mittelwert und Standardabweichung zu ermitteln.

Wenn Sie richtig gerechnet haben, müssten Sie folgendes Ergebnis erhalten (es ist hier auf drei Stellen zu runden – siehe Hinweis oben):

$$\bar{x} = 7{,}683 \quad \text{und} \quad s = 0{,}031$$

Wir unterscheiden grundsätzlich zwischen **Lage- und Streukennwerten**. Der Mittelwert sagt etwas über die Lage der Normalverteilung aus, die Standardabweichung über ihre Streuung.

[34] **Tipp:** Um zu prüfen, ob der Speicher leer ist, rufen Sie σ oder μ ab. Sie müssen dann einen Error erhalten – dann ist der Speicher leer. Überlegen Sie warum!

Wir werden später noch auf weitere Kennwerte zur Lage und Streuung eingehen. Dies ist für die Beobachtung von Prozessen wichtig.

Der Variationskoeffizient

Es gibt auch noch einen „Mischparameter“ namens **Variationskoeffizient VarK**, bei dem das Verhältnis von Standardabweichung und Mittelwert errechnet wird.

$$VarK = \frac{\sigma}{\mu} \; (f\ddot{u}r\ die\ Grundgesamtheit)$$

bzw.

$$VarK = \frac{s}{\bar{x}} \; (f\ddot{u}r\ Stichproben)$$

In technischer Hinsicht hat dieser Parameter jedoch keine oder nur untergeordnete Bedeutung. Er ist vor allem da sinnvoll, wo eine Streuung (Standardabweichung) in Abhängigkeit vom Mittelwert eine Aussagekraft hat. Dies ist häufig bei betriebswirtschaftlichen Aufgabenstellungen der Fall.

Beispielsweise ergibt eine Betrachtung von Preisschwankungen in Bezug auf einen Mittelwertspreis durchaus einen Sinn. Eine Schwankung von 15 € bei einem neuen Fernsehgerät mit einem Mittelwert von 1.000 € ist vernachlässigbar im Vergleich zu einer Preisschwankung von 15 € bei einer Kaffeemaschine, die im Mittelwert bei etwa 60 € liegt. Genau hier liefert der Variationskoeffizient eine brauchbare Aussage (im Beispiel 0,015 im Vergleich zu 0,25).

8.3.4 Das Wahrscheinlichkeitsnetz

Stellen wir uns folgendes vor: alle Häufigkeiten einer Normalverteilung werden von links nach rechts aufsummiert (kumuliert). Dann ergibt sich folgendes Bild:

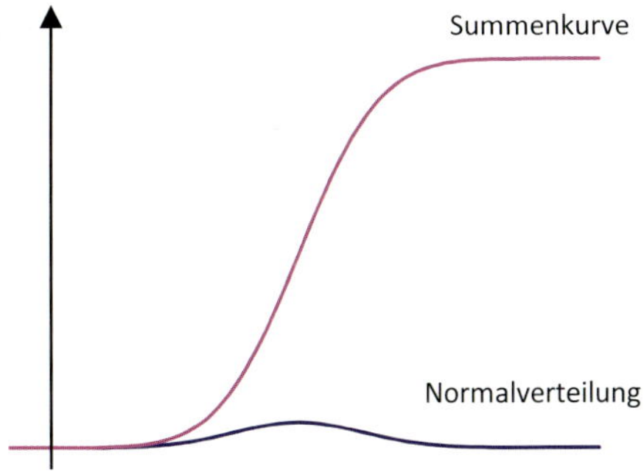

Abb. 128: Wahrscheinlichkeitsdichte und -verteilung

Die blaue Glockenkurve ist zur Darstellung sehr flach gewählt, um zeigen zu können, was passiert, wenn die einzelnen Werte der Kurve aufsummiert werden.

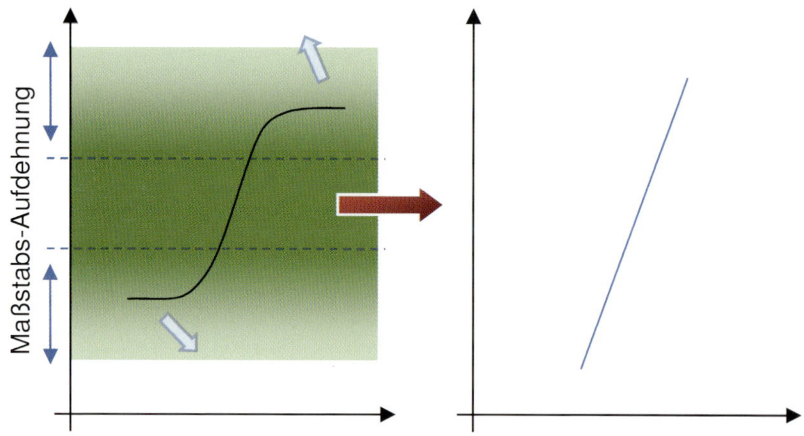

Abb. 129: Maßstabs-Aufdehnung im Wahrscheinlichkeitsnetz

Stellen wir uns nun vor, dass der Maßstab der vertikalen Achse im oberen und unteren Bereich auseinander gedehnt würde. Dadurch würde sich die Summenkurve „aufbiegen". Das Wahrscheinlichkeitsnetz hat vertikal einen solch verzerrten Maßstab, dass aus einer idealen Summenkurve schließlich eine Gerade erzeugt wird.

Das bedeutet im Umkehrschluss: **Liegen die kumulierten Summenhäufigkeitswerte einer Kurve annähernd auf einer Geraden, so kann von einer Normalverteilung der zu Grunde liegenden Werte ausgegangen werden.**

Sehen wir uns das Ganze nun in der Praxis an.

Die folgende Tabelle kennen Sie bereits. Es ist die um eine Spalte erweiterte Tabelle aus dem Abschnitt zur Klassenbildung:

Kl.	von	bis	Häufigkeit	kum.	kum. rel.
1.	7,610	7,635	3	3	6%
2.	7,635	7,655	6	9	18%
3.	7,655	7,675	10	19	38%
4.	7,675	7,695	15	34	68%
5.	7,695	7,715	8	42	84%
6.	7,715	7,735	6	48	96%
7.	7,735	7,750	2	50	100%

Tabelle 59: Häufigkeitstabelle für das Wahrscheinlichkeitsnetz

Die äußerste rechte Spalte zeigt die relative kumulierte (Summen-) Häufigkeit der Urwerte. Damit lässt sich nun das sogenannte Wahrscheinlichkeitsnetz befüllen, indem über den jeweiligen Klassenobergrenzen die zugehörigen Wahrscheinlichkeiten aufgetragen werden (siehe Abb. 130). Beachten Sie die Maßstabsverzerrung im oberen und unteren Bereich des Diagramms.

Gleichzeitig sehen Sie rechts außen einen linearen Maßstab einer Hilfsvariable u. Diese Hilfsvariable gibt ein transformiertes Raster der Standardabweichung wieder. Zwischen -1u und +1u werden auf der Prozentachse beispielsweise die bekannten 68,26% eingeschlossen.

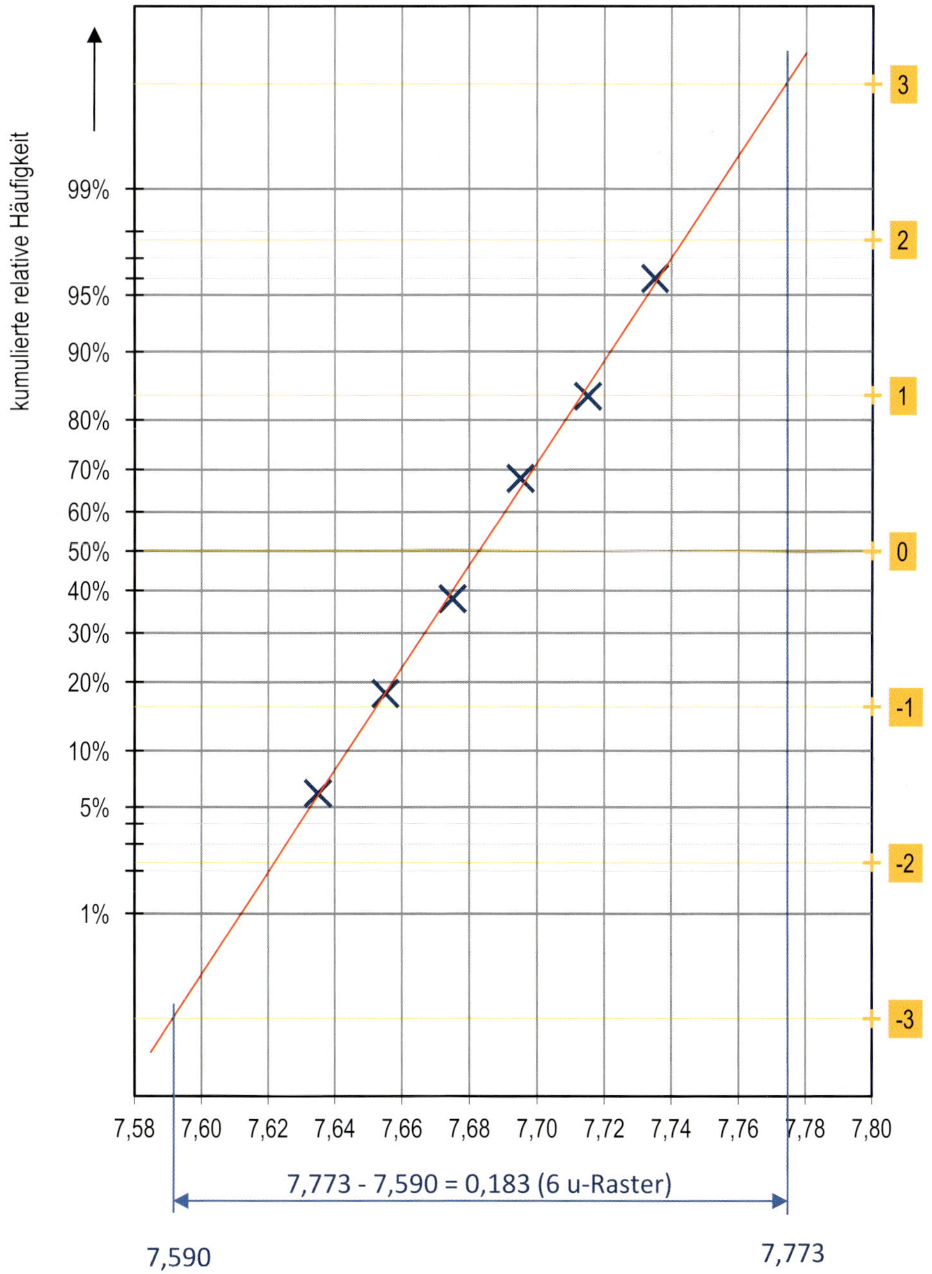

Abb. 130: Das Wahrscheinlichkeitsnetz

Die u-Nulllinie liegt exakt auf der 50%-Achse. Über diese Hilfsvariable bzw. die zugehörigen Hilfslinien kann aus dem Diagramm ein Schätzwert für die Standardabweichung ermittelt werden. Sie entspricht der Steigung der Geraden im Diagramm.

Schätzwert für den Mittelwert

Der Mittelwert wird **an der 50%-Marke** abgelesen (oder u-Nulllinie).

In unserem Beispiel lassen sich für $\bar{x}$ die 7,683 mm sehr gut nachvollziehen.

Achtung: Bei Verwendung von Klassen sind die kumulierten Wahrscheinlichkeitswerte immer über der Klassenobergrenze einzutragen!

Eine Verwendung der Klassenuntergrenze oder der Klassenmitte würde zu einer Parallelverschiebung der Geraden nach links und damit zu einem zu kleinen Mittelwert führen. Die Steigung der Geraden würde damit jedoch nicht verändert werden und damit auch nicht der Schätzwert für die Standardabweichung.

Schätzwert für die Standardabweichung

Der Schätzwert für s wird umso genauer**, je weiter die beiden gewählten u-Hilfslinien auseinander liegen**. Im Beispiel wurden die Linien bei -3u und +3u gewählt – sie liegen also 6 u-Raster auseinander.

Nach dem Ablesen der zugehörigen Merkmalswerte kann die Steigung der Geraden und damit der Schätzwert ermittelt werden, indem die Differenz der beiden Merkmalswerte durch die Anzahl der u-Raster geteilt wird (hier wie gesagt 6):

Standardabweichung $s = \frac{7{,}773 - 7{,}590}{6} = \frac{0{,}183}{6} \approx 0{,}031$

Auch hier stimmt der Schätzwert sehr gut mit dem über den Taschenrechner ermittelten Wert überein.

Ablesen von Wahrscheinlichkeiten

Zeichnet man in das Wahrscheinlichkeitsnetz auf der Merkmalsachse Toleranzgrenzen ein, so kann man über diese die Anteile der zu großen und der zu kleinen Teile abschätzen. Bei einem unteren Grenzwert von 7,61 liest man z.B. ca. 0,9% ab, d.h. wir können davon ausgehen, dass die Grundgesamtheit, aus der unsere Stichprobe stammt, weniger als 1% Teile enthält, die kleiner als 7,61 sind.

Am oberen Grenzwert wäre der abgelesene Prozentwert von 100% abzuziehen, denn der Ausschuss ist ja das, was über der oberen Toleranzgrenze liegt!

Im Gegensatz zu den bei der Normalverteilung kennengelernten, festen Wahrscheinlichkeitswerten in Abhängigkeit von der Standardabweichung, lassen sich im Wahrscheinlichkeitsnetz beliebige Prozentwerte ablesen.

Das Wahrscheinlichkeitsnetz dient damit folgenden **Zwecken**:

1. Liegen die kumulierten Häufigkeitswerte im WS-Netz annähernd auf einer Geraden, so kann von einer Normalverteilung der zu Grunde liegenden Urwerte ausgegangen werden
2. Ablesen von Schätzwerten für $\bar{x}$ und s
3. Ablesen von Ausschuss-Anteilen an den Prozentachsen

8.3.5 Die Fisher-Verteilung (F-Verteilung)

Alle bisher behandelten Verteilungen geben keine Antwort auf folgende Frage:

Wenn ich in einer Stichprobe kein einziges fehlerhaftes Teil finde (k = 0), in welchem Wahrscheinlichkeitsbereich liegt dann mit einer bestimmten Sicherheit der Fehleranteil meiner Grundgesamtheit? Der gesuchte Wahrscheinlichkeitsbereich wird auch als **Vertrauensbereich** oder **Konfidenzintervall** bezeichnet. Es ist einleuchtend, dass die Breite des Vertrauensbereichs mit steigender Sicherheit (sinkender Irrtumswahrscheinlichkeit) oder kleinen Stichprobenumfängen breiter ausfällt als bei niedriger Sicherheit oder hohen Stichprobenumfängen.

Beispiel: Wir stellen uns vor, von einer Lieferung werden als Stichprobe 100 Teile entnommen und wir finden kein einziges fehlerhaftes Teil. Die Aussage über den Vertrauensbereich soll mit 99% Sicherheit erfolgen.

Möchte ich den Vertrauensbereich mit 99% Sicherheit ermitteln, so wird der Bereich größer sein, als wenn mir 90% Sicherheit genügen (dann lasse ich ja auch 10% Irrtum zu!). Ein Stichprobenumfang von nur 10 Teilen wird ebenfalls einen größeren Vertrauensbereich ergeben, als bei einem Stichprobenumfang von 100 Teilen (je größer der Stichprobenumfang, umso sicherer wird meine Aussage bzw. umso kleiner der Irrtum).

Um eine solche Aufgabe lösen zu können, wird die Fisher-Verteilung benötigt. Sie geht auf den englischen Statistiker Sir Ronald Aylmer Fisher zurück und wird heute vor allem für statistische Tests eingesetzt, um beurteilen zu können, ob zwei verschiedene Stichproben derselben Grundgesamtheit angehören (F-Test) oder um Unterschiede zwischen Grundgesamtheiten festzustellen (Varianzanalyse). Die Fisher-Verteilung ist im Vergleich zu den bisher behandelten Verteilungen sehr komplex und für Nicht-Mathematiker schwer zu verstehen. Daher soll in diesem Kapitel ausschließlich auf für die Qualitätsmanagement oben dargestellte Problemstellung eingegangen werden.

8

Mittels Fisher-Verteilung lassen sich Vertrauensbereiche finden, die durch die Anwendung der Normal- und Binomialverteilung unmöglich sind. Ohne auf die Entstehung der folgenden Formel näher einzugehen, ist sie das nötige Werkzeug zur Errechnung des **oberen Vertrauensbereichswerts**, um die Aufgabe lösen zu können:

$$P_o = \frac{(k+1) \cdot F_2}{(k+1) \cdot F_2 + n - k}$$

Für obige Formel werden neben dem Stichprobenumfang n und der Anzahl fehlerhafter Teile k noch ein Wert namens F_2 benötigt. Die Fisher-Verteilung selbst hat drei Parameter: die technische Sicherheit (als „1-α“ bezeichnet, wobei α die Irrtumswahrscheinlichkeit darstellt), sowie die sogenannten Freiheitsgrade r_1 und r_2.

Die beiden Freiheitsgrade r_1 und r_2 tauchen in der Formel selbst gar nicht auf, sondern „stecken“ indirekt im F_2-Wert, der nicht mit den Freiheitsgraden verwechselt werden darf! Der F_2-Wert muss in Abhängigkeit von (1- α), r_1 und r_2 in einem Tabellenwerk nachgeschlagen werden (oder über eine geeignete Software wie z. B. Excel berechnet werden). Warum aber heißt es F_2? Gibt es dann auch ein F_1? Die Antwort hierauf erschließt sich erst nach den nächsten drei Absätzen.

Da in der Stichprobe kein einziges fehlerhaftes Teil gefunden wurde, ist der untere Wert des Vertrauensbereichs 0, denn es könnte ja sein, dass tatsächlich in der gesamten Lieferung kein einziges fehlerhaftes Teil ist. Daher wird für unsere Aufgabenstellung lediglich die obige Formel benötigt, um den oberen Wert des Vertrauensbereichs zu ermitteln.

Wären in der Stichprobe jedoch fehlerhafte Teile vorhanden, so müsste zusätzlich der **untere Vertrauensbereichswert** errechnet werden und hierfür ist eine andere Formel nötig, die auf den Parameter F_1 zurückgreift:

$$P_u = \frac{k}{k + (n - k + 1) \cdot F_1}$$

Um die Sache zu verkomplizieren, muss man für die Ermittlung der F-Werte folgende Rechenschritte anwenden. Es wird dabei – abhängig vom gewünschten F-Wert – **aus dem Stichprobenumfang n und der Anzahl fehlerhafter Teile k** eine **Umwandlung in die Freiheitsgrade r_1 und r_2** vorgenommen:

Für F_1 gilt: $r_1 = 2 \cdot n - 2 \cdot k + 2$ und $r_2 = 2 \cdot k$

Für F_2 gilt: $r_1 = 2 \cdot k + 2$ und $r_2 = 2 \cdot n - 2 \cdot k$

Wenden wir dies nun auf unsere Aufgabe an. Wir wollen den F_2-Wert ermitteln (F_1 wird wie gesagt nicht benötigt), daher ergeben sich r_1 und r_2 zu:

$$r_1 = 2 \cdot 0 + 2 = 2$$

$$r_2 = 2 \cdot 100 - 2 \cdot 0 = 200$$

In Verbindung mit der Forderung nach 99% Sicherheit lässt sich nun über eine F-Verteilungstabelle oder Excel der F_2-Wert ermitteln:

$$F_2 \approx 4{,}713$$

Jetzt können wir den oberen Wert des Vertrauensbereichs über obige Formel für P_o ermitteln:

$$P_o = \frac{(0 + 1) \cdot 4{,}713}{(0 + 1) \cdot 4{,}713 + 100 - 0} = \frac{4{,}713}{104{,}713} \approx 0{,}045 = 4{,}5\%$$

Also: Wenn wir eine Stichprobe von 100 Teilen entnehmen und darin kein einziges fehlerhaftes Teil finden, dann liegt mit einer Sicherheit von 99% der Fehleranteil in der Grundgesamtheit zwischen 0 und 4,5% - das heißt, es könnte fast jedes 20. Teil fehlerhaft sein und wir hätten dies nicht bemerkt!

Würden wir statt 100 nun 1.000 Teile als Stichprobe entnehmen und keinen Fehler finden, so erhielten wir nach dieser Methode mit 99% Sicherheit einen Vertrauensbereich von 0 bis nur noch 0,46% - ca. ein Zehntel gegenüber der Ausgangssituation. Man sieht, wie mit zunehmendem Stichprobenumfang n der Vertrauensbereich kleiner wird.

Gleiches gilt, wenn wir die Sicherheit absenken. Nehmen wir statt 99% nur noch 90% Sicherheit (entsprechend 10% Irrtumswahrscheinlichkeit), so geht unser Vertrauensbereich bei n = 100 nur noch von 0 bis 2,3% - er hat sich praktisch halbiert gegenüber der Ausgangssituation.

Die Fisher-Verteilung wurde an dieser Stelle nicht umfassend vorgestellt, da sie sehr komplex ist und den Rahmen dieses Buches sprengen würde. Da aber obige Problemstellung häufig in der Praxis anzutreffen ist, sollte das Thema zumindest im Rahmen der Vertrauensintervall-Berechnung behandelt werden. Der Einsatz obiger Formeln bzw. die Fisher-Verteilung ist damit auch ein mathematisches Werkzeug, um auf Basis gewünschter Sicherheiten und maximal zulässiger Fehleranteile Prüfpläne ableiten zu können (Stichprobenumfang und maximal zulässige Fehlerzahl in der Stichprobe).

8.3.6 Hinweis zum Umgang mit dem Taschenrechner

Es lohnt sich unbedingt, sich mit den statistischen Funktionen des Taschenrechners zu beschäftigen! So kann zum Beispiel durch Aktivieren des Häufigkeitsmodus („Frequenz"), direkt eine Häufigkeitstabelle eingegeben werden (Wert 23,993 z.B. 16 mal). Dadurch spart man Zeit und die Fehlermöglichkeit sinkt!

Unter folgenden Adressen können die Gebrauchsanleitungen der meisten Taschenrechner herunter geladen werden:

http://www.texas-instruments.de/

http://www.casio-europe.com/de/support/manuals/

http://esupport.sharp.de

8.4 Weitere Lage- und Streu-Kennwerte

Wie bereits erwähnt unterscheiden wir zwischen Lage- und Streukennwerten. Im folgenden Abschnitt werden wir weitere Kennwerte kennenlernen.

Lage-Kennwert		Streukennwert	
μ	(Arithmet.) Mittelwert der Grundgesamtheit	σ	Standardabweichung der Grundgesamtheit
$\overline{x}$	(Arithmet.) Mittelwert der Stichprobe	s	Standardabweichung der Stichprobe
$\hat{\mu}$	Schätzwert[35] für den arithmet. Mittelwert	$\hat{\sigma}$	Schätzwert für die Standardabweichung
$\tilde{x}$	Median (Zentralwert)	R	Range (Spannweite)
x_d	Modalwert (häufigster)	V	Varianz

Tabelle 60: Übersicht Lage- und Streukennwerte

[35] Die Schätzwerte hier („Dachwerte") als Mittelwerte aus mehreren Stichproben dürfen nicht mit den Schätzwerten verwechselt werden, die wir im Kapitel zum Wahrscheinlichkeitsnetz eingeführt haben (vgl. Kap. 8.3.4).

8

8.4.1 Median

Der **Median** $\tilde{x}$ ist der zentral in der Mitte liegende Wert einer **geordneten** Reihe und wird daher auch **Zentralwert** genannt:

23,5 23,7 23,8 **23,8** 23,9 24,2 24,5

$$\tilde{x} = 23{,}8$$

Vor der Bestimmung des Medians ist die Reihe in eine aufsteigende Rangfolge zu bringen, sonst ist das Ablesen des Medians sinnlos!

Die Ablesung des Zentralwertes ist jedoch nur bei einer ungeraden Anzahl Werte einfach.

Bei geradzahliger Anzahl an Werten müssen die mittleren beiden Werte addiert und durch zwei geteilt werden:

23,5 23,7 23,8 **23,8 23,9** 24,2 24,5 24,5

$$\tilde{x} = \frac{23{,}8 + 23{,}9}{2} = 23{,}85$$

Das x mit der Schlangenlinie für den Median spricht man als „X-Schlange“ oder „X-Tilde“.

Der Median ist immer ein Wert der Reihe (außer bei geradzahliger Anzahl Werte wie beschrieben). Dadurch wird auch sein Sinn erkennbar:

Der Median ignoriert Ausreißer (sehr hohe oder tiefe Einzelwerte).

Er findet beispielsweise bei Gehalts- oder Vermögensfragen Einsatz, da hier einzelne Extremwerte den arithmetischen Mittelwert sehr stark beeinflussen, den Median jedoch unberührt lassen.

8.4.2 Modalwert

Gelegentlich wird in der Statistik auch der **Modus** oder **Modalwert** $\mathbf{x_d}$ verwendet. Er ist der häufigste Wert einer Verteilung oder Wertereihe und wird meist mit x_d dargestellt. Es kann auch mehrere Modalwerte in einer Wertereihe geben:

23,5 23,7 **23,8 23,8** 23,9 24,2 **24,5 24,5**

$x_{d1} = 23{,}8$; $x_{d2} = 24{,}5$

Der Modalwert kann auf alle Arten von Merkmalen angewendet werden, z. B. auch nominale und ordinale!

Speziell für die Normalverteilung gilt, dass Mittelwert, Median und Modalwert gleich sind. Für so ziemlich alle anderen Verteilungen gilt dies nicht! Abb. 131 stellt die unterschiedlichen Lagen für eine rechtsschiefe Verteilung dar, wie sie beispielsweise bei Gehaltsverteilungen in Unternehmen üblich ist.

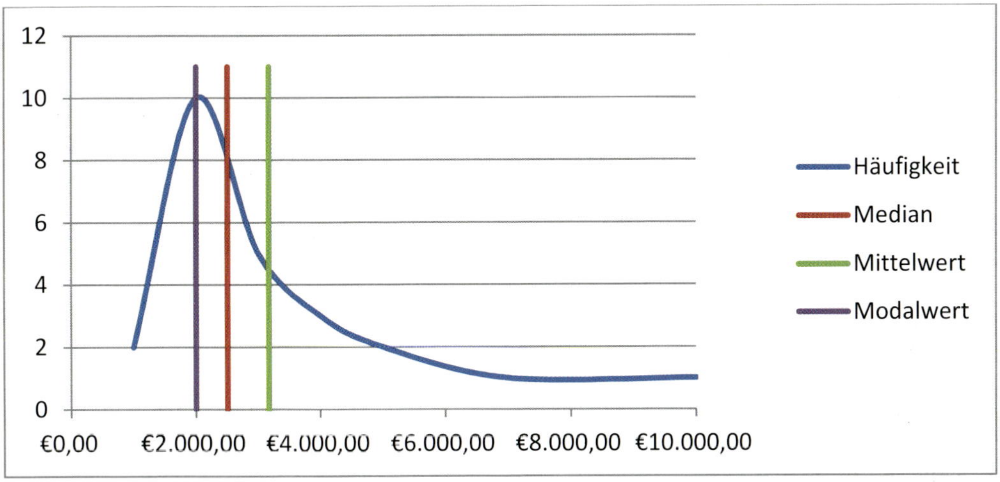

Abb. 131: Modalwert, Median und Mittelwert bei rechtsschiefer Verteilung

8.4.3 Range (Spannweite)

Ein weiterer Streukennwert, den wir bereits im Zusammenhang mit der Klasseneinteilung behandelt haben, ist die **Spannweite R** oder „neudeutsch" (sprich englisch) **Range**. Sie ergibt sich aus der Differenz des größten und des kleinsten Wertes einer Urliste:

$$R = x_{max} - x_{min}$$

8.4.4 Varianz

Zum Schluss soll noch kurz die **Varianz V** als weiterer Streukennwert vorgestellt werden. Sie ergibt sich direkt aus der Standardabweichung, indem man aus der Formel für s einfach die Wurzel weglässt:

$$V = s^2 = \frac{1}{n-1} \cdot \sum_{i=1}^{n} (x_i - \overline{x})^2$$

Die Varianz kommt in der Praxis an verschiedenen Stellen häufig vor, wird aber im Rahmen dieses Buches nicht weiter behandelt.

8.4.5 Hinweis zum Umgang mit dem Taschenrechner

Es lohnt sich unbedingt, sich mit den statistischen Funktionen des Taschenrechners zu beschäftigen! So kann zum Beispiel durch Aktivieren des Häufigkeitsmodus („Frequenz"), direkt eine Häufigkeitstabelle eingegeben werden (Wert 23,993 z.B. 16 mal). Dadurch spart man Zeit und die Fehlermöglichkeit sinkt!

Unter folgenden Adressen können die Gebrauchsanleitungen der meisten Taschenrechner herunter geladen werden:

http://www.texas-instruments.de/

http://www.casio-europe.com/de/support/manuals/

http://esupport.sharp.de

8.5 Auswertung von Stichproben

Wie in Kapitel 8.1.2 beschrieben, unterscheiden wir zwischen beschreibender und schließender Statistik. Der Unterschied liegt in der Menge der untersuchten Teile. In der beschreibenden Statistik wird eine Gesamtmenge (Grundgesamtheit) untersucht.

In der Praxis lässt sich jedoch aus verschiedenen Gründen nicht immer die komplette Grundgesamtheit untersuchen:

- Kosten
- Zeit
- Mitarbeiter
- zerstörende Prüfung

In diesem Fall erfolgt die Ziehung einer Stichprobe, die untersucht wird und von der auf die Grundgesamtheit zurück „geschlossen" wird. Je nach gewählter Methode (Auswahl, Stichprobenumfang etc.) gewinnt man über die Stichprobe eine Erkenntnis über die Grundgesamtheit mit einer bestimmten **statistischen Sicherheit**. Diese Sicherheit ist ein Prozentwert, der niemals 100% erreichen kann, da man hierzu logischerweise eine 100%-Prüfung durchführen müsste. Es sei an dieser Stelle erwähnt, dass die Stichprobenziehung **zufällig** erfolgen muss. Dies kann nach verschiedenen Kriterien erfolgen. Da ein Wareneingangs- oder Fertigungslos in der Regel nicht wie eine Lostrommel durchmischt werden kann, erfolgt die Ziehung häufig in systematischer Weise – z. B. jedes 10. Teil oder immer drei Teile von jeder Palette etc. Wir wollen in den nächsten beiden Kapiteln zwei Stichproben-Untersuchungen durchführen, einmal mit einem diskreten und einmal mit einem stetigen Merkmal.

8.5.1 Prüfungen diskreter Merkmale

Stellen Sie sich bitte vor, Sie sind verantwortlich für eine Wareneingangsprüfung und ermitteln in 50 Stichproben von jeweils 20 Stück die Anzahl fehlerhafter Teile (=diskretes Merkmal) in den Stichproben. Trägt man die ermittelten Fehlerhäufigkeiten in eine Tabelle ein, so bezeichnet man diese Ausgangswerte als **Urwerte** und die zugehörige Tabelle als **Urliste**[36].

Urliste									
2	3	1	6	1	5	4	8	4	2
5	6	4	3	6	4	6	7	5	3
4	7	3	3	4	3	5	4	6	4
4	3	2	7	3	2	6	0	4	2
5	5	5	4	5	3	5	6	4	5

Tabelle 61: Urliste – Anzahl fehlerhafter Teile in 50 Stichproben

[36] Derjenige, der eine Urliste erstellt ist nicht der Uhrmacher!!!

Die Werte aus dieser Liste lassen sich nun in einer Häufigkeitstabelle zusammenfassen – also in wie vielen Stichproben sind 0, 1, 2, 3, ... usw. fehlerhafte Teile vorgekommen:

Anz. fehlerh. Teile	Häufigkeit
0	1
1	2
2	5
3	9
4	12
5	10
6	7
7	3
8	1

Tabelle 62: Häufigkeitstabelle Anzahl fehlerhafter Teile

Diese Häufigkeiten lassen sich nun in Form eines Stabdiagrammes darstellen (siehe folgende Abbildung).

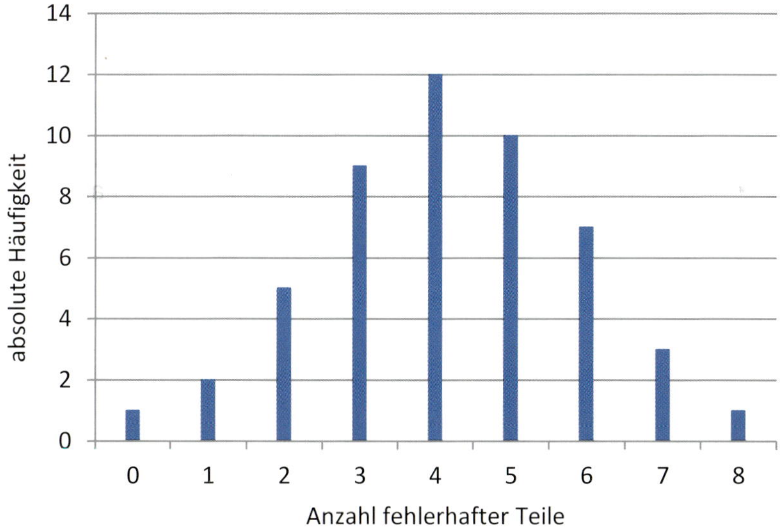

Abb. 132: Stabdiagramm als Darstellungsmöglichkeit diskreter Merkmale

Es ist zu beachten, dass beide Achsen diskrete Merkmale – in diesem Falle Häufigkeiten abbilden. Zwischen den einzelnen Merkmalswerten gibt es eine Lücke (schließlich gibt es keine 2,76 fehlerhafte Teile oder ähnliches; nur ganzzahlige Werte sind möglich).

Merke: Ein **Stabdiagramm** ist eine Darstellungsmöglichkeit für diskrete Merkmale!

8

8.5.2 Prüfungen stetiger Merkmale

Wir gehen jetzt einen Schritt weiter und sehen uns eine Urliste mit stetigen (oder kontinuierlichen) Werten an. Als Beispiel soll ein maschinell gefertigtes Drehteil dienen, von dem 50 Teile als Stichprobe entnommen wurden.

Urliste									
7,74	7,71	7,71	7,64	7,69	7,68	7,69	7,69	7,64	7,68
7,69	7,70	7,70	7,73	7,66	7,68	7,68	7,64	7,69	7,63
7,73	7,66	7,72	7,67	7,67	7,65	7,65	7,67	7,75	7,62
7,71	7,72	7,73	7,69	7,66	7,61	7,66	7,68	7,69	7,70
7,70	7,67	7,72	7,68	7,71	7,67	7,67	7,68	7,69	7,65

Tabelle 63: Urliste – gemessene Durchmesser eines Drehteils in mm

Auch diese Werte lassen sich in Form einer Häufigkeitstabelle darstellen:

Ø in mm	Häufigkeit
7,61	1
7,62	1
7,63	1
7,64	3
7,65	3
7,66	4
7,67	6
7,68	7
7,69	8
7,70	4
7,71	4
7,72	3
7,73	3
7,74	1
7,75	1

Tabelle 64: Häufigkeitstabelle - Drehteil

Will man dieses Ergebnis nun grafisch darstellen, nimmt man ein sog. **Histogramm**. Es unterscheidet sich vom Stabdiagramm darin, dass die Balken aneinander stoßen und keine Lücken vorhanden sind. Dies ist auch sinnvoll – schließlich handelt es sich bei dem untersuchten Merkmal (Durchmesser) um ein stetiges Merkmal und dieses kann innerhalb des betrachteten Intervalls jeden beliebigen Zwischenwert annehmen.

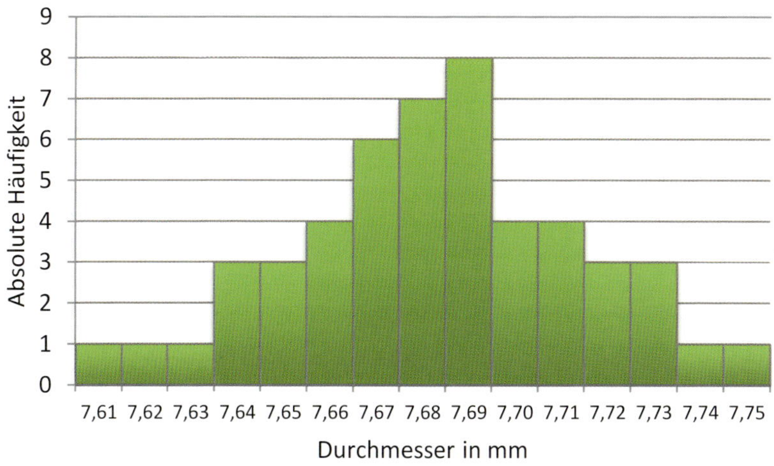

Abb. 133: Histogramm als Darstellungsmöglichkeit stetiger Merkmale

Hinweis: Der Begriff Balkendiagramm wird häufig sowohl für Stabdiagramme, als auch für Histogramme verwendet und ist daher nicht mehr eindeutig bzw. irreführend. Entscheidend ist das untersuchte Merkmal.

Merke: Ein **Histogramm** ist eine Darstellungsmöglichkeit für stetige Merkmale!

8.5.3 Nutzung von Klassen

Ab einer gewissen Größenordnung (etwa ab 50 Urwerten) ist es nicht mehr sinnvoll, jeden einzelnen Wert darzustellen. Man fasst mehrere Werte in Klassen zusammen und analysiert dann die einzelnen Klassen.

Für die Arbeit mit Klassen gibt es einige Regeln, die es zu beachten gilt:

- Anzahl der Klassen k bestimmen

  $$\boldsymbol{k = \sqrt{n}} \quad \text{mit } k \leq 21$$

  - dabei ist k eine natürliche Zahl (Auf- oder Abrunden!!!)
  - ab n=400 bleibt die Klassenzahl bei etwa 21
    (sonst müsste man Klassen von den Klassen bilden…)
  - bei einer ungeraden Klassenzahl steht in der Histogramm-Darstellung ein Balken in der Mitte; daher wäre dies zu bevorzugen.
- **Klassenweite w** bestimmen

  $$w = \frac{R}{k} = \frac{x_{max} - x_{min}}{k}$$

  - bitte beachten:
    unbedingt mit gerundetem k weiter rechnen!
- R ist die Spannweite (Range),
  also die Differenz aus größtem und kleinstem Wert

- Klassen eindeutig abgrenzen
    - dies kann beispielsweise durch mathematische Zeichen wie > und ≤ oder verbal mit „über“ und „bis (einschl.)“ oder durch Anhängen einer zusätzlichen Nachkommastelle erfolgen (i.d.R. wählt man hierfür die Ziffer 5)
- jeder Wert aus der Urliste muss eindeutig einer Klasse zugeordnet werden können!

Wir wenden diese Vorgehensweise nun auf die vorgehende Urliste an.

Damit ergibt sich als Klassen-Anzahl k für die 50 Messwerte aus Tabelle 63:

$$k = \sqrt{n} = \sqrt{50} \approx 7$$

Für die Klassenweite w ergibt sich:

$$w = \frac{7{,}75 - 7{,}61}{7} \approx 0{,}02$$

Für die Klassenabgrenzung entscheiden wir uns für die Einführung einer zusätzlichen Nachkommastelle, die grundsätzlich auf 5 lautet.

Damit ergibt sich folgende Klassen-Häufigkeitstabelle:

Klasse	von	bis	Kl.-Mitte	Häufigkeit
1.	7,610	7,635	7,622	3
2.	7,635	7,655	7,645	6
3.	7,655	7,675	7,665	10
4.	7,675	7,695	7,685	15
5.	7,695	7,715	7,705	8
6.	7,715	7,735	7,725	6
7.	7,735	7,750	7,743	2

Tabelle 65: Klassen-Häufigkeitstabelle - Drehteil

Stellt man dieses Ergebnis als Histogramm dar, so ergibt sich folgendes Bild:

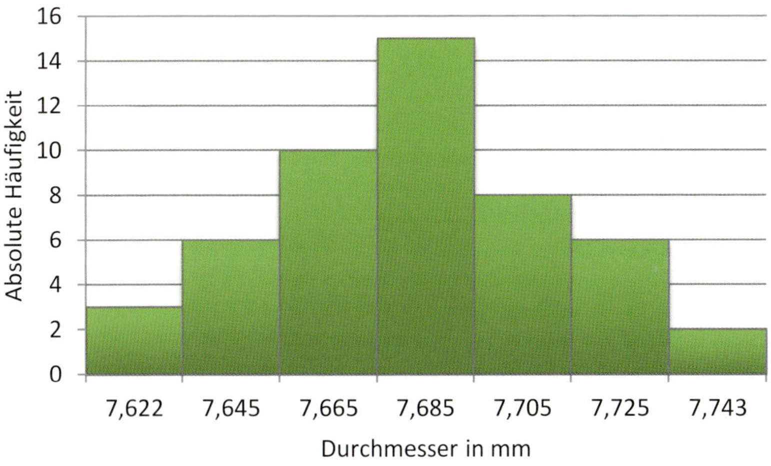

Abb. 134: Histogramm für die Klassen – Beispiel Drehteil

Die Balkenbreite baut sich symmetrisch um die jeweilige Klassenmitte auf. Die erste Klasse ist auf Grund der Klassenabgrenzung geringfügig größer, dies fällt jedoch nicht ins Gewicht.

Es lässt sich erkennen, dass die Aussagekraft dieses Histogramms qualitativ die gleiche Aussage zulässt wie Abb. 133: Die zu Grunde liegenden Urwerte scheinen annähernd einer Normalverteilung zu folgen.

8.6 Statistische Sicherheit

Wie bereits mehrfach ausgeführt, erhalten wir in der schließenden Statistik beim Rückschluss vom Untersuchungsergebnis der Stichproben auf die Grundgesamtheit lediglich Wahrscheinlichkeits-Aussagen. Diese Aussagen haben eine bestimmte statistische Aussage-Sicherheit.

Frage: Wovon ist diese Sicherheit abhängig?

Die Antwort ist einfach: **Vom Stichprobenumfang!**

Eine Wareneingangsprüfung bei einer Lieferung von 10.000 Teilen mit einer Stichprobe von nur 10 Teilen durchzuführen, ist zwar schnell erledigt, führt aber manchmal zu Ärger und Verstopfung beim Verantwortlichen!

Wir können mit den Mitteln der schließenden Statistik für einen bestimmten Stichprobenumfang n und einer vorgegebenen Aussage-Sicherheit p ermitteln, in welcher Spanne der Fehleranteil in der Grundgesamtheit liegt. Wir betrachten die folgenden Zahlenbeispiele mit einer statistischen Aussagesicherheit von 99% - d.h. in 1% aller Fälle irren wir uns!

Stellen wir uns nun vor, wir entnehmen aus der Lieferung von 10.000 Teilen eine Stichprobe mit nur 10 Teilen und finden keinen Fehler in dieser Stichprobe, dann liegt der Fehler in der Grundgesamtheit mit einer Sicherheit von 99% zwischen sage und schreibe 0 und 37% - mehr als ein Drittel könnte Ausschuss sein und wir würden es nicht merken, da wir in den Stichproben keinen Fehler gefunden hatten![37]

Stichprobenumfang n	Fehleranteil in der Grundgesamtheit
10	0 bis 37 %
100	0 bis 4,5 %
1.000	0 bis 0,46 %

Tabelle 66: Zusammenhang zwischen Stichprobenumfang und Fehleranteil in der Grundgesamtheit mit 99%iger Aussage-Sicherheit

Ziehen wir stattdessen 100 Teile als Stichprobe, dann sinkt der mit 99% Sicherheit vorhergesagte Fehleranteil in der Grundgesamtheit auf 0 bis 4,5%, also beinahe jedes 20. Teil könnte fehlerhaft sein und wir würden es wieder nicht bemerken, da alle Stichprobenteile in Ordnung waren.

Erhöht man den Stichprobenumfang nun auf 1.000 Teile und findet immer noch null Fehler, so liegt der Fehleranteil in der Grundgesamtheit nun mit 99% Sicherheit zwischen 0 und 0,46%.

Aus diesen Zahlenwerten ersehen wir, wie wichtig der Stichprobenumfang für die Aussagekraft unserer Stichprobenprüfung ist.

Rechnen wir nun den Prozentwert von 0,46% in das heute in der Serienfertigung übliche Maß ppm (parts per million) um (dazu müssen Sie nur mit 10.000 multiplizieren und statt des %-Zeichens das „ppm“ anhängen):

0,46% = 4.600 ppm

Halten Sie bitte kurz inne:

Obwohl wir 1.000 Teile geprüft und allesamt für gut befunden haben, könnten wir dennoch eine Ausschussquote von 4.600 ppm haben! Heutige Fertigungsqualitäten liegen unter 10 ppm, also fast das 500-fache unter dem, was wir mit dieser Stichprobenprüfung erreicht haben. Um mit 99% Sicherheit auf 10 ppm in der Grundgesamtheit zu kommen, müssten von einer beliebig großen Menge theoretisch 500.000 Teile geprüft werden – praktisch müsste also immer eine 100%-Prüfung erfolgen.

Es stellt sich also die Frage: Wie sind die heute geforderten Qualitäten möglich?

Die Antwort liegt im Konzept einer konsequenten Vorab-Prüfung, ob die Fertigungsprozesse überhaupt in der Lage sind, die geforderten Qualitäten zu leisten sowie in einer permanenten Prozessüberwachung. Eine reine Stichprobenprüfung am Ende der Fertigung kann die geforderten Qualitäten heute nicht mehr sicherstellen! Dies führt im Folgenden zu dem Begriff der Fähigkeitsfaktoren.

[37] Wer wissen möchte, wie dies berechnet wird, muss sich mit der Abschätzung von Vertrauensintervallen („Konfidenzintervalle“) mittels der Fischer-Verteilung beschäftigen.

8.7 Fähigkeitsfaktoren

Der erste Schritt zum Verständnis der Fähigkeitsfaktoren besteht darin, sich klar zu machen, dass ein klassischer Fertigungsprozess normalverteilte Teile erzeugt und damit in Form einer Glockenkurve zwischen den konstruktiv vorgegebenen Toleranzgrenzen besteht:

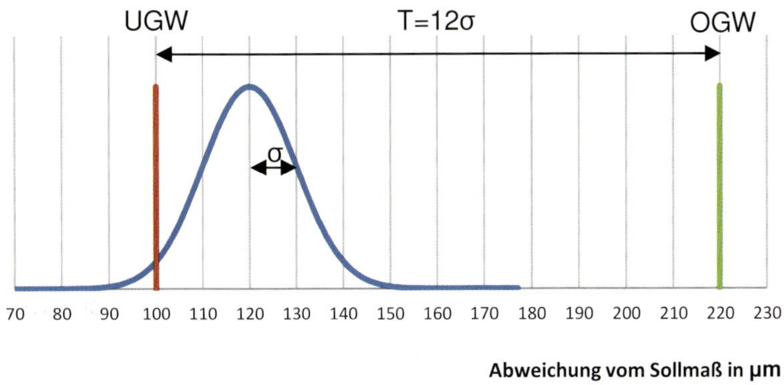

Abb. 135: Prozess zwischen zwei Toleranzgrenzen

Die Abbildung zeigt einen Mittelwert bei μ=120µm und einer Standardabweichung von σ=10µm. Der untere Toleranzgrenzwert (UGW) liegt bei 100µm, der obere (OGW) bei 220µm. Die Toleranz T beträgt demnach 120µm.

Machen Sie sich noch einmal folgendes klar:

Der Mittelwert bestimmt die Lage des Prozesses! Eine Veränderung von μ verschiebt die Kurve nach rechts oder links.

Die Standardabweichung bestimmt die Streuung des Prozesses. Sie verbreitert oder verschmälert die Kurve, verändert jedoch nichts an der Lage!

Toleranzgrenzen sind konstruktiv vorgegeben und damit der **theoretische Vorgabe-**Rahmen.

Der **Prozess** – dargestellt durch die Glockenkurve – ist das **Ergebnis der Praxis** – ermittelt über Stichproben während der Serienfertigung.

Die Abbildung wurde so aufgebaut, dass die Toleranz einem Vielfachen der Standardabweichung σ entspricht.

Das Strichraster verdeutlicht diesen Sachverhalt. Im Beispiel liegt der Prozess (LAGE!) im Abstand von 2σ von UGW und im Abstand von 10σ von OGW.

Ist dieser Prozess nun gut oder schlecht?

Um auf diese Frage eine Antwort zu geben wurde der Begriff der Prozessfähigkeit eingeführt.

Ein fähiger Prozess ist ein Prozess, der vorgegebene Anforderungen erfüllt.

Technisch bedeutet das, dass der C_p und C_{pk}-Wert eines Prozesses über einer bestimmten Vorgabe liegen müssen.

8

Die Anforderungen werden über die zwei Faktoren C_p und C_{pk} festgelegt und können nach Ermittlung der Prozesskennlinie (über Mittelwert und Standardabweichung) überprüft werden.

8.7.1 Fähigkeitspotenzial C_p

Anschaulich betrachtet spiegelt der C_p-Faktor wider, wie oft 99,73% des Prozesses (+/-3σ) in die zur Verfügung stehende Toleranz passen:

$$C_p = \frac{T}{6 \cdot \sigma} = \frac{OGW - UGW}{6 \cdot \sigma}$$

Je kleiner die Streuung des Prozesses, desto höher und damit besser der C_p-Wert. **Den Stand der Technik markiert heute ein C_p-Wert von 1,33.** Diese Vorgabe ist zu verwenden, wenn keine konkrete Vorgabe vorliegt.

Frage: Wo geht in die Formel der Mittelwert ein?

Nirgends! Das bedeutet aber im Klartext, dass der C_p-Wert vollkommen unabhängig von der Lage des Prozesses ist! Der Prozess könnte auch außerhalb der Toleranzgrenzen liegen, er bliebe stets konstant!

Frage: Welchen C_p-Wert haben wir in unserem Beispiel-Prozess in Abb. 135?

$$C_p = \frac{T}{6\sigma} = \frac{12\sigma}{6\sigma} = 2{,}0$$

Vollziehen Sie diese Denkweise – über Vielfache von σ zu rechnen – bitte auch an Hand der konkreten Zahlenwerte nach:

$$C_p = \frac{120\mu m}{6 \cdot 10\mu m} = 2{,}0$$

Gemessen am Stand der Technik wäre das ein sehr guter Prozess!

Frage: Wann ist der Prozess ideal?

Der Prozess läge dann idealerweise mit seinem Mittelwert exakt in der Toleranzmitte! Doch da der C_p-Wert über die Lage des Prozesses nichts aussagt, wird ein weiterer Kennwert benötigt, der auch die Lage berücksichtigt.

8.7.2 Kritischer Fähigkeitsfaktor C_{pk}

Betrachten wir noch einmal den Prozess aus dem letzten Abschnitt und überlegen, welche der beiden Grenzen (UGW oder OGW) aus Sicht des aktuellen Prozesses als kritisch betrachtet werden muss:

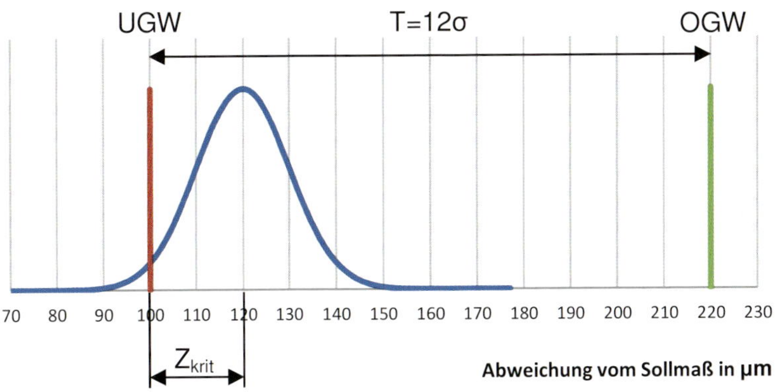

Abb. 136: Prozessbetrachtung mit kritischem Pfad

Die dem Mittelwert nächstgelegene Toleranzgrenze ist die kritische! Daher bezeichnet man den Abstand des Mittelwertes zur nächstgelegenen Toleranzgrenze als den **kritischen Pfad Z_{krit}**.

$$Z_{krit} = \mu - UGW$$

$$Z_{krit} = OGW - \mu$$

Je nachdem, welche Grenze näher liegt, ist die erste oder die zweite Formel zu verwenden.

Nun lässt sich der **kritische Fähigkeitsfaktor C_{pk}** berechnen:

$$C_{pk} = \frac{Z_{krit}}{3 \cdot \sigma}$$

Andere Betrachtungsweise

Wenn sich nicht – wie in unserem Beispiel – der kritische Pfad einfach ablesen lässt, so kann alternativ auch der sogenannte obere und untere Fähigkeitsfaktor getrennt ermittelt werden. Der kritische Fähigkeitsfaktor entspricht dann dem kleineren der beiden:

8

Unterer Fähigkeitsfaktor:

$$C_{pu} = \frac{\mu - UGW}{3 \cdot \sigma}$$

Oberer Fähigkeitsfaktor:

$$C_{po} = \frac{OGW - \mu}{3 \cdot \sigma}$$

Kritischer Fähigkeitsfaktor:

$$C_{pk} = Min(C_{po}; C_{pu})$$

Berechnen wir nun die betrachteten Kennwerte für unser Beispiel:

$$Z_{krit} = OGW - \mu = 2\sigma$$

$$C_{pk} = \frac{Z_{krit}}{3\sigma} = \frac{2\sigma}{3\sigma} = 0{,}67$$

Bei Betrachtung von C_{po} und C_{pu} ergibt sich das gleiche Bild:

$$C_{pu} = \frac{2\sigma}{3\sigma} = 0{,}67$$

$$C_{po} = \frac{10\sigma}{3\sigma} = 3{,}33$$

$$C_{pk} = Min(C_{pu}; C_{po}) = 0{,}67$$

Vollziehen Sie bitte die Denkweise, die Rechnung über die Vielfachen von σ durchzuführen, wieder mit den konkreten Zahlenwerten nach.

Zusammenhang zwischen C_p und C_{pk}:

C_p stellt den höchsten möglichen Wert dar, den C_{pk} jemals erreichen kann – nämlich genau dann, wenn der Prozessmittelwert exakt in der Toleranzmitte liegt! Er stellt damit das „Potenzial" dar, das ein Prozess bei idealer Lage hat.

8.7.3 Ausschussbetrachtung

In Kapitel 8.3.3 über die Normalverteilung wurde bereits der Zusammenhang zwischen dem Flächenanteil unter der Glockenkurve und dem Raster der Standardabweichung besprochen. Diese Logik soll hier angewendet werden, um den Ausschuss eines Prozesses an den Toleranzgrenzen zu ermitteln.

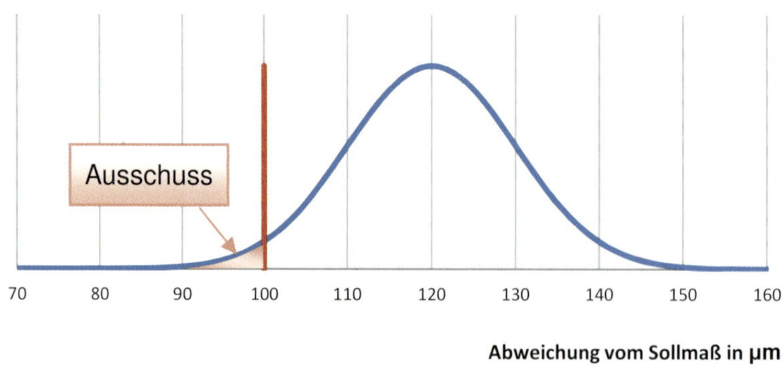

Abb. 137: Ausschuss an der unteren Toleranzgrenze

Unser Prozess liegt nun im Abstand von 2σ an der unteren Toleranzgrenze.

Frage: Wie berechnet sich der Ausschuss an UGW?

Hierzu benötigen wir den Flächenanteil zwischen -2σ und +2σ. Dieser beträgt 95,45% (sehen Sie hierzu bitte nochmals Tabelle 55). Ziehen wir diesen „Gut"-Anteil nun von 100% ab, so bleiben noch 4,55% über. Da der rechte Teil des Prozesses jedoch innerhalb der Toleranzgrenzen liegt, müssen wir diese 4,55% noch durch zwei teilen, um den einseitigen Ausschuss zu berechnen:

$$A = \frac{100\% - 95{,}45\%}{2} = 2{,}275\% = 22.750ppm$$

Merke: Bei einseitiger Ausschussbetrachtung muss die Differenz (100%-Gutanteil) durch zwei geteilt werden!

Die Teilung durch zwei kann nur dann entfallen wenn der Prozess exakt in der Toleranzmitte liegt, so dass die Prozesskurve links und rechts gleich viel über die Grenzen reicht.

Bei 6σ beenden wir die Ausschussbetrachtung! Das bedeutet, dass bei einem Prozess, der mittig in einer Toleranz von 12σ liegt, wir praktisch keinen Ausschuss mehr haben.

8.7.4 Darstellung der Zusammenhänge

Die folgenden Bilder sollen die Zusammenhänge noch einmal verdeutlichen. Beachten Sie bitte, dass es durch die Logik des kritischen Pfades völlig egal ist, ob die Ausschuss-Betrachtung links oder rechts erfolgt. Entscheidend ist immer der Abstand Mittelwert zur nächstgelegenen Toleranzgrenze. Im Vergleich zu den zurück liegenden Kapiteln erfolgt die Darstellung der Toleranz, sowie UGW und OGW jetzt in Form konkreter Zahlenwerte und nicht als Vielfache von σ.

T	C_p	C_{pu}	C_{po}	C_{pk}	A links	A rechts	A gesamt
120	2,00	2,00	2,00	2,00	0	0	0

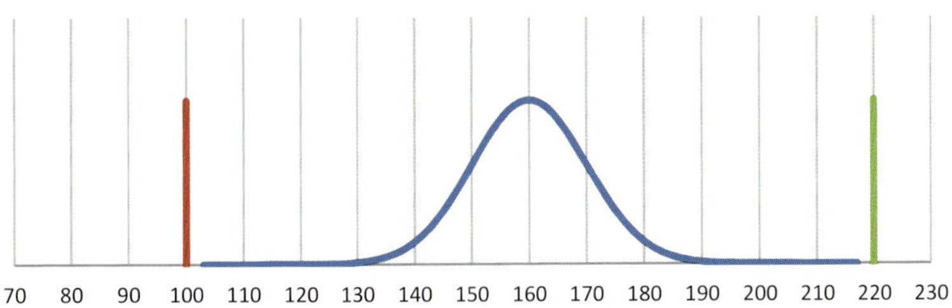

T	C_p	C_{pu}	C_{po}	C_{pk}	A links	A rechts	A gesamt
120	2,00	2,67	1,33	1,33	0	32	32

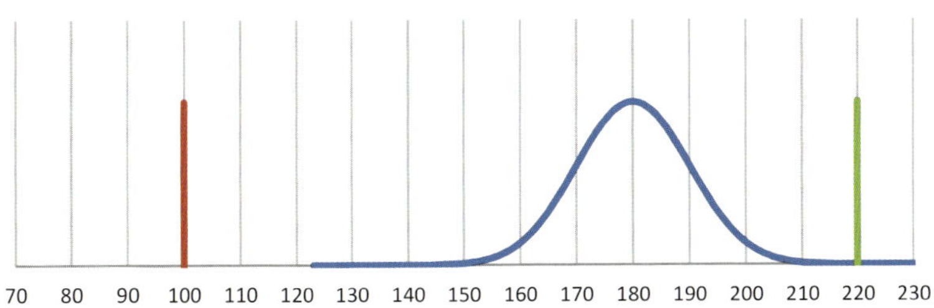

T	Cp	Cpu	Cpo	Cpk	A links	A rechts	A gesamt
120	2,00	1,67	2,33	1,67	1	0	1

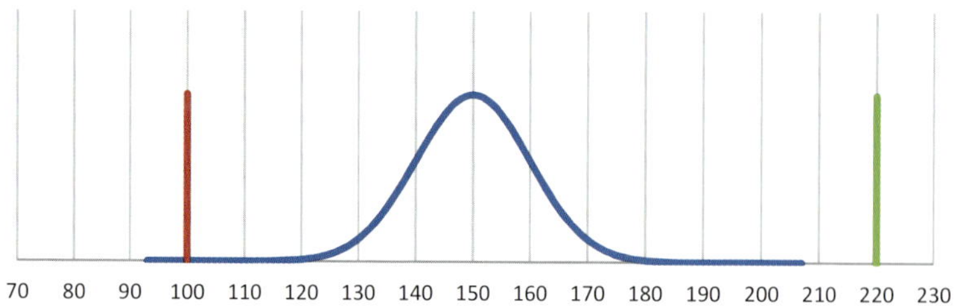

T	C_p	C_{pu}	C_{po}	C_{pk}	A links	A rechts	A gesamt
120	1,00	1,00	1,00	1,00	1350	1350	2700

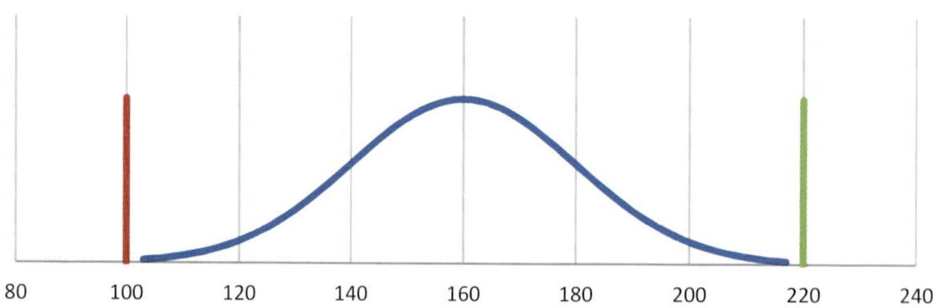

T	Cp	Cpu	Cpo	Cpk	A links	A rechts	A gesamt
120	1,00	1,33	0,67	0,67	32	22.750	22.782

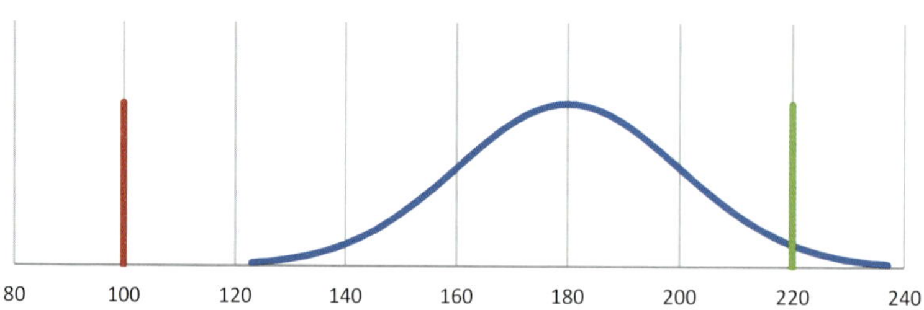

Abb. 138: Verschiedene Prozesse im Vergleich

Der Abstand des Mittelwertes zur nächstgelegenen Toleranzgrenze Z_{krit} entscheidet über den an dieser Grenze erhaltenen Ausschuss:

Z_{krit}	C_{pk}	Ausschuss	ppm
0σ	0	50%	500.000
1σ	0,33	15,87%	158.655
2σ	0,67	2,28%	22.750
3σ	1,0	0,14%	1.350
4σ	1,33	0,0032%	32
5σ	1,67	0,0001%	1
6σ	2,0	0	0

Tabelle 67: Zusammenhang zwischen kritischem Pfad, C_{pk}-Wert und Ausschuss

8.7.5 Maschinenfähigkeit

In der Praxis wird noch mit zwei weiteren Fähigkeitskennzahlen gearbeitet. Es handelt sich hier – analog zur Prozessfähigkeit – um das Maschinenfähigkeitspotenzial C_m und den kritischen Maschinenfähigkeitsfaktor C_{mk}. Die Maschinenfähigkeit wird nach Inbetriebnahme oder Wartung/Reparatur ermittelt, um sicher zu stellen, dass sie im Rahmen der erforderlichen Anforderungen arbeitet.

Da die Maschine in der Regel als Teil eines Prozesses arbeitet, sind die Anforderungen gemäß Stand der Technik höher als die der Prozessfähigkeit:

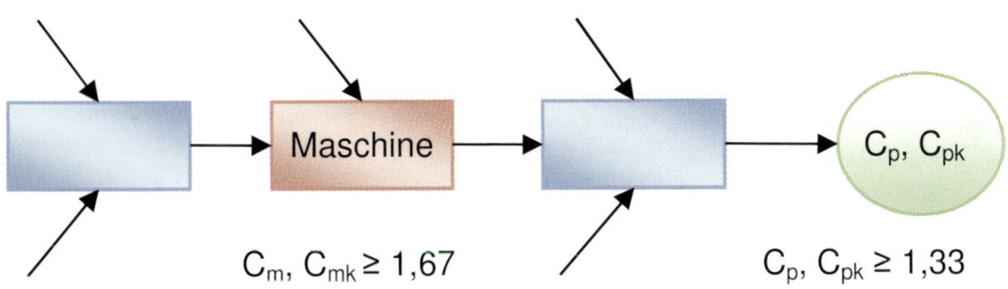

Abb. 139: Zusammenhang zwischen Maschinen- und Prozessfähigkeit in einer Prozesskette unter Einfluss der „M-Faktoren"

Der Zahlenunterschied macht – wie Sie in Tabelle 67 nachprüfen können – exakt eine Standardabweichung mehr aus, als der Grundforderung für die Prozessfähigkeit entspricht.

Die Ermittlung der beiden Faktoren erfolgt analog zu denjenigen der Prozessfähigkeit, der Index „p" wird lediglich durch „m" ersetzt.

Die Prozessfähigkeit wird jedoch in der Regel im Rahmen einer Vorserie mit allen Teilen ermittelt. Daher werden hier die Kennwerte für die Grundgesamtheit μ und σ verwendet.

Bei Maschinenfähigkeitsuntersuchungen werden jedoch fast immer Stichproben gezogen, daher werden die Parameter der Stichprobe s und $\bar{x}$ verwendet.

Fähigkeitspotenzial:

$$C_m = \frac{T}{6 \cdot s} = \frac{OGW - UGW}{6 \cdot s}$$

Unterer / Oberer Fähigkeitsfaktor:

$$C_{mu} = \frac{\overline{x} - UGW}{3 \cdot s}$$

$$C_{mo} = \frac{OGW - \overline{x}}{3 \cdot s}$$

Kritischer Fähigkeitsfaktor:

$$C_{mk} = Min(C_{mo}; C_{mu})$$

oder über den kritischen Pfad:

$$C_{mk} = \frac{Z_{krit}}{3 \cdot s}$$

mit

$$Z_{krit} = Min(\overline{x} - UGW; OGW - \overline{x})$$

Die folgende Tabelle gibt Aufschluss über die Unterschiede zwischen Prozess- und Maschinenfähigkeit.

	Maschinenfähigkeit	**Prozessfähigkeit**
Untersuchungs-Zeitraum	Kurzzeituntersuchung	Langzeituntersuchung
Untersuchungs-Gegenstand	Maschine / Produktionsanlage	Fertigungsprozess unter Einfluss der M-Faktoren
Untersuchte Menge	1 Stichprobe mit n ≥ 50	Teile einer Vorserie, Gesamtmenge oder n ≥ 125 Teile

Tabelle 68: Unterschiede zwischen Maschinen- und Prozessfähigkeit

Hinweis: Sämtliche Betrachtungen zur Prozessfähigkeit fußen auf der Annahme, dass der Prozess normalverteilt ist! Dies ist über Histogramm oder Wahrscheinlichkeitsnetz zu prüfen, sonst ergibt die Fähigkeitsbetrachtung keinen Sinn!

8.7.6 Prozess-Beherrschung und Fähigkeit

Häufig ist nicht nur die Fähigkeit eines (einzelnen) Prozesses zu beurteilen, sondern die sogenannte **Prozessbeherrschung**.

Ein Prozess gilt als beherrscht, wenn sich die Prozessparameter (Mittelwert und Standardabweichung) praktisch nicht oder nur in bekannten Grenzen ändern.

Das bedeutet, dass eine Aussage über die Prozessbeherrschung nur getroffen werden kann, wenn mehrere Prozesskurven vorhanden sind, die miteinander verglichen werden können. Hinsichtlich Fähigkeit (C_p und C_{pk} erfüllt?) lässt sich jedoch auch ein einzelner Prozess beurteilen.

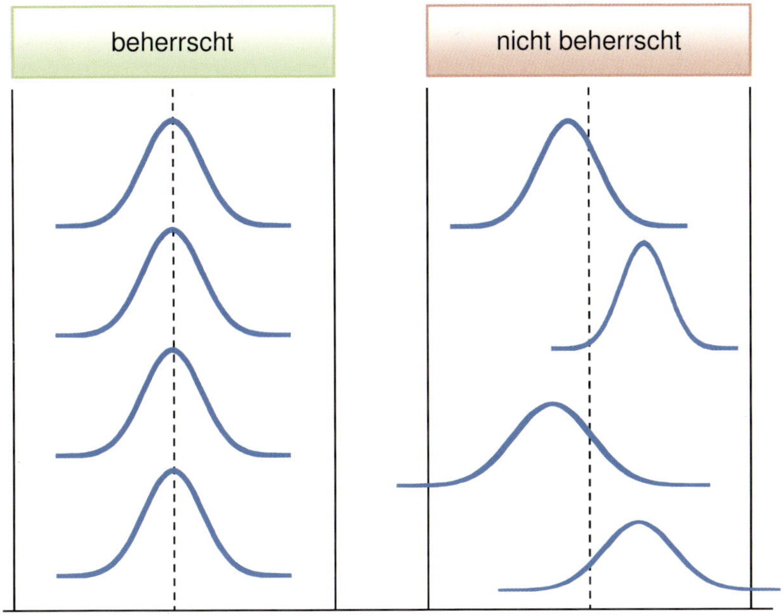

Abb. 140: Prozessbeherrschung

Hinweis: Ein Prozess mit zu schlechtem C_p-Wert, der also nicht fähig ist, lässt sich nicht beherrschen! Es wäre ziemlich sinnlos zu sagen: Unser Prozess ist zwar schlecht – aber dafür immer gleich schlecht!

8.8 Qualitätsregelkarten (QRK)

8.8.1 Einführung in die Statistische Prozessregelung (SPC)

Bei der Statistischen Prozessregelung (SPC = Statistic Prozess Control[38]) handelt es sich um eine Methode, um systematisch Qualität in Serienfertigungsprozessen sicher zu stellen.

Wie bereits im Abschnitt zu den Qualitätsmanagement-Techniken dargelegt, beschreibt eine Methode den Weg, wie etwas erfolgen soll.

SPC bedient sich verschiedener Werkzeuge und Verfahren, die in zeitlich unterschiedlicher Abfolge eingesetzt werden:

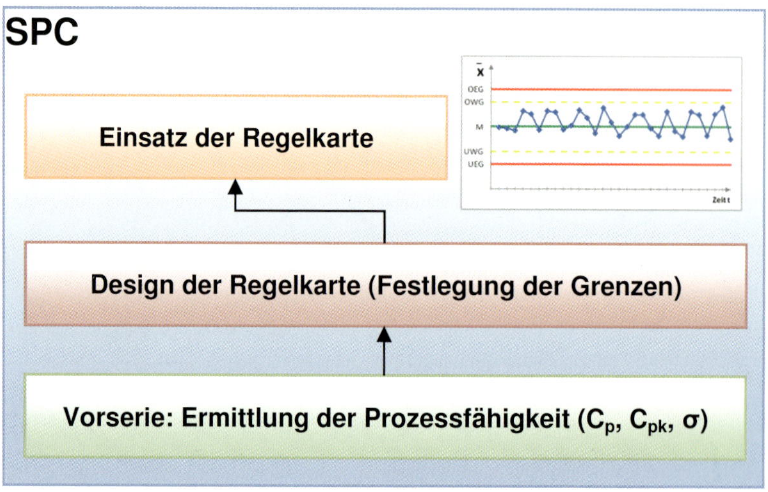

Abb. 141: SPC als Methode mit der Qualitätsregelkarte als Werkzeug

Im Regelkarten-Design werden die Werte für obere und untere Warngrenze (OWG/UWG) sowie obere und untere Eingriffsgrenze (OEG/UEG) festgelegt:

OWG/UWG: +/- 2σ um die Toleranzmitte

OEG/UEG: +/- 3σ um die Toleranzmitte

8.8.2 Aufbau von Regelkarten

Die folgende Abbildung zeigt den schematischen Aufbau einer Qualitätsregelkarte (QRK). Die QRK besteht aus zwei Teilen: **im oberen wird die Streuung, im unteren die Lage des Prozesses überwacht.**

[38] Achtung: **control=lenken/regeln** – nicht kontrollieren; SPC ist mehr als Kontrolle; es bedeutet sofortigen Eingriff, falls der Prozess aus dem Ruder läuft

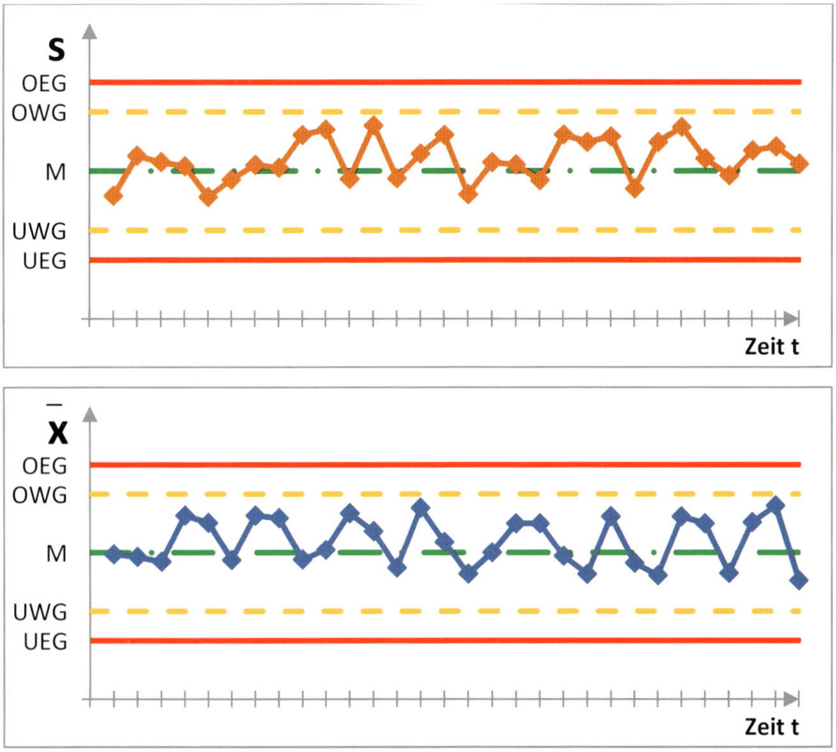

Abb. 142: Aufbau einer Qualitätsregelkarte

Ja nach untersuchten Kennwerten spricht man dann von $\bar{x}$ /s-Karten oder $\bar{x}$ /R-Karten. Die obige Abbildung zeigt als Beispiel eine $\bar{x}$ /s-Regelkarte. Es gibt jedoch auch Karten, in die anstatt dem arithmetischen Mittelwert direkt die Urwerte oder die Mediane der Stichproben eingetragen werden. Auf Grund der heutzutage einfachen Berechnung von Mittelwert und Standardabweichung ist die $\bar{x}$ /s-Karte die wohl am häufigsten anzutreffende Regelkarte.

In regelmäßigen Zeitabständen (z. B. alle 10 Min.) werden Stichproben eines bestimmten Umfanges (z. B. n=10) entnommen und die für diese Stichproben ermittelten Kennwerte für Lage und Streuung in die Karte eingetragen.

Farblich ist die Karte nach dem Ampel-Prinzip aufgebaut. Auf einfarbigen Systemen oder Karten ist zusätzlich der Strichtyp festgelegt:

	Farbe	Linie
OEG/UEG	rot	durchgezogen
OWG/UWG	gelb	Strichlinie
Mittellinie	grün	Strichpunktlinie

Tabelle 69: Farben und Linientypen der Qualitätsregelkarte

Toleranzgrenzen werden in Regelkarten in der Regel nicht eingetragen! Bei einem heutzutage guten Prozess mit einem C_p-Wert von 2,0 wäre die Toleranzgrenze vom Toleranzmittenwert +/-6σ entfernt – also den doppelten Abstand wie die

Eingriffsgrenze. Nichtsdestotrotz gibt es auch Regelkarten-Formen mit eingezeichneten Toleranzgrenzen. Häufig werden sie hier auch **Spezifikationsgrenzen (OSG / USG)** bezeichnet.

Merke: Qualitätsregelkarten werden eingesetzt, um in einen Prozess bereits einzugreifen, wenn noch kein Ausschuss produziert wurde!

8.8.3 Eingriff in den Prozess

Wenn der Prozess mit Hilfe der QRK überwacht wird erfolgt nach jedem Eintrag eine kritische Prüfung, ob ein Ereignis vorliegt, das einen Eingriff rechtfertigt. **Eingriff bedeutet dabei:**

- Prozess stoppen
- Ursachensuche
- Problem beseitigen
- Prozess wieder starten

Die Eingriff begründenden Ereignisse sind im Wesentlichen folgende:

- RUN
- TREND
- Überschreiten der Eingriffsgrenze
- Mehrmaliges Überschreiten der Warngrenze

8.8.3.1 RUN

Liegen 7 oder mehr Werte hintereinander auf einer Seite der grünen, strichpunktierten Mittellinie (oben oder unten), sprechen wir von einem RUN (engl. „laufen“).

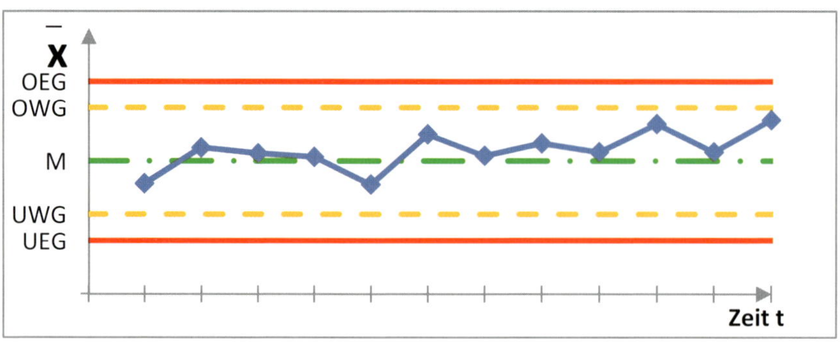

Abb. 143: RUN – 7 oder mehr Werte auf einer Seite der Mittellinie

Der Begriff lässt sich einfach dadurch merken, dass im Gegensatz zum Normalfall, wo die Werte regelmäßig um die Mittellinie hin- und her schwingen, die Schwingung nun um eine neue, verschobene Mittellinie schwingen. Der Mittelwert ist „davongelaufen“ – es muss eingegriffen werden.

8.8.3.2 TREND

Von einem TREND sprechen wir, wenn sich 7 oder mehr Werte hintereinander in eine Richtung bewegen. Es liegt dann eine systematische und kontinuierliche Mittelwertsverschiebung vor und es muss ebenfalls ein sofortiger Eingriff erfolgen.

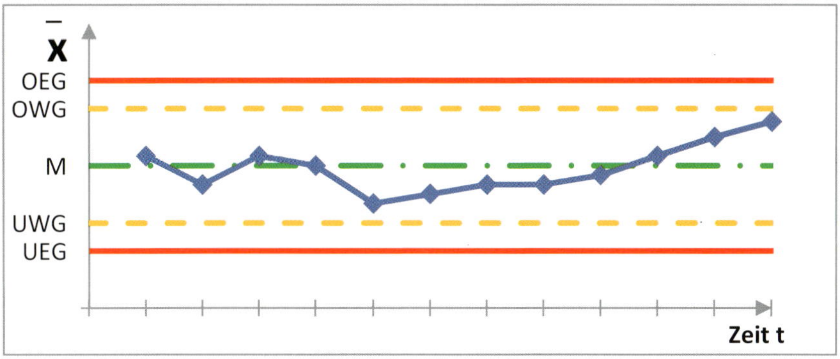

Abb. 144: TREND – 7 oder mehr Werte gehen in eine Richtung

8.8.3.3 Über-/Unterschreiten der Eingriffsgrenze

Wie der Name „Eingriffsgrenze" schon sagt, muss beim Überschreiten der Eingriffsgrenze eingegriffen werden. Wenn es sich um ein zufälliges Ereignis handelt, kann sich die Ursachensuche sehr schwierig gestalten.

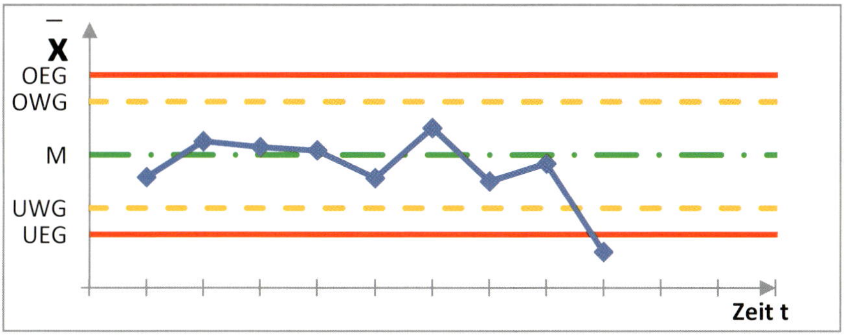

Abb. 145: Unterschreiten der unteren Eingriffsgrenze

8.8.3.4 Mehrmaliges Überschreiten der Warngrenze

Sollte eine der beiden Warngrenzen einmal über-/unterschritten werden, so ist erhöhte Vorsicht geboten. Es empfiehlt sich, unmittelbar eine weitere Stichprobe zu nehmen und zu prüfen. Wird im Wiederholungsfall wieder die Warngrenze überschritten, so ist auch hier einzugreifen.

Grundsätzlich gilt:

Zweimaliges Überschreiten der Warngrenzen in gleicher Richtung führt zum Eingriff!

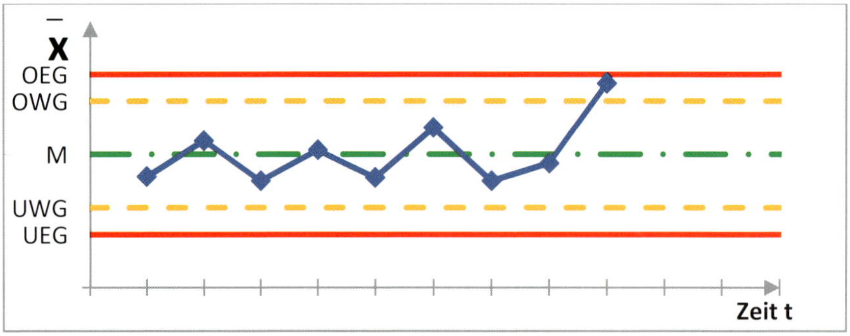

Abb. 146: *Warngrenze überschritten – was tun?*

8.8.3.5 Idealer Prozess

Frage: Wie sähe ein idealer Prozess in Bezug auf Lage und Streuung aus?

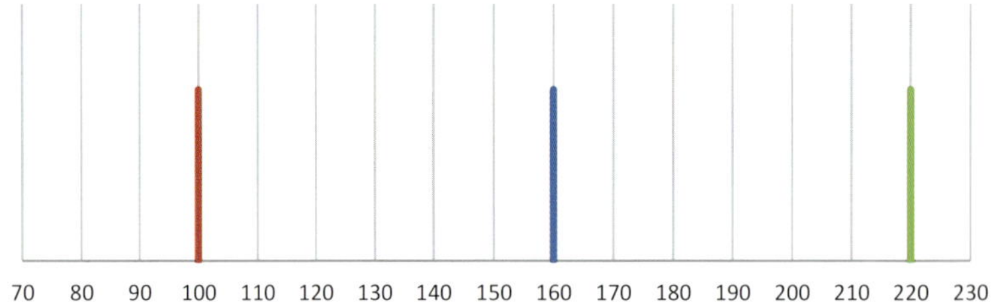

Abb. 147: *Der ideale Prozess*

Es wäre ein „Strich" exakt in der Toleranzmitte. Alle Teile wären exakt auf den Toleranzmittelwert gefertigt worden. Die Streuung wäre damit Null! Machen Sie sich bitte bewusst, dass eine Warn- und Eingriffs-Untergrenze (UWG/UEG) bei der Streuung (s oder R) keinen Sinn ergibt. Je kleiner die Werte, umso besser.

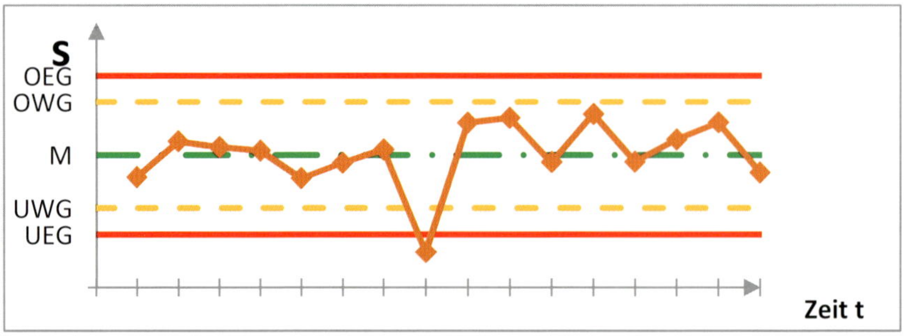

Abb. 148: *Untere Eingriffsgrenze bei Streu-Kennwert unterschritten: Hätte eingegriffen werden müssen?*

Es stellt sich natürlich die Frage, warum eine gewisse Streuung, die regelmäßig ebenfalls zwischen zwei Grenzen hin- und her schwingt, auf einmal so „gut" ist. Hier kämen verschiedene Überlegungen zum Tragen, die trotzdem eine Ursachenforschung nach sich ziehen, z. B. hat ein Personal- oder Werkzeugwechsel stattgefunden oder wurden sonstige Veränderungen im Prozess vorgenommen?

In jedem Fall wäre hier ein Eingriff erst einmal nicht gerechtfertigt!

8.9 Statistik und Informationstechnologie (IT)

Einfache Rechnungen wie Mittelwert und Standardabweichung lassen sich mit jedem handelsüblichen Taschenrechner ermitteln. Gleiches gilt für bivariate Statistik, wenn Korrelationskoeffizienten oder die beiden Parameter Achsenabschnitt und Steigung der Regressionsgeraden bestimmt werden sollen. Sobald es sich jedoch um eine Vielzahl an Daten handelt oder Verteilungswerte benötigt werden, kommen Taschenrechner an ihre Grenze. Hier werden dann in aller Regel Statistikprogramme eingesetzt.

Kommerzielle Software

Das wohl bekannteste, aber auch relativ teure Programm ist **SPSS** von IBM. Der Hersteller bietet auf seiner Webseite unter der Rubrik Business Analytics eine kostenfreie Demoversion zum Herunterladen an. Für 100 bis 130 € werden auf amazon.de verschiedene ältere Studentenversionen angeboten, die jedoch eine begrenzte Laufzeit von nur einem Jahr haben und ausschließlich in englischer Sprache verfügbar sind. Auf Wikipedia findet sich eine Übersichtsliste mit auf dem Markt angebotener Software.

Freie Software

Für alle, die diese Ausgabe scheuen, wäre eine alternative Möglichkeit, die Programmiersprache R zu erlernen. **R** ist eine Open Source Software und der Quellcode hierfür ist für alle Nutzer frei zugänglich. Die vorhandene Programmierumgebung ermöglicht damit auch die Gestaltung eigenständiger Statistik-Lösungen mit Grafikausgabe. Zu R gibt es inzwischen viel Literatur und auch viel Informationen, die über das Internet verfügbar sind (offizielle Webseite: www.r-project.org).

8

Excel

Da **Excel** eine sehr weite Verbreitung hat und damit ebenfalls viele grundlegende Berechnungen und damit verbundene Visualisierungen möglich sind, sollen abschließend in Tabellenform die wichtigsten Excel-Funktionen (ab Ver. 2007) zur Statistik aufgelistet werden. Achtung: Die Angaben beziehen sich ausschließlich auf die deutsche Version und lauten im Englischen anders!

Noch ein Hinweis für die Angabe von Zahlen oder Wertebereichen: Für die meisten Funktionen können einzelne Zahlen mit Strichpunkt voneinander abgetrennt angegeben werden, z.B. 1;4;6, oder auch Zellbezüge, z.B. A3;B4;C5. Ein zusammenhängender Bereich, kann durch Angabe von Start- und Endzelle, die mit einem Doppelpunkt abgetrennt sind, angegeben werden. Soll z.B. ein Mittelwert des Bereiches von Zelle A3 bis H15 ermittelt werden, so lautet die komplette Formel „=MITTELWERT(A3:H15)“. Die Bereichs-, Wertangaben und Zellbezüge können sogar miteinander kombiniert werden und müssen jeweils immer nur mit Strichpunkt voneinander getrennt angegeben werden. In der folgenden Tabelle wird immer nur eine Variante vorgestellt.

Steht bei den Verteilungsfunktionen als Parameter „kumuliert“, so muss der letzte Parameter „FALSCH“ lauten, wenn ein einzelner Verteilungswert gewünscht wird und „WAHR“, wenn die Wahrscheinlichkeitswerte bis zu k (diskrete Verteilungen) oder x (stetige Verteilungen) aufsummiert werden sollen

Arithmetischer Mittelwert $\overline{x}$, μ	**=MITTELWERT(Zahl1; Zahl2...)**
Standardabweichung Stichproben s	**=STABWA(Wert1;Wert2...)**
Standardabweichung Grundgesamtheit σ	**=STABWNA(Wert1;Wert2...)**
Korrelationskoeffizient r	**=KORREL(Matrix1;Matrix2)**
Regressionsgerade Achsenabschnitt b	**=ACHSENABSCHNITT(Y-Werte;X-Werte)**
Regressionsgerade Steigung a	**=STEIGUNG(Y-Werte;X-Werte)**
Binomialverteilung P(n;k;p)	**=BINOM.VERT(k;n;p;kumuliert)**
Poissonverteilung P(k;μ)	**=POISSON.VERT(k;μ;kumuliert)**
Normalverteilung	**=NORM.VERT(x;μ;σ;kumuliert)**
Fisher-Verteilung (F-Verteilung) linksseitig	**=F.INV(1-α;Freiheitsgrade1;Freiheitsgrade2)** 1-α ist das Vertrauens- oder Konfidenzintervall
Fakultät	**=FAKULTÄT(Zahl)**
Variationen (mit Berücksichtigung der Anordnung)	**=VARIATIONEN(n;k)**
Kombinationen (ohne Berücksichtigung der Anordnung)	**=KOMBINATIONEN(n;k)**
Summe	**=SUMME(Bereich)**
Produkt	**=PRODUKT(Bereich)**
Anzahl von Werten (Stichprobenumfang oder Losumfang)	**=ANZAHL2(Bereich)** die Funktion berücksichtigt nur nicht-leere Zellen
Häufigkeiten	**=ZÄHLENWENN(Bereich;Suchkriterium)** das Suchkriterium wird in mathematischer Logik angegeben, z.B. „>5“

Tabelle 70: Wichtige Statistikfunktionen in Excel

Qualitätsvereinbarung

9 Annahmestichprobenprüfung

9.1 Qualitative und quantitative Prüfungen

Nach DIN ISO 2859-1 umfasst Prüfen *„Tätigkeiten wie Messen, Untersuchen, Ermitteln oder Lehren eines oder mehrerer Merkmale einer Einheit sowie Vergleichen der Ergebnisse mit festgelegten Anforderungen mit dem Ziel festzustellen, ob für jedes Merkmal die Erfüllung der Anforderung erreicht ist.“*

Wir unterscheiden in der Prüftechnik grundsätzlich zwei Arten von Prüfungen:

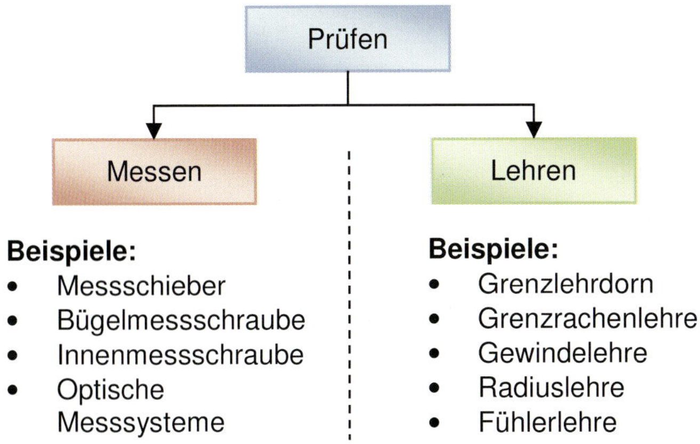

Abb. 149: Die zwei Hauptzweige der Prüftechnik

Entsprechend den geprüften Merkmalen (siehe Kap. 8.1.4) werden beim **Messen** quantitative Merkmale untersucht (zahlenmäßig erfasst). Beim **Lehren** dagegen handelt es sich um eine Attributprüfung, bei der es im Ergebnis nur die beiden Attribute gut oder schlecht gibt.

Messgeräte wie Bügelmessschraube, Messschieber oder auch optische Messsysteme sind weithin bekannt. Das vorliegende Kapitel beschäftigt sich jedoch hauptsächlich mit **Attributprüfungen**[39], bei denen auf Basis einer Stichprobe und der darin enthaltenen Ausschussteile entschieden wird, ob ein Los (Liefer- oder Fertigungslos) angenommen oder zurück gewiesen wird.

Lehren haben auch heute in der Fertigungstechnik noch ihre Berechtigung, weil sie eine sehr schnelle Beurteilung von gut oder schlecht ermöglichen, auch wenn die kritischen Merkmale nicht gemessen werden. **Grenzlehrdorne** für Bohrungen oder **Grenzrachenlehren** für Wellen haben hierzu eine Gut- und eine Ausschussseite. Die Gut-Seite muss durch das Eigengewicht der Lehre in die Bohrung bzw. über die Welle gleiten, während die Ausschussseite nicht in die Bohrung passen bzw. über die Welle gleiten darf.

[39] Auch eine Zahl ist ein Attribut; jedoch ist im Sinne der Annahmestichprobenprüfung ein Attribut lediglich eines der beiden Merkmalswerte gut oder schlecht.

Daneben werden in der Fertigungstechnik noch weitere Lehren wie **Gewinde-, und Radiuslehren** eingesetzt, die auf Grund von Lichtspaltprüfungen einen Rückschluss auf gut oder schlecht zulassen. Mit **Fühlerlehren** unterschiedlicher Dicke lassen sich Spalte ausprüfen.

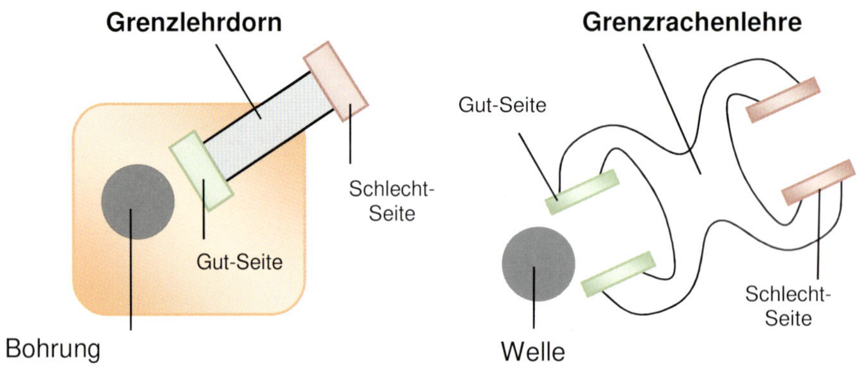

Abb. 150: Grenzlehrdorn und Grenzrachenlehre

In den folgenden Kapiteln soll untersucht werden, wie man Stichprobenanweisungen erstellen kann, um eine bestimmte Qualität sicherzustellen.

9.2 Stichprobenpläne nach DIN ISO 2859

Bei der DIN ISO 2859 handelt es sich um eine internationale Norm mit vier Teilen. Überschrieben ist die Normenreihe mit:

„Annahmestichprobenprüfung anhand der Anzahl fehlerhafter Einheiten oder Fehler (Attributprüfung)“.

Bereits aus der Überschrift geht hervor, dass man sich vor einer Prüfung für ein Untersuchungsmerkmal entscheiden sollte:

- Anzahl fehlerhafter Einheiten / Teile oder
- Anzahl der Fehler in einem Prüflos

In letzterem Fall kann es logischerweise mehr als einen Fehler pro Einheit geben. Die vier Unterabschnitte der Norm beschäftigen sich nun mit verschiedenen Aspekten der Attributprüfung:

DIN ISO 2859-0: **Einführung** in das Stichprobensystem
(wurde nicht ins Deutsche Normenwerk übernommen)

DIN ISO 2859-1: Nach der **annehmbaren Qualitätsgrenzlage (AQL)** geordnete Stichprobenpläne für die Prüfung einer **Serie von Losen**

DIN ISO 2859-2: Nach der **rückzuweisenden Qualitätsgrenzlage (LQ)** geordnete Stichprobenanweisungen für die Prüfung **einzelner Lose**

DIN ISO 2859-3: **Skip-Lot-Verfahren**
(Teilweiser Prüfungsverzicht / Überspringen von Prüfungen)

Der wichtigste Teil ist in 2859-1 beschrieben. Darin geht es um die Prüfung von Prüflos-Serien, nicht nur um einzelne Lose. 2859-1 stellt daher unter anderem die Grundlage für die Wareneingangsprüfung von Stamm-Lieferanten dar und sieht Regeln für einen **Verfahrenswechsel** (reduzierte oder verschärfte Prüfung) vor. 2859-2 und 2859-3 stellen beide eine spezielle Auswahl der 2859-1 dar.

Annehmbare Qualitätsgrenzlage (AQL[40])

Der AQL-Wert spiegelt die „schlechteste hinnehmbare Qualitätslage eines Prozesses für eine fortlaufende Serie von Prüflosen, die für eine Annahmestichprobenprüfung vorgestellt werden".

Im Lieferantenverhältnis ist der AQL-Wert damit der zwischen Lieferant und Kunde in der Regel vertraglich vereinbarte maximal zulässige Fehleranteil in der Grundgesamtheit aller Lieferungen. Dieser Grenzwert stellt die Grundlage für die Festlegung der sogenannten Stichprobenanweisung dar.

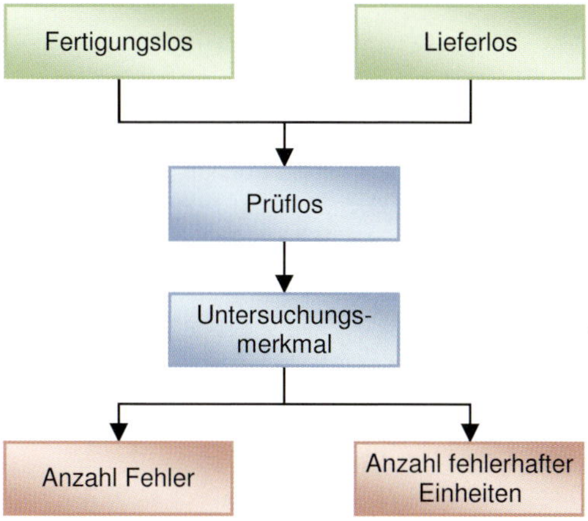

Abb. 151: Prüflose und Untersuchungsmerkmale

Stichprobenplan

Eine Zusammenstellung von Stichprobenanweisungen (siehe folgenden Abschnitt) mit Regeln für den Wechsel von einer zu einer anderen Stichprobenanweisung wird als Stichprobenplan bezeichnet.

Der Stichprobenplan richtet sich dabei nach den beiden grundsätzlichen Prüfverfahren:

- Einfach-Stichprobenprüfung
  (im Allgemeinen die kostengünstigste Möglichkeit)
- Doppel- oder Mehrfach-Stichprobenprüfung

[40] AQL=Acceptable Quality Limit (früher Acceptable Quality Level)

9.2.1 Stichprobenanweisung

Das Ziel einer Stichprobenanweisung ist es, entscheiden zu können, ob ein Prüflos angenommen oder zurückgewiesen wird.

Unter **Stichprobenanweisung** versteht man die Zusammenstellung der folgenden Parameter, die als Handlungsanweisung für die Stichprobenprüfung dient:

- Stichprobenumfang **n**
- Annahmezahl **Ac**
- Rückweisezahl **Re**

Die **Kurzformel** lautet:

$$n - Ac/Re$$

Parameter		**Bedeutung**
N	Losumfang	Gesamtmenge des Prüfloses
n	Stichprobenumfang	Anzahl der zu prüfenden Einheiten im Prüflos
Ac	Annahmezahl	Maximal zulässige Anzahl fehlerhafter Einheiten oder Fehler, die zur Annahme des Prüfloses führt
Re	Rückweisezahl	Ab dieser Anzahl fehlerhafter Einheiten oder Fehler wird ein Prüflos zurückgewiesen; bei der Normalprüfung immer um eins größer als Ac
AQL	Annehmbare Qualitätsgrenzlage	Maximal zulässiger Fehleranteil in der Grundgesamtheit des Prüfloses
PN	Prüfniveau	Eines der sieben Prüfniveaus, deren Auswahl die technische Sicherheit der Stichprobenanweisung beeinflussen

Tabelle 71: Parameter der Stichprobenanweisung

Um eine sinnvolle Stichprobenanweisung aufstellen zu können, benötigt man folgende **Grunddaten**:

- Losumfang N
- AQL-Wert
- Prüfniveau (PN)

Für das **Prüfniveau** gibt es drei Allgemeine Prüfniveaus I, II und III sowie vier Spezielle Prüfniveaus S-1, S-2, S-3 und S-4. Die Auswahl des Prüfniveaus bestimmt die Prüfschärfe und damit die statistische Sicherheit der Prüfung. Das Prüfniveau muss vorher festgelegt werden. **Sollte keine Angabe vorliegen, so ist immer das Allgemeine Prüfniveau II zu verwenden.**

Vorgehensweise bei der Bestimmung der Stichprobenanweisung

Die Bestimmung der Stichprobenanweisung erfolgt in zwei Schritten:

- Bestimmung eines Kennbuchstaben auf Basis des Losumfangs und des Prüfniveaus aus einer ersten Tabelle
- Bestimmung der Stichprobenanweisung auf Basis des Kennbuchstaben und dem AQL-Wert aus einer zweiten Tabelle

Beispiel:

- N=10.000; Allg. PN II, AQL=0,4, normale Einfach-Stichprobenprüfung

Schritt 1: Kennbuchstaben ermitteln:

Losumfang N	Spezielle Prüfniveaus				Allgemeines Prüfniveau		
	S-1	S-2	S-3	S-4	I	II	III
2 .. 8	A	A	A	A	A	A	B
9 .. 15	A	A	A	A	A	B	C
16 .. 25	A	A	B	B	B	C	D
26 .. 50	A	B	B	C	C	D	E
51 .. 90	B	B	C	C	C	E	F
91 .. 150	B	B	C	D	D	F	G
151 .. 280	B	C	D	E	E	G	H
281 .. 500	B	C	D	E	F	H	J
501 .. 1.200	C	C	E	F	G	J	K
1.201 .. 3.200	C	D	E	G	H	K	L
3.201 .. 10.000	C	D	F	G	J	L	M
10.001 .. 35.000	C	D	F	H	K	M	N
35.001 .. 150.000	D	E	G	J	L	N	P
150.001 .. 500.000	D	E	G	J	M	P	Q
500.001 und mehr	D	E	H	K	N	Q	R

Tabelle 72: Grundtabelle nach DIN ISO 2859-1 zur Ermittlung des Kenn-Buchstabens auf Basis des Prüfniveaus

Aus der Zeile „3.201 .. 10.000" und Spalte Allg. PN II lässt sich damit der Kennbuchstabe **L** ermitteln.

9

Schritt 2: Stichprobenanweisung ermitteln

Kenn-buchstabe	n	Annehmbare Qualitätsgrenzlage (AQL)															
		0,010	0,015	0,025	0,040	0,065	0,10	0,15	0,25	0,40	0,65	1,0	1,5	2,5	4,0	6,5	10
		Ac Re	Ac Re	Ac Re	Ac Re	Ac Re	Ac Re	Ac Re	Ac Re	Ac Re	Ac Re	Ac Re	Ac Re	Ac Re	Ac Re	Ac Re	Ac Re
A	2	↓	↓	↓	↓	↓	↓	↓	↓	↓	↓	↓	↓	↓	↓	0 1	↓
B	3	↓	↓	↓	↓	↓	↓	↓	↓	↓	↓	↓	↓	↓	0 1	↕	↓
C	5	↓	↓	↓	↓	↓	↓	↓	↓	↓	↓	↓	↓	0 1	↕	↕	1 2
D	8	↓	↓	↓	↓	↓	↓	↓	↓	↓	↓	↓	0 1	↕	↕	1 2	2 3
E	13	↓	↓	↓	↓	↓	↓	↓	↓	↓	↓	0 1	↕	↕	1 2	2 3	3 4
F	20	↓	↓	↓	↓	↓	↓	↓	↓	↓	0 1	↕	↕	1 2	2 3	3 4	5 6
G	32	↓	↓	↓	↓	↓	↓	↓	↓	0 1	↕	↕	1 2	2 3	3 4	5 6	7 8
H	50	↓	↓	↓	↓	↓	↓	↓	0 1	↕	↕	1 2	2 3	3 4	5 6	7 8	10 11
J	80	↓	↓	↓	↓	↓	↓	0 1	↕	↕	1 2	2 3	3 4	5 6	7 8	10 11	14 15
K	125	↓	↓	↓	↓	↓	0 1	↕	↕	1 2	2 3	3 4	5 6	7 8	10 11	14 15	21 22
L	200	↓	↓	↓	↓	0 1	↕	↕	1 2	2 3	3 4	5 6	7 8	10 11	14 15	21 22	↑
M	315	↓	↓	↓	0 1	↕	↕	1 2	2 3	3 4	5 6	7 8	10 11	14 15	21 22	↑	↑
N	500	↓	↓	0 1	↕	↕	1 2	2 3	3 4	5 6	7 8	10 11	14 15	21 22	↑	↑	↑
P	800	↓	0 1	↕	↕	1 2	2 3	3 4	5 6	7 8	10 11	14 15	21 22	↑	↑	↑	↑
Q	1.250	0 1	↑	↕	1 2	2 3	3 4	5 6	7 8	10 11	14 15	21 22	↑	↑	↑	↑	↑
R	2.000	↑	↑	1 2	2 3	3 4	5 6	7 8	10 11	14 15	21 22	↑	↑	↑	↑	↑	↑

Tabelle 73: Grundtabelle zur Ermittlung einer Einfach-Stichprobenanweisung für normale Prüfung (Teilauszug bis AQL 10)

In der Zeile mit dem Kennbuchstaben L lässt sich nun über die Spalte AQL=0,4 eine Annahmezahl (Ac) von 2 und eine Rückweisezahl (Re) von 3 ermitteln.

Die Stichprobenanweisung lautet damit vollständig: **200 – 2/3**

Das heißt, es werden 200 Teile geprüft, bis zu 2 fehlerhafte Teile (oder Fehler je nach festgelegtem Merkmal) wird das Prüflos angenommen, ab 3 zurückgewiesen.

Umgang mit der Pfeil-Darstellung

Gelangt man auf der Suche nach der Annahmezahl in der Zeile des Kenn-Buchstabens auf einen Pfeilstrich, so gilt folgende einfache Regel:

Folge dem Pfeil bis zur nächsten Zelle, die eine Ac/Re-Angabe enthält. Der zu wählende Stichprobenumfang ist dann in dieser Zeile abzulesen.

Beispiel:

- N=200.000; Allg. PN II, AQL=6,5,
  normale Einfach-Stichprobenprüfung

Über den Kennbuchstaben P gelangt man in Spalte AQL=6,5 auf einen Pfeil. Diesem Pfeil folgen wir nach oben zur Zeile mit n=200 und Ac=21 / Re=22. Die komplette Stichprobenanweisung lautet damit: **200 – 21/22**.

Bei genauerer Betrachtung der Tabellen fällt auf, dass im ersten Teil (hohe Qualitäten) die Pfeile zu einer Prüf-Verschärfung führen, im zweiten Teil (niedrige Qualitäten) zu einer Prüf-Abmilderung.

Sollte die Anwendung der Regeln zu einer Stichprobenanweisung führen, bei der der zu wählende Stichprobenumfang höher ist als der Prüflosumfang, so ist eine 100%-Prüfung durchzuführen. Der Stichprobenumfang ist dann gleich dem Losumfang.

Beispiel:

- N=120; Allg. PN II, AQL=0,065,
  normale Einfach-Stichprobenprüfung

Über die erste Grundtabelle (Tabelle 72) lässt sich der Kennbuchstabe **F** ermitteln. Mit Hilfe der zweiten Grundtabellen (Tabelle 73) gelangt man in der Zeile des Buchstaben F und Spalte AQL=0,065 auf eine Zelle mit Pfeil. Folgt man dem Pfeil, so erhält man den Stichprobenumfang n=200. Da der zu wählende Stichprobenumfang größer ist als der Losumfang lautet die Stichprobenanweisung damit **120 – 0/1**.

Zufallsentnahme

Die zu untersuchende Stichprobe muss je nach untersuchtem Prüflos verschiedenen Gesichtspunkten folgen:

- die Zufallsauswahl muss tatsächlich zufällig erfolgen, z. B. Entnahme einer gleichen Menge von jeder Palette, nach einer zufällig festgelegten Zahlenfolge oder einer Festlegung wie „jedes x-te Teil ist zu entnehmen“
- entnommene Proben dürfen nicht wieder zurück gelegt werden
- bei geschichteten Prüflosen müssen die Schichten der Stichprobe im Verhältnis den Prüflos-Schichten entsprechen
- bei Doppel- oder Mehrfach-Stichprobenprüfung muss jede nachfolgende Stichprobe vom Rest desselben Loses entnommen werden
- die Erstprüfung ist grundsätzlich in Form einer normalen Prüfung durchzuführen

Die gewählten Beispiele oben beziehen sich ausschließlich auf den Einfachstichprobenplan bei normaler Prüfung! Die 2859-1 hält für die anderen Prüfverfahren (verschärfte / reduzierte Prüfung) sowie Doppel- und Mehrfachstichprobenpläne weitere, umfangreiche Tabellen bereit.

9.2.2 Reduzierte und verschärfte Prüfungen

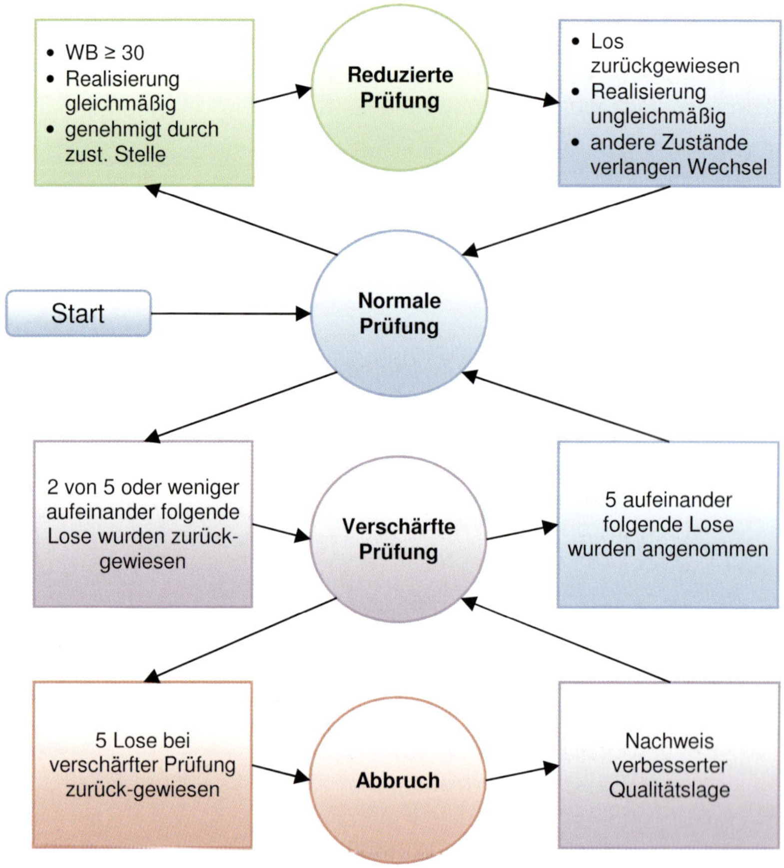

Abb. 152: Verfahrenswechsel nach DIN ISO 2859-1

Die Norm sieht für eine kosten- und zeitsparende Prüfung vor, dass bei Vorhandensein bestimmter Gegebenheiten eine Prüfung reduziert werden kann. Gleichzeitig ist jedoch auch vorgesehen, eine Prüfung bei Bedarf zu verschärfen. Die folgende Grafik veranschaulicht die Zusammenhänge:

Mit Eintritt in die Normale Prüfung muss eine sogenannte **Wechselbilanz (WB)** eröffnet werden. Die Wechselbilanz ist ein fortlaufender Zähler, der abhängig vom Prüfverfahren (Einzel-, Doppel- oder Mehrfachprüfung) und weiteren Faktoren (AQL-Wert, Annahmezahl) mit jeder Prüfung weiter hochgesetzt wird. Für die Einfach-Stichprobenprüfung gelten beispielsweise die folgenden Bedingungen:

- bei Ac ≥ 2 muss Prüflos auch bei nächsthöherem AQL-Wert annehmbar sein
- bei Ac ≥ 2 addiere 3, sonst 2

Eine Nicht-Annahme eines Prüfloses setzt den Zähler grundsätzlich auf Null zurück. Für den Eintritt in die reduzierte Prüfung ist nach diesem Verfahren eine Wechselbilanz von mindestens 30 erforderlich. Das entspräche somit mindestens 10 Durchläufen in der normalen Prüfung.

Nach erfolgtem **Abbruch der Prüfserie** muss ein Lieferant erst nachweisen, dass er ursächlich seine Qualitätsprobleme beseitigt hat, bevor in einer verschärften Prüfung wieder begonnen wird.

An einem Zahlen-Beispiel sollen die Zusammenhänge nun noch einmal deutlich gemacht werden. Betrachten wir eine Lieferung mit N = 10.000 Teilen und AQL = 0,65 bei Allg. PN II. Damit ergeben sich für die verschiedenen Prüfarten nach DIN ISO 2859-1:

- Normale Prüfung: 200-3/4
- Reduzierte Prüfung: 80-2/3
- Verschärfte Prüfung: 200-2/3

Beachten Sie, dass sich bei der **reduzierten Prüfung** neben dem Stichprobenumfang auch Annahme- und Rückweisezahl verringern. Bei der **verschärften Prüfung** hingegen bleibt der Stichprobenumfang gleich, es reduziert sich aber die Annahmezahl, was dazu führt, dass ein Prüflos früher abgelehnt wird!

Die Rückweisezahl Re ist bei der Einfach-Stichprobenprüfung grundsätzlich um eins größer als die Annahmezahl Ac. Bei Doppel- und Mehrfach-Stichprobenprüfung jedoch nicht mehr. Hier entscheidet der Bereich zwischen Annahme- und Rückweisezahl über das Ziehen weiterer Stichproben.

9.2.3 Skip-Lot-Verfahren

Der dritte Teil der DIN ISO 2859 ist dem sogenannten Skip-Lot-Verfahren gewidmet. Es geht um das Überspringen (skip) von Losen (Lot), die bei Vorliegen gewisser Voraussetzungen an die Stelle der reduzierten Prüfung treten können. 2859-3 ist ausschließlich in Verbindung mit 2859-1 gültig und daher nur für Serien und nicht für Einzelprüfungen zulässig.

Qualifizierung des Lieferanten

Die Anforderungen an die Qualifizierung eines Lieferanten für das Skip-Lot-Verfahren sind in einem eigenen Abschnitt (5.1) festgelegt und fordern unter anderem ein umfangreiches Qualitätssicherungssystem mit geeigneter Dokumentation beim Lieferanten. Weiterhin sind die Beurteilung durch ein Team sowie eine regelmäßige Nachprüfung der Qualifizierung gefordert.

Qualifizierung des Produkts

Produkte müssen für das Skip-Lot-Verfahren geeignet sein und hierfür erst qualifiziert werden. Abschnitt 5.2 regelt die zu erfüllenden Anforderungen. Als Prüfniveaus müssen die allgemeinen Prüfniveaus I, II oder III sowie ein minimaler AQL-Wert von 0,025 vorliegen. Für höhere Qualitäten (AQL < 0,025) ist das Verfahren nicht zulässig. Neben allgemeinen und spezifischen Anforderungen an das Produkt muss auch hier eine Beurteilung durch ein Team sowie eine regelmäßige Nachprüfung der Qualifizierung durchgeführt werden.

Qualifizierungsbilanz

Ähnlich der Wechselbilanz zum Wechsel von Normalprüfung zur reduzierten Prüfung muss für das Skip-Lot-Verfahren eine Qualifizierungsbilanz geführt werden, die darüber entscheidet, ob die Frequenz geändert oder das Verfahren geändert wird. In Abhängigkeit von Prüfverfahren und Annahmezahl wird auch hier der Zähler um bestimmte Schritte erhöht oder ggf. auf Null zurückgesetzt.

Verfahrensbeschreibung

In Abschnitt 6 wird das Skip-Lot-Verfahren schließlich beschrieben. Hierfür wurden drei verschiedene Zustände eingeführt:

Zustand 1: Zustand der Prüfung einer Serie von Losen (Qualifizierungszeitraum)

Zustand 2: Skip-Lot-Prüfung

Zustand 3: Unterbrechung der Skip-Lot-Prüfung (zeitweise Rückkehr zur Serienprüfung)

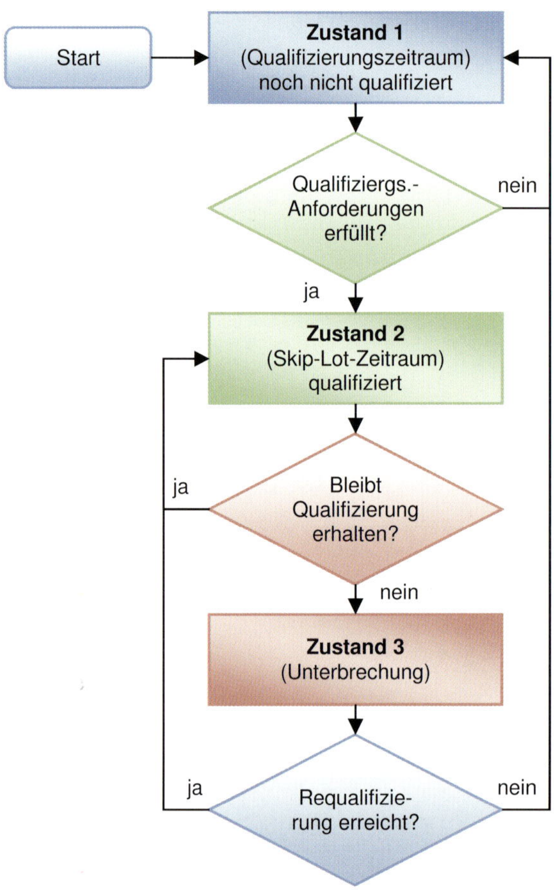

Abb. 153: Skip-Lot-Verfahren nach DIN ISO 2859-3

Weitere Abschnitte der Norm regeln im Detail die Prüffrequenz, Unterbrechung des Verfahrens sowie Requalifizierung und Produkt-Disqualifizierung.

Zusammenfassend dient die Festlegung des Skip-Lot-Verfahrens der Sicherstellung einer bestimmten, festgelegten Produktqualität bei gleichzeitiger Verringerung des Aufwandes für die Produkt-Prüfung. Die Entscheidung darüber, ob ein Prüflos ohne Prüfung angenommen wird, erfolgt dabei nach dem Zufallsprinzip bei Vorliegen einer bestimmten, vorgegebenen Wahrscheinlichkeit.

9.2.4 Operationscharakteristiken

Die Zusammenhänge zwischen den Qualitätslagen von Stichprobenanweisungen sind in der DIN ISO 2859-1 für jeden Kennbuchstaben in Form einer sogenannten Operationscharakteristik aufgeführt.

Bevor eine Erklärung der Operationscharakteristiken erfolgen kann, muss zunächst der Begriff der **Annahmewahrscheinlichkeit** eingeführt werden. Da in der Norm grundsätzlich zwischen Anzahl fehlerhafter Teile[41] und Fehlern unterschieden wird und für die Ermittlung der Zusammenhänge mit unterschiedlichen Rechenmethoden verwendet werden, beschränken wir uns in der folgenden Darstellung ausschließlich auf die Betrachtung „fehlerhafte Teile“ auf Basis der Binomialverteilung[42].

Binomialverteilung als Grundlage

In Kap. 8.3.1 wurde kurz auf das Entstehen der Binomialverteilung eingegangen („Galton’sches Nagelbrett“). Sie stellt auch die Rechenmethode für folgende **Fragestellung** zur Verfügung:

Wir haben einen Behälter, in dem sich 100 Kugeln befinden, 10 rote und 90 schwarze. Sie ziehen aus dem Behälter nacheinander 15-mal eine Kugel und legen sie wieder zurück (Zufallsstichprobe). Wie wahrscheinlich ist es, dass Sie unter den 15 gezogenen Kugeln genau 2-mal eine rote gezogen haben?[43]

Allgemein drückt im Bereich der Stichprobenprüfung das Problem folgende Fragestellung aus:

Mit welcher Wahrscheinlichkeit P finde ich in einer (beliebig großen) Grundgesamtheit mit einem Fehleranteil p in einer Stichprobe vom Umfang n genau k Ausschussteile?

Die notwendige Formel ist etwas kryptisch und lautet

$$P = \binom{n}{k} \cdot p^k \cdot (1-p)^{n-k}$$

Dabei bedeuten die Parameter[44]:

[41] Eigentlich spricht die Norm von „Einheiten“, die auch immateriell sein könnten (z.B. Dienstleistungen); i.d.R. sind jedoch Teile gemeint, daher wird hier der Begriff Teile verwendet.
[42] Für die Berechnungen zur Anzahl Fehler kommt die Poissonverteilung zum Einsatz
[43] Die Binomialverteilung basiert auf „Ziehen mit Zurücklegen“. In der Praxis wird natürlich nach einer Stichprobenziehung nicht jede gezogene Kugel (Prüfling) wieder zurückgelegt. Da die Stichprobenumfänge jedoch in der Regel deutlich über 30 liegen, ist die Binomialverteilung eine gut geeignete Näherung für die eigentlich richtige Verteilung – die sog. Hypergeometrische Verteilung („Ziehen ohne Zurücklegen“).
[44] Der Binomialkoeffizient $\binom{n}{k}$ wurde in Kap. 8.3.1 vorgestellt

P Wahrscheinlichkeit, in der Stichprobe genau k Ausschussteile zu finden

n Stichprobenumfang

p Fehleranteil in der Grundgesamtheit

k Anzahl fehlerhafter Teile

Für unser Beispiel mit den 100 Kugeln (p=0,1) ergeben sich unter Anwendung dieser Formel 26,7% für die Wahrscheinlichkeit, in einer Stichprobe von 15 Kugeln genau 2 rote zu finden.

Nun fragen Sie sich vielleicht, woher sollte ich den Fehleranteil der Grundgesamtheit kennen? Schließlich ziehe ich ja eine Stichprobe, um den Fehleranteil der Grundgesamtheit abzuschätzen! Das ist völlig richtig – **jedoch legen wir im Weiteren den Fehleranteil in der Grundgesamtheit fest, um über diese Festlegung den maximal zulässigen Fehleranteil in Absprache mit einem Lieferanten zu begrenzen.** Diese Festlegung bestimmt schlussendlich unser AQL-Niveau!

Erweiterung der Aufgabenstellung

Wir haben mit einem Lieferanten vereinbart, dass ein maximaler Fehleranteil von 1% in seinen Lieferungen sein darf (p=0,01). Wie hoch ist nun die Wahrscheinlichkeit, in einer Stichprobe von 200 Teilen bis zu 2 fehlerhafte Teile zu finden?

Hierzu müssen wir die Wahrscheinlichkeiten berechnen, in der Stichprobe 0, 1 oder 2 fehlerhafte Teile zu finden und aufaddieren:

Anz. fehlerhafter Teile in der Stichprobe	P
0	13,40%
1	27,07%
2	27,20%
Summe:	**67,67%**

Tabelle 74: Summenbildung über die Einzelwahrscheinlichkeiten führt zur Annahmewahrscheinlichkeit

Die Annahmewahrscheinlichkeit

Unter der Annahmewahrscheinlichkeit versteht man den erwarteten Prozentsatz, in einer Stichprobe vom Umfang n bis zur Annahmezahl Ac fehlerhafte Teile zu finden. Sie entspricht dabei der Summe der Einzelwahrscheinlichkeiten genau 0 bis zu genau Ac Teile zu finden.

Die Annahmewahrscheinlichkeit spiegelt die Sicherheit wider, mit der eine Lieferung angenommen werden kann und sollte daher so hoch wie möglich sein. Die Differenz auf 100% stellt im Umkehrschluss das **Lieferantenrisiko α** dar, dass die Lieferung nicht abgenommen wird, obwohl sie in Ordnung ist.

Der Zusammenhang zwischen Stichprobenumfang n, Annahmewahrscheinlichkeit P_{an}, Annahmezahl Ac und maximalem Fehleranteil in der Grundgesamtheit (AQL-Wert) mündet schließlich in die **Operationscharakteristik (OC)**, die nun am Beispiel für den Kennbuchstaben L (Stichprobenumfang 200) vorgestellt werden soll:

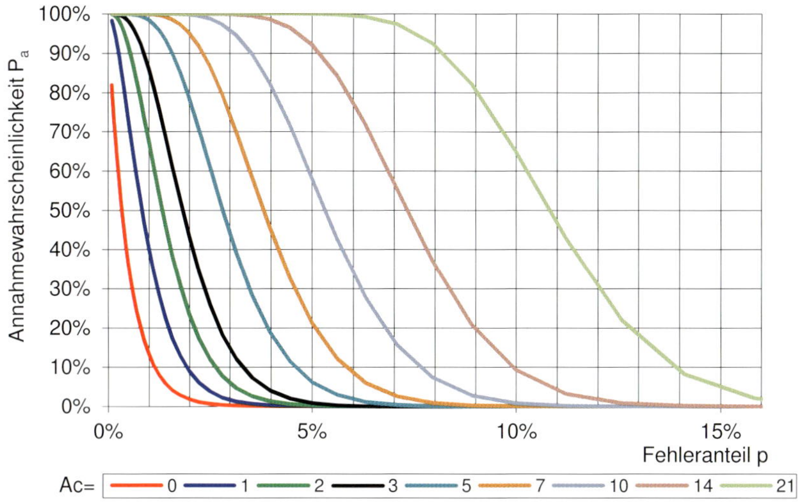

Abb. 154: Operationscharakteristik für den Kennbuchstaben L (n=200)

Für jede Annahmezahl gibt es eine eigene Kennlinie. Jede der dargestellten Annahmezahlen entspricht dem AQL-Niveau, wie es durch die Grundtabellen (Tabelle 73) vorgegeben ist.

Annahme-, Unsicherheits- und Rückweisebereich

Ein üblicher Wert für das Lieferantenrisiko ist 10% - damit beträgt eine übliche Annahmewahrscheinlichkeit für Annahmestichprobenprüfungen 90%. Neben dem **α-Risiko**, eine Lieferung abzulehnen, obwohl sie in Ordnung ist (**Fehler 1. Art**), gibt es auch ein Risiko, die Lieferung anzunehmen, obwohl sie nicht in Ordnung ist (**Fehler 2. Art** oder β-Risiko). Dieses **β-Risiko** stellt das Abnehmerrisiko dar. Auch hier ist ein Wert von 10% üblich. Zieht man auf der Y-Achse bei 10% eine horizontale Linie und ermittelt den Schnittpunkt mit der Kurve, so lässt sich hierüber der maximal vom Abnehmer akzeptierte Anteil ablesen. Man spricht hier vom **RQL-Wert** (Rückzuweisende Qualitätsgrenzlage, häufig auch als **LQ** oder Limiting Quality Level bezeichnet). Im Gegensatz hierzu ist der p-Wert bei P_a = 90% der vom Lieferant zugesicherte Fehleranteil. Der Bereich dazwischen wird als Unsicherheitsbereich bezeichnet.

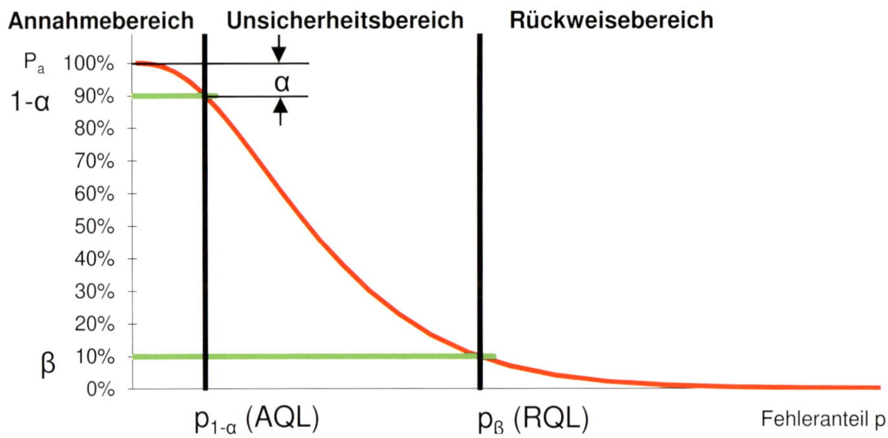

Abb. 155: Annahme-, Unsicherheits- und Rückweisebereich

Nochmal zum Verständnis in der Zusammenfassung:

- $p_{1-\alpha}$: vom Produzenten zugesicherter Fehleranteil bzw. maximale Ausschussquote (=AQL)
- p_{β}: vom Abnehmer höchstens akzeptierter Fehleranteil bzw. Ausschussquote (=RQL)
- $p_{1-\alpha} < p_{\beta}$ Der zugesicherte Fehleranteil ist immer kleiner als der akzeptierte Fehleranteil!
- α: Lieferantenrisiko (Fehler 1. Art; Ablehnung, obwohl Lieferung in Ordnung ist)
- β: Abnehmerrisiko (Fehler 2. Art; Annahme, obwohl Lieferung fehlerhaft ist)

Sehen Sie sich bitte die Abb. 155 und Abb. 154 genau an. Wie Sie in Abb. 154 sehen, verläuft die Kennlinie umso steiler, je kleiner die Annahmezahl bei gleichem Stichprobenumfang ist. Welche Auswirkung hat es, wenn die Operationscharakteristik steiler verläuft?

Je steiler die Annahme-Kennlinie, desto kleiner wird der Unsicherheitsbereich und umso enger rücken $p_{1-\alpha}$ und p_{β} zusammen. Setzt man ein festes α von z. B. 10% an, dann wandert bei kleiner werdender Annahmezahl der AQL-Wert immer weiter nach links ($p_{1-\alpha}$ wird kleiner) und die Annahme-Kennlinie wird immer steiler. Da der Unsicherheitsbereich dadurch immer kleiner wird, ist der AQL-Wert damit indirekt ein Maß für die Prüfschärfe der Stichprobenanweisung.

Ein üblicher, geeigneter AQL-Wert liegt bei 1 (entsprechend 1% vom Lieferanten zugesichertem maximalen Fehleranteil).

9.2.5 Durchschlupf

Wir Menschen machen bei der Durchführung von Prüfungen Fehler. Das heißt, wir werden auch bei genauester Prüfung fehlerhafte Teile nicht mit 100% Sicherheit als solche identifizieren. Diese Teile „schlupfen“ uns bei der Prüfung einfach durch.

Im Sinne der Annahmestichprobenprüfung ist der Durchschlupf der Anteil fehlerhafter Teile, die nach der Stichprobenprüfung im Los verblieben ist.

Der im Los verbliebene Anteil ist (N – n). Der Durchschlupf D berechnet sich daher nach folgender Formel:

$$D = \frac{N-n}{n} \cdot P_a \cdot p$$

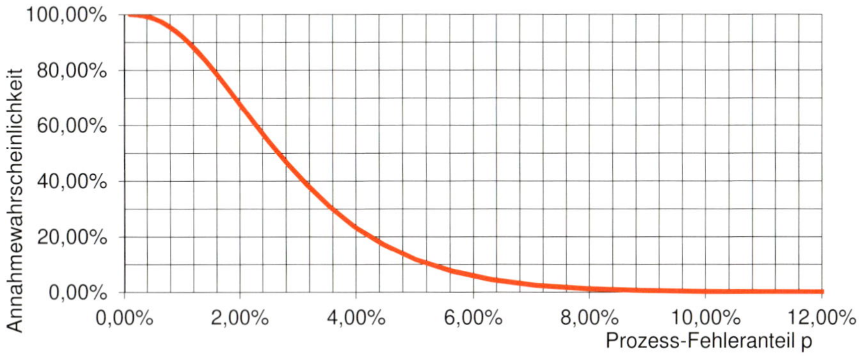

Abb. 156: Beispiel-Annahme-Kennlinie

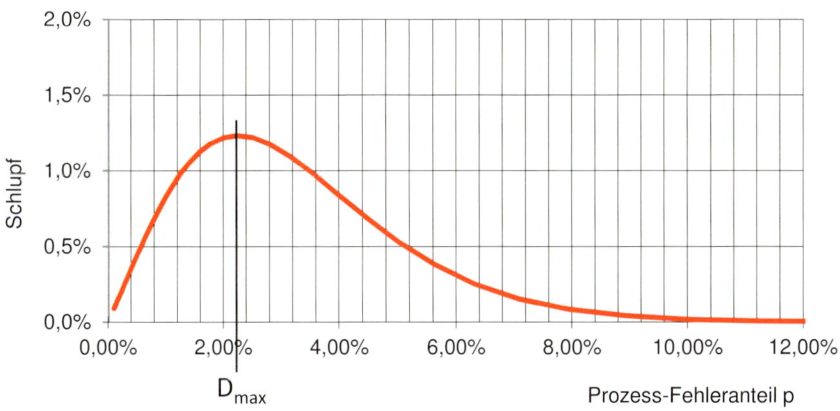

Abb. 157: Zugehörige Durchschlupfkennlinie

Bei einem festen Stichprobenumfang n und fester Losgröße N wird der Durchschlupf damit zu einer Funktion der beiden Variablen P_a (Annahmewahrscheinlichkeit) und p (Fehleranteil). Die Darstellung des Durchschlupfes erfolgt daher im Allgemeinen immer nur für eine ganz bestimmte Annahme-Kennlinie und dann in Abhängigkeit von p. Das folgende Beispiel zeigt eine Durchschlupf-Kennlinie für N = 1.000, n = 100 und einer Annahmezahl Ac = 2. Zum besseren Verständnis wird die Annahme-Kennlinie oben zuerst abgebildet.

Der Durchschlupf ist an der Stelle maximal, wo die Annahme-Kennlinie ihren Wendepunkt hat bzw. deren (negative) Steigung maximal ist – hier bei einem Fehleranteil von etwa 2,25 %. Der maximale Durchschlupf D_{max} liegt hier bei etwa 1,2%. Der maximale Durchschlupf wird in der Praxis nur selten wirksam, daher hat sich für den realen Durchschlupf folgende Faustformel durchgesetzt:

$$D_{real} = \frac{2}{3} \cdot D_{max}$$

10 Weitere Themen für den Qualitätsbeauftragten (QB)

10.1 Rechtliche Aspekte

10.1.1 Die Rechtsordnung in Deutschland

Der Begriff Rechtsordnung (oder Rechtssystem) bezeichnet allgemein die Gesamtheit aller gültigen Rechtsnormen für einen bestimmten Anwendungsbereich in einem Rechtsstaat. In den meisten Ländern der Europäischen Union – und auch in Deutschland – gründet sich die Rechtsordnung auf folgende drei Säulen:

- Öffentliches Recht (einschließlich Verfassungsrecht)
- Strafrecht
- Privatrecht (Zivilrecht)

Streng juristisch betrachtet ist auch das Strafrecht Teil des öffentlichen Rechts, wird jedoch in der Praxis in der Regel als eigenständiger Zweig gesehen.

Als Rechtsnormen im vorbeschriebenen Sinne gelten im deutschen Recht

- **Verfassungsnormen**
  (Grundgesetz-Artikel)
- **Einfachgesetzliche Normen**
  (ugs. die „**Gesetze**" – z. B. BGB oder StGB)
- **Verordnungen**
  (z. B. StVO, MPBetreibV)
- **Satzungen** des öffentlichen Rechts

Während **Gesetze** vom Parlament erlassen werden und oft mit einem monatelangen Gesetzgebungsverfahren verbunden sind, können **Verordnungen** direkt durch die Regierung oder eine Verwaltungsstelle (z. B. Gemeinden) erlassen werden. Daher hat der Erlass von Verordnungen in erster Linie praktische Gründe – in den erlassenden Stellen sitzt auch meist eine höhere Fachkompetenz als im Parlament.

Eine Verordnung gilt wie ein Gesetz gegenüber jedem und legt Rechte und Pflichten fest. Da sie jedoch nicht vom Parlament erlassen werden (Judikative), sind sie ein Akt der Exekutive – also der ausführenden Gewalt in Deutschland. Man spricht auch von einem „Gesetz im materiellen Sinn" im Gegensatz zum „Gesetz im formellen Sinn", wenn Gesetze „förmlich" vom Parlament verabschiedet und erlassen werden.

Verordnungen können außerdem innerhalb des Landes erlassen werden oder auch von der Europäischen Union. In diesem Fall geht das EU-Recht vor nationalem Recht.

10.1.2 Rechtliche Stellung von zertifizierten Unternehmen

Ein Unternehmen (insbesondere ein produzierendes) ist einer Vielzahl von Haftungsrisiken ausgesetzt. Zum einen haftet es Dritten gegenüber für Handlungen seiner Mitarbeiter und zum anderen für die ordnungsgemäße Erfüllung vertraglicher

Pflichten und schließlich als Hersteller für die Fehlerfreiheit des produzierten Produktes. Die meisten zivil- und strafrechtlichen Haftungsnormen setzen dabei Verschulden voraus.

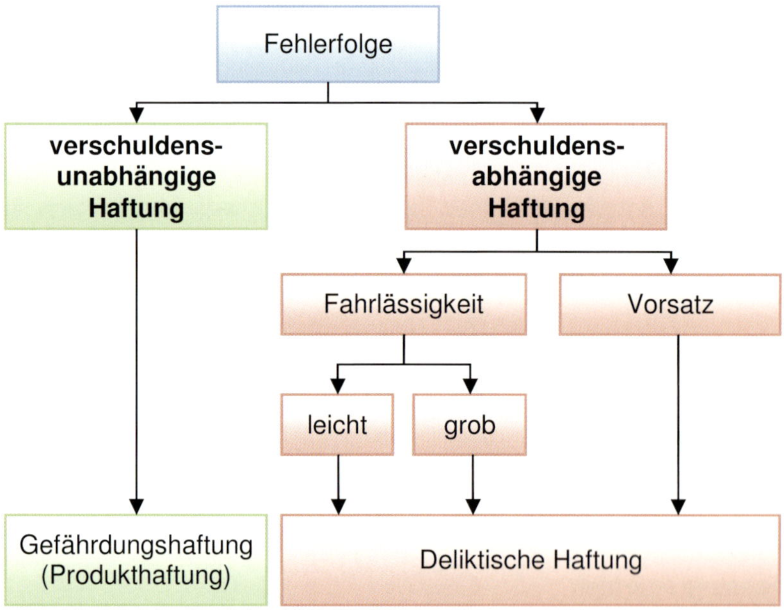

Abb. 158: Verschuldensabhängige und –unabhängige Haftung

Der erforderliche Verschuldensgrad kann zwischen leichter Fahrlässigkeit und Absicht (Vorsatz) liegen. Im Zivilrecht reicht für eine Haftung meist einfache Fahrlässigkeit aus. Setzt eine Haftungsnorm ausnahmsweise kein Verschulden des Inanspruchgenommenen voraus, spricht man von Gefährdungshaftung.

Grundsätzlich muss der Geschädigte das Vorliegen aller Tatbestandsmerkmale einer Haftungsnorm und damit auch das Vorliegen von Pflichtverletzung und zumindest Fahrlässigkeit beweisen. **In einer Reihe von haftungsrechtlichen Normen wird das Verschulden des Schädigers jedoch bereits per Gesetzeswortlaut vermutet.**

In anderen Fällen hat die Rechtsprechung eine sog. **Beweislastumkehr** zugunsten des Geschädigten vorgenommen, da es diesem gerade gegenüber großen Unternehmen schwer fallen wird, ohne Kenntnis der inneren Betriebsstrukturen den Nachweis einer Pflichtverletzung zu führen. In diesen Fällen muss der vermeintliche Schädiger dann sozusagen den Entlastungsbeweis führen und beweisen, dass er alle gesetzlichen Pflichten erfüllt hat und ihm in Bezug auf das schädigende Ereignis keine Schuld trifft.

Bei der Erbringung dieses **Entlastungsbeweises** kann ein gültiges bzw. anerkanntes Zertifikat eines QM-Systems unter Umständen den entscheidenden Nachweis dafür liefern, dass bestimmte Pflichten (z. B. Organisations- und Sorgfaltspflicht) nicht verletzt wurden und ein Verschuldensvorwurf nicht gemacht werden kann.

Grundsätzlich liegt das **Prozessrisiko** immer bei dem, der die Beweislast trägt. Dieser Grund allein ist für viele Unternehmen ausreichend, ein QM-System einzuführen und aufrecht zu erhalten, um im Bedarfsfalle weniger angreifbar zu sein.

10.1.3 Folgen fehlerhafter Produkte

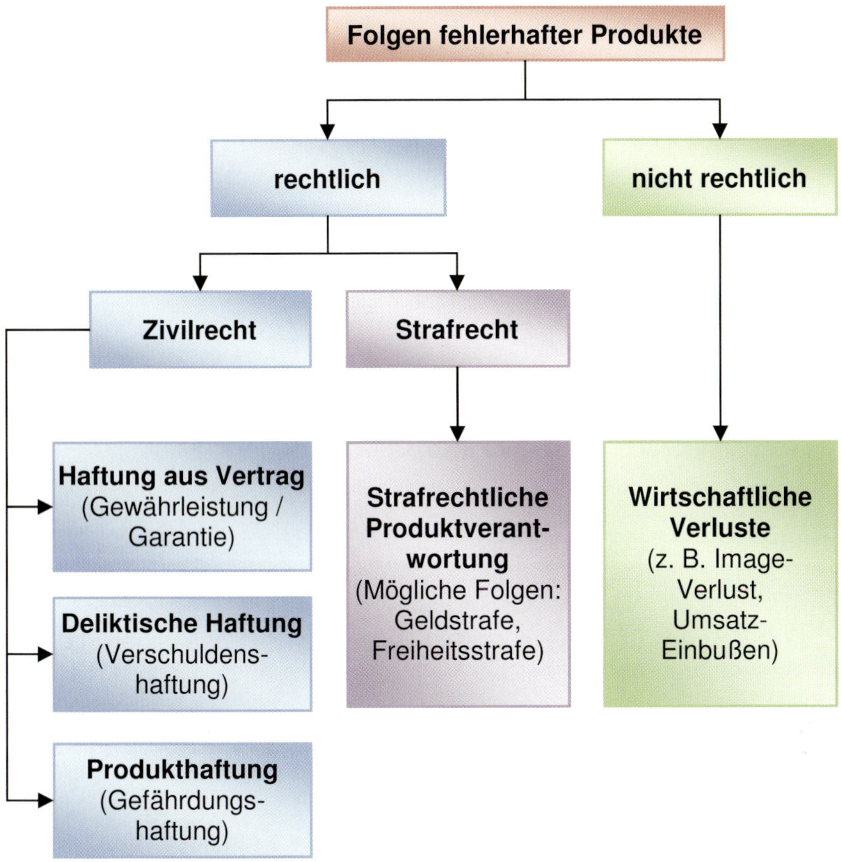

Abb. 159: Folgen fehlerhafter Produkte

Die Auswirkungen fehlerhafter Produkte sind vielschichtig und können neben den Folgen für einen Käufer auch Konsequenzen für einen Hersteller oder Verkäufer nach sich ziehen. Hierbei wird zunächst zwischen rechtlichen und nicht-rechtlichen Fehlerfolgen unterschieden.

Nicht-rechtliche Folgen sind in der Regel betriebswirtschaftlich spürbar (z. B. kalkulatorische Verluste aus entgangenen Umsätzen).

Rechtliche Folgen sind je nach Tatbestand im Zivilrecht oder dem Strafrecht geregelt.

Eine **strafrechtliche Verfolgung** führt regelmäßig zu Geldstrafen oder sogar Freiheitsstrafen. In Betracht kommen hier insbesondere Körperverletzungsdelikte. Die **zivilrechtlichen Konsequenzen** aus Produktfehlern sind durch die in den folgenden Kapiteln näher ausgeführten Themen Vertragshaftung (Gewährleistung und Garantie), deliktische Haftung und Produkthaftung geregelt.

10.1.4 Gewährleistungshaftung und Garantie

Hier soll die Gewährleistung anhand des klassischen Kaufrechts behandelt werden. **Es geht um die Rechte eines Käufers, die aus einem Kaufvertrag entstehen.**

Häufig werden dabei die beiden Begriffe Gewährleistung und Garantie verwechselt oder fälschlicherweise gleich gesetzt.

Die **Gewährleistung** regelt die **gesetzlichen** Ansprüche des Käufers für den Fall, dass vertragliche Pflichten aus dem Kaufvertrag nicht oder schlecht erfüllt wurden. Die **Hauptpflicht** des Verkäufers ist die Übereignung einer **mangelfreien Sache**.

WICHTIG:

Eine **Garantie** ist im Gegensatz dazu eine **vertragliche Vereinbarung**, durch die die Rechte des Käufers wegen Mängeln im Vergleich zu seinen gesetzlichen Rechten aus Gewährleistung verstärkt werden.

Gewährleistungsrechte gibt es im Übrigen nicht nur im Kaufvertragsrecht. Speziell ausgestaltete Gewährleistungsrechte gibt es beispielsweise auch im

- Werkvertragsrecht
- Mietvertragsrecht
- Reisevertragsrecht

Gibt es für eine Vertragsart keine speziellen gesetzlichen Regelungen, gelten die allgemeinen Vorschriften über Folgen bei Vertragsverletzungen. So zum Beispiel im Dienstvertragsrecht.

Verbrauchsgüterkauf

Ein **Kaufvertrag** regelt allgemein Kauf und Verkauf eines Produktes (Kaufsache). Im Besonderen gibt es hier den Begriff des **Verbrauchsgüterkaufs**, der voraussetzt, dass ein Verbraucher von einem Unternehmer eine bewegliche Sache kauft. Die §§ 474 ff BGB modifizieren in diesem Fall die Gewährleistungsvorschriften des allgemeinen Kaufrechts nochmals zugunsten des Verbrauchers.

Sachmangel und Käufer-Rechte

Besteht nun an einer Sache keine Mangelfreiheit, so liegt im Umkehrschluss ein **Sachmangel** vor, der in § 434 BGB folgendermaßen definiert ist:

„Die Sache ist frei von Sachmängeln, wenn sie ... die vereinbarte Beschaffenheit hat.“

Diese Definition erinnert ein wenig an die Definition des Qualitätsbegriffs („... der Grad in dem ... Anforderungen erfüllt werden“). Für den Sachmangel bildet die Festlegung von Eigenschaften (die „Beschaffenheit“) jedoch eine Vertrags-Grundlage in gesetzlicher Hinsicht, die eine Reihe von gesetzlichen Regelungen nach sich zieht §§ 434 ff BGB).

Nach § 437 BGB hat der **Käufer** bei Lieferung einer mangelhaften Sache folgende **Rechte:**

- Nacherfüllung in Form von
    - Nachbesserung oder
    - Nachlieferung
      (kommt in der Regel nicht bei einem sog. Stückkauf in Betracht, wo die Kaufsache so individualisiert ist, dass sie nicht einfach durch eine andere Sache ersetzbar ist.)
- Rücktritt vom Kaufvertrag
- Minderung des Kaufpreises
- Schadensersatz

Beispiel: Ein Handwerksbetrieb kauft eine Ständer-Bohrmaschine. Nach etwa zehn Betriebsstunden brennt der Motor durch und die Bohrmaschine ist defekt. Der Handwerksbetrieb kann nun seine oben beschriebenen Rechte aus dem Kaufvertrag geltend machen.

Hinweis:

Ein subjektiv festgestellter Mangel (*„das habe ich mir aber anders vorgestellt!“*) stellt keinen Mangel im gesetzlichen Sinne dar. Es lässt sich hier demzufolge auch kein Rechtsanspruch ableiten.

Gewährleistungsfrist / Verjährung / Beweislastumkehr

§ 438 BGB regelt die Verjährung der Mängelansprüche aus Kaufverträgen und damit die gesetzliche Laufzeit der Gewährleistungsfristen. Abgesehen von einigen Spezialfällen sieht das Gesetz standardmäßig **2 Jahre** vor. Bei arglistigem Verschweigen eines Mangels durch den Verkäufer steigt die Frist auf 30 Jahre.

Grundsätzlich muss der Käufer das Vorliegen eines Mangels zum Zeitpunkt des Gefahrüberganges (in der Regel bei Übergabe der Sache[45]) beweisen. Im Rahmen des bereits erwähnten Verbrauchsgüterkaufs wird zugunsten des Verbrauchers innerhalb der ersten sechs Monate nach Kauf gesetzlich **„vermutet“**, dass der Mangel bereits beim Erhalt der Ware vorhanden war – der Verkäufer ist also in der (Entlastungs-) Beweispflicht (Beweislastumkehr - § 476 BGB).

Nach Ablauf der sechsmonatigen Frist muss der Käufer bei Auftritt eines Mangels beweisen, dass dieser bereits bei Erhalt der Sache vorhanden war.

[45] Bei Versandgeschäften gibt es jedoch hiervon abweichende Regelungen.

Einschränkung der Gewährleistung im B2B-Bereich

Im B2B-Bereich (unter Kaufleuten) gilt das HGB und hier wird eine **sofortige Prüfung** der Ware nach Erhalt verlangt. Wird diese Prüfung nicht unmittelbar nach dem Erhalt der Ware durchgeführt und kommt es somit zu einer schuldhaften Verzögerung der Mängelanzeige (Reklamation), so führt dies direkt zu einer Einschränkung der Gewährleistungspflichten des Verkäufers.

Erweiterung der Gewährleistung durch Garantie

Wie bereits ausgeführt ist eine Garantie eine vom Verkäufer zugesicherte Leistung, die vertraglich vereinbart wurde und dem Käufer zusätzliche vom Gewährleistungsrecht unabhängige oder dem Umfang nach weitergehende Gewährleistungsrechte einräumt.

In § 443 BGB ist die sog. Haltbarkeitsgarantie definiert und verankert, dass dem Käufer „im Garantiefall unbeschadet der gesetzlichen Ansprüche die Rechte aus der Garantie" zustehen. Damit ist es beispielsweise nicht möglich, die gesetzliche Gewährleistungsfrist im B2C-Bereich durch Einräumung einer Garantie von zwei Jahren auf ein Jahr zu beschränken. Der § 477 regelt schließlich Sonderbestimmungen für Garantien (Einfachheit, Verständlichkeit, keine Einschränkung der gesetzlichen Rechte u.a.).

Allgemeine Geschäftsbedingungen (AGB)[46]

In AGB – dem klassischen „Kleingedruckten" (§§ 305 ff BGB) – lässt sich eine Vielzahl an Dingen regeln, die außerhalb des klassischen, gesetzlich vorgegebenen Rahmens liegen.

Der § 475 BGB legt für den Verbrauchsgüterkauf fest, dass die Mindest-Verjährungsfrist von zwei Jahren (bei dem Verkauf gebrauchter Sachen ein Jahr) nicht unterschritten werden darf. Danach wäre eine Verkürzung dieser Frist in AGBs nicht zulässig. Da der Verbrauchsgüterkauf jedoch nur zwischen Verbraucher und Unternehmer gilt (B2C), bedeutet dies im Umkehrschluss, dass im B2B-Bereich diese Frist verkürzt werden kann.

Im Allgemeinen sind Verjährungsfristen im B2B-Bereich von einem Jahr üblich und in AGB zulässig. Theoretisch ließe sich die Gewährleistungsfrist hier sogar ganz ausschließen, in der Praxis stellt sich jedoch die Frage, ob eine solche AGB-Klausel nicht wegen unangemessener Benachteiligung gemäß § 307 BGB unwirksam wäre. Die Rechtsprechung gibt jedenfalls häufig Klägern Recht, die eine Verjährungsfrist von mindestens einem Jahr einfordern.

---

[46] früher durch ein eigenes AGB-Gesetz geregelt, heute in das BGB integriert

10.1.5 Deliktische Haftung

Bei vorsätzlichem oder fahrlässigem Handeln – wenn beim Inverkehrbringen eines Produktes also bewusst Gefahren billigend in Kauf genommen werden – regelt § 823 BGB eine grundsätzliche **Verpflichtung** des Schädigers **zum Ersatz eines aufgetretenen Schadens** (siehe hierzu auch Abb. 158).

Fahrlässig handelt, wer die im Verkehr erforderliche Sorgfalt außer Acht lässt, zu der er nach den Umständen und seinen persönlichen Verhältnissen verpflichtet und fähig ist.

Vorsatz heißt, in Kenntnis der Umstände ein Ergebnis zu wollen oder zumindest billigend in Kauf zu nehmen.

Das Unternehmen haftet gemäß § 831 BGB für das deliktische Verhalten seiner Mitarbeiter. Das Unternehmen kann jedoch gegebenenfalls den Entlastungsbeweis führen, dass es den Verrichtungsgehilfen (= Mitarbeiter) sorgfältig ausgewählt und überwacht hat (widerlegliche Verschuldenshaftung).

Eine deliktische Haftung des Geschäftsherrn kommt daneben aus dem sog. **Organisationsverschulden** in Betracht. Dies ist dann der Fall, wenn das eingetretene Schadensereignis (auch) auf eine mangelnde betriebliche Organisation zurückzuführen ist. Beispiel: Im Falle eines Brandes kommt es zu umfangreichen Sachschäden, weil weder ein Organisationsplan für die Mitarbeiter für diesen Fall noch Feuerlöscher existieren. Die Verpflichtung zum Einführen und Aufrechterhalten einer angemessenen Organisation gehört zu den allgemeinen Versicherungspflichten, deren Verletzung eine Haftung nach § 823 BGB nach sich zieht. Daneben gibt es noch weitere, „herstellerspezifische“ Versicherungspflichten, die weiter unten behandelt werden und die speziell auf Produkt-Hersteller abzielen.

Die Konsequenz für ein Unternehmen bzw. Hersteller aus diesem Sachverhalt ist demzufolge die Notwendigkeit eines Konzepts zur systematischen Vermeidung und Reduzierung von Risiken. Die Werkzeuge und Methoden des Qualitätsmanagements können hier sinnvoll angewendet werden, um neben einer vernünftigen Risikominimierung auch einen Nachweis über die durchgeführten Maßnahmen leisten zu können.

Einen Anspruch auf dieser Basis kann ein Geschädigter nur anmelden, wenn er dem Unternehmen Vorsatz oder Fahrlässigkeit nachweisen kann.

Deliktische Haftung = Verschuldenshaftung!

10

Spezialfall: Produzentenhaftung

Liegt die schädigende bzw. deliktische Handlung in der Herstellung bzw. im Inverkehrbringen eines fehlerhaften Produktes trifft den Hersteller die sog. **Produzentenhaftung**. Um hieraus einen Anspruch geltend machen zu können, muss der Geschädigte im Einzelnen folgendes nachweisen:

- den Schaden nach Art und Umfang identifizieren
- den Produktfehler ermitteln
- objektive Verletzung einer Verkehrssicherungspflicht nachweisen
- einen Ursache-Wirkungs-Zusammenhang herstellen

Um die Verantwortungsbereiche hinsichtlich der Produzentenhaftung zu regeln, wurden die sogenannten **„herstellerspezifischen" Versicherungspflichten** herausgebildet:

- **Konstruktionsverantwortung**
  Sicherheitsrelevante Merkmale müssen nach aktuellem Stand von Wissenschaft und Technik ausgeführt werden. Konstrukteure bzw. Hersteller müssen sich demzufolge an den neuesten, ihnen zugänglichen technischen und wissenschaftlichen Erkenntnissen ausrichten und dies durch eine Erprobung unter Anwendungsbedingungen auch nachweisen (Validierung). Sämtliche notwendige Unterlagen (Konstruktionszeichnungen, Fertigungs-, Montage- und Prüfpläne) müssen vollständig und eindeutig vorhanden sein.
- **Instruktionsverantwortung**
  Das Bereitstellen von verständlichen Produktinformationen hinsichtlich Montage, Bedienung, Wartung, Reparaturen und Werbeaussagen (auch mündliche!). Besonderes Augenmerk ist hierbei auf die Sicherheitshinweise zu legen, um denkbare Gefahren für einen Kunden abzuwenden.
- **Fabrikationsverantwortung**
  Die Aufzeichnungen und Nachweise über die durchgeführten Fertigungs-, Montage-, Prüf- und Überwachungsverfahren müssen 10 Jahre nach Inverkehrbringen verfügbar sein (§ 13 ProdHaftG).
- **Produktbeobachtung**
  Verpflichtung zur ständigen Marktbeobachtung über die Fachpresse, den Verkauf und den Service. Gegebenenfalls sind unverzüglich Warnhinweise zu veröffentlichen, konstruktive Änderungen oder im Extremfall ein Rückruf einzuleiten.

Bei der Produzentenhaftung ist der Geschädigte vom Beweis des Verschuldens des Produzenten befreit, das heißt, hier muss der Produzent den Entlastungsbeweis führen.

Darüber hinaus ist anerkannt, dass bei Konstruktions- und Fabrikationsfehlern der Geschädigte die Pflichtverletzung nicht nachweisen muss, wenn er darlegen kann, dass sein Schaden durch einen Mangel am Produkt entstanden ist. Auch hier obliegt es dem Produzenten nachzuweisen, dass keiner der genannten Pflichten verletzt wurde, sondern es sich bei dem fehlerhaften Produkt um einen „Ausreißer" handelt.

10.1.6 Produkthaftung

Die Produkthaftung – geregelt über das **Produkthaftungsgesetz** (ProdHaftG) – gilt für **Hersteller** und erstreckt sich auf Schäden, die aus den **Fehlerfolgen** eines Produktes

- einer **Person** (Tod, Schäden an Gesundheit oder Körper) oder
- an einer **anderen Sache** (als der verursachenden)

entstanden sind. **Schäden, die an der verursachenden Sache selbst entstanden sind, werden über das BGB geregelt** (siehe letztes Kapitel). Bei der Produkthaftung muss kein Vertragsverhältnis vorliegen!

Mit dem Produkthaftungsgesetz wird ein Hersteller **verschuldensunabhängig** in die Pflicht genommen, die Fehlerfreiheit seiner Produkte sicher zu stellen bzw. die Verantwortung dafür zu übernehmen, wenn dies nicht gelingt. Ein QM-System unterstützt in diesem Zusammenhang den Hersteller bei der Nachweisführung seiner Sorgfaltspflichten und dem systematischen Vermeiden von Fehlern durch vorbeugende Maßnahmen.

Produkthaftung = Gefährdungshaftung!

In Umsetzung einer EU-Richtlinie aus dem Jahre 1985 in nationales Recht in Form des Produkthaftungsgesetzes (ProdHaftG - 1990) wurde in allen EU-Mitgliedsstaaten das Haftungsrecht angeglichen. Dieser Schritt war notwendig, um eine Wettbewerbsverzerrung durch ungleiche Produkthaftungs-Grundlagen in den einzelnen Staaten zu verhindern. Außerdem sollte der Verbraucherschutz verstärkt werden.

Die Grundlage für die Beweisführung finden wir in § 1 ProdHaftG:

(4) Für den Fehler, den Schaden und den ursächlichen Zusammenhang zwischen Fehler und Schaden trägt der Geschädigte die Beweislast. Ist streitig, ob die Ersatzpflicht … ausgeschlossen ist, so trägt der Hersteller die Beweislast.

Während bei der deliktischen Haftung grundsätzlich die Verletzung einer gesetzlichen Pflicht, im Bereich der Produzentenhaftung die Verletzung einer „herstellerspezifischen“ Verkehrssicherungspflicht, erforderlich ist, ist eine Pflichtverletzung über das Inverkehrbringen des fehlerhaften Produkts im Rahmen des ProdHaftG nicht notwendig.

Darüber hinaus ist der Nachweis eines Verschuldens nicht erforderlich, da es eines Verschuldens gar nicht bedarf. Eine Entlastung durch den Hersteller des Produkts kommt somit abgesehen von den wenigen in § 1 Abs. 2 und 3 ProdHaftG genannten Ausschlussgründen für eine Haftung ebenfalls nicht in Betracht.

In der Rechtsprechung hat dies zur Folge, dass eine deliktische Haftung nach BGB auf Grund der schweren Beweislast nur in Ausnahmefällen stattfindet. Eine Haftung nach dem ProdHaftG ist dagegen der Regelfall, da ein Hersteller nur sehr selten einen Ausschluss seiner Haftungspflicht begründen kann.

Gefährdungshaftung = Verschuldensunabhängige Haftung!

Im Gegensatz zur deliktischen Haftung gibt es nach dem ProdHaftG eine Haftungshöchstgrenze für Personenschäden durch Serienfehler (§ 10 ProdHaftG) in Höhe von 85 Mio. €.

10.1.7 Gesamthaftung

Um den Verbraucherschutz zu stärken, stellt das Gesetz Lieferanten des Herstellers dem Hersteller selbst gleich. Damit hat ein Geschädigter ein gesetzlich verankertes Wahlrecht, gegen wen er seine Ansprüche geltend machen kann (§ 5 ProdHaftG). Ein Schadensersatz oder Regress kann jedoch nur einmal gefordert werden.

Im Sinne dieser Regelung ist als „Lieferant" ein Hersteller von Zulieferware zu verstehen, z. B. ein Hersteller eines speziellen Metallteiles, das vom Automobil-Hersteller in seinen Fahrzeugen verbaut wird. Lieferanten in Form von Zwischenhändlern sind nicht gemeint und von dieser Regelung ausgeschlossen. Im ProdHaftG wird davon gesprochen „Sind … mehrere Hersteller nebeneinander zum Schaden verpflichtet …". Die folgende Abbildung soll den Zusammenhang verdeutlichen.

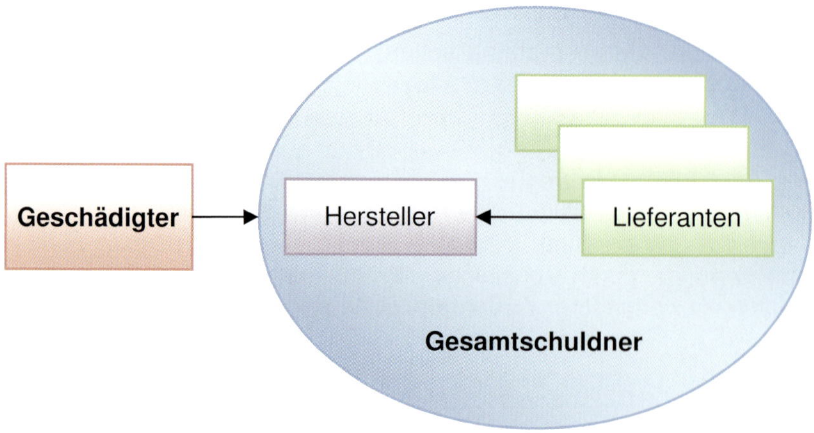

Abb. 160: Konzept der Gesamthaftung

10.1.8 Qualitätssicherungsvereinbarungen

Qualitätssicherungsvereinbarungen sind Einzelvereinbarungen und sollen verschiedene Punkte zwischen Zulieferer (Hersteller von Zulieferware) und Kunde (i. d. R. ein „End-Hersteller") regeln mit dem Ziel, einen Zulieferer in die eigene Qualitätspolitik bzw. das eigene QM-System mit einzubeziehen, z. B.:

- Einführung bzw. Aufrechterhaltung von Qualitätssicherungssystemen
- Methoden und Verfahren der Qualitätssicherung (z. B. Prüfverfahren)
- Zwischenprüfungen oder Zwischenabnahmen
- Abnahmebedingungen des Kunden
- Übernahme von Regelungen aus dem QM-System des Kunden in das des Lieferanten
- QM - Handbuch

- Melde- oder Mitteilungspflichten des Lieferanten

Nachdem grundsätzlich Vertragsfreiheit herrscht, sind der Gestaltung solcher Einzelvereinbarungen nur durch gesetzliche Verbote oder durch Verstöße gegen die Grundsätze von „Treu und Glauben" bzw. die „guten Sitten" Grenzen gesetzt (BGB §§ 134, 138 und 242). Werden standardisierte Vorlagen verwendet, so könnte der Eindruck entstehen, dass es sich nicht um eine einzelvertragliche Regelung handelt und damit würde die Vereinbarung gesetzlich unter das AGB-Recht (vgl. Kap. 10.1.4) fallen, das heißt die Vereinbarungen würden rechtlich wie Allgemeine Geschäftsbedingungen behandelt werden.

Regelmäßig werden in diese Vereinbarungen auch sog. „**Freizeichnungsklauseln**" eingearbeitet, die jedoch eine einseitige rechtliche Verschiebung des (Vertrags-) Verhältnisses zu Gunsten des Kunden bedeuten. Damit werden standardmäßig gesetzliche Regelungen wie eine Haftungsbeschränkung im Falle einer verspäteten oder gar nicht erfolgten Wareneingangsprüfung (§ 377 HGB) ausgehebelt. Im Fachjargon heißt es dann z. B. *„Der Lieferant verzichtet auf die Einrede einer verspäteten Mängelrüge."*

Solche Klauseln sind im Einzelvertrag zulässig bzw. rechtswirksam, sollten aber dem Grundsatz der „Lieferantenbeziehung zum gegenseitigen Nutzen" entsprechen. Ein Erlass der oben zitierten Mängelanzeige wäre demnach nur möglich, wenn es seitens des Herstellers eine „kompensierende" Gegenleistung gäbe (z. B. ein von ihm beim Zulieferer installiertes Qualitätskontrollsystem). Eine einseitige Verlagerung von Pflichten würde i. d. R. wegen unangemessener Benachteiligung im Sinne des § 307 BGB scheitern.

10.2 Akkreditierung und Harmonisierung im Zertifizierungswesen

10.2.1 EU-Richtlinien und EU-Normen

Richtlinien und Normen der Europäischen Union (EU) dienen der Liberalisierung und Harmonisierung in Europa.

Liberalisierung bedeutet dabei freier Austausch von Waren und Dienstleistungen innerhalb der Europäischen Union.

Harmonisierung bedeutet hingegen die Angleichung einzelstaatlicher Regelungen auf ein einheitliches Rechtsniveau.

EU-Richtlinien

EU-Richtlinien dienen hauptsächlich dem **Verbraucherschutz** und werden daher in erster Linie für Produkte erlassen, deren Einsatz besondere Risiken bergen. Hierzu wurden vier sogenannte **Schutzziele** festgelegt:

- Technische Sicherheit
- Gesundheitsschutz
- Arbeitsschutz
- Umweltschutz

EU-Richtlinien haben Gesetzescharakter und sind von allen EU-Mitgliedsstaaten innerhalb bestimmter Fristen in nationales Recht umzusetzen. So wurde beispielsweise die Richtlinie 93 / 42 / EWG über Medizinprodukte in Form des Medizinproduktegesetzes (MPG) und weiteren Verordnungen in Deutschland in nationales Recht überführt.

Der Erlass einer EU-Richtlinie erfolgt durch folgende Gremien:

- EU-Kommission
- EU-Rat
- EU-Parlament
- Vermittlungsausschüsse (aus obigen Gremien)

Die folgende Abbildung zeigt schematisch den Entstehungsprozess einer EU-Richtlinie.

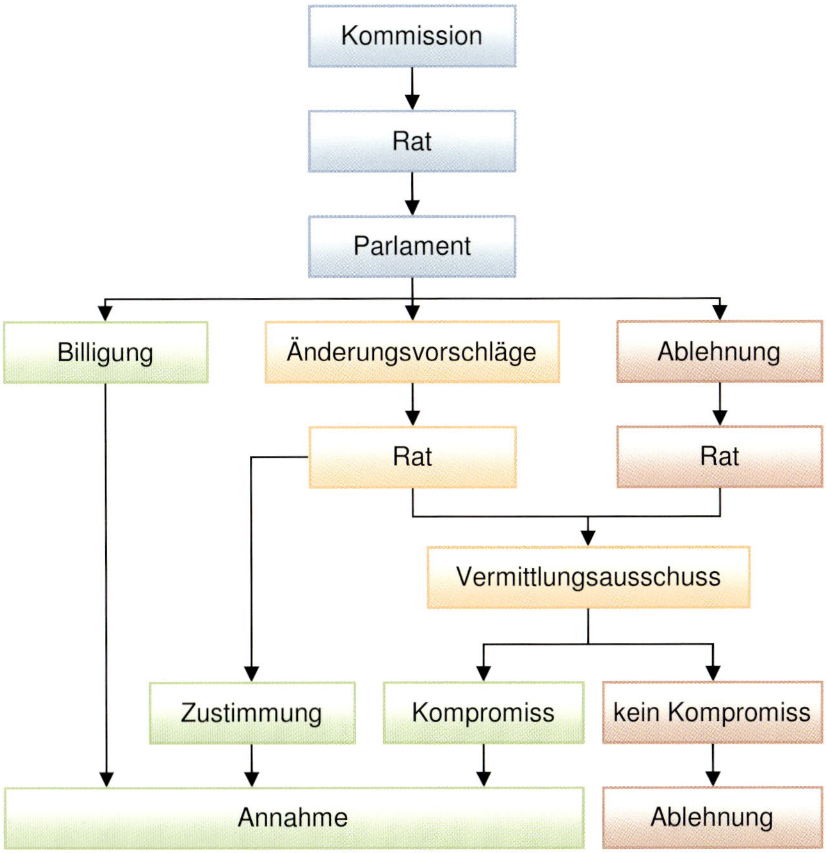

Abb. 161: Entstehung einer EU-Richtlinie[47]

Für die Verabschiedung einer EU-Richtlinie ist **keine Einstimmigkeit erforderlich**. Es genügt eine Einigung auf die grundsätzlichen Anforderungen und Prozesse bzw. Verfahrensweisen. Die Detailregelungen erfolgen dann über die harmonisierten Normen. Um dies praktisch realisieren zu können, hat man vier Grundprinzipien festgelegt:

1. Die EU-Richtlinie legt nur noch die grundlegenden Anforderungen an Produkte fest
2. Die weitere Konkretisierung der grundlegenden Anforderungen erfolgt durch die europäischen Normungsorganisationen (siehe unten)
3. Die Anwendung harmonisierter Normen ist freiwillig
4. Bei Produkten, die die Anforderungen der harmonisierten Norm erfüllen wird „vermutet“, dass sie damit auch die Anforderungen der Richtlinie erfüllen („**Vermutungsklausel**“)

[47] nach Lehrmaterialien der TÜV Akademie, Köln

Das Konzept, mit Hilfe dieser vier Stufen auf die Notwendigkeit einer einstimmigen Beschlussfassung verzichten zu können, wird auch als „**New Approach**“ (neuer Ansatz, neue Herangehensweise) bezeichnet.

Der Aufbau einer EU-Richtlinie wurde mit 10 Inhaltsverzeichnispunkten standardisiert. Auf Grund dieses festen Rahmen-Korsetts ist häufig der Anhang länger als der eigentliche Richtlinien-Text.

EU-Normen

Eine Europäische Norm hat im Gegensatz zur EU-Richtlinie nur Empfehlungscharakter. In Europa gibt es hierfür drei zuständige Stellen:

- CEN (Europäisches Komitee für Normung)
- CENELEC (Europäisches Komitee für elektrotechnische Normung)
- ETSI (Europäisches Institut für Telekommunikation)

Das CEN ist für alle technischen Bereiche zuständig außer der Elektrotechnik und der Telekommunikation. Häufig werden international verabschiedete Normen der ISO (International Standardization Organisation) für Europa aufgegriffen, angepasst und als EN ISO-Norm verabschiedet.

Ein Schritt weiter: **Harmonisierte EU-Normen**

Eine **harmonisierte Norm** ist die von einem EU-Mitgliedsstaat spezifisch für sein Land verabschiedete, **nationale Fassung** einer **EU-Norm**.

So hat in Deutschland das Deutsche Institut für Normung (DIN) die europäische Norm EN ISO 9001 als DIN EN ISO 9001 für Deutschland als harmonisierte Norm herausgegeben. In Österreich gibt es analog die OENORM EN ISO 9001, für Großbritannien gibt es die BS EN ISO 9001 usw. Neben der reinen Übersetzung in die jeweilige Landessprache und einem eigenen, nationalen Vorwort enthalten diese Normen häufig auch Hinweise auf mögliche Fehlinterpretationen, die durch die Übersetzung auftreten könnten.

IQNET zur internationalen Anerkennung von Zertifikaten

Im Bereich der Zertifizierung von Managementsystemen gibt es verschiedene Netzwerke, z. B. das internationale Netzwerk IQNET (International Certification Network), über das eine internationale Anerkennung von Zertifikaten möglich ist. Nähere Informationen hierzu finden sich unter www.iqnet-certification.com.

WN Werksnorm
DIN Deutsch
EN Europa
ISO weltweit

10.2.2 EU-Verordnungen[48]

Eine **Verordnung der Europäischen Union** ist ein Rechtsakt der Europäischen Union. Sie kann sich an die Europäische Union selbst, an alle Mitgliedstaaten oder an die Bürger aller Mitgliedstaaten richten.

Im Laufe der Zeit haben sich die Bezeichnungen für EU-Verordnungen geändert.

Bezeichnung	Bemerkung
Verordnung (EWG)	VO der Europäischen Wirtschaftsgemeinschaft bis 01.11.1993 erlassen
Verordnung (EG)	VO der Europäischen Gemeinschaft bis 30.11.2009 erlassen
Verordnung (EU)	VO der Europäischen Union ab 01.12.2009 erlassen

Tabelle 75: Bezeichnungen für EU-Verordnungen

Verordnungen werden je nach Thema der Verordnung auf Grund einer der in den Verträgen vorgesehenen Verfahren erlassen. Es werden folgende drei Arten von Verordnungen unterschieden:

- Gesetzgebungsakten
- Durchführungsverordnungen der Kommission
- delegierten Verordnungen

Im Folgenden wird schematisch der Erlass einer EU-Verordnung dargestellt.

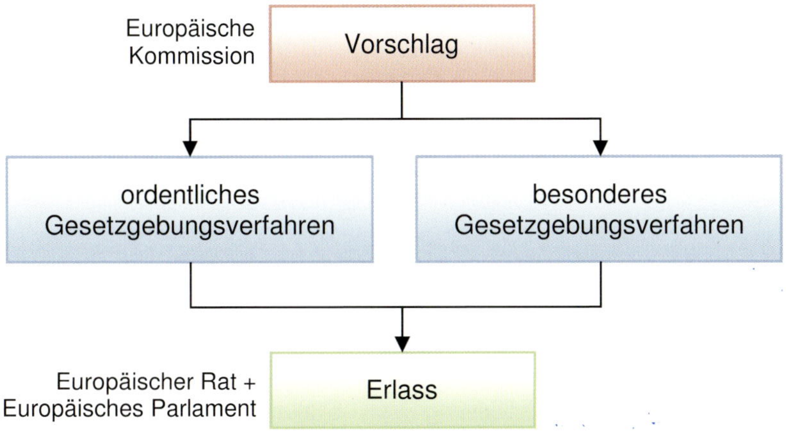

Abb. 162: Erlass einer EU-Verordnung

[48] nach Wikipedia (http://de.wikipedia.org/wiki/Verordnung_(EU))

10

Verordnungen gelten **unmittelbar** in jedem Mitgliedstaat und sind in allen ihren Teilen verbindlich. EU-Verordnungen haben eine sog. **Durchgriffswirkung** und stehen daher über dem jeweiligen nationalen Recht. Modifikationen der vorgegebenen Regelungen durch die einzelnen Mitgliedstaaten sind grundsätzlich nicht möglich („**Umsetzungsverbot**"), es sei denn, dies ist in den Verordnungen ausdrücklich vorgesehen.

Im Gegensatz dazu haben Richtlinien keine unmittelbare Geltung in einem Mitgliedstaat, können jedoch unter bestimmten Voraussetzungen unmittelbar anwendbar sein.

Verordnungen werden im Amtsblatt der Europäischen Union veröffentlicht. Sie treten an einem in der jeweiligen Verordnung festgelegten Zeitpunkt oder am zwanzigsten Tag nach ihrer Veröffentlichung in Kraft. Ein Beispiel für eine EU-Verordnung ist die 1272/2008, die die einheitliche Kennzeichnung von Gefahrstoffen regelt.

10.2.3 Akkreditierung und Zertifizierung

Eine Akkreditierung ist allgemein ein Bewertungs-Vorgang einer autorisierten Stelle, ob eine Organisation oder eine Person bestimmte, festgelegte Forderungen erfüllt.

Mit Wirkung vom 01.01.2010 gibt es in Deutschland im Zuge der Vereinheitlichung des Akkreditierungswesens in Europa das sog. Akkreditierungsstellengesetz (AkkStelleG). Mit ihm wurde eine europäische Richtlinie in nationales, deutsches Recht umgesetzt. Damit einher ging die Gründung einer einzigen, nationalen Akkreditierungsstelle in Deutschland, die DAkkS (Deutsche Akkreditierungsstelle – nähere Infos unter www.dakks.de). Bis Ende 2009 gab es eine Vielzahl an Akkreditierungsstellen, die sich ihre Bewertungsverfahren selbst verordnen konnten. Die „Qualität" von Akkreditierungen war demnach je nach Akkreditierungsstelle stark unterschiedlich. Zertifizierbare Normen wie die ISO 9001 wurden damals häufig auch von nicht akkreditierten Unternehmen – zum Teil sogar von Privatpersonen – „abgeprüft" und danach Zertifikate ausgestellt. „Seriöse" Zertifikate konnte man ausschließlich am Akkreditierungsstempel einer anerkannten Organisation erkennen, die Mitglied im Deutschen Akkreditierungsrat DAR waren (z. B. TGA, DACH, u.v.a.).

Die DAkkS ist nun der alleinige Dienstleister für Akkreditierung in Deutschland. Sie alleine darf jetzt Stellen wie TÜV, DQS, mdc, DEKRA usw. dazu ermächtigen, Unternehmen nach bestimmten Normen zu zertifizieren.

Grundlage für das Akkreditierungsverfahren bildet nun die Normenreihe DIN EN ISO 17000 ff. Damit erschließt sich nun auch die Definition der Akkreditierung im Sinne der DIN EN ISO/IEC 17011:

Akkreditierung ist die **Bestätigung** durch eine **dritte Stelle** die formal darlegt, dass eine **Konformitätsbewertungsstelle** die **Kompetenz besitzt**, bestimmte **Konformitätsbewertungsaufgaben** durchzuführen.

Eine Akkreditierung erfolgt je nach Zielsetzung nach unterschiedlichen internationalen Norm-Anforderungen. Die Akkreditierung von Stellen für die Zertifizierung von Managementsystemen (z. B. ISO 9001) erfolgt z. B. nach DIN EN ISO 17021.

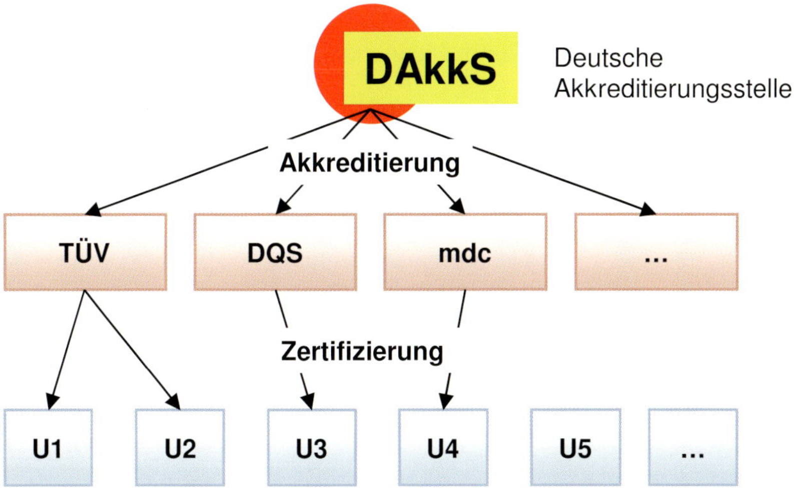

Abb. 163: Die Ebenen der Akkreditierung und der Zertifizierung

Die akkreditierten Stellen wiederum führen dann bei Unternehmen oder Personen Begutachtungen mit unterschiedlichen Zielsetzungen durch (z. B. Prüf- oder Kalibrierlaboratorien, Zertifizierung von Managementsystemen oder Personen), inwiefern durch verschiedenste Regelwerke vorgegebene Anforderungen erfüllt – also „konform" – sind oder nicht. Man spricht daher von **Konformitätsbewertungen** und die durchführenden Stellen werden als **Konformitätsbewertungsstellen** bezeichnet.

Die Ermittlung, inwieweit vorgegebene Anforderungen erfüllt werden, erfolgt durch Audits (siehe Kap. 4). Damit lässt sich der Begriff Zertifizierung wie folgt definieren:

Eine **Zertifizierung** bezeichnet ein **Audit** durch eine dritte, unabhängige Organisation (Drittparteien-Audit) mit dem **Ziel**, die **Erfüllung von Anforderungen** (wie z. B. der ISO 9001) **nachzuweisen**.

Voraussetzungen für die Akkreditierung[49]

Audit überprüf eigene vorgaben.

Als Konformitätsbewertungsstellen (KBS) gelten

- Laboratorien
- Zertifizierungs- und Inspektionsstellen
- Anbieter von Eignungsprüfungen
- Referenzmaterialhersteller.

10

Eine Akkreditierung ist grundsätzlich möglich, wenn die allgemeinen Akkreditierungsregeln nach § 5 AkkStelleG, welche auf die entsprechenden normativen Anforderungen Bezug nehmen, von ihnen erfüllt werden. Die normativen Anforderungen sind für die jeweilige Konformitätsbewertungsstelle niedergelegt in der:

---

[49] nach „Allgemeine Regeln zur Akkreditierung von Konformitätsbewertungsstellen" der DAkkS – verfügbar im Downloadbereich unter www.dakks.de

Norm-Grundlage	Geltungsbereich
DIN EN ISO/IEC 17025	Prüf- und Kalibrierlaboratorien
DIN EN ISO 15189	für medizinische Laboratorien
DIN EN ISO/IEC 17020	Inspektionsstellen
DIN EN 45011	Zertifizierungsstellen für Produkte
DIN EN ISO/IEC 17021	Zertifizierungsstellen für Managementsysteme
DIN EN ISO/IEC 17024	Zertifizierungsstellen für Personen
DIN EN ISO/IEC 17043	Anbieter von Eignungsprüfungen
DIN EN ISO/IEC 17025	in Verbindung mit ISO Guide 34 für Referenzmaterialhersteller

Tabelle 76: Normative Anforderungen an Konformitätsbewertungsstellen (KBS)

Darüber hinaus gehende Anforderungen – insbesondere Anforderungen aus Rechtsvorschriften bzw. Akkreditierungskriterien für einzelne Fachbereiche sind in sektoralen Regeln festgelegt. Sie gelten zusätzlich.

Fortgeltung bestehender Akkreditierungen

Akkreditierungen folgender der in der DAkkS aufgegangenen Akkreditierungsstellen bzw. weiterer behördlicher und privater Akkreditierungsstellen behalten bis zum ihrem Auslaufen (spätestens zum 31. Dezember 2014) ihre Gültigkeit:

- DGA Deutsche Gesellschaft für Akkreditierung mbH
- DACH Deutsche Akkreditierungsstelle Chemie GmbH
- DAP Deutsches Akkreditierungssystem Prüfwesen GmbH
- DKD Deutscher Kalibrierdienst
- TGA Trägergemeinschaft für Akkreditierung GmbH
- DATech Deutsche Akkreditierungsstelle Technik in der TGA GmbH

Diese müssen in der **Datenbank der akkreditierten Stellen** gelistet sein (abrufbar unter www.dakks.de) und werden fortan durch die DAkkS nach den jeweils gültigen Regelwerken der "Alt-"Akkreditierungsstellen überwacht. Dies schließt auch Maßnahmen wie Einschränkung, Aussetzung oder Zurückziehung der erteilten Akkreditierung mit ein.

10.2.4 Personenzertifizierungen

Für verschiedene Fachgebiete gibt es die Möglichkeit der Personenzertifizierung. Grundlage hierfür ist die internationale Norm DIN EN ISO 17024 (derzeit letzte Ausgabe aus dem Jahr 2011). Sie beschreibt Anforderungen an Zertifizierungsstellen für Personen und legt die Anforderungen für die Entwicklung und Aufrechterhaltung eines Zertifizierungsprogramms für Personen fest.

Übergeordnete **Zielsetzung** hierbei ist die **Anerkennung der Kompetenz einer Person**, bestimmte Aufgaben oder Tätigkeiten auszuführen.

Wie bei Zertifizierungsverfahren von QM-Systemen von Organisationen, gibt es auch für Personenzertifizierungen ein **Zertifizierungsprogramm**. Es beschreibt die Aufgaben und Tätigkeitsprofile sowie die notwendigen Kompetenzen der zu zertifizierenden Personen. Des Weiteren sind in diesem Programm auch das Anerkennungsverfahren (z. B. durch Prüfung und eingereichte Nachweise) sowie das Überwachungsverfahren (z. B. dreijähriger Überwachungszeitraum) festgelegt.

Als **Zertifizierungsstellen** können neben den reinen Stellen für Personenzertifizierung (z. B. PersCert TÜV, mdc) auch unabhängige, übergeordnete Organisationen (z. B. Industrieverbände) auftreten, die dann in Zusammenarbeit mit einer Zertifizierungsstelle für Personen gemeinsam als Prüfstelle auftreten.

Im Bereich des Qualitätsmanagements gibt es eine Qualifizierung in vier Stufen[50]:

- QM-Beauftragter (QB)
- Interner Qualitätsauditor (IQA)
- Qualitätsmanager (QM)
- Qualitätsauditor (QA)

Je nach Stufe ist die Voraussetzung für die Qualifikation eine bestandene Prüfung sowie der Nachweis praktischer Erfahrung. Informationen hierzu sind bei den Prüfstellen erhältlich. Im Anhang findet der interessierte Leser den kompletten Rahmenstoffplan für die erste Stufe des QB. Die Ausbildung wird durch ein unbeschränkt gültiges Ausbildungszeugnis bestätigt. Danach kann die Zertifizierung innerhalb eines Jahres nach bestandener Prüfung beantragt werden.

Die **Zertifizierung** selbst ist dann jedoch **auf drei Jahre beschränkt** und muss durch nachgewiesene Erfahrungen im QM-Bereich jeweils wieder erneuert werden (keine erneute Prüfung!).

Branchenspezifisches Beispiel: Immobilienmakler

Daneben gibt es weitere, branchenspezifische Möglichkeiten, sich als Person einer Zertifizierung zu unterziehen. Als Beispiel sei hier die Qualifikation nach DIN EN 15733 genannt. Auf Basis dieser internationalen Norm können sich Immobilienmakler

[50] Der Rahmenstoffplan zu dieser Ausbildung stammt aus dem Jahr 2007 von der früheren Trägergemeinschaft für Akkreditierung (TGA), die sich mit Bildung der DAkkS auflöste.

zertifizieren lassen und damit nachweisen, dass sie dem Stand der Technik entsprechend alle „Anforderungen an die Dienstleistungen von Immobilienmaklern" erfüllen (so auch der Titel dieser Norm).

10.2.5 Konformitätsbewertungen und das CE-Zeichen

Eine **Konformitätsbewertung** ist eine Begutachtung bzw. ein **systematisches Verfahren**, um festzustellen, inwiefern **vorgegebene, festgelegte Anforderungen erfüllt** werden.

Die Anforderungen können dabei unterschiedlich sein. Sie können sich beziehen auf

- ein System (z. B. Managementsystem nach ISO 9001)
- ein Produkt (z. B. ein Medizinprodukt)
- eine Dienstleistung
- ein Verfahren oder einen Prozess

Das CE-Zeichen – Die Konformitätserklärung für Produkte

Irrigerweise wird häufig angenommen, das CE-Zeichen wäre eine Art Gütesiegel. Dies ist jedoch grundlegend falsch! Ein CE-Zeichen sagt absolut nichts über die Qualität eines Produktes aus!

Das **CE-Zeichen** auf Produkten ist eine **Erklärung**, dass das Produkt **konform ist** zu den für das Produkt **jeweils geltenden Richtlinien** bzw. **harmonisierten Normen**.

Das CE-Zeichen ist erforderlich, um Produkte in allen EU-Mitgliedsstaaten in Verkehr zu bringen, für das eine entsprechende Richtlinie diese Kennzeichnung fordert. Die exakte Darstellung des CE-Zeichens selbst sowie eine Mindestgröße von 5 mm sind vorgegeben.

Auf einem separaten Papier oder in der Bedienungsanleitung des Produkts findet sich dann in der Regel noch eine schriftliche „Konformitätserklärung", in der die relevanten Normen und Gesetzes-Grundlagen aufgelistet werden.

10.2.6 Geregelte und Nicht geregelte Bereiche

Die CE-Kennzeichnung an sich stellt innerhalb der EU eine Art Reisepass für den europäischen Binnenmarkt dar. Sie ist sichtbarer Ausdruck des verantwortlichen Herstellers, dass das Produkt die grundlegenden Anforderungen der jeweils harmonisierten Richtlinien erfüllt.

Im gesetzlichen Sinne gilt in Europa derjenige als Hersteller, der ein Produkt erstmalig in Verkehr bringt. Damit wird beispielsweise ein reines Vertriebsunternehmen, das ein Medizinprodukt aus China oder Taiwan importiert (Nicht-EU-Land) und innerhalb der EU in Verkehr bringt, zum Hersteller.

Nun gibt es aber Bereiche, in denen die EU die eigenständige Verantwortung der Konformitätsbewertung in die Hände des Herstellers legt. Das heißt, der Hersteller selbst erklärt die Konformität seines Produktes und kennzeichnet das Produkt gemäß den allgemeinen Vorschriften mit dem CE-Zeichen. Man spricht hier vom „**Nicht gesetzlich geregelten Bereich**". Die EU hat Festlegungen getroffen, welche Produkte hierunter fallen.

Der Hersteller übernimmt dabei die volle Verantwortung über die Konformität seines Produktes. Stellt sich heraus, dass der Hersteller die Konformität erklärt (z. B. bei einer funktionalen Erweiterungsplatine eines PC-Systems), die zu Grunde liegenden Richtlinien jedoch nicht eingehalten werden (im Beispiel die der Elektromagnetischen Verträglichkeit), werden sehr hohe Strafzahlungen fällig.

Die Zertifizierung von Managementsystemen (z. B. ISO 9001) unterliegt grundsätzlich dem nicht gesetzlich geregelten Bereich.

Besondere Risiken – Benannte Stellen nötig

0483

Unterliegt die Anwendung des Produktes jedoch besonderen Risiken (z. B. ein Medizinprodukt einer höheren Gefahrenklasse), so hat die EU für die Konformitätsbewertung des Produktes unabhängige, in Deutschland sogenannte „Benannte Stellen" vorgesehen. Es handelt sich dabei um akkreditierte Organisationen, die als externe, unabhängige, dritte Stelle die Erfüllung der zu Grunde liegenden Anforderungen für das Produkt begutachtet und attestiert. Man sagt, diese Bereiche sind „**gesetzlich geregelt**".

Jede benannte Stelle hat eine vierstellige Identifikationsnummer, die dann am CE-Zeichen anhängt und so die unabhängige Prüfung des Produktes bescheinigt. Je nach Anwendungsbereich finden sich Listen benannter Stellen im Internet. Z. B. findet man unter www.dimdi.de – dem Deutschen Institut für Medizinische Dokumentation und Information – eine Liste benannter Stellen für den Bereich der Medizinprodukte. Im Beispiel oben steht die 0483 für die benannte Stelle „mdc medical device certification GmbH", die Nummer 0123 stünde für „TÜV SÜD Product Service GmbH Zertifizierung Medizinprodukte" usw.

Zeit
KU <-> Lief

Audit

Intern
- Firmenintern
- Vor und Nach

Extern
- Kundenaudit
- Dritpartei
- Vor und Nachaudit

10

10.3 Norminhalte der ISO 9001:2000

Der folgende Abschnitt soll mit den einzelnen Anforderungen der ISO 9001 vertraut machen. Aus Kap. 2.3 kennen Sie bereits das Prozessmodell der ISO 9000. Hier werden jetzt zusätzlich die entsprechenden Kapitel-Nummern der ISO 9001 mit angegeben:

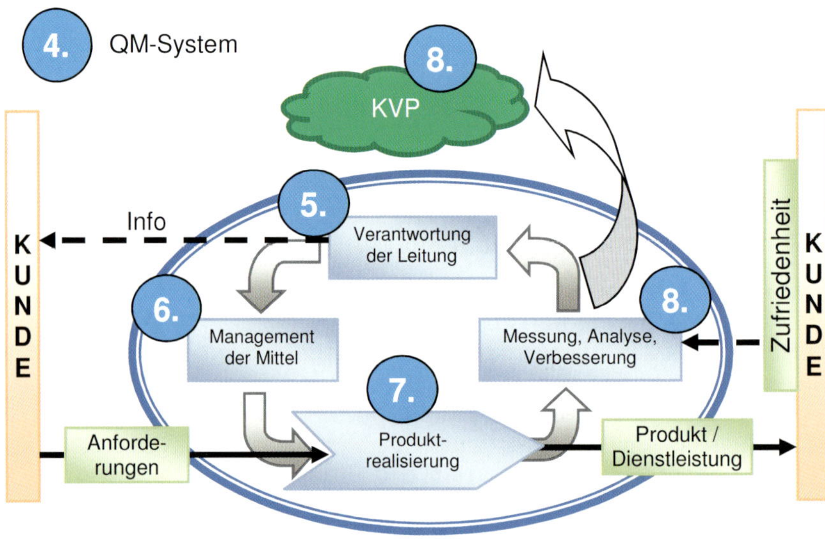

Abb. 164: Kapitel-Übersicht der ISO 9001:2000

Die Kapitel 0. bis 3. der ISO 9001:2000 sind einführender Natur und stellen **keine** Anforderungen an Organisationen dar (vgl. Abb. 12):

0. Einleitung
1. Anwendungsbereich
2. Normative Verweisungen
3. Begriffe

Am einfachsten erschließen sich die Inhalte der Norm in Form von Fragen. Daher werden im Folgenden die Anforderungen in Form einer Checkliste angegeben, wie sie auch in internen Audits Verwendung finden kann.

10.3.1 Die Anforderungen ohne Entwicklung

Die folgende Tabelle enthält stichpunktartig die wichtigsten Anforderungen der ISO 9001 in Form einer Checkliste – ausgenommen das Kapitel 7.3 Entwicklung. In der Checkliste finden Sie unter 7.3 die Abfrage, ob das Norm-Kapitel 7.3 einschließlich aller Unterpunkte ausgeschlossen werden kann. Für viele Unternehmen ist dies möglich und vereinfacht das Audit enorm. Da die Anforderungen zur Entwicklung im Sinne der Norm recht umfangreich sind, werden diese im darauf folgenden Abschnitt behandelt.

Die Checkliste enthält in Klammern häufig verschiedene Detail-Hinweise, die zur vollständigen Erfüllung der Norm zu beachten wären.

Sie können die Checkliste direkt dazu nutzen, eine Istaufnahme in Ihrem Betrieb durchzuführen. In der Spalte rechts außen können Sie eine Bewertung vornehmen in einer ähnlichen Form, wie diese auch eine Zertifizierungsstelle durchführen würde:

K Konform zu den Anforderungen

A Anmerkung oder Empfehlung (Kann-Forderung)

N Nebenabweichung (muss mittelfristig behoben werden)

H Hauptabweichung (muss sofort behoben werden)

Normpunkt		Bemerkungen	*
4. Qualitätsmanagementsystem			
4.1	Sind die erforderlichen Prozesse, deren Abfolge und Wechselwirkung sowie ihre Anwendung in der gesamten Organisation festlegt und werden diese Prozesse überwacht, soweit zutreffend gemessen und analysiert (ist dabei die Verfügbarkeit von Ressourcen und Informationen sichergestellt)? Werden ggf. externe Prozesse gelenkt und sind diese im QM-System festgelegt?		
4.2.1	Enthält die QM-Dokumentation Aussagen zu Qualitätspolitik und Qualitätszielen?		
4.2.1	Liegen die 6 von der ISO 9001 geforderten dokumentierten Verfahren vor (Lenkung von Dokumenten, Aufzeichnungen, fehlerhaften Produkten, Korrekturmaßnahmen, Verbesserungsmaßnahmen und interne Audits)?		
4.2.2	Gibt es ein Qualitätsmanagementhandbuch mit den geforderten Inhalten (Anwendungsbereich, Ausschlüsse, Wechselwirkung der Prozesse)?		
4.2.3	Erfüllt die Dokumenten-Lenkung alle Vorgaben (bzgl. Herausgabe, Genehmigung, Aktualisierung, Kennzeichnung des Überarbeitungsstatus, Verfügbarkeit, Erkennbarkeit, externe Herkunft, veraltete Dokumente)?		
4.2.4	Werden alle Anforderungen an Aufzeichnungen erfüllt (Erkennbarkeit, Kennzeichnung, Aufbewahrung, Schutz, Wiederauffindbarkeit, Verfügbarkeit, Fristen)?		
5. Verantwortung der Leitung			
5.1	Kann die oberste Leitung ihre Selbstverpflichtung bzgl. Entwicklung und Verwirklichung des QM-Systems und der ständigen Verbesserung nachweisen (Vermittlung der		

10

	Normpunkt	Bemerkungen	*
	Bedeutung, Festlegen von Q-Politik und Q-Zielen, Managementbewertung, Ressourcen-Verfügbarkeit sicherstellen)?		
5.2	Stellt die oberste Leitung sicher, dass die Kundenanforderungen ermittelt und mit dem Ziel der Erhöhung der Kundenzufriedenheit erfüllt werden?		
5.3	Werden die Anforderungen an die Qualitätspolitik erfüllt (Verpflichtung zum KVP und zur Wirksamkeit des QMS, Rahmen zur Bewertung von Q-Zielen und Angemessenheit, Vermittlung in der Organisation)?		
5.4.1	Sind Qualitätsziele (inkl. in Bezug auf die Erfüllung der Anforderungen an Produkte) festgelegt und sind diese messbar?		
5.4.2	Stellt die oberste Leitung sicher, dass das QM-System geplant erfolgt und bei Änderungen die Funktionsfähigkeit erhalten bleibt?		
5.5.1	Sind die Verantwortungen und Befugnisse innerhalb der Organisation festgelegt und bekannt gemacht worden?		
5.5.2	Gibt es ein benanntes Mitglied der Leitung der Organisation, das die notwendige Verantwortung und Befugnis hat (Prozesse einführen, verwirklichen und aufrechterhalten, Berichte über die Leistung des QMS und die Notwendigkeit von KVP, Förderung von Q-Bewusstsein)?		
5.5.3	Gibt es eine geeignete Kommunikation (u. a. über die Wirksamkeit des QMS)?		
5.6	Führt die oberste Leitung in geplanten Abständen eine Bewertung des QMS durch und erfüllt diese Managementbewertung alle Anforderungen (Aussagen zu KVP, Q-Politik, Q-Zielen, Audits, Kunden-Rückmeldungen, Prozessleistung, Produktkonformität, Status von Vorbeuge- und Korrekturmaßnahmen; Maßnahmen zur Verbesserung, Wirksamkeit, Produktverbesserungen, Ressourcenbedarf)?		
6. Management von Ressourcen			
6.1	Werden regelmäßig die erforderlichen Ressourcen ermittelt und bereitgestellt, um das QM-System zu verwirklichen, aufrechtzuerhalten, seine Wirksamkeit zu verbessern, sowie die Kundenzufriedenheit zu erhöhen?		
6.2.1	Ist das Personal auf Grund angemessener Ausbildung, Schulung, Fertigkeiten und Erfahrung kompetent?		
6.2.2	Ermittelt die Organisation die notwendige Kompetenz, sorgt für Schulung, beurteilt deren Wirksamkeit, vermittelt Qualitätsbewusstsein und führt geeignete Aufzeichnungen zu Ausbildung, Schulung, Fertigkeiten		

	Normpunkt	Bemerkungen	*
	und Erfahrung?		
6.3	Wird die notwendige Infrastruktur ermittelt, bereitgestellt und aufrechterhalten, die zur Erreichung der Konformität mit den Produktanforderungen erforderlich ist (Gebäude, Arbeitsort, Einrichtungen, Prozessausrüstungen, unterstützende Dienstleistungen)?		
6.4	Wird die nötige Arbeitsumgebung ermittelt, bereitgestellt und aufrechterhalten, die zum Erreichen der Konformität mit den Produktanforderungen erforderlich ist?		
7. Produktrealisierung			
7.1	Sind alle Anforderungen an die Planung der Produktrealisierung erfüllt (Anforderungen, Q-Ziele, Dokumente, Ressourcen, Prüfungen, Produktannahmekriterien, notwendige Aufzeichnungen)?		
7.2.1	Werden alle notwendigen Anforderungen des Kunden ermittelt (vertraglich festgelegte, für den beabsichtigten Gebrauch festgelegte, gesetzlich festgelegte oder anderweitige)?		
7.2.2	Werden alle notwendigen Anforderungen in Bezug auf das Produkt vor Eingehen einer Lieferverpflichtung bewertet (Vertragsprüfung) und die Ergebnisse dieser Bewertung dokumentiert?		
7.2.3	Gibt es wirksame Regelungen für die Kommunikation mit den Kunden (Produktinformationen, Anfragen, Verträge, Auftragsbearbeitung, Rückmeldungen / Kundenbeschwerden)?		
7.3	Kann die Entwicklung von Produkten im Sinne der Norm ausgeschlossen werden?		
7.4.1	Erfolgt die Auswahl, Beurteilung und Neubeurteilung von Lieferanten nach festgelegten Kriterien und gibt es hierüber sowie evtl. notwendigen Maßnahmen Aufzeichnungen?		
7.4.2	Enthalten Beschaffungsangaben alle nötigen Informationen (Anforderungen an Genehmigungen, Verfahren, Prozesse, Ausrüstung, Qualifikation der Personals und das QM-System)?		
7.4.3	Sind alle erforderlichen Prüfungen festgelegt und verwirklicht, die sicherstellen, dass das beschaffte Produkt die Beschaffungsanforderungen erfüllt (Wareneingangsprüfungen oder Produktfreigabe-Prozess bei Prüfung durch den Lieferanten)?		
7.5.1	Erfolgt die Produktion und die Dienstleistungserbringung unter beherrschten Bedingungen (Planung und Durchführung; Verfügbarkeit von Informationen, Anweisungen, Ausrüstung, Überwachungs- und		

10

Normpunkt		Bemerkungen	*
	Messmittel; Verwirklichung von Überwachungen und Messungen, Produktfreigabe, Liefertätigkeiten und Tätigkeiten nach der Lieferung)?		
7.5.2	Werden Prozesse, die durch nachfolgende Überwachung oder Messung nicht verifiziert werden können, validiert? Gibt es hierfür festgelegte Regelungen (Bewertung und Genehmigung der Prozesse, Genehmigung der Ausrüstung und Qualifikation des Personals, Gebrauch spezieller Methoden / Verfahren, Anforderungen an Aufzeichnungen und ggf. erneute Validierung)?		
7.5.3	Werden alle notwendigen Anforderungen an Kennzeichnung und Rückverfolgbarkeit erfüllt (Produktstatus bzgl. Überwachungs- und Messanforderungen, Eindeutigkeit, Aufzeichnungen)?		
7.5.4	Werden alle Anforderungen an den Umgang mit Kunden-Eigentum erfüllt (Sorgfalt, Kennzeichnung, Verifizierung, Schutz, Aufzeichnungspflicht bei Verlust, Beschädigung oder anderweitiger Unbrauchbarkeit)?		
7.5.5	Sind alle Anforderungen an die Produkterhaltung erfüllt (Kennzeichnung, Handhabung, Verpackung, Lagerung, Schutz, ggf. Aufzeichnungspflicht zu Verfalldaten, Temperaturüberwachung o. ä.)?		
7.6	Sind alle Anforderungen an die Überwachung von Überwachungs- und Messmittel erfüllt (Kalibrierzeiträume, Justierung, Kennzeichnung, Sicherung gegen Verstellung, Schutz vor Beschädigung, Bewertung und Aufzeichnung, Bestätigung von Computersoftware vor Erstgebrauch)?[51]		
8. Messung, Analyse und Verbesserung			
8.1	Werden die Anforderungen an die Planung und Verwirklichung von Überwachungs- Mess-, Analyse- und Verbesserungsprozesse erfüllt (Darlegung der Konformität mit den Produktanforderungen und des QM-Systems sowie Verbesserung der Wirksamkeit des QM-Systems; Festlegung von (statistischen) Methoden)?		
8.2.1	Überwacht die Organisation Informationen über die Wahrnehmung des Kunden in Bezug auf die Erfüllung der Kundenanforderungen und sind die Methoden hierzu festgelegt?		
8.2.2	Werden alle Anforderungen an die Durchführung von internen Audits erfüllt		

[51] In diesem Zusammenhang deckt der Normpunkt auch die Anforderungen an den Bereich der **Metrologie** (Wissenschaft vom Messen und ihre Anwendung) ab

	Normpunkt	Bemerkungen	*
	(Festlegung der Auditkriterien (diese Norm, eigene Anforderungen und ggf. weitere), geplantes Auditprogramm, Auditoren-Auswahl, Auditbericht, Folgemaßnahmen, Dokumentation der Verifizierungsergebnisse)?		
8.2.3	Wendet die Organisation geeignete Methoden zur Überwachung und ggf. zur Messung der Prozesse des QM-Systems an (Darlegung, ob geplante Ergebnisse erreicht werden; gibt es ggf. Korrekturmaßnahmen)?		
8.2.4	Werden alle Anforderungen an die Überwachung und Messung der Produktmerkmale erfüllt, um die Erfüllung der Produktanforderungen zu verifizieren (geplante Regelungen; Nachweise für die Annahme; Freigabe-Verantwortung; Sonderfreigaben)?		
8.3	Werden allen Anforderungen an die Lenkung fehlerhafter Produkte erfüllt (Kennzeichnung; Schutz vor unbeabsichtigtem oder ursprünglich beabsichtigtem Gebrauch; Korrekturmaßnahmen; Sonderfreigabe; Maßnahmen nach Auslieferung; erneute Verifizierung bei Nachbesserung; Aufzeichnungen über Fehlerart, ergriffene Maßnahmen und Sonderfreigaben)?		
8.4	Werden alle Anforderungen an die Ermittlung, Erfassung und Analyse von Daten zur Eignung und Wirksamkeit des QM-Systems erfüllt (Beurteilung des KVP; Kundenzufriedenheit, Erfüllung der Produktanforderungen; Prozess- und Produktmerkmale inkl. Möglichkeiten für Vorbeugemaßnahmen; Lieferanten)?		
8.5.1	Verbessert die Organisation ständig die Wirksamkeit des QM-Systems (Einsatz der Qualitätspolitik, Qualitätsziele, Auditergebnisse, Datenanalyse, Korrektur- und Vorbeugungsmaßnahmen sowie Managementbewertung)?		
8.5.2	Ergreift die Organisation Korrekturmaßnahmen zur Beseitigung von Ursachen von Fehlern, um deren erneutes Auftreten zu verhindern (Fehlerbewertung; Ursachenanalyse; Handlungsbedarf ermitteln und beurteilen; Maßnahmen umsetzen; Aufzeichnung der Ergebnisse; Bewertung der Wirksamkeit)?		
8.5.3	Legt die Organisation Maßnahmen zum gezielten Verhindern möglicher Fehler fest (Ermittlung möglicher Fehler und ihrer Ursachen; Handlungsbedarf ermitteln und beurteilen; Maßnahmen umsetzen; Aufzeichnung der Ergebnisse; Bewertung der Wirksamkeit)?		

***Legende für Feststellungen:** K=konform, A=Anmerkung, N=Nebenabweichung, H=Hauptabweichung

10

Wichtige Hinweise:

In der ersten Spalte sind die jeweiligen Kapitel-Nummern der ISO 9001 angegeben.

Die Checkliste ist als Einstieg in die ISO 9001 zu verstehen. Für ein internes Audit müssten in jedem Fall noch unternehmens- und branchenspezifische Themen mit berücksichtigt bzw. integriert werden, um die vollständige Abdeckung der Normforderungen sicherzustellen!

10.3.2 Entwicklung nach ISO 9001

Kann die Entwicklung gemäß Kapitel 7.3 der Norm nicht ausgeschlossen werden, so müssen sieben Unterabschnitte der Norm umgesetzt und aufrechterhalten werden. Die folgende Abbildung zeigt schematisch die Zusammenhänge der einzelnen Unterabschnitte:

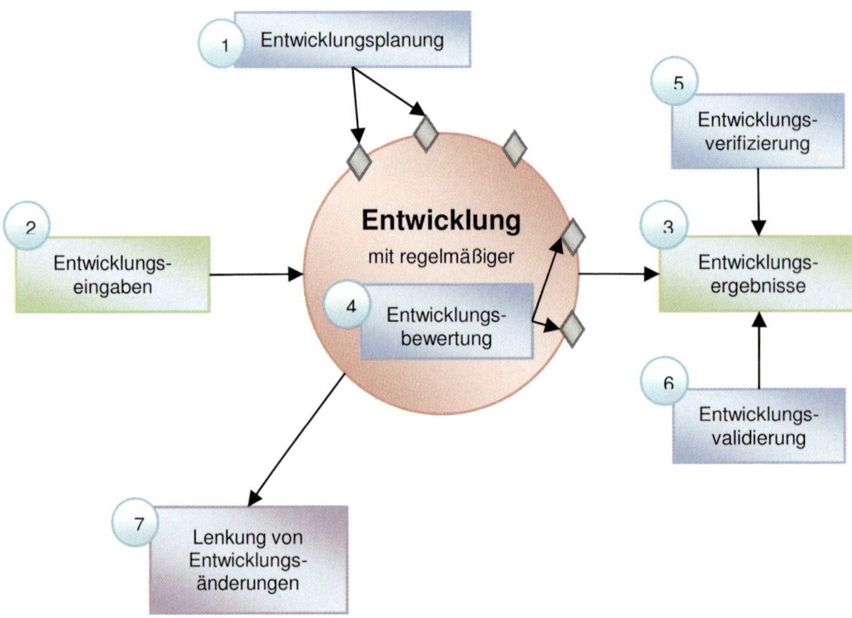

Abb. 165: Entwicklung nach ISO 9001

FMEA – System / Prozess / Konstruktion

Idee Fehlervermeidung in der Planungsphase →

RPZ = Risiko Prioritäts Zahl

In ähnlicher Form wie im letzten Abschnitt folgen nun die Anforderungen im Stile einer Checkliste:

Normpunkt		Bemerkungen	*
7.3.1	**Entwicklungsplanung:** Erfolgt die Produkt-Entwicklung geplant und gelenkt (Festlegung von Entwicklungsphasen, Bewertung, Verifizierung, Validierung und Verantwortlichkeiten / Befugnisse)?		
7.3.2	**Entwicklungseingaben:** Werden die Vorgaben für die Produktanforderungen ermittelt und aufgezeichnet (Funktions- und Leistungsanforderungen, gesetzliche / behördliche Anforderungen, Infos aus früheren Entwicklungen, andere wesentliche Anforderungen)?		
7.3.3	**Entwicklungsergebnisse:** Erfüllen die Entwicklungsergebnisse die notwendigen Vorgaben (Genehmigung vor Freigabe, Erfüllung der Vorgaben, angemessene Information für Beschaffung, Produktion und Dienstleistungserbringung, Annahmekriterien, Produktmerkmale)?		
7.3.4	**Entwicklungsbewertung:** Werden alle Anforderungen an die Entwicklungsbewertung erfüllt (gem. geplanten Regelungen, Beurteilung der Ergebnisse zur Erfüllung der Anforderungen, Probleme erkennen und Maßnahmen ableiten)?		
7.3.5	**Entwicklungsverifizierung:** Erfolgt die Verifizierung gemäß geplanten Regelungen und werden hierüber Aufzeichnungen geführt?		
7.3.6	**Entwicklungsvalidierung:** Erfolgt die Validierung gemäß geplanten Regelungen und werden hierüber Aufzeichnungen geführt?		
7.3.7	**Entwicklungsänderungen:** Werden alle Anforderungen an Entwicklungsänderungen erfüllt (Kennzeichnung, Bewertung, Verifizierung und Validierung der Änderungen, Auswirkungen auf bereits gelieferte Produkte, Aufzeichnung)?		

***Legende für Feststellungen:** K=konform, A=Anmerkung, N=Nebenabweichung, H=Hauptabweichung

-> A × B × E => Mittlerer Risiko
Auftreten 5 × 5 × 5 = 125
Bedeutung da bedeutung (1–10)
Entdeckbarkeit

10.4 Organisation

10.4.1 Aufbau-Organisation

Die Aufbau-Organisation eines Unternehmens wird in der Regel durch ein **Organigramm** dargestellt und spiegelt übersichtlich die hierarchische Struktur des Unternehmens wider.

Dabei sollte grundsätzlich zwischen zwei verschiedenen Organigramm-Typen unterschieden werden:

- Darstellung der vorhandenen Funktionen
- Darstellung, wer welche Funktion im Unternehmen erfüllt (Personigramm)

In der Praxis hat es sich bewährt, **zunächst mit einem Funktions-Organigramm zu beginnen**. Über diese Vorgehensweise wird die folgende Frage beantwortet:

„Welche Funktionsbereiche bilden unsere Grundstruktur, damit wir erfolgreich arbeiten?“

Je nach Größe des Unternehmens sind oft mehrere Seiten für eine detaillierte Übersicht nötig. Es sollte jedoch stets eine Seite mit einem Gesamt-Überblick über die Struktur des Unternehmens vorhanden sein. Weitere Seiten können dann in das Detail „zoomen“.

Anmerkung für Kleinbetriebe

Häufig wird von Klein- oder Kleinstbetrieben bemängelt, warum für eine ISO-Zertifizierung der Aufwand eines Organigramms getrieben werden muss. Auch in einem Kleinunternehmen oder sogar im Einmann-Betrieb ist es sinnvoll, sich Gedanken darüber zu machen, was für einen erfolgreichen Geschäftsbetrieb funktionieren muss. Auch hier gibt es Vertrieb, Buchhaltung, Leistungserbringung etc. Allerdings werden hier viele Funktionen in Personalunion von einer Person ausgeführt.

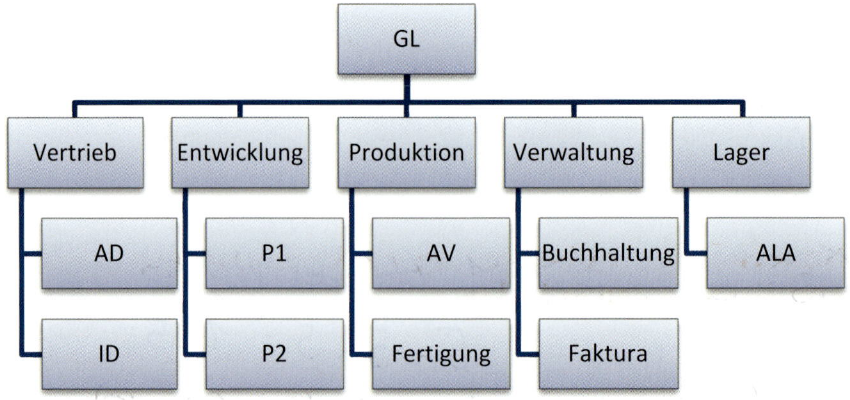

Abb. 166: Organigramm zur Darstellung der Aufbau-Organisation eines Unternehmens

Sobald das Funktions-Organigramm erstellt wurde, kann nun mit der Zuordnung der Mitarbeiter zu den einzelnen Funktionen begonnen werden. In größeren Betrieben wird im Organigramm häufig nur die Leitungsebene mit Namen gefüllt und alle weiteren Mitarbeiter in einer Mitarbeiterliste geführt, in der sie den jeweilige Funktionsbereichen zugeordnet werden. Hier sind auch prozentuale Aufteilungen darstellbar (70% Außendienst, 30% Innendienst etc.).

Schwierigkeit in der Praxis: Mitarbeiter ohne Funktion

Diese Vorgehensweise führt in der Praxis manchmal zu erstaunlichen Effekten. Wurden zunächst alle wichtigen Funktionsbereiche definiert und werden anschließend die Mitarbeiter den jeweiligen Funktionen zugeordnet, kann es passieren, dass am Ende Mitarbeiter „übrig bleiben". Diese Tatsache ruft dann großes Erstaunen bei den Verantwortlichen hervor, da dies bisher niemandem bewusst war. Häufig muss dann die Feststellung getroffen werden, dass auf Grund historisch gewachsener Strukturen eine Stelle „um einen Mitarbeiter herum" aufgebaut wurde, die eigentlich niemand benötigt.

10.4.2 Ablauf-Organisation

Die Ablauf-Organisation spiegelt die Abläufe und Prozesse in der Organisation wider. Die Darstellung erfolgt klassisch in Form von **Verfahrensanweisungen** („VA"; vertikal) oder **Prozessbeschreibungen** („PB"; horizontal; siehe hierzu Kap. 2.8).

Als Werkzeug für die Darstellung von Abläufen eignet sich besonders das **Flussdiagramm** (siehe 6.3.4). Selbstverständlich können Abläufe auch rein textuell oder in Form von Tabellen dargestellt werden, jedoch weisen diese gegenüber Flussdiagrammen einige Nachteile auf. Zum einen lässt Text grundsätzlich Raum für Interpretation, zum zweiten weist Text ein hohes Maß an Redundanz auf, also „überflüssige" Informationen (Füll- und Bindewörter). Dies wiederum führt in der Regel zu einer mangelnden Übersichtlichkeit bzw. höheren Platzbedarf und damit wiederum zu einer schlechteren Akzeptanz bei den Mitarbeitern.

Umgekehrt hat das Flussdiagramm damit folgende Vorteile bei der Darstellung von Abläufen:

- Eindeutigkeit der Darstellung von Abläufen, Schleifen und Verzweigungen => geringer Raum für Interpretation
- Keine Redundanz – nur das Notwendige wird dargestellt
- Geringer Platzbedarf
- höhere Akzeptanz bei Mitarbeitern

10.4.3 Organisieren der Übertragung von Verantwortung / Koordination von Aufgaben

Stellt das funktionsbezogene Organigramm die Aufbaustruktur des Unternehmens dar, so kann in kleinen Unternehmen nach Zuweisung von Mitarbeiternamen zu den jeweiligen Funktionen (Personigramm) bereits ein aussagekräftiges Dokument entstehen, das darstellt, wer im Unternehmen für was zuständig oder verantwortlich ist (siehe Kap. 10.4.1). In größeren Unternehmen ist dies nicht mehr möglich.

In jedem Betrieb, in dem Mitarbeiter jedoch vielschichtige Aufgaben übernehmen müssen, ist das Personigramm alleine jedoch nicht mehr ausreichend. Die Koordination der anstehenden Aufgaben und Verantwortlichkeiten werden daher in verschiedenen, weiteren Dokumenten geregelt, z. B.:

- Arbeitsvertrag
- Stellenbeschreibung / Funktionsbeschreibung
- Anforderungsprofil
- Verantwortlichkeitsmatrix
- Einweisungsmatrix

Der **Arbeitsvertrag** stellt die Rechtsgrundlage für das arbeitsvertragliche Verhältnis dar und enthält in der Regel einen Abschnitt mit der Stellenbeschreibung zu Beginn des Arbeitsverhältnisses. Eine salvatorische Klausel wie „... gegebenenfalls können dem Mitarbeiter auch andere, geeignete Aufgaben übertragen werden..." sorgt für eine flexible Aufgabenverteilung in der Praxis ohne dass der Arbeitsvertrag in kurzen Abständen nachgebessert werden muss.

Daher ist es sinnvoll, in Form einer **Stellenbeschreibung** zu beschreiben, für welche Aufgaben der Mitarbeiter zuständig und verantwortlich ist. Mit *„zuständig"* ist in diesem Sinne gemeint, dass der Mitarbeiter die Aufgaben ausführt. *„Verantwortlich"* heißt dagegen, dass er im Bedarfsfalle für das jeweilige Aufgabengebiet Entscheidungen trifft. Für eine Aufgabe kann es viele Zuständige geben, jedoch sollte es immer nur einen Verantwortlichen geben („Häuptling")[52]. Die Stellenbeschreibung schafft für Arbeitgeber und Arbeitnehmer eine leicht pflegbare Unterlage und sorgt für Klarheit im Arbeitsalltag. Der Begriff **Funktionsbeschreibung** zielt auf eine funktionale Einheit im Organigramm ab und enthält im Wesentlichen die gleichen Inhalte wie eine Stellenbeschreibung. Unternehmen wählen meist die eine oder die andere Bezeichnung. In größeren Unternehmen werden Stellen- oder Funktionsbeschreibungen festgelegt, die für mehrere Mitarbeiter gleichzeitig gelten, die diese Stelle oder Funktion im Unternehmen erfüllen. In Stellen- und Funktionsbeschreibungen sollten stets auch Fragen der gegenseitigen Vertretung geregelt werden (*„Mitarbeiter vertritt..."* und *„Mitarbeiter wird vertreten durch..."*).

Häufig werden Stellenbeschreibungen auch gekoppelt mit einem sogenannten **Anforderungsprofil**. Hierin wird festgelegt, welche Anforderungen an eine Stelle oder Funktion gestellt werden und stellt quasi eine Art „Wunschliste" an die Person dar, die die Stelle später ausfüllen soll.

Stellen- und Funktionsbeschreibungen sowie das Anforderungsprofil sind – einmal erstellt – eine wertvolle Hilfe bei der Personalsuche sowie der Formulierung von Arbeitszeugnissen und Arbeitsverträgen. Im Anhang finden Sie ein Muster einer kurzen Funktionsbeschreibung, wie sie in der Praxis Einsatz findet. Außerdem können sie – unabhängig vom Arbeitsvertrag – jederzeit aktuell gehalten werden.

[52] Bedenke den Satz: „Zu viele Köche verderben die Köchin!" (oder so ähnlich). Diese Logik trifft auf die Thematik der Verantwortlichkeit und Zuständigkeit im Besonderen zu!

	Huber	Meier	Müller	Somm	Winte	Herbs	Frühl
Anmeldung / Post	V				Z		
Bestellsystem	V				Z		
Datenschutz	Z	Z	V	Z	Z	Z	Z
Dienstplan		V					
Geräte	V	Z					
QM	Z	V	Z	Z	Z	Z	Z
Arbeitssicherheit	V				Z		
Beratung ID		V				Z	
Beratung AD		V	Z				Z

Tabelle 77: Beispiel einer Verantwortlichkeitsmatrix

Eine **Verantwortlichkeitsmatrix** dient dazu, einen Überblick zu schaffen, wer im Unternehmen für was zuständig und verantwortlich ist. Sie dient allen Mitarbeitern zur Orientierung. Es empfiehlt sich ein einfacher Aufbau in Form einer Tabelle (siehe Tabelle 77).Auch hier sollte die oben bereits erwähnte Logik greifen, dass es je Aufgabe nur einen Verantwortlichen (V) gibt – das ist derjenige, der im Bedarfsfall die Entscheidungen trifft. Zuständige (Z) dagegen kann es viele geben – das sind diejenigen, die die Aufgabe in der Praxis ausführen. In größeren Unternehmen erfolgt über eine **VMI-Matrix** zusätzlich die Angabe, wer informiert werden muss (V=verantwortlich, M=mitarbeiten, I=muss informiert werden).

Zu guter Letzt soll nun noch die **Einweisungsmatrix** vorgestellt werden. Sie dient als Übersicht, wer im Unternehmen welche Gerätschaften bedienen darf und stellt ein Hilfsmittel für den operativen Betrieb dar. Es dient weniger der Strukturierung des Unternehmens als der übersichtlichen Nachweisführung, wer darf was.[53]

Im Bereich einer Arztpraxis ersetzt eine Einweisungsmatrix beispielsweise einen nicht mehr vorhandenen Einweisungsnachweis durch den Gerätehersteller. Der Arzt übernimmt in diesem Fall durch Eintrag in die Liste die volle Verantwortung über den bestimmungsgemäßen Gebrauch des Gerätes durch die jeweilige Mitarbeiterin. Es gibt jedoch Gerätschaften (z. B. Röntgengerät), bei denen ein unabhängiger Nachweis unbedingt erforderlich ist und ein Eintrag in eine Einweisungsmatrix nicht ausreicht.

[53] Thematisch gehört die Einweisungsmatrix eigentlich in den Bereich Schulungen / Fortbildungen / Mitarbeiter-Entwicklung. Auf Grund seiner Ähnlichkeit zur Verantwortlichkeitsmatrix wird sie jedoch hier behandelt.

Gerät / Tätigkeit	Einweisung am / durch	Meier	Müller	Herbst	Sommer
Röntgen Durchleucht1			12.05.10 Dr. Müller		13.03.12 Siemens
Hochdruck-Kaffeeautomat Aroma Krass		24.05.11 Clooney	24.05.11 Clooney	24.05.11 Clooney	24.05.11 Clooney
Besenreitautomat Nimbus 2000				27.08.09 Potter	

Tabelle 78: Beispiel einer Einweisungsmatrix

10.5 Aufgaben und Stellung des QM-Fachpersonals

In der Organisation von Klein- und Mittelständischen Unternehmen (KMU) ist die Rolle von QM-Fachpersonal meist in Form einer Stabsstelle geregelt. Das heißt, sie ist direkt der Geschäftsleitung unterstellt und hat eine beratende Funktion, jedoch keine direkte Weisungsbefugnis. Meist wird diese Funktion dann auch von einem einzigen Mitarbeiter ausgeführt.

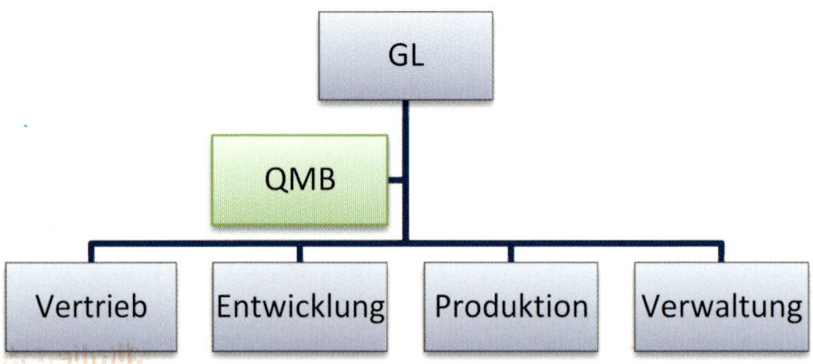

Abb. 167: Stellung von QM-Fachpersonal in KMU

In größeren Unternehmen sind die Aufgaben jedoch so vielfältig und umfangreich, dass zum einen mehrere Mitarbeiter mit QM-Themen betraut sind, zum anderen in verschiedenen Bereichen eine Weisungsbefugnis notwendig ist und eingeführt wird (besonders im produzierenden Betrieb in Bereichen der Qualitätssicherung und Qualitätskontrolle). Organisatorisch ist das QM-Fachpersonal dann unter anderem als eigenständiger Zweig verankert. Die übergeordnete Rolle des QM-Beauftragten (siehe nachfolgenden Abschnitt) sollte jedoch nach wie vor als übergeordnete Stabsstelle verankert sein.

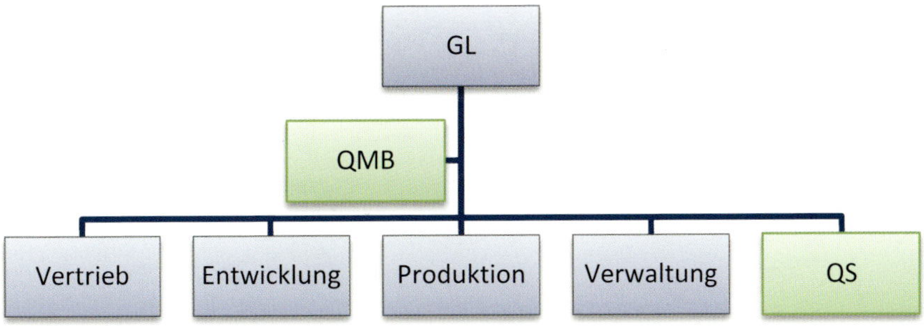

Abb. 168: Stellung von QM-Fachpersonal in größeren Betrieben

Im Folgenden sollen ein paar spezielle Aufgaben beleuchtet werden, die QM-Fachpersonal in der Praxis ausübt.

10.5.1 Beauftragter der obersten Leitung (BoL / QMB)

Gemäß ISO 9001, Kap. 5.5.2 muss die oberste Leitung *„ein Mitglied der Leitung der Organisation*[54] *benennen, das, unabhängig von anderen Verantwortungen, die Verantwortung und Befugnis hat, die Folgendes einschließen:“*

- die für das QM-System erforderlichen Prozesse einführen und aufrechterhalten
- der obersten Leitung über die Leistung des QM-Systems sowie jegliche Notwendigkeit für Verbesserungen zu berichten
- das Bewusstsein über die Kundenanforderungen im gesamten Unternehmen sicherstellen

Im einleitenden Satz wird deutlich, dass der BoL (Beauftragter der obersten Leitung oder QM-Beauftragter (QMB) wie er weitläufig genannt wird) ein **Mitglied der Leitung sein muss**. Mit der Neufassung der ISO 9001 im Jahr 2008 wurde hier die Verantwortung zu QM-Themen damit zur Chefsache erklärt. Eine „Abwälzung“ auf Mitarbeiter, die eigentlich nichts zu sagen haben, soll damit systematisch unterbunden werden.

Eine Zusammenarbeit mit „externen Parteien“ wird jedoch in einer zusätzlichen Anmerkung im gleichen Kapitel ausdrücklich eingeschlossen! Nur muss die verantwortliche Person innerhalb des Unternehmens eben ein Mitglied der Unternehmensleitung sein.

Für die Qualifikation des QMB oder BoL gibt es keine konkreten Vorgaben! Jedoch geht indirekt aus den Anforderungen nach Normabschnitt 6.2 zu den personellen Ressourcen hervor, dass der Mitarbeiter die „notwendige Kompetenz“ besitzen muss. Auf gut Deutsch heißt das: Er muss wissen, was er tut und wovon er spricht.

In externen Audits werden daher regelmäßig Nachweise über die Ausbildung von QM-Fachpersonal gefordert. Die Ausbildung von QM-Fachpersonal nach TGA-Standard

[54] Die ISO 9001 spricht in der Regel von „Organisation“. Im Rahmen dieses Lehrbuches wird grundsätzlich von „Unternehmen“ gesprochen – obwohl der Begriff Organisation weitreichender ist als Unternehmen (z. B. gemeinnützige Organisationen).

stellt den verbreitetsten Standard hierzu dar und wird im Rahmen einer Personenzertifizierung von verschiedenen Organisationen angeboten. Im Rahmen dieses TGA-Standards wird der QM-Beauftragte mit „QB“ und nicht mit QMB abgekürzt. Die Zielsetzung lautet hier für den **QM-Beauftragten (QB)**:

> *„Der QM-Beauftragte (QB) muss die Prinzipien, Methoden und Verfahren des Qualitätsmanagements entsprechend den Belangen der Wirtschaft beherrschen und kompetent sein, beim Aufbau und der Aufrechterhaltung eines Qualitätsmanagementsystems Unterstützung zu geben.“*

Es sei darauf hingewiesen, dass der QB nach dieser Zielsetzung lediglich eine Fähigkeit zur Unterstützung haben muss! Für eine volle Ausübung der Rolle im Sinne der ISO 9001 wäre die Stufe drei des Ausbildungskonzeptes erforderlich, der **Qualitätsmanager (QM)**. Hier lautet die Zielsetzung ähnlich wie die Anforderungen der Norm:

> *„Der Qualitätsmanager (QM) muss die Befähigung des QB haben und kompetent sein, als Beauftragter der Leitung ein Qualitätsmanagementsystem aufzubauen, anzuwenden und durch Initiierung des Verbesserungsprozesses weiter zu entwickeln.“*

10.5.2 Interner Qualitätsauditor

Der interne Qualitätsauditor ist zuständig für die Planung und Durchführung interner Audits (siehe hierzu das folgende Kap. 10.6 sowie Kap. 4.2).

Eine offizielle Grundlage für die Tätigkeiten als interner Auditor liefert die DIN EN ISO 19011. Nachdem im Jahr 2006 ein internationales Gremium (ISO CASCO) eine Norm für Drittparteien-Audits von Managementsystemen ausgearbeitet hat (ISO 17021), ist mit der ISO 19011 in der neuen Revision aus dem Jahr 2011 beabsichtigt, als Leitfaden für Erstparteien- und Zweitparteien-Audits zu dienen[55].

Die **Rolle und die Verantwortlichkeiten** des Auditors sind im Normabschnitt 5.2.2 beschrieben. Dabei geht es im Wesentlichen um folgende Aufgaben:

- Auditprogramm und Auditumfang festlegen
- Verantwortlichkeiten und Verfahren festlegen
- Verfügbarkeit der auditierten Ressourcen festlegen
- Kriterien für einzelne Audits sowie Auditziele festlegen
- ggf. Auditteam festlegen
- sicherstellen, dass geeignete Aufzeichnungen zum Auditprogramm geführt werden
- das Auditprogramm überwachen, bewerten und verbessern

In Bezug auf die **Kompetenzen** eines Auditors stehen im Normabschnitt 5.2.3 folgende Anforderungen:

[55] Dem Autor lag zum Zeitpunkt der Erstellung dieses Kapitels lediglich der Entwurf aus dem Juli 2010 vor. Es ist jedoch davon auszugehen, dass sich die wesentlichen Aussagen auch mit der Endfassung nicht ändern werden.

- Auditprinzipien, -verfahren, -methoden und -techniken
- Managementsystem und Bezugsdokumente
- anwendbare rechtliche und andere Anforderungen in Bezug auf die Tätigkeiten und/oder die Produkte der zu auditierenden Organisation
- Produkte und Prozesse der Organisation
- Kenntnis der Kunden, Lieferanten und andere interessierte Parteien der zu auditierenden Organisation
- Risiken, die mit einem Auditprogramm verbunden sind

Der gesamte Normabschnitt 7. schließlich zielt nochmals auf die Kompetenz sowie die Bewertung von Auditoren ab. Hier werden weiche Faktoren (persönliches Verhalten) beschrieben, als auch gewünschtes Wissen und Fertigkeiten sowie die notwendige Ausbildung, die ein Auditor mitbringen sollte. Die Liste dieser geforderten Eigenschaften zieht sich über mehrere Seiten. In Abb. 169 sei lediglich eine kleine Übersicht über geforderte Eigenschaften in Bezug auf das persönliche Verhalten gegeben[56]:

Zwei grundsätzliche Auditprinzipien stellen den internen Auditor vor große Herausforderungen:

- Unabhängigkeit
- Objektivität

Diese Kriterien sind in der Regel nur von externen Personen voll zu erfüllen, daher greifen viele Unternehmen auf die Unterstützung externer Berater zurück, um den „Blick von außen" in das Unternehmen zu bringen.

Im Rahmen der Ausbildung von QM-Fachpersonal nach dem TGA-Standard ist der **IQA (Interner Qualitätsauditor)** die zweite Stufe und folgt folgender Zielsetzung:

„Der Interne Qualitätsauditor (IQA) muss die Befähigung des QB haben und in der Lage sein, interne prozessorientierte Audits von QM-Systemen zu planen, durchzuführen und auszuwerten. Er kann Kundenaudits begleiten und die Bewertung von Lieferanten unterstützen."

10

[56] Immer wenn es mir schlecht geht, lese ich den Normabschnitt 7.2.1. Hier steht, wie gut ich bin… (siehe Abb. 169)

Abb. 169: Gewünschte Eigenschaften von Auditoren in Bezug auf ihr persönliches Verhalten

Der informative Anhang A der Norm gibt schließlich weitere Hinweise zu disziplin-spezifischem Wissen und Fertigkeiten von Auditoren.

10.5.3 (Externer) Qualitätsauditor

Im Rahmen der Ausbildung von QM-Fachpersonal ist der **Qualitätsauditor (QA)** die vierte und letzte Ausbildungsstufe. Sie folgt der Zielsetzung:

„Der Qualitätsauditor (QA) muss die Befähigung des QM haben und auf der Basis der DIN EN ISO 19011:2002 die Planung, Durchführung, Nachbereitung und Dokumentation von internen und externen Audits von QM-Systemen beherrschen."

Aus dieser Definition ist ersichtlich, dass hiermit auch die Grundlage für selbst organisierte und durchgeführte, externe Audits in Form von Zweit- und Drittparteien-Audits gelegt werden soll. Die Ausbildung zum IQA soll im Vergleich hierzu lediglich zur Unterstützung bei diesen Aufgaben befähigen.

Im Falle einer Tätigkeit als Auditor im Auftrag einer akkreditierten Zertifizierungsgesellschaft ist nach erfolgreicher Absolvierung der QA-Ausbildung noch eine Hospitantenzeit[57] bei der Zertifizierungsstelle erforderlich. Hier lernt der Hospitant einerseits die von der Zertifizierungsstelle eingeführten Verfahren und Prozesse, andererseits profitiert er vom „Über-die-Schulter-schauen“ der begleiteten Auditoren und deren Erfahrung.

10.6 Auditierung

10.6.1 Grundsätze nach ISO 19011

Die ISO 19011 definiert in Normabschnitt 4 sechs sog. „Auditprinzipien“, die im Folgenden kurz erläutert werden sollen:

1. **Integrität**
   Sie bildet die Grundlage des Berufsbildes (Ehrlichkeit, Sorgfalt, Verantwortung, Unparteilichkeit, Fachkompetenz, sensibel, Berücksichtigung aller anwendbaren Anforderungen).
2. **Sachliche Darstellung**
   wahrheitsgemäßes und genaues Berichten (objektiv, zeitgerecht, vollständig, Hindernisse, unterschiedliche Auffassungen etc.).
3. **Angemessene berufliche Sorgfalt**
   Anwendung von Sorgfalt, um in allen Auditsituationen gemäß dem entgegengebrachten Vertrauen fundierte Beurteilungen vorzunehmen.
4. **Vertraulichkeit**
   Umsicht im Umgang mit schützenswerten Informationen; Schutz von sensiblen, vertraulichen oder geheimen Informationen.
5. **Unabhängigkeit**
   Grundlage für die Unparteilichkeit und Objektivität von Auditschlussfolgerungen; Frei sein von Voreingenommenheit und Interessenskonflikten während des gesamten Auditprozesses.
6. **Vorgehensweise, die auf Nachweisen beruht**
   Rationale Grundlage durch verifizierbare Auditnachweise schaffen, um zu nachvollziehbaren Auditschlussfolgerungen zu gelangen.

Auditprinzipien zielen darauf ab, dass Auditoren unabhängig voneinander unter gleichen Umständen zu gleichartigen Schlussfolgerungen gelangen!

[57] Die Hospitantenzeit schwankt je nach Zertifizierungsgesellschaft. Ca. 20 bis 25 Manntage für Begleitungen bei Audits und Berichterstellung sind eine gängige Größenordnung.

10.6.2 Auditprogramm / Auditplan

Die Definition eines **Auditprogramms** nach ISO 19011 lautet:

Vorkehrungen für einen Satz von einem oder mehreren Audits, die für einen spezifischen Zeitraum geplant werden und auf einen spezifischen Zweck gerichtet sind.

Daraus folgt, dass mit einem Auditprogramm verschiedene Dinge festgelegt werden müssen:

- Ziel des / der Audits
- Auditumfang / Standorte / Zeitplan (Auditplan)
- Auditarten (Systemaudit, Produktaudit, Prozessaudit...)
- Auditkriterien (gegen was wird auditiert?)
- Auditmethoden
- Auswahl des / der Auditteams
- erforderliches Umfeld schaffen (Reise, Übernachtung etc.)
- Bewertung von möglichen Risiken
- Vorbeugende Maßnahmen bzgl. Unsicherheiten, Informationssicherheit, Vertraulichkeit etc.

Der **Auditplan** ist in der Regel eine zeitliche Auflistung, wann wer wo wann auditiert wird. Im Anhang finden Sie ein Muster-Beispiel eines kombinierten Auditprogramms / Auditplans.

Im Auditprogramm wird ein Überblick geschaffen, welche Normabschnitte wann auditiert wurden und können im Nachgang noch als Haupt- oder Nebenabweichung gekennzeichnet werden.

10.6.3 Audit-Dokumentation

Die Audit-Dokumentation besteht im Wesentlichen aus drei Teilen, die sich zeitlich logisch an der Umsetzung des Auditprogramms orientieren:

zeitlich	Audit-Dokumentation
vor dem Audit	Auditprogramm / Auditplan Audit-Checkliste (Vorbereitung)
während des Audits	Audit-Checkliste (Ausfüllen) Sammeln von Nachweisen
nach dem Audit	Audit-Bericht Anpassen des Auditprogramms

Auditprogramm / Auditplan wurden bereits im letzten Abschnitt behandelt.

Die **Audit-Checkliste** ist ein strukturierter Fragenkatalog, der als Leitfaden für die Durchführung des Audits dienen soll und daher ***vor dem Audit*** vorbereitet werden muss. Er beinhaltet die Anforderungen der Norm ebenso wie fach- und unternehmensspezifische Fragen, die auf Basis der eigenen (Vorgabe-) Dokumentation des Unternehmens fußen (QMH, VA, AA, FB). Es sollten stets auch die Audit-Feststellungen aus dem Vorjahr bzw. den vorangegangenen Audits enthalten sein, um die wirksame Beseitigung von Haupt- und Nebenabweichungen beurteilen zu können. Für die Abdeckung der normspezifischen Fragen kann die Tabelle aus Kap. 10.3.1 / 10.3.2 verwendet werden.

MERKE: Die Audit-Checkliste ist für eine strukturierte Durchführung des Audits unerlässlich! Ein ständiges „Kleben" an der Checkliste (kein Augenkontakt mit den Auditierten) führt jedoch zu einem Stocken des Auditablaufes. Hier ist Fingerspitzengefühl erforderlich!

Der Autor schlägt folgendes Bewertungsschema für die einzelnen Anforderungen / Fragen der Checkliste vor[58]:

- K konform (Anforderung erfüllt)
- A Anmerkung (auf Dinge außerhalb des QM-Systems)
- N Nebenabweichung (mittelfristig zu beseitigen)
- H Hauptabweichung (sofort zu beseitigen)

Während des Audits schreibt der Auditor seine Beobachtungen in die Audit-Checkliste und zwar **unverzüglich**! Was nicht sofort dokumentiert wird, wird erfahrungsgemäß vergessen, daher kann diese Forderung gar nicht stark genug betont werden. Hier werden auch Referenzen auf Vorgangsnummern oder ähnliches eingetragen, die in Form von Stichproben begutachtet wurden.

10

[58] Im Englischen gibt es nur den Begriff „Conformity" für konform – also Anforderung erfüllt und „Non-Conformity" – also Anforderung nicht erfüllt. Bei letzterem wiederum gibt es zwei Stufen, die „Major Non-Conformity" und die „Minor Non-Conformity" (also große und kleine Nicht-Konformität). Je nach Zertifizierungsstelle ist hier im Deutschen der Sprachgebrauch unterschiedlich. Der Autor verwendet den Begriff „Nebenabweichung" für die Minor Non-Conformity und „Hauptabweichung" für die Major Non-Conformity. Hauptabweichungen müssen in diesem Sinne unbedingt beseitigt werden, um ein Zertifikat zu erhalten. Eine Nebenabweichung dagegen wird in der Regel erst im nächsten Audit wieder begutachtet – das heißt, das Unternehmen hat hier für die Erledigung etwa ein Jahr Zeit. Die gleiche Logik empfiehlt sich auch für die Beurteilungen in internen Audits.

Nach dem Audit erfolgt schließlich ein **Auditbericht**. Der Auditbericht fasst die Ergebnisse des Audits zusammen. Der Autor empfiehlt hier eine Zweiteilung des Berichtes: Der erste Teil enthält eine grundlegende Zusammenfassung, der zweite Teil führt dann bereichsspezifisch in einem gestaffelten System zunächst Hauptabweichungen, dann Nebenabweichungen und schließlich Anmerkungen mit oder ohne Empfehlungscharakter auf. Dadurch wird der Bericht kurz und übersichtlich und die Feststellungen können sogar noch mit Spalten zur Nachverfolgung der Erledigung von festgelegten Korrekturmaßnahmen verwendet werden.

Im Anhang finden Sie ein Muster, wie ein Auditbericht in der Praxis aufgebaut sein kann.

Außerdem sollte im Nachgang noch das **Auditprogramm** angepasst werden, indem in den jeweiligen Bereichen kenntlich gemacht wird, wo es Haupt- und Nebenabweichungen gab (im Muster im Anhang sind die relevanten Abschnitte gelb für die Nebenabweichung und rot für die Hauptabweichung gekennzeichnet).

10.7 Berichtswesen

Das Berichtswesen erfordert gewisse Grundfertigkeiten in Bezug auf die Gestaltung von darzustellenden Informationen. Der folgende Abschnitt ist als theoretische Einführung in die Thematik zu verstehen, kann jedoch ein stetes Üben und das Sammeln eigener Erfahrung nicht ersetzen.

10.7.1 Berichtstechnik

Ein Bericht erfüllt die **Funktion bzw.** den **Zweck**, Informationen über bestimmte Dinge (Tatbestände, Ereignisse) zu dokumentieren.

Wichtige **Merkmale** des Berichtes sind:

- sachliche Information über
- ein Ereignis oder einen Sachverhalt
- kurz und knapp
- indirekte Rede
- Angaben zu Beteiligten, Zeit, Ort, Anlass etc.
- ggf. Ausblick und / oder Kritik

Anlässe für Berichte gibt es viele. Für bestimmte Berichtsformen gibt es sogar konkrete (gesetzliche oder normative) Vorgaben.

Hier eine kurze Liste von **Berichtsformen**, die im Arbeitsalltag entstehen:

- Geschäftsberichte (z. B. beim Jahresabschluss)
- Auditberichte
- Projektberichte
- Controllingberichte

Die spezielle Form des Auditberichtes wurde ja bereits im letzten Abschnitt behandelt.

10.7.2 Protokolltechnik

Protokolle stellen eine Sonderform des Berichts dar und erfüllen verschiedene **Funktionen bzw. Zwecke**. Sie dienen zur

- Information,
- Dokumentation und als
- Nachweis.

Dem entsprechend lassen sich verschiedene **Arten** von Protokollen unterscheiden:

- **Verlaufsprotokolle** (wesentliche Diskussionsbeiträge)
- **Wortprotokolle** (alles Gesagte)
- **Ergebnis- und Beschlussprotokolle** (nur wesentliche Ergebnisse und Beschlüsse)
- **Kurzprotokolle** (alles Wesentliche; erstreckt sich unter anderem auf zusätzliche Vereinbarungen zu Verträgen etc.)
- **Aktennotizen / Aktenvermerke**[59]

Protokolle, die als Nachweis dienen, besitzen oft Urkundencharakter. Hier ist unbedingt auf eine strikte Trennung von Meinung und Fakten zu achten. Gefühlsmäßige Meinungen haben in Protokollen nichts verloren.

Entscheidend ist gerade bei Beschlüssen und Vereinbarungen, dass am Ende des Protokolls dokumentiert ist, wer welche Aufgaben bis wann zu erledigen hat. Nur darüber lässt sich die Erledigung von Maßnahmen auch kontrollieren. Am besten erfolgt dies über einen **To-Do-Block**. Im Anhang finden Sie ein Protokoll-Muster. Es eignet sich durch eine Festlegung fester Tagesordnungspunkte am Protokoll-Anfang auch zur Protokollierung regelmäßig stattfindender Meetings (Jour-fixe).

Unerledigte Punkte können beim nächsten Meeting in das neue Protokoll übernommen, so dass jederzeit ein Überblick über offene Aufgaben möglich ist. Sollte die Anzahl der Aufgaben auf ein nicht mehr zu bewältigendes Maß ansteigen, so sollte die Aufgabe oder das Streichen von Aufgaben aus Zeitgründen ebenfalls im Protokoll vermerkt werden.[60]

10.7.3 Darstellung

Berichte oder Protokolle sollten so verfasst werden, dass der Leser sich auf möglichst einfache Weise ein möglichst gutes „Bild" über die vermittelten Informationen machen kann.[61]

10

[59] Aktennotizen werden in der Literatur zum Teil auch den Berichten und nicht den Protokollen zugeordnet.
[60] Es gibt Firmen, die das Protokollieren nach einiger Zeit auf Grund der Vielfalt der „vor Augen geführten" Aufgaben wieder einstellten, um den „Wahnsinn" nicht ständig sehen zu müssen. Für ein modernes Unternehmen ist das keine Lösung! Hier muss nach Prioritäts-Gesichtspunkten eine Streichung von Aufgaben erfolgen. Das Protokoll wird hier zum unterstützenden Hilfsmittel, das hilft, allen Beteiligten die Notwendigkeit der Streichung von relativ unwichtigen Aufgaben klar zu machen. Die Streichung gibt den Blick frei auf die Dinge, die auch mit aller Kraft verfolgt werden sollen.
[61] Manche Berichte oder Protokolle stellen eher Anforderungen an die Konzentration und die Geduld des Lesers

Auf die Verwendung von Bildern wurde bereits mehrfach eingegangen (siehe hierzu 6.3.2). Es sollte alles unternommen werden, um die Verständlichkeit der Information so groß wie möglich zu gestalten.

Hierzu ist im Besonderen auf folgende **Elemente** zu achten:

- Form
- Gliederung / Struktur
- Verständlichkeit
- Komplexität (auch bei der Verwendung von Bildern!)
- Aufnahmefähigkeit der Zielpersonen

Im Management gibt es eine Vielzahl bewährter Werkzeuge (z. B. Mindmaps), die bei der Darstellung und Gliederung von Informationen sehr hilfreich sind. Eine hierüber gefundene Struktur kann dann häufig 1:1 in den Bericht oder ein Protokoll übernommen werden.

10.8 Managementbewertung

Die oberste Leitung muss gemäß ISO 9001, Kap. 5.6 das QM-System in geplanten Abständen bewerten, um Folgendes sicherzustellen[62]:

- Eignung,
- Angemessenheit und
- Wirksamkeit des QM-Systems

Die Bewertung muss insbesondere folgende Punkte beinhalten:

- Möglichkeiten von Verbesserungen
- Änderungsbedarf für
    - das QM-System
    - die Qualitätspolitik
    - gesetzte Qualitätsziele

Die Managementbewertung muss schriftlich erfolgen. Es empfiehlt sich, eine Struktur, wie von der Norm gefordert, einzuführen („**Eingaben** für die Bewertung“):

- Ergebnisse von Audits
- Rückmeldungen von Kunden
- Prozessleistung und Produktkonformität
- Status von Vorbeugungs- und Korrekturmaßnahmen
- Folgemaßnahmen vorangegangener Managementbewertungen
- Änderungen, die sich auf das Qualitätsmanagementsystem auswirken könnten

[62] In der Norm steht ausdrücklich „in geplanten Abständen“, das heißt ein Jahreszeitraum ist nicht ausdrücklich vorgeschrieben, leitet sich aber indirekt aus der Tatsache ab, dass es bei der ISO 9001 einen einjährigen Überwachungsturnus gibt.

- Empfehlungen für Verbesserungen

Diese Eingaben spannen den Rahmen des QM-Systems nach ISO 9001 auf und werden in verschiedensten Bereichen als Stand der Technik betrachtet. So wird in verschiedenen Bereichen, in denen zwar kein ISO 9001-Zertifikat gefordert wird, aber ein „QM-System nach Stand der Technik“, die Managementbewertung als Ersatz-Nachweis für ein QM-System erwartet (z. B. AZAV – Akkreditierungs- und Zulassungsverordnung Arbeitsförderung).

Häufig finden sich in Anschluss an die Norm-Eingaben noch branchenspezifische Unterpunkte, wie z. B. Risikomanagement, die für das Unternehmen eine herausragende Bedeutung haben.

Mit einer reinen Status-Ermittlung des QM-Systems ist es jedoch nicht getan. Es müssen aus den Status-Feststellungen geeignete **Entscheidungen und Maßnahmen** abgeleitet werden, und zwar speziell in folgenden Punkten:

- Verbesserung der Wirksamkeit des QM-Systems und seiner Prozesse
- Produktverbesserung in Bezug auf Kundenanforderungen
- Bedarf an Ressourcen.

Eine Managementbewertung ohne abgeleitete Entscheidungen und Maßnahmen ist wertlos!

Ein einfaches Muster einer Managementbewertung finden Sie im Anhang.

10.9 Die sieben Managementwerkzeuge (M7)

Bei den M7 handelt es sich um einen „Werkzeugkasten“, der bei der Lösung von Problemen und Strukturierung von Informationen helfen kann. Die folgende Übersicht zeigt, wie sich die einzelnen Werkzeuge den drei Phasen **Datenanalyse**, **Lösungsfindung** und **Lösungsumsetzung** zuordnen lassen.

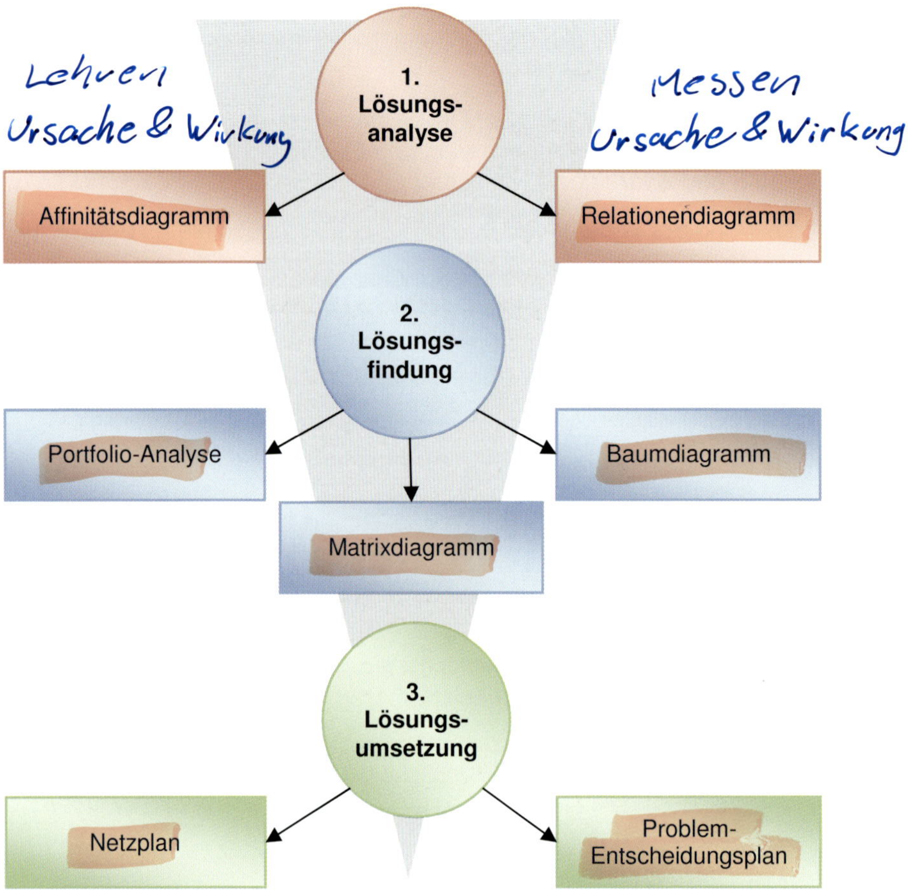

Abb. 170: Übersicht über die 7 Managementwerkzeuge (M7)[63]

In nachfolgenden Seiten dargestellt
⟹ 10.9.1 – 10.9.7

[63] nach Kamiske / Brauer, Qualitätsmanagement von A bis Z, S. 140

10.9.1 Affinitätsdiagramm

Funktion / Zweck:

- Verdichten von vielen Daten zu einem best. Thema
- Ordnen von (chaotisch vorliegenden) Informationen

Nutzen / Anwendung bei:

- Verständnis oder Übersicht schaffen
- Zusammenhänge finden
- Neue Ideen oder Lösungsansätze finden
- Beseitigung von Kommunikationsproblemen

Vorgehensweise:

1. Thema / Problem schriftlich festlegen
2. Brainstorming (Ideen und Gedanken auf Karten sammeln; 50 und mehr Beiträge sind üblich)
3. **Clustern** (Gruppieren inhaltlich zusammengehöriger Karten; 5 bis 10 Cluster sind normal)
4. Finden einer Überschrift für jeden Cluster

Die gefundenen Überschriften bilden jeweils eigene Ansätze oder Gesichtspunkte zum gestellten Thema und können im nächsten Schritt im Relationendiagramm weiter bearbeitet werden. Dabei kann die Überschrift ein einzelnes Schlüsselwort oder auch ein komplett formulierter Satz sein. Gleiches gilt auch für die im Brainstorming gesammelten Ideen und Gedanken. Auch hier kann es sich um kurze Sätze handeln, die den Gedanken umreißen. In der beispielhaften Abbildung eines Affinitätsdiagramms (Abb. 171) wird der Einfachheit halber nur mit Schlüsselworten gearbeitet.

Zuweilen findet man anstatt des Begriffs Affinitätsdiagramm auch den Begriff **Verwandschaftsdiagramm.** Er zielt vor allem auf die Zusammenführung inhaltlich verwandter Gedanken nach einem Brainstorming ab (Schritt 3 und 4 wie oben beschrieben).

Abb. 171: Affinitätsdiagramm

10.9.2 Relationendiagramm

Funktion / Zweck:

- Aufzeigen der Wechselbeziehungen von Informationen
- Bewerten dieser Beziehungen

Nutzen / Anwendung bei:

- Darstellung von Ursache-/ Wirkungs-Zusammenhängen
- Schaffen einer einheitlichen Sichtweise von komplexen Sachverhalten

Vorgehensweise:

1. Thema / Problem schriftlich festlegen
2. Sammeln von „**Gesichtspunkten**“ (z. B. durch Brainstorming oder Affinitätsdiagramm – siehe letzten Abschnitt; 5 bis 25 Gesichtspunkte auf Karten sind sinnvoll)
3. Karten mit Gesichtspunkten durchnummerieren und an eine Tafel heften
4. Karten in aufsteigender Reihenfolge durchgehen und auf Wechselbeziehung zu anderen Karten untersuchen. Ursache und Wirkung durch Pfeile zwischen den Karten darstellen.
5. Ankommende und Abgehende Pfeile zählen und auf Karte notieren. Eine hohe Zahl abgehender Pfeile weist auf eine wichtige Ursache, eine hohe Zahl ankommender Pfeile auf eine wichtige Wirkung hin.

Das Ergebnis zeigt Ansatzpunkte für die weitere Problemlösung auf.

Die im vorhergehenden Abschnitt beschriebenen Überschriften, die im Rahmen eines Affinitätsdiagramms gefunden wurden, können im Relationendiagramm als Gesichtspunkte weiterbearbeitet werden.

In dem schematisch dargestellten Muster-Relationendiagramm (Abb. 172) steht die jeweils erste Zahl für die Ursache bzw. die Anzahl der abgehenden Pfeile. Die zweite Zahl steht für die Anzahl der ankommenden Pfeile und damit für die Wirkung.[64]

Wie sich im Beispiel unschwer erkennen lässt, ist Hauptursache für das gesamte Thema „Einführung QM“ der Punkt 4. Anforderungen (3/1). Hauptwirkung ist der Punkt 1. Schulung.

10

[64] Je nach Literatur ist die Reihenfolge der Zahlenangaben für Ursache und Wirkung vertauscht. In jedem Falle muss geklärt werden, welche Zahl für die abgehenden und welche für die ankommenden Pfeile steht.

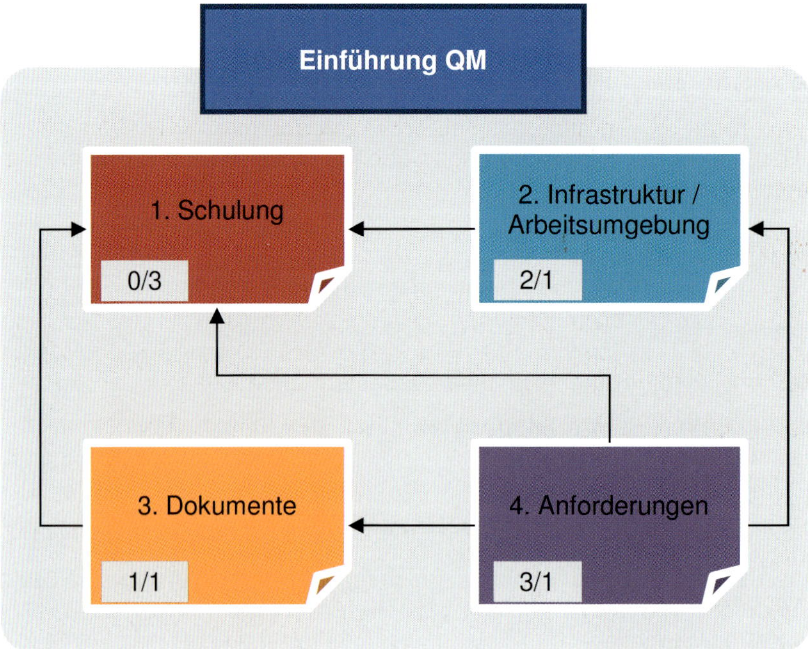

Abb. 172: Relationendiagramm

10.9.3 Baumdiagramm

Das Baumdiagramm wurde allgemein bereits im Kap. 6.3.3 behandelt. Hier nochmals kurz im Überblick Funktion, Nutzen und Vorgehensweise im Überblick:

Funktion / Zweck:

- Untergliederung / Ordnung eines Themas mit
- steigender Genauigkeit von Ebene zu Ebene

Nutzen / Anwendung bei:

- Festlegung von Maßnahmen und Mittel zur Problemlösung
- Minimierung des Risikos, dass wichtige Ansätze vergessen werden
- Veranschaulichung komplizierter Zusammenhänge

Vorgehensweise:

1. Thema wählen
2. Ebenen erarbeiten (z. B. Ursachen eines zu lösenden Problems, Teilprozesse oder mögliche Fragestellungen zu einem Thema) in beliebiger Tiefe; beim Problemlösungsbaum sollten auf der letzten Ebene konkrete Maßnahmen stehen
3. Prüfung des Baumdiagramms auf Vollständigkeit und Richtigkeit

Die Baumstruktur kann von oben nach unten oder von links nach rechts erarbeitet werden.

Die Teamzusammensetzung ist je nach Aufgabenstellung und Genauigkeitsgrad der Baumebene zu wählen.

Für die Themenwahl eignen sich beispielsweise die aus einem Relationendiagramm ermittelten Hauptursachen oder –Wirkungen oder die Gruppen-Überschriften aus dem Affinitätsdiagramm.

10.9.4 Matrixdiagramm

Im Kap. 6.3.5 wurde das Matrixdiagramm einführend vorgestellt. Die Darstellung in jenem Kapitel beschränkt sich jedoch auf den paarweisen Vergleich – einer von vielen Möglichkeiten, wie Matrixdiagramme angewendet werden können.

Im Folgenden sollten weitere Anwendungsmöglichkeiten aufgezeigt werden.

Funktion / Zweck:

- Finden und Bewerten von Wechselbeziehungen zwischen verschiedenen Merkmalen
- in zwei oder mehr Dimensionen

Nutzen / Anwendung bei:

- Verständnis für unüberblickbare Wechselwirkungen schaffen
- Ableitung von Maßnahmen oder Schwerpunkten (Gewichtungen)
- Bessere Akzeptanz von Entscheidungen

Vorgehensweise:

1. Thema festlegen
2. Dimensionen und Matrixform festlegen
3. Merkmale für jede Dimension festlegen (z. B. durch Brainstorming oder aus den Ergebnissen anderer M7-Werkzeuge; beim paarweisen Vergleich sind die Merkmale für zwei Dimensionen gleich)
4. Beziehung zwischen jeweils zwei Merkmalen zweier Dimensionen wird nun in Form von Zahlen oder Symbolen in die Matrix eingetragen
5. Beim Einsatz von Zahlen können nun Zeilen- und Spaltensummen ermittelt und ausgewertet werden

Mit der Wahl der Dimensionen wird gleichzeitig die Form der Matrix gewählt. Mögliche **Matrixformen** sind:

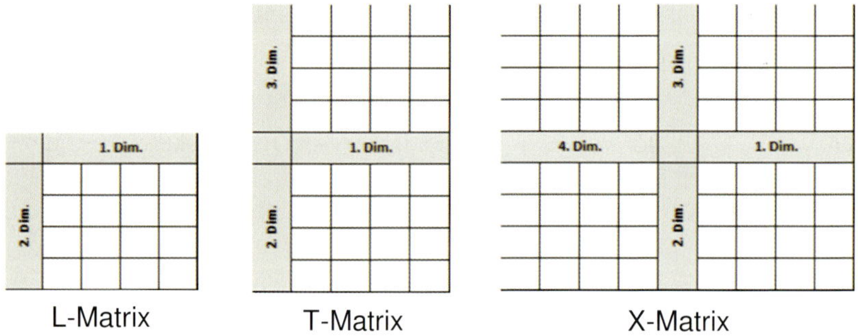

Abb. 173: Mögliche Matrixformen

Mit Einsatz von speziellen Programmen sind beliebige weitere Dimensionen abbildbar.

Für die Wechselwirkung gibt es verschiedene Möglichkeiten, die Bewertung durch **Symbole** auszudrücken. Der Autor empfiehlt jedoch kategorisch den Einsatz von Zahlen, da sich über die Zahlen durch Summenbildung von Zeilen und Reihen eine zusätzliche Information gewinnen lässt, die beim Einsatz von Symbolen ausbleibt.

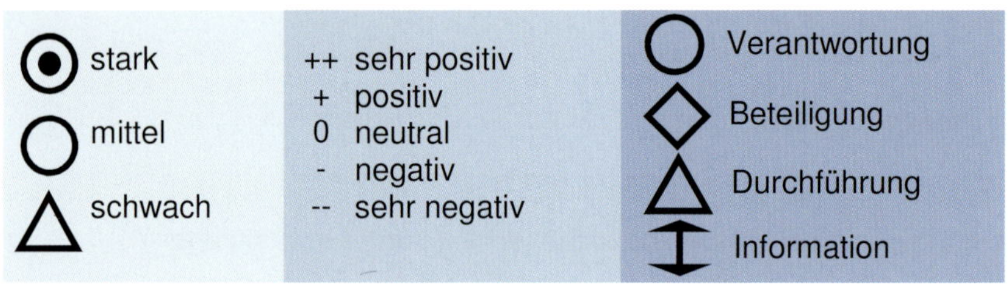

Abb. 174: Mögliche Symbole für die Bewertung von Wechselwirkungen[65]

Abschließend sei darauf hingewiesen, dass die durchzuführenden Bewertungen mit der Anzahl der Merkmale und Dimensionen exponentiell steigen. Bereits ein Matrixdiagramm mit zehn Merkmalen und zwei Dimensionen führt zu 100 Bewertungen.

10.9.5 Portfolio-Diagramm

Funktion / Zweck:

- Darstellung mehrerer Objekte im Vergleich
- Visualisierung einer Bewertung nach zwei bis drei Dimensionen
- Darstellung von Ist- und Soll- /Ziel-Situation

Nutzen / Anwendung bei:

- Unternehmens- oder Produktvergleich
- Verdichtung von Daten / Übersicht schaffen
- Ableitung von Zielen

[65] nach Theden / Colsman, Qualitätstechniken, S. 56

Vorgehensweise:

1. Festlegung der Vergleichsobjekte
2. Festlegung der Dimensionen (zwei bilden die Hauptachsen, die dritte wird über den Kreis-Durchmesser dargestellt) und deren Maßeinheit sowie die Lage der Hauptachsen
3. Ermittlung der Maßgrößen für jedes Objekt (im Bedarfsfall wird geschätzt)
4. Eintrag der Objekte in das Portfolio-Diagramm
5. Analyse / Schlussfolgerung / ggf. Ableitung von Zielen (durch Neupositionierung von Objekten)

Im folgenden Beispiel wird mit Hilfe eines Matrixdiagramms der Markt für ein Produkt analysiert. Die Achse „Leistung" kann für ein beliebiges, zu vergleichendes Leistungsmerkmal stehen. Der Buchstabe E steht für das eigene Unternehmen, der Rest für die anderen Unternehmen. Die Größe der Blase könnte für den Marktanteil oder den mit dem Produkt erzielten Umsatz stehen.

Die Zielformulierung erfolgt, indem die gewünschte Position eingezeichnet und Ist- und Soll-Zustand mit einem Pfeil verbunden wird.

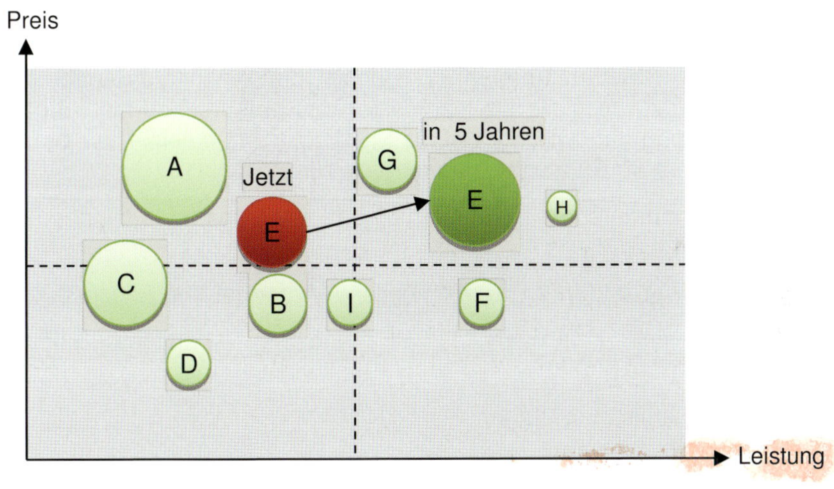

Abb. 175: Portfolio-Diagramm

Wie unschwer zu erkennen ist, möchte sich das Unternehmen mit seinem Produkt sowohl in Bezug auf die Leistung als auch in Bezug auf den Preis vom Markt stärker abheben und dabei gleichzeitig auch noch den Umsatz steigern.

10.9.6 Netzplan[66]

Funktion / Zweck:

- Zeitliche Darstellung eines Projektverlaufes
- Ermittlung kritischer Zeit-Zusammenhänge und notwendiger Pufferzeiten

Nutzen / Anwendung bei:

- Ermittlung der gesamten Projektdauer
- Darstellung von Vorgangsabhängigkeiten und Möglichkeiten der Vorgangs-Verschiebung
- Ermittlung des kritischen Pfades
- Verdeutlichung der Wichtigkeit einzuhaltender Zeiten

Vorgehensweise:

1. Sammeln aller Vorgänge zum Erreichen des Projektziels (in sich abgeschlossene Teilaufgaben)
2. Ermittlung der ersten Ebene: Vorgänge die direkt nach dem Start ohne andere Vorgangsabhängigkeit begonnen werden können
3. Ermittlung aller weiterer Ebenen: Vorgänge, die einen Vorgänger haben werden so gesetzt, dass sie als Nachfolger des entsprechenden Vorganges gelten; Verbindung von Vorgänger und Nachfolger mit einem Pfeil; am Ende müssen alle Pfeile im Endpunkt zusammenlaufen.
4. Vorgänge durchnummerieren und Vorgangsdauern schätzen (Angabe i. d. R. in Tagen)
5. Ermittlung von FAZ und FEZ (frühestmöglicher Anfangs- und Endzeitpunkt)
6. Rückrechnung von rechts nach links SEZ und SAZ (spätestmöglicher End- und Anfangszeitpunkt)
7. Darstellung des kritischen Pfades

Die Darstellung eines Netzplans erfolgt üblicherweise von links nach rechts. Im Team kann der Netzplan mit Hilfe von Karteikarten, am Whiteboard oder durch Einsatz spezieller Software erarbeitet werden.

In jedem Fall wird jeder Vorgang durch folgende Parameter beschrieben:

[66] Der Netzplan gehört zu den Instrumenten des Projektmanagements. In Großprojekten kommen meist andere Werkzeuge wie Gantt-Diagramm und Projektstrukturplan (PSP) zum Einsatz. Als klassisches Werkzeug der M7 wird jedoch hier nur der Netzplan behandelt.

Vorgangs-Nummer	Vorgangs-Bezeichnung	
Vorgangs-Dauer	FAZ	FEZ
	SAZ	SEZ

Tabelle 79: Vorgangs-Parameter im Netzplan

Die Ermittlung dieser Parameter erfolgt wie oben beschrieben in den Schritten 5. und 6. Die (geschätzte) Vorgangsdauer ist hierfür Voraussetzung. Der Schritt 5. (FAZ und FEZ) erfolgt von links nach rechts, während Schritt 6. (SEZ und SAZ) von rechts nach links erfolgt. Dabei gelten folgende Ermittlungsregeln:

FAZ	Frühestmöglicher Anfangszeitpunkt	FAZ =	höchster FEZ aller direkter Vorgänger
FEZ	Frühtestmöglicher Endzeitpunkt	FEZ =	FAZ + Vorgangsdauer
SEZ	Spätestmöglicher Endzeitpunkt	SEZ =	niedrigster SAZ aller direkter Nachfolger
SAZ	Spätestmöglicher Anfangszeitpunkt	SAZ =	SEZ - Vorgangsdauer

Tabelle 80: Ermittlungsregeln für Vorgänge im Netzplan

Die **Gesamtdauer** des Projektes ist gleich dem FEZ des Endpunktes.

Der **kritische Pfad** ergibt sich aus allen Vorgängen, für die gilt: FAZ = SAZ und FEZ = SEZ. Er sollte im Netzplan besonders markiert werden. Verzögerungen entlang des kritischen Pfades führen automatisch zu einer Verlängerung der Gesamtdauer des Projektes (in Abb. 176 gelb gezeichnet).

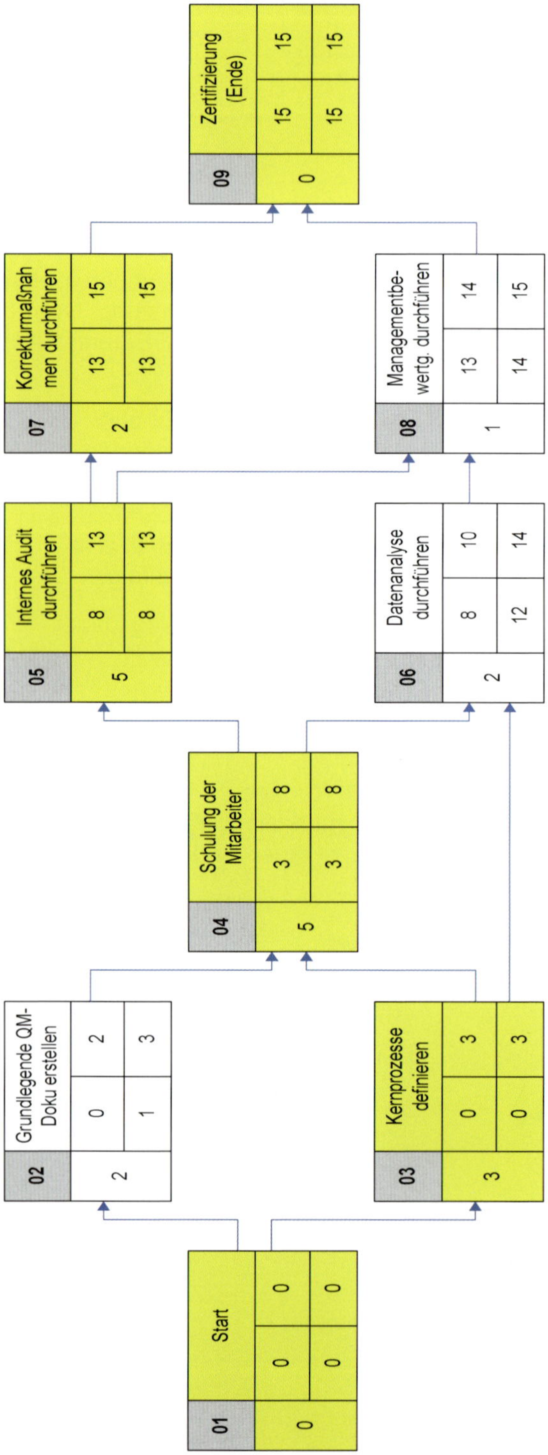

Abb. 176: Netzplan-Muster zur Einführung eines QM-Systems

10.9.7 Problementscheidungsplan

Funktion / Zweck:

- Vorab-Festlegung von Maßnahmen bei möglichen Schwierigkeiten in der Umsetzungsphase

Nutzen / Anwendung bei:

- Schneller Überblick über mögliche Probleme oder ungünstige Umstände
- Erarbeitung von Gegenmaßnahmen und Verantwortlichkeiten zu einem Zeitpunkt, bei dem noch kein Druck besteht

Vorgehensweise:

1. Festlegung der relevanten Tätigkeiten (Übernahme aus Netzplan möglich)
2. Sammlung möglicher, auftretender Probleme (Brainstorming oder Übernahme aus Baumdiagramm oder FMEA möglich)
3. Sammlung möglicher Gegenmaßnahmen zu jedem möglichen Problem
4. Bewertung und Festlegung der geeignetsten Problemlösungen

Der Problementscheidungsplan wird üblicherweise in Baumstruktur von links nach rechts oder von oben nach unten dargestellt. Im Vergleich zum Baumdiagramm hat er jedoch lediglich drei Ebenen. Ebene 1 sind die relevanten Tätigkeiten, Ebene 2 listet die möglichen Probleme auf und Ebene 3 enthält schließlich die konkreten Gegenmaßnahmen. Ungeeignete oder verworfene Lösungsansätze müssen im Diagramm entsprechend gekennzeichnet werden.

Unter Umständen kann der Problementscheidungsplan auch als entsprechend gegliederter Text verfasst werden und im Einzelfall günstiger sein als die visuelle Darstellung.

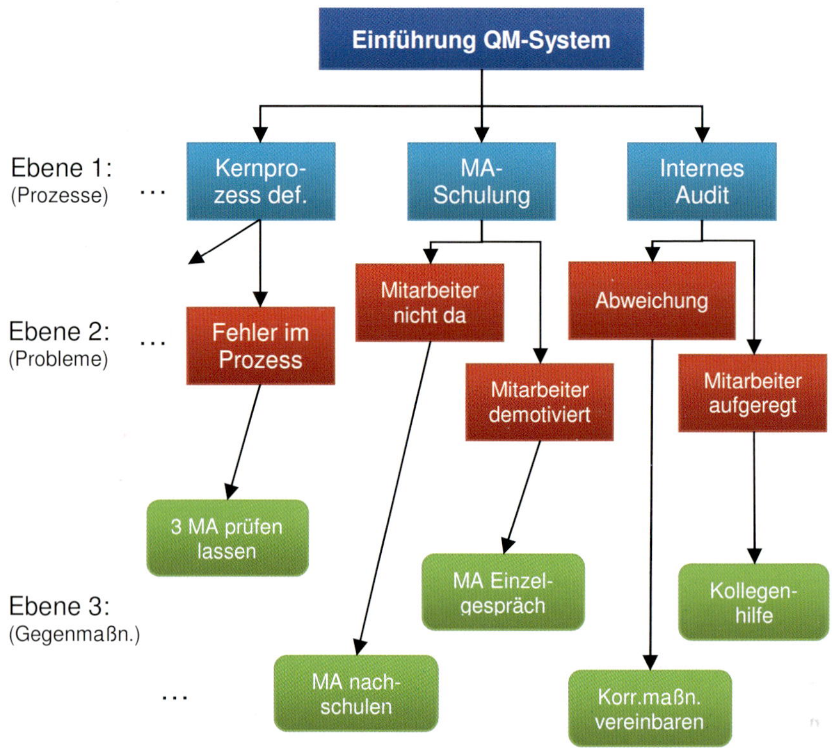

Abb. 177: Schema des Problementscheidungsplans

11 ANHANG

11.1 Anhang 1: Fragen zum Stoff

Die folgende Aufgabensammlung dient der Sicherung der vermittelten Grundlagen. Das Kapitel zum Qualitätsmanagement dient der Vorbereitung auf den HQ-Teil, der Statistik-Teil auf den Basisteil des Industriemeisters. Die Punkte-Angaben sind Schätzwerte aus vergleichbaren Prüfungsaufgaben der Industrie- und Handelskammern. Auf Grund der Antwort-Struktur sollte die Punktezahl verständlich werden.

11.1.1 Qualitätsmanagement Grundlagen

1. **Definieren und erklären Sie in wenigen Worten den Begriff Qualität. (3 Punkte)**
2. **Skizzieren und erläutern Sie in wenigen Worten das Kano-Modell. (12 Punkte)**
3. **Grenzen Sie die Begriffe Qualitätskontrolle, Qualitätssicherung und Qualitätsmanagement voneinander ab. (6 Punkte)**
4. **Nennen Sie die Mitglieder der ISO 9000-Familie und benennen Sie die Normen, nach denen sich Unternehmen extern zertifizieren lassen können. (5 Punkte)**
5. **Benennen und erklären Sie kurz mindestens vier klassische QM-Grundsätze (8 Punkte)**
6. **Skizzieren Sie das ISO 9000 Prozessmodell und tragen die ISO 9001 Kapitel-Nummern mit ein. (10 Punkte)**
7. **Welche beiden Dokumenten-Arten werden im QM unterschieden? Nennen Sie je ein Beispiel. (4 Punkte)**
8. **Welche Möglichkeiten gibt es, exzellente oder überdurchschnittliche Qualitätsanforderungen an das eigene QM-System wirksam in die Öffentlichkeit zu tragen? (3 Punkte)**
9. **Welche beiden Arten von Kriterien werden im EFQM-Modell unterschieden und wie viele Hauptkriterien gibt es insgesamt? (4 Punkte)**
10. **Wie heißt das offizielle Bewertungssystem im EFQM-Modell? (1 Punkt)**
11. **Ordnen Sie die ISO 9001 ein als branchenabhängig oder –unabhängig und begründen Sie Ihre Antwort. (2 Punkte)**
12. **Nennen Sie eine beliebige Norm, die als branchenabhängiger Aufsatz auf die ISO 9001 betrachtet werden kann. (1 Punkt)**
13. **Erklären Sie kurz den Begriff „Prozess“ und geben Sie ein Beispiel aus der Fertigung. (5 Punkte)**

14. **Warum ist der Begriff Qualitätskosten schlecht? Welcher wäre besser? (4 Punkte)**

15. **Erklären Sie kurz, was man unter dem Konzept der Selbstprüfung versteht. Gehen Sie dabei auf die Konsequenzen für den Betrieb und den jeweiligen Mitarbeiter ein. (3 Punkte)**

16. **Erklären Sie kurz den Begriff der Null-Fehler-Strategie / -Philosophie und zeigen Sie die Grenzen in der Praxis auf. (6 Punkte)**

17. **Nennen Sie drei mögliche Missverständnisse im QM (6 Punkte)**

18. **Erläutern Sie kurz drei Audit-Arten in Hinblick wer auditiert wen? (6 Punkte)**

19. **Erläutern Sie kurz drei Audit-Arten in Hinblick was wird auditiert? (6 Punkte)**

20. **Warum sollen Audits angekündigt erfolgen? (4 Punkte)**

21. **Erläutern Sie kurz den Sinn einer Zertifizierung / Warum sollten Unternehmen zertifizieren. (3 Punkte)**

22. **Wie ist der Prozesswirkungsgrad definiert? Erläutern Sie kurz die zugehörigen Leistungsarten. (9 Punkte)**

23. **Nennen und beschreiben Sie Formen der Mitarbeiter-Beteiligung. (6 Punkte)**

24. **Erläutern Sie kurz den Begriff der Wertfunktion. (6 Punkte)**

25. **Erläutern Sie den Zusammenhang zwischen fehlerhaften Einzelteilen und der Wahrscheinlichkeit, dass ein komplexes Produkt funktioniert. (3 Punkte)**

26. **Erläutern Sie kurz den Begriff der Stratifikation und gehen Sie dabei auf wichtige Punkte in einem Fertigungsbetrieb ein. (3 Punkte)**

27. **Nennen Sie verschiedene Möglichkeiten von Fehler-Strichlisten und erläutern Sie deren Einsatz (4 Punkte)**

28. **Beschreiben Sie die Vorgehensweise bei der Erstellung eines Histogramms (8 Punkte)**

29. **Wozu werden Histogramme eingesetzt und was repräsentieren sie? (4 Punkte)**

30. **Was ist das Pareto-Prinzip? (2 Punkte)**

31. **Wozu wird das Pareto-Diagramm verwendet? Erläutern Sie die Vorgehensweise. (8 Punkte)**

32. **Was ist der Unterschied zwischen Pareto- und ABC-Analyse? (4 Punkte)**

33. **Welches Q-Werkzeug dient zur systematischen Ermittlung von möglichen Fehlerursachen? (1 Punkt)**

34. **Beschreiben Sie kurz, was unter den sog. „M-Begriffen“ zu verstehen ist (7M). (5 Punkte)**

35. Nennen Sie ein Beispiel, wo Sie ein Ishikawa-Diagramm einsetzen würden? (2 Punkte)

36. Was wird in einem Korrelationsdiagramm dargestellt? Gehen Sie dabei auf mögliche Fehl-Interpretation ein und nennen ein Beispiel. (5 Punkte)

37. Wie heißt die mathematische Größe, die Korrelationen repräsentiert? Welche Werte kann sie annehmen und was bedeuten diese? (4 Punkte)

38. Wie kann ohne Hilfe eines Rechners auf einfache Weise ein steigender oder fallender Zusammenhang zwischen zwei Größen festgestellt werden? (4 Punkte)

39. Wie heißt das Werkzeug der statistischen Prozesslenkung, mit dem Serienfertigungen überwacht werden, wenn hohe Qualität gefordert ist? Erklären Sie den formalen Aufbau dieses Werkzeugs. (5 Punkte)

40. Was versteht man unter der Zehnerregel nach Taguchi? (2 Punkte)

41. Wozu dient eine FMEA? Nennen Sie hierzu ein Beispiel. (4 Punkte)

42. Beschreiben Sie die Vorgehensweise bei einer FMEA. (10 Punkte)

43. Welches Q-Werkzeug dient sinnvollerweise als Vorstufe zur FMEA? (1 Punkt)

44. Was versteht man unter Versuchsmethodik nach Taguchi? (2 Punkte)

45. Welche Arten von Faktoren kennen Sie nach der Versuchsmethodik? Erklären Sie diese an Hand eines Beispiels. (4 Punkte)

46. Wie heißt die Darstellung der verschiedenen Konzepte in visueller Form in der Versuchsmethodik nach Taguchi? (1 Punkt)

47. Was versteht man unter Poka Yoke? Nennen Sie drei Beispiele hierfür. (5 Punkte)

48. Beschreiben Sie die einzelnen Phasen im QFD. (8 Punkte)

49. Wie heißt das Werkzeug der Methode QFD? (1 Punkt)

50. Beschreiben Sie anhand eines Beispiels den PDCA-Zyklus. (8 Punkte)

51. Nennen Sie eine Methode zum Umgang mit Fehlern in der Produktion. (2 Punkte)

52. Nennen und beschreiben Sie kurz ein Werkzeug zur Erfassung von Fehlern in allen Bereichen eines Unternehmens. (3 Punkte)

53. Was versteht man unter der Verlustfunktion nach Taguchi? (3 Punkte)

54. Wozu dient die Qualitätsplanung? (3 Punkte)

55. Was versteht man unter einem Meilenstein? (2 Punkte)

56. Erklären Sie, was unter dem Begriff Prozesseigner zu verstehen ist und nennen Sie drei Beispiele. (4 Punkte)

57. Erklären Sie den Unterschied zwischen Verifizierung und Validierung. (4 Punkte)

58. **Erläutern Sie den Begriff Mittelbare und Unmittelbare Qualitätslenkung und nennen Sie je zwei Beispiele. (6 Punkte)**

59. **Erklären Sie an Hand von 3 Beispielen, inwiefern Leitsätze von Unternehmen zur Qualitätslenkung beitragen können. (4 Punkte)**

60. **Beschreiben Sie kurz, welche Anforderungen hinsichtlich Qualifizierungsbedarfs die ISO 9001 stellt. (4 Punkte)**

11.1.2 Statistische Methoden

61. **In welche beiden Teilgebiete ist die Statistik unterteilt und wo liegt der grundlegende Unterschied? (4 Punkte)**

62. **Welche Merkmale unterscheidet man in der Statistik? (6 Punkte)**

63. **Welche Fehler-Begriffe kennen Sie? (7 Punkte)**

64. **Wie lautet die Grundformel der Wahrscheinlichkeit? (1 Punkt)**

65. **Wie groß ist die Wahrscheinlichkeit mit zwei idealen Würfeln eine 3 zu würfeln? (2 Punkte)**

66. **Wie viele Versuche benötigt man beim Elfmeter, um mit über 99% Sicherheit ein Tor zu erzielen, wenn die Wahrscheinlichkeit für einen einzelnen Schuss bei 50% liegt? (10 Punkte)**

67. **Durch welche beiden Maßzahlen ist die Gauß'sche Normalverteilung eindeutig bestimmt? (2 Punkte)**

68. **Wie ist die Standardabweichung definiert? (1 Punkt)**

69. **Wie wirkt sich eine Vergrößerung oder Verkleinerung der Standardabweichung auf die Glockenform aus? (2 Punkte)**

70. **Wie viel Prozent Flächenanteil sind unter der Glockenkurve zwischen -1σ und +1σ? (1 Punkt)**

71. **Wie viel % der Messwerte liegen bei einer normalverteilten Messreihe außerhalb des $\pm$ 3σ-Bereiches? (1 Punkt)**

72. **Welches Diagramm eignet sich zur Darstellung diskreter Merkmale? Skizzieren Sie ein Beispiel. (2 Punkte)**

73. **Für welche Merkmale verwendet man ein Histogramm zur Darstellung von Zahlenreihen? Skizzieren Sie ein Beispiel. (2 Punkte)**

74. **Wie groß ist die Spannweite und die Standardabweichung der folgenden Stichproben-Messwerte (in mm)? (2 Punkte)**

35,5	35,4	35,9	35,2	36,1	35,7	35,4	36,0

75. **Bestimmen Sie Mittelwert, Standardabweichung, Median, Modalwert und Spannweite der folgenden Urliste (in mm; Grundgesamtheit): (5 Punkte)**

43,51	43,72	44,36	43,92	43,43	43,53	43,74	43,43

76. **Wofür verwendet man das Wahrscheinlichkeitsnetz? (3 Punkte)**

77. **Wie groß ist in Abb. 130 auf Seite 199 (WS-Netz) der Anteil der Teile, die größer als 7,74mm sind? (1 Punkt)**

78. **Wie groß ist der C_{pk}-Wert, wenn die Produktion den Mittelwert μ = 13,5 mm und die Standardabweichung σ = 0,06 mm hat? Die beiden Toleranzgrenzen sind 13,15 mm und 13,85 mm. Ist der Prozess fähig? (2 Punkte)**

79. **Was ist der Unterschied zwischen Prozessfähigkeit und Maschinenfähigkeit und wie lauten die heute geltenden Standards? (4 Punkte)**

80. **Was ist der Unterschied zwischen Prozessfähigkeit und Prozessbeherrschung? (2 Punkte)**

81. **Was ist der Unterschied zwischen dem C_m- und dem C_{mk}-Wert? (2 Punkte)**

82. **Was für eine Situation liegt vor, wenn ein C_{pk}-Wert negativ ist? (1 Punkt)**

83. **Was ist zu veranlassen, wenn ein Lage-Kennwert bei einer QRK zwischen einer Warn- und einer Eingriffsgrenze liegt? (2 Punkte)**

84. **Für einen laufenden Prozess möchten Sie sicherstellen, dass ein kritischer Fähigkeitsfaktor C_{pk} größer als 1,33 sichergestellt wird. Der obere Grenzwert OGW ist mit 223,4mm vorgegeben, die Toleranz T beträgt 0,2mm und die Standardabweichung σ beträgt 0,02mm? In welchem Bereich muss der Mittelwert liegen? (5 Punkte)**

85. **Sie haben für einen Prozess folgende Kenngrößen ermittelt:**
μ = 27,3mm; σ=0,01mm; UGW = 27,27mm; OGW = 27,34 mm
Wie groß ist C_p, C_{pk} und der Ausschuss in ppm? Beurteilen Sie abschließend die Prozessfähigkeit. (6 Punkte)

86. **In Ihrer Produktion haben Sie für einen laufenden Prozess einen Mittelwert μ für Widerstände von 530Ω und eine Standardabweichung σ von 3Ω ermittelt. Wie groß ist der Anteil der Widerstände zwischen 521 Ω und 524 Ω? (4 Punkte)**

87. **Erläutern Sie den Aufbau einer QRK. (3 Punkte)**

88. **Was wird mit einer Qualitätsregelkarte überwacht? (2 Punkte)**

89. **Nennen Sie Ereignisse, bei denen Sie während der Überwachung eines Fertigungsprozesses eingreifen würden. (4 Punkte)**

90. **Was bedeutet „Eingriff" bei SPC? (3 Punkte)**

91. **Sie überwachen eine Produktion mit einer QRK. Sie stellen nun fest, dass sieben nacheinander eingetragene Kreuze unterhalb der strich-punktierten Linie liegen. Was liegt vor und wie reagieren Sie? (2 Punkte)**

11.1.3 Annahmestichprobenprüfung

92. **Was ist der Unterschied zwischen qualitativer und quantitativer Prüfung? Nennen Sie je ein Beispiel. (4 Punkte)**

93. **Wie lautet ganz allgemein eine Stichprobenanweisung? (1 Punkt)**

94. **Wie lautet die Stichprobenanweisung für N=900 Stück und AQL 0,15? (2 Punkte)**

95. **Wie lautet die Stichprobenanweisung für N=120 Stück und AQL 0,025? (2 Punkte)**

96. **Was ist eine Operationscharakteristik? (4 Punkte)**

97. **Sie haben folgende Operationscharakteristik für den Kennbuchstaben K gegeben. Wie lautet die Stichprobenanweisung, wenn Sie eine Annahme-Wahrscheinlichkeit von 95% und einen AQL-Level von 1 sicherstellen wollen? (2 Punkte)**

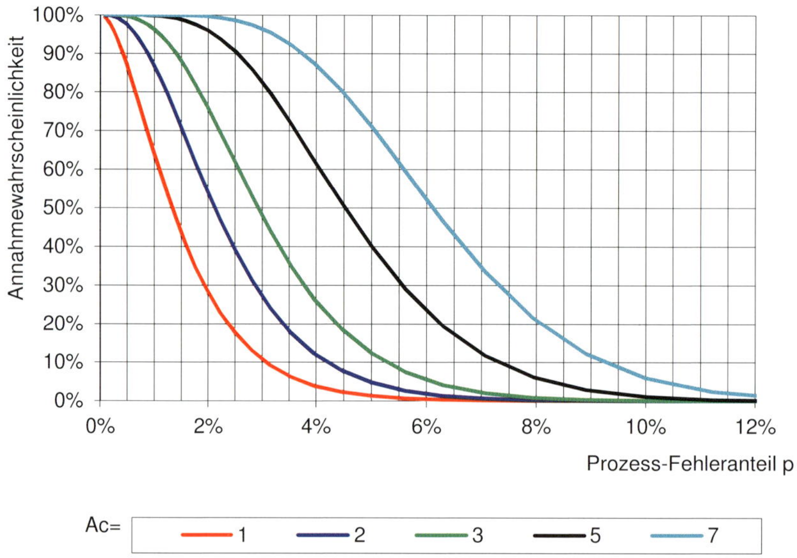

98. **Was versteht man unter Annahmewahrscheinlichkeit? (2 Punkte)**

99. **Sie haben einen Einfach-Stichprobenplan für Normalprüfung nach DIN 2859 festgelegt, der n-Ac/Re = 200-5/6 lautet. Da die letzten drei Lieferungen allesamt zurückgewiesen wurden, wechseln Sie in eine verschärfte Prüfung. Geben Sie einen Vorschlag, wie die Stichprobenanweisung nun lauten könnte? (2 Punkte)**

100. **Wie könnte im Beispiel die Anweisung für eine reduzierte Prüfung aussehen? (2 Punkte)**

101. **Was versteht man unter dem Skip-lot-Verfahren? (2 Punkte)**

11.1.4 Besondere Fragen für Qualitätsbeauftragte (QB)

102. **Welche Bemühungen sind auf Fehlerverhütung gerichtet?**

103. **Was ist eine Korrektur?**

104. **Was ist eine Korrekturmaßnahme?**

105. **Wozu dient ein QM-System nach DIN EN ISO 9001?**

106. **Wann müssen Lieferanten gem. ISO 9001 bewertet werden?**

107. Welche EG-Rechtsnorm besitzt Anwendungsvorrang vor innerstaatlichem Recht?

108. Was sind die übergeordneten Rechtsgebiete in der Bundesrepublik Deutschland?

109. Was bedeutet Metrologie?

110. Was beschreibt die DIN EN 17025?

11.2 Anhang 2: Lösungen

11.2.1 Qualitätsmanagement Grundlagen

1. **Definieren und erklären Sie in wenigen Worten den Begriff Qualität. (3 Punkte)**

   Grad, in dem eine Produktbeschaffenheit / Satz von Merkmalen Anforderungen erfüllt

2. **Skizzieren und erläutern Sie in wenigen Worten das Kano-Modell. (12 Punkte)**

   Basisanforderungen, Leistungsanforderungen, Begeisterungsanforderungen, richtige Grafik, Achse Erfüllungsgrad (x), Achse Zufriedenheit (y), Zeitpfeil, zeitliche Entwicklung (Begeisterungs- zu Leistungs- zu Basisanforderung) durch Wettbewerb und technologischer Fortschritt, Kundenbindung nur durch Befriedigung von Begeisterungsanforderungen

3. **Grenzen Sie die Begriffe Qualitätskontrolle, Qualitätssicherung und Qualitätsmanagement voneinander ab. (6 Punkte)**

   QK=Soll-Ist-Vergleich mit gut-schlecht-Ergebnis; QS=Sicherungsmaßnahmen in der Fertigung in Bezug auf Produkte; QM=Unternehmensweites System zum Leiten und Lenken von Qualität

4. **Nennen Sie die Mitglieder der ISO 9000-Familie und benennen Sie die Normen, nach denen sich Unternehmen extern zertifizieren lassen können. (5 Punkte)**

   ISO 9000, 9001, 9004, 19011, Zertifizierung nur nach 9001 möglich

5. **Benennen und erklären Sie kurz mindestens vier klassische QM-Grundsätze (8 Punkte)**

   z. B. Kundenorientierung - Qualität an Kundenanforderung festmachen, KVP – aus Fehlern lernen / Anwendung des PDCA-Zyklus, Einbeziehung der Personen – Mitarbeiter bei der Erstellung von VA, AA einbinden, Führung – Führungskräfte fungieren als Promoter des QM-Gedanken, verfolgen Q-Ziele etc.)

6. **Skizzieren Sie das ISO 9000 Prozessmodell und tragen die ISO 9001 Kapitel-Nummern mit ein. (10 Punkte)**

   Leitung, Ressourcen, Produktrealisierung, Messung/Analyse, KVP, Kunde links und rechts, Pfeile, Kapitel-Nummern

7. **Welche beiden Dokumenten-Arten werden im QM unterschieden? Nennen Sie je ein Beispiel. (4 Punkte)**

   Vorgabe-Dokumente – z.B. QMH, VA, AA, FB-Muster
   Nachweis-Dokumente / Aufzeichnungen – z. B. ausgefülltes Messprotokoll

8. **Welche Möglichkeiten gibt es, exzellente oder überdurchschnittliche Qualitätsanforderungen an das eigene QM-System wirksam in die Öffentlichkeit zu tragen? (3 Punkte)**

EFQM-Modell – Selbstbewertungssystem mit der Möglichkeit, Preise zu gewinnen – LEP, EEA

9. Welche beiden Arten von Kriterien werden im EFQM-Modell unterschieden und wie viele Hauptkriterien gibt es insgesamt? (4 Punkte)

Befähiger- und Ergebnis-Kriterien; 9 Hauptkriterien – 5 Befähiger, 4 Ergebniskr.; 32 Unterkriterien – 24 Befähiger, 8 Ergebniskr.

10. Wie heißt das offizielle Bewertungssystem im EFQM-Modell? (1 Punkt)

RADAR – Results, Approach, Deployment, Assessment, Review

11. Ordnen Sie die ISO 9001 ein als branchenabhängig oder –unabhängig und begründen Sie Ihre Antwort. (2 Punkte)

branchenunabhängig; Prozessmodell ist auf jedes beliebige Unternehmen anwendbar

12. Nennen Sie eine beliebige Norm, die als branchenabhängiger Aufsatz auf die ISO 9001 betrachtet werden kann. (1 Punkt)

z. B. ISO/TS 16949 – Automobilindustrie, 13485 Medizinprodukte

13. Erklären Sie kurz den Begriff „Prozess“ und geben Sie ein Beispiel aus der Fertigung. (5 Punkte)

Tätigkeiten/Verarbeitungsschritte, die Eingaben in Ergebnisse umwandeln; Beispiel: Holz wird gesägt / verarbeitet zu Halbfertigteil

14. Warum ist der Begriff Qualitätskosten schlecht? Welcher wäre besser? (4 Punkte)

Der Begriff „Qualitätskosten“ legt nahe, dass nur positive Q-Kosten gemeint sind – wie Mess- und Prüfmittelkosten, Schulung, Q-Prüfung etc. Der Begriff „Q-bezogene Kosten“ ist laut DGQ besser, weil er auch negative Q-Kosten berücksichtigt, also Kosten, die durch Ausschuss, Nacharbeit usw. entstehen.

15. Erklären Sie kurz, was man unter dem Konzept der Selbstprüfung versteht. Gehen Sie dabei auf die Konsequenzen für den Betrieb und den jeweiligen Mitarbeiter ein. (3 Punkte)

Bei der Selbstprüfung erfolgt die Einsparung eines unabhängigen Kontrollschrittes, da der MA sein eigenes Erzeugnis selbst prüft. Ein geeigneter Mitarbeiter kann nach diesem Konzept gefördert werden – auch in Bezug auf die Entlohnung.

16. Erklären Sie kurz den Begriff der Null-Fehler-Strategie / -Philosophie und zeigen Sie die Grenzen in der Praxis auf. (6 Punkte)

Das Bestreben, keine Fehler zu akzeptieren und stetig am Ziel zu arbeiten, 100% Fehlerfreiheit zu erreichen. Grenzen: Kosten, Zeit, Priorität von Fehlern im Vergleich zu andern Fehlern.

17. Nennen Sie drei mögliche Missverständnisse im QM (6 Punkte)

1. Unterschiedliche Definitionen des Begriffes „Qualität“,
2. Falsche Übersetzung des Begriffes „control“ <> Kontrolle!,
3. QS <> QM

18. Erläutern Sie kurz drei Audit-Arten in Hinblick wer auditiert wen? (6 Punkte)

First-Level-A. – intern; Second-Level-A. – extern / Kunde auditiert Lieferanten; Third-Level-A. – extern / unabhängige 3. Partei, i.d.R. Zertifizierungsaudit

19. Erläutern Sie kurz drei Audit-Arten in Hinblick was wird auditiert? (6 Punkte)

System-A., Prozess-A., Verfahrens-A., Produkt-A.

20. Warum sollen Audits angekündigt erfolgen? (4 Punkte)

Bewusstes Hochziehen auf 100% erbringt über längere Zeit einen Qualitäts-Anstieg im normalen Alltag

21. Erläutern Sie kurz den Sinn einer Zertifizierung / Warum sollten Unternehmen zertifizieren. (3 Punkte)

Erfüllen von Kundenforderungen, Vertrauensbeleg, Wahrscheinlichkeit für das Vorhandensein eines organisatorisch stimmigen Rahmens ist höher

22. Wie ist der Prozesswirkungsgrad definiert? Erläutern Sie kurz die zugehörigen Leistungsarten. (9 Punkte)

NL/NL+SL+BL+FL; Nutzleistung=wertschöpfende Prozesse; Stützleistung=Stütz- und Führungsprozesse, z. B. Rüsten; Blindleistung=Pufferprozesse zur Optimierung, z. B. Pufferlager; Fehlleistung=Fehler-Prozesse, z. B. Ausschuss, Nacharbeit etc.

23. Nennen und beschreiben Sie Formen der Mitarbeiter-Beteiligung. (6 Punkte)

Kommunikation (wechselseitig) / Information (einseitig); Übertragung von Verantwortung (teilauotonome Arbeitsgruppen mit Selbstprüfung); Q-Zirkel (gemischte Zusammensetzung)

24. Erläutern Sie kurz den Begriff der Wertfunktion. (6 Punkte)

Skizze mit Wert und Merkmal; Übererfüllung wird nur kärglich honoriert; Untererfüllung wird „bestraft"

25. Erläutern Sie den Zusammenhang zwischen fehlerhaften Einzelteilen und der Wahrscheinlichkeit, dass ein komplexes Produkt funktioniert. (3 Punkte)

$W=(1-p)^n$; z. B. 500 Teile mit 99,9% Qualität = 0,1% Ausschuss => W = 60%; fast jedes zweite Produkt ist Ausschuss; Anforderungen an Einzelteil-Qualitäten in komplexen Systemen sind sehr hoch – siehe Automobil-Industrie; Forderung: < 10ppm

26. Erläutern Sie kurz den Begriff der Stratifikation und gehen Sie dabei auf wichtige Punkte in einem Fertigungsbetrieb ein. (3 Punkte)

Stratifikation = Erfassung von Daten; in der Fertigung Maschinen-Erzeugnisse nie mischen

27. Nennen Sie verschiedene Möglichkeiten von Fehler-Strichlisten und erläutern Sie deren Einsatz (4 Punkte)

Einfache Erfassung von Fehlerarten mit wenig Zeitaufwand wie Kratzer, Grat etc.; einfache Erfassung des Fehlerortes auf technischen Zeichnungen, z.B. TÜV etc.

28. Beschreiben Sie die Vorgehensweise bei der Erstellung eines Histogramms. (8 Punkte)

1. Daten sammeln, 2. Klassenzahl k bestimmen, 3. Range R bestimmen, 4. Klassenweite w bestimmen, 5. Eindeutige Abgrenzung der Klassen, 6. Werte zuordnen, 7. Histogramm zeichnen

29. Wozu werden Histogramme eingesetzt und was repräsentieren sie? (4 Punkte)

Histogramme repräsentieren die Verteilung einer untersuchten Menge; sie können z.B. zur Identifikation von 2. Wahl-Ware – allgemein zur grafischen Darstellung der Verteilung – eingesetzt werden

30. Was ist das Pareto-Prinzip? (2 Punkte)

In 20% der Ursachen stecken 80% einer Wirkung – z.B. werden mit 20% aller Produkte 80% des Gesamt-Umsatzes erzielt, 20% aller Fehlertypen verursachen 80% aller aufgetretenen Fehler

31. Wozu wird das Pareto-Diagramm verwendet? Erläutern Sie die Vorgehensweise. (8 Punkte)

Visualisierung von Kriterien nach Ihrer Bedeutung; die Pareto-Analyse dient damit dem Ziel, Wichtiges von Unwichtigem zu trennen; Vorgehensweise: 1. Kriterium festlegen, 2. Daten erfassen/erheben, 3. nach absteigender Reihenfolge ordnen, 4. Normieren, 5. Kumulieren, 6. Diagramm zeichnen 7. 20/80-Punkt bestimmen

32. Was ist der Unterschied zwischen Pareto- und ABC-Analyse? (4 Punkte)

Die ABC-Analyse setzt auf das Pareto-Diagramm auf; die Prozent-Achse wird in drei Bereiche unterteilt – bei ca. 90% und 70% - die entsprechenden Abbildungen auf der Kriterien-Achse ergeben A, B- und C-Kriterien

33. Welches Q-Werkzeug dient zur systematischen Ermittlung von möglichen Fehlerursachen? (1 Punkt)

Ursache-Wirkungs- / Ishikawa- / Fischgräten-Diagramm

34. Beschreiben Sie kurz, was unter den sog. „M-Begriffen“ zu verstehen ist (7M). (5 Punkte)

Mensch, Maschine, Material, Mitwelt, Methode, Management, Messbarkeit; es handelt sich dabei um Haupt-Aspekte, unter denen im Ishikawa-Diagramm eine Ursache-Wirkungs-Betrachtung durchgeführt wird; kurze Skizze empfehlenswert

35. Nennen Sie ein Beispiel, wo Sie ein Ishikawa-Diagramm einsetzen würden? (2 Punkte)

z. B. systematisches Sammeln von möglichen Risiken vor einer FMEA; Brainstorming – Mind-Map ist Sonderform des Ishikawa-Diagramms

36. Was wird in einem Korrelationsdiagramm dargestellt? Gehen Sie dabei auf eine mögliche Fehlinterpretation ein und nennen ein Beispiel. (5 Punkte)

Korrelation = Zusammenhang zwischen zwei Größen;
Das K.-Diagramm stellt grafisch einen rein mathematischen Zusammenhang zwischen zwei Größen dar; dieser Zusammenhang ist aber kein Ursache-Wirkungs-Zusammenhang; Beispiel: Marktforschung hat herausgefunden, dass Männer, die Windeln kaufen, auch Bier kaufen

37. Wie heißt die mathematische Größe, die Korrelationen repräsentiert? Welche Werte kann sie annehmen und was bedeuten diese? (4 Punkte)

Korrelationskoeffizient r; $-1 \leq r \leq +1$; Vorzeichen = steigend/fallend; -1/+1 = exakter Zusammenhang, 0 = keine Korrelation

38. Wie kann ohne Hilfe eines Rechners auf einfache Weise ein steigender oder fallender Zusammenhang zwischen zwei Größen festgestellt werden? (4 Punkte)

senkrechte Linie in Punktwolke einzeichnen, so dass links und rechts gleiche Punktzahl vorhanden ist, waagerechte Linie einzeichnen, so dass ober- und unterhalb gleiche Punktzahl gegeben ist; dann die beiden gegenüberliegenden Quadranten-Punktzahlen addieren; das Verhältnis der Punktsumme in steigender zu fallender Richtung kann als Maß für den Zusammenhang genommen werden

39. Wie heißt das Werkzeug der statistischen Prozesslenkung, mit dem Serienfertigungen überwacht werden, wenn hohe Qualität gefordert ist? Erklären Sie den formalen Aufbau dieses Werkzeugs. (5 Punkte)

Regelkarte; Überwachung von Lage und Streuung eines Prozesses (z. B. über Mittelwert und Standardabweichung – y-Achse) über die Zeit (x-Achse); Mittellinien = Toleranzmitte; +/- 2σ = OWG/UWG; +/- 3σ = OEG/UEG; i.d.R. keine Toleranzgrenzen eingezeichnet

40. Was versteht man unter der Zehnerregel nach Taguchi? (2 Punkte)

Ein Fehler, der nicht entdeckt und sinnvoll beseitigt wird, verzehnfacht die Kosten von Stufe zu Stufe, durch die ein Prozess durch ein Unternehmen läuft

41. Wozu dient eine FMEA? Nennen Sie hierzu ein Beispiel. (4 Punkte)

Die Fehlermöglichkeit- und Einfluss-Analyse dient der Bewertung von möglichen Risiken und der Ableitung/Festlegung von vorbeugenden Maßnahmen zur Risiko-Minimierung. So wird sie an verschiedenen Stellen der Produktentwicklung eingesetzt, z. B. beim Produkt-Design (System-FMEA), bei der Auslegung von Einzelteilen (Konstruktions-FMEA) oder beim Festlegen von Prozessen (Prozess-FMEA).

42. Beschreiben Sie die Vorgehensweise bei einer FMEA. (10 Punkte)

1. Zerlegung von System/Konstruktionsteil/Prozess in seine funktionalen Bestandteile, 2. Finden von Fehlerursache- und Fehlerfolge-Kombinationen (FU-FF), 3. Bewertung möglichen FU-FF-Kombinationen nach der Logik RPZ=A(FU) x B(FF) x E, 4. Erarbeitung / Festlegung von Maßnahmen zur Risikominimierung, 5. Neu-Bewertung wie in Schritt 3.

43. Welches Q-Werkzeug dient sinnvollerweise als Vorstufe zur FMEA? (1 Punkt)

das Ursache-Wirkungs-Diagramm

44. Was versteht man unter Versuchsmethodik nach Taguchi? (2 Punkte)

Es soll versucht werden, eine theoretisch sehr hohe Anzahl an möglichen Versuchskombinationen auf eine praktikable Anzahl (32) zu reduzieren

45. Welche Arten von Faktoren kennen Sie nach der Versuchsmethodik? Erklären Sie diese an Hand eines Beispiels. (4 Punkte)

Konzeptfaktoren: die vom Unternehmen für das eigene Produkt festlegbaren Faktoren – z. B: bei einer Lampe der Glühfaden;
Rauschfaktoren: die externen, nicht beeinflussbaren Faktoren, denen das Produkt später ausgesetzt sein wird – z. B. Klima, Luftfeuchtigkeit etc.

46. Wie heißt die Darstellung der verschiedenen Konzepte in visueller Form in der Versuchsmethodik nach Taguchi? (1 Punkt)

Orthogonale Tafeln

47. Was versteht man unter Poka Yoke? Nennen Sie drei Beispiele hierfür. (5 Punkte)

Vermeiden unbeabsichtigter Fehler; Beispiele: verdrehsichere Stecker; Maschinen-Anschlag, um verkehrtes Einspannen in Drehmaschine zu verhindern; Akustische optische Alarm-Systeme bei Bandfertigung

48. Beschreiben Sie die einzelnen Phasen im QFD. (8 Punkte)

1. Aus den Anforderungen des Kunden die kritischen Produktmerkmale mit konkreten Messwert-Vorgaben festlegen,
2. Daraus die kritischen Teile-Merkmale erarbeiten, 3. Daraus die kritischen Prozess-Merkmale erarbeiten, 4. Daraus die konkreten Vorgaben / Arbeitsanweisungen für die Fertigung erarbeiten; evtl. zwischen Schritt 3 und 4 noch eine Phase zur Arbeitsvorbereitung möglich

49. Wie heißt das Werkzeug der Methode QFD? (1 Punkt)

HoQ – House Of Quality

50. Beschreiben Sie anhand eines Beispiels den PDCA-Zyklus. (8 Punkte)

Plan/Planen – z. B. Festlegung, wie Reklamationen zu bearbeiten sind,
Do/Tun – durch Schulung neue Verfahrensweise einführen,
Check/Prüfen – im Rahmen eines Audits die praktizierten Reklamationsbearbeitungen überprüfen
Act/Verbessern – z. B. in einem Meeting Ergebnisse präsentieren und mit dem Team Verbesserungsmaßnahmen festlegen => neuer Plan-Schritt für nächsten Zyklus

51. Nennen Sie eine Methode zum Umgang mit Fehlern in der Produktion. (2 Punkte)

8D-Report. Systematische Vorgehensweise zum Auffinden und Beseitigen von Ursachen. Werkzeug ist ein strukturiertes Formblatt.

52. Nennen und beschreiben Sie kurz ein Werkzeug zur Erfassung von Fehlern in allen Bereichen eines Unternehmens. (3 Punkte)

KVP-Bericht. Strukturiertes Formblatt zur Erfassung von Fehlern und Problemen jeder Art in Form von Freitext. Nach vorhandener Klassifizierung auch Strichliste möglich.

53. Was versteht man unter der Verlustfunktion nach Taguchi? (3 Punkte)

früher unterschied man lediglich „gut", solange ein Produktmerkmal innerhalb der Sollgrenzen gefertigt wurde, und „schlecht", wenn das Merkmal außerhalb der Sollgrenzen war; Taguchi wies darauf hin, dass jede Abweichung vom Ideal (Fertigung auf Mitte der Toleranz und keinerlei Streuung) einen qualitativen Verlust bedeutet. Der in Form eines Geldwertes ausgedrückte Verlust entspricht der Schnittfläche von Normalverteilung des Prozesses und einer sog. „Wannenkurve". Skizze empfehlenswert!

54. Wozu dient die Qualitätsplanung? (3 Punkte)

Die Qualitätsplanung dient der Festlegung von qualitativen Zielen in Bezug auf Produkte und deren Einzelteile. Sie dient ferner der Dokumentation von Maßnahmen zur Zielerreichung und dem Schaffen der Möglichkeit, aus Planfehlern zu lernen. Insofern gilt auch hier der Leitspruch aus dem Projektmanagement: „Planen ist das Ersetzen des Zufalls durch den Irrtum."

55. Was versteht man unter einem Meilenstein? (2 Punkte)

Haltepunkt mit Soll-/Ist-Vergleich

56. Erklären Sie, was unter dem Begriff Prozesseigner zu verstehen ist und nennen Sie drei Beispiele. (4 Punkte)

Ein Prozesseigener ist der für einen Prozess Verantwortliche. Er hat in der Regel hierzu notwendige Entscheidungs-Kompetenzen und Ressourcen (Mitarbeiter, Budget) zur Verfügung.

57. Erklären Sie den Unterschied zwischen Verifizierung und Validierung. (4 Punkte)

Verifizierung = Prüfung auf vorgegebene Anforderungen, die z.B. in einem Pflichtenheft definiert wurden, z.B. Prüfung der Festigkeit eines Produktes in der Endprüfung;
Validierung = Prüfung eines Prozesses hinsichtlich seiner Wirksamkeit in Bezug auf den beabsichtigten Gebrauch (z. B. Sterilisationsverfahren auf die notwendige Keimreduktion).

58. Erläutern Sie den Begriff Mittelbare und Unmittelbare Qualitätslenkung und nennen Sie je zwei Beispiele. (6 Punkte)

unmittelbar = ohne zeitlichen Verzug; Beispiele: Regelkarte, Wareneingangsprüfung
mittelbar = mit zeitlichem Verzug; Beispiele: Q-Zirkel, Lieferantenbewertung

59. Erklären Sie an Hand von 3 Beispielen, inwiefern Leitsätze von Unternehmen zur Qualitätslenkung beitragen können. (4 Punkte)

Leitsätze leiten sich von der Unternehmens- / Qualitätspolitik ab und sollen Mitarbeiter wichtige Sachverhalte vermitteln und sie zu deren Umsetzung motivieren; Beispiele lassen sich von den Grundsätzen des QM ableiten, wie sie in der ISO 9000 vermittelt werden wie Kundenorientierung, Prozessorientierung, Einbeziehung der Personen, Führungsgrundsatz etc.

60. Beschreiben Sie kurz, welche Anforderungen hinsichtlich Qualifizierungsbedarfs die ISO 9001 stellt. (4 Punkte)

Ermittlung des Schulungsbedarfs, Deckung des Bedarfs, Bewertung der Wirksamkeit der Schulung, Führen geeigneter Dokumentation

11.2.2 Statistische Methoden

61. In welche beiden Teilgebiete ist die Statistik unterteilt und wo liegt der grundlegende Unterschied? (4 Punkte)

Beschreibende Statistik für Grundgesamtheiten und Schließende Statistik für Stichproben

62. Welche Merkmale unterscheidet man in der Statistik? (6 Punkte)

Qualitative Merkmale – nominal und ordinal und
quantitative Merkmale – diskret und stetig

63. Welche Fehler-Begriffe kennen Sie? (7 Punkte)

Absoluter / Relativer Fehler; Zufälliger / Systematischer Fehler; Kritischer Fehler / Hauptfehler / Nebenfehler.

64. Wie lautet die Grundformel der Wahrscheinlichkeit? (1 Punkt)

$$P = \frac{günstige\ Ereignisse}{mögliche\ Ereignisse}$$

65. Wie groß ist die Wahrscheinlichkeit mit zwei idealen Würfeln eine 3 zu würfeln? (2 Punkte)

2/36 = 1/18 ≈ 5,6%

66. Wie viele Versuche benötigt man beim Elfmeter, um mit über 99% Sicherheit ein Tor zu erzielen, wenn die Wahrscheinlichkeit für einen einzelnen Schuss bei 50% liegt? (10 Punkte)

7 (über Gegenereignis: $1 - 0{,}5^7 \approx 99{,}2\%$; $1 - 0{,}5^6 \approx 98{,}4\%$)

67. Durch welche beiden Maßzahlen ist die Gauß'sche Normalverteilung eindeutig bestimmt? (2 Punkte)

(Arithmetischer) Mittelwert und Standardabweichung

68. Wie ist die Standardabweichung definiert? (1 Punkt)

Abstand Wendepunkt zum Mittelwert

69. Wie wirkt sich eine Vergrößerung oder Verkleinerung der Standardabweichung auf die Glockenform aus? (2 Punkte)

Vergrößerung: Glocke wird niedriger / flacher und breiter

Verkleinerung: Glocke wird höher und schmaler

70. Wie viel Prozent Flächenanteil sind unter der Glockenkurve zwischen -1σ und +1σ? (1 Punkt)

68,26%

71. Wie viel % der Messwerte liegen bei einer normalverteilten Messreihe außerhalb des ± 3σ-Bereiches? (1 Punkt)

1 – 99,73% = 0,27%

72. Welches Diagramm eignet sich zur Darstellung diskreter Merkmale? Skizzieren Sie ein Beispiel. (2 Punkte)

Stabdiagramm (siehe Seite **Fehler! Textmarke nicht definiert.**)

73. Für welche Merkmale verwendet man ein Histogramm zur Darstellung von Zahlenreihen? Skizzieren Sie ein Beispiel. (2 Punkte)

Zur Darstellung stetiger oder kontinuierlicher Merkmale (siehe Seite **Fehler! Textmarke nicht definiert.**)

74. Wie groß ist die Spannweite und die Standardabweichung der folgenden Stichproben-Messwerte (in mm)? (2 Punkte)

35,5	35,4	35,9	35,2	36,1	35,7	35,4	36,0

R = 0,9mm; s ≈ 0,33mm

75. Bestimmen Sie Mittelwert, Standardabweichung, Median, Modalwert und Spannweite der folgenden Urliste (in mm; Grundgesamtheit): (5 Punkte)

43,51	43,72	44,36	43,92	43,43	43,53	43,74	43,43

μ = 43,705mm; $\sigma \approx$ 0,295mm; $\tilde{x}$ = 43,625mm; x_d = 43,43mm;
R = 0,93 mm

76. Wofür verwendet man das Wahrscheinlichkeitsnetz? (3 Punkte)

1. Nachweis einer Normalverteilung der zu Grunde liegenden Urwerte (alle Punkte auf einer Geraden); 2. Ablesen von Schätzwerten für $\bar{x}$ und s; 3. Ablesen von Ausschuss-Anteilen an den Prozentachsen

77. Wie groß ist in Abb. 130 auf Seite 199 (WS-Netz) der Anteil der Teile, die größer als 7,74 sind? (1 Punkt)

≈ 3%

78. Wie groß ist der C_{pk}-Wert, wenn die Produktion den Mittelwert μ = 13,5 mm und die Standardabweichung σ = 0,06 mm hat? Die beiden Toleranzgrenzen sind 13,15 mm und 13,85 mm. Ist der Prozess fähig? (2 Punkte)

$$C_{pk} = \frac{0{,}35mm}{3 \cdot 0{,}06mm} \approx 1{,}94$$

Der Prozess ist fähig.

79. Was ist der Unterschied zwischen Prozessfähigkeit und Maschinenfähigkeit und wie lauten die heute geltenden Standards? (4 Punkte)

Prozessfähigkeit: berücksichtigt den kompletten Prozess einschließlich der M-Faktoren; C_p, $C_{pk} \geq 1{,}33$

Maschinenfähigkeit: berücksichtigt lediglich eine Komponente ohne M-Faktoren; C_m, $C_{mk} \geq 1{,}67$

80. Was ist der Unterschied zwischen Prozessfähigkeit und Prozessbeherrschung? (2 Punkte)

Bei der Prozessfähigkeit wird ein einzelner Prozess betrachtet, ob der kritische Fähigkeitsindex C_{pk} über einem vorgegebenen Grenzwert liegt. Bei der Prozessbeherrschung wird dagegen betrachtet, ob über mehrere Prozessserien hinweg die Parameter für Lage und Streuung konstant bleiben.

81. Was ist der Unterschied zwischen dem C_m- und dem C_{mk}-Wert? (2 Punkte)

Der C_m-Wert ist lageunabhängig und stellt den höchsten Wert dar, den der lageabhängige C_{mk}–Wert jemals erreichen kann, wenn der Prozess-Mittelwert exakt auf der Toleranzmitte liegt.

82. Was für eine Situation liegt vor, wenn ein C_{pk}-Wert negativ ist? (1 Punkt)

Dann liegt der Mittelwert der Prozesskurve außerhalb der Toleranzgrenzen (Z_{krit} < 0 bzw. (μ – UGW) oder (OGW – μ) < 0)

83. Was ist zu veranlassen, wenn ein Lage-Kennwert bei einer QRK zwischen einer Warn- und einer Eingriffsgrenze liegt? (2 Punkte)

Zeitraum der nächsten Prüfung verkürzen; erhöhte Aufmerksamkeit; bei weiterer Wiederholung der Warngrenzen-Überschreitung Eingriff.

84. Für einen laufenden Prozess möchten Sie sicherstellen, dass ein kritischer Fähigkeitsfaktor C_{pk} größer als 1,33 sichergestellt wird. Der obere Grenzwert OGW ist mit 223,4 mm vorgegeben, die Toleranz T beträgt 0,2 mm und die Standardabweichung σ beträgt 0,02 mm. In welchem Bereich muss der Mittelwert liegen? (5 Punkte)

C_{pk}=1,33 bedeutet 4σ-Abstand von den Toleranzgrenzen, also 0,08mm; => OGW-0,08mm = 223,32mm; UGW+0,08mm = 223,28mm; => 223,28mm < μ < 223,32mm

85. Sie haben für einen Prozess folgende Kenngrößen ermittelt:
μ = 27,3 mm; σ=0,01 mm; UGW = 27,27 mm; OGW = 27,34 mm
Wie groß ist C_p, C_{pk} und der Ausschuss in ppm? Beurteilen Sie abschließend die Prozessfähigkeit. (6 Punkte)

C_p=1,17 (Prozess ist nicht fähig!); C_{pk}=1,0; Zweiseitige Ausschuss-Betrachtung: A_{links}=1.350ppm; A_{rechts}=32ppm => A=1.382ppm

86. In Ihrer Produktion haben Sie für einen laufenden Prozess einen Mittelwert μ für Widerstände von 530Ω und eine Standardabweichung σ von 3Ω ermittelt. Wie groß ist der Anteil der Widerstände zwischen 521 Ω und 524 Ω? (4 Punkte)

(99,73%-95,45%)/2 = 2,14%

87. Erläutern Sie den Aufbau einer QRK. (3 Punkte)

siehe Kap. 8.8.2

88. Was wird mit einer Qualitätsregelkarte überwacht? (2 Punkte)

Lage und Streuung eines Prozesses. Am häufigsten wird für die Lage der Mittelwert und für die Streuung die Standardabweichung oder die Spannweite überwacht ($\bar{x}$ /s oder $\bar{x}$ /R-Regelkarte).

89. Nennen Sie Ereignisse, bei denen Sie während der Überwachung eines Fertigungsprozesses eingreifen würden. (4 Punkte)

Trend, Run, Über-/ Unterschreiten OEG/UEG, hintereinander zweimaliges Über-/ Unterschreiten OWG/UWG

90. Was bedeutet „Eingriff" bei SPC? (3 Punkte)

Prozess stoppen; Ursache beseitigen; Prozess wieder starten

91. Sie überwachen eine Produktion mit einer QRK. Sie stellen nun fest, dass sieben nacheinander eingetragene Kreuze unterhalb der strichpunktierten Linie liegen. Was liegt vor und wie reagieren Sie? (2 Punkte)

Es liegt ein Run vor; sofortiger Eingriff notwendig.

11.2.3 Annahmestichprobenprüfung

92. Was ist der Unterschied zwischen qualitativer und quantitativer Prüfung? Nennen Sie je ein Beispiel. (4 Punkte)

Qualitativ = reine Gut-/Schlecht-Prüfung – Beispiel: Grenzlehrdorn; Quantitativ = Messtechnische Prüfung mit konkretem Messwert als Ergebnis – Beispiel: Bügelmessschraube

93. Wie lautet ganz allgemein eine Stichprobenanweisung? (1 Punkt)

n – c; gelesen: n Strich c; n = Stichprobenumfang, c = Annahmezahl

94. Wie lautet die Stichprobenanweisung für N=900 Stück und AQL 0,15? (2 Punkte)

n-c = 80–0

95. Wie lautet die Stichprobenanweisung für N=120 Stück und AQL 0,025? (2 Punkte)

n-c = 120-0

96. Was ist eine Operationscharakteristik? (4 Punkte)

Kennlinien für verschiedene Annahmezahlen für bestimmten Stichprobenumfang, die den Zusammenhang zwischen Fehleranteil in der Grundgesamtheit und der Annahmewahrscheinlichkeit darstellen

97. Sie haben folgende Operationscharakteristik für den Kennbuchstaben K gegeben. Wie lautet die Stichprobenanweisung, wenn Sie eine Annahme-Wahrscheinlichkeit von 95% und einen AQL-Level von 1 sicherstellen wollen? (2 Punkte)

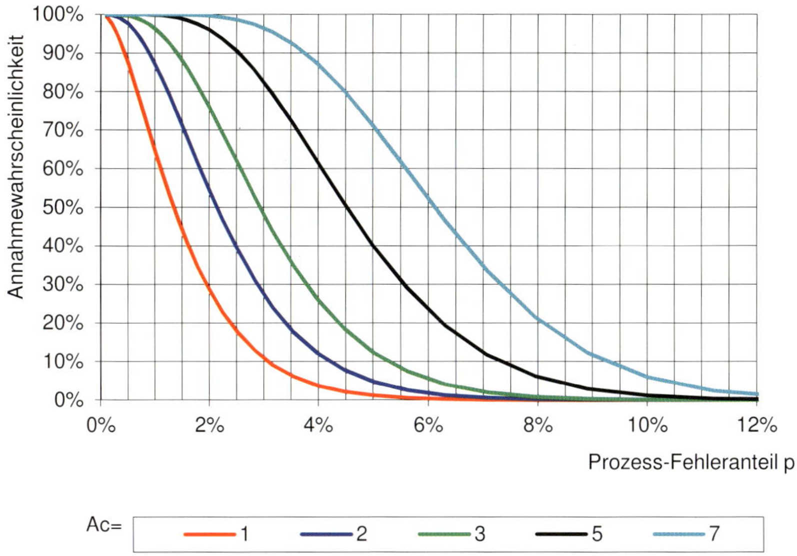

Stichprobenanweisung: n-Ac/Re = 125-3/4

98. Was versteht man unter Annahmewahrscheinlichkeit? (2 Punkte)

Summe der Einzelwahrscheinlichkeiten, in einer Stichprobe bis zu einer Annahmezahl c fehlerhafte Teile zu finden

99. Sie haben einen Stichprobenplan für Normalprüfung nach DIN 2859 festgelegt, der n-c = 200-5 lautet. Da die letzten drei Lieferungen allesamt zurückgewiesen wurden, wechseln Sie in eine verschärfte Prüfung. Geben Sie einen Vorschlag, wie die Stichprobenanweisung nun lauten könnte? (2 Punkte)

n-Ac/Re = 200-4

100. Wie könnte im Beispiel die Anweisung für eine reduzierte Prüfung aussehen? (2 Punkte)

n-Ac/Re = 125-2/4

101. Was versteht man unter dem Skip-lot-Verfahren? (2 Punkte)

Von engl. „skip“ = überspringen und „lot“ = Los; die DIN 2859 sieht im Abschnitt 3 vor, bei sehr guter, nachgewiesener Lieferqualität, Lieferlose bei der Prüfung zu überspringen

11.2.4 Besondere Fragen für Qualitätsbeauftragte (QB)

102. Welche Bemühungen sind auf Fehlerverhütung gerichtet?

Jegliche Art von Vorbeugungsmaßnahmen; die Korrektur bereits aufgetretener Fehler oder die Beseitigung deren Ursachen ist im Sinne der Norm etwas anderes!

103. Was ist eine Korrektur?

eine Maßnahme zur Beseitigung eines erkannten Fehlers.
ISO 9000 unterscheidet hier deutlich vom Begriff der Korrekturmaßnahme!

104. Was ist eine Korrekturmaßnahme?

eine Maßnahme zur Beseitigung einer Fehlerursache.

105. Wozu dient ein QM-System nach DIN EN ISO 9001?

Unternehmen dazu, einen organisatorischen Rahmen nach Stand der Technik aufzubauen und aufrecht zu erhalten und diesen ggf. auch nach außen über ein Zertifikat nachzuweisen.

106. Wann müssen Lieferanten gem. ISO 9001 bewertet werden?

Lieferanten müssen regelmäßig (nicht jährlich!) neu bewertet werden.

107. Welche EG-Rechtsnorm besitzt Anwendungsvorrang vor innerstaatlichem Recht?

EG-Verordnungen

108. Was sind die übergeordneten Rechtsgebiete in der Bundesrepublik Deutschland?

Öffentliches Recht (einschl. Verfassungsrecht), Privat-/Zivilrecht und Strafrecht

109. Was bedeutet Metrologie?

Die Metrologie ist die Lehre von den Maßen und Gewichten und den Maßsystemen.

110. Was beschreibt die DIN EN 17025?

Sie beschreibt allgemeine Anforderungen an die Kompetenz von Prüflaboratorien.

11.3 Anhang 3: EFQM RADAR Bewertungs-Matrix

Vorgehen:	0%	25%	50%	75%	100%
Fundiert: ▪ Vorgehen ist klar begründet ▪ Vorgehen basiert auf definierten Prozessen ▪ Vorgehen ist auf Bedürfnisse der Interessengruppen ausgerichtet ▪ Vorgehen wurde im Laufe der Zeit bewusst weiterentwickelt	Kein Nachweis oder anekdotisch	Einzelne Nachweise	Nachweise	Klare Nachweise	Umfassende Nachweise
Integriert: ▪ Vorgehen unterstützt die Strategie ▪ Vorgehen ist, wo notwendig, mit anderen Vorgehen verzahnt	Kein Nachweis oder anekdotisch	Einzelne Nachweise	Nachweise	Klare Nachweise	Umfassende Nachweise
Wertung für Vorgehen	0 | 5 | 10	15 | 20 | 25 | 30 | 35	40 | 45 | 50 | 55 | 60	65 | 70 | 75 | 80 | 85	90 | 95 | 100
Umsetzung:	0%	25%	50%	75%	100%
Eingeführt: ▪ Vorgehen ist in den relevanten Bereichen eingeführt	Kein Nachweis oder anekdotisch	eingeführt in ¼ der relevanten Bereiche	eingeführt in ½ der relevanten Bereiche	eingeführt in ¾ der relevanten Bereiche	eingeführt in allen relevanten Bereichen
Systematisch: ▪ Vorgehen ist zeitlich und strukturell plangemäß umgesetzt; mit der Fähigkeit zur situativen Anpassung an das Umfeld.	Kein Nachweis oder anekdotisch	Einzelne Nachweise	Nachweise	Klare Nachweise	Umfassende Nachweise
Wertung für Umsetzung	0 | 5 | 10	15 | 20 | 25 | 30 | 35	40 | 45 | 50 | 55 | 60	65 | 70 | 75 | 80 | 85	90 | 95 | 100
Bewertung & Verbesserung:	0%	25%	50%	75%	100%
Messung: ▪ Effizienz und Effektivität des Vorgehens und dessen Umsetzung werden regelmäßig gemessen. ▪ Die gewählten Messgrößen bzw. Kennzahlen sind geeignet.	Kein Nachweis oder anekdotisch	Einzelne Nachweise	Nachweise	Klare Nachweise	Umfassende Nachweise
Lernen und Kreativität: ▪ Durch Lernen werden interne und externe gute Praktiken und Verbesserungsmöglichkeiten identifiziert. ▪ Durch Kreativität wird ein neues und verbessertes Vorgehen geschaffen.	Kein Nachweis oder anekdotisch	Einzelne Nachweise	Nachweise	Klare Nachweise	Umfassende Nachweise
Verbesserung und Innovation: ▪ Schlussfolgerungen aus Messung und Lernen werden zur Identifikation, Priorisierung, Planung und Einführung von Verbesserungen genutzt. ▪ Ergebnisse von Kreativität werden bewertet, priorisiert und verwendet.	Kein Nachweis oder anekdotisch	Einzelne Nachweise	Nachweise	Klare Nachweise	Umfassende Nachweise
Wertung Bewertung und Verbesserung	0 | 5 | 10	15 | 20 | 25 | 30 | 35	40 | 45 | 50 | 55 | 60	65 | 70 | 75 | 80 | 85	90 | 95 | 100
GESAMTWERTUNG	0 | 5 | 10	15 | 20 | 25 | 30 | 35	40 | 45 | 50 | 55 | 60	65 | 70 | 75 | 80 | 85	90 | 95 | 100

Bewertungs-Matrix Teil 2: Ergebnis-Kriterien:

Relevanz und Nutzen:	0%	25%	50%	75%	100%
Umfang und Relevanz: ▪ Der Umfang der gezeigten Ergebnisse: ▪ bezieht sich auf die Bedürfnisse und Erwartungen der relevanten Interessengruppen ▪ ist konsistent zur Strategie und den Leitlinien der Organisation ▪ Beziehungen und Beeinflussung zwischen den relevanten Ergebnissen werden verstanden ▪ Die Schlüsselergebnisse sind identifiziert und priorisiert	Relevanz wird nicht gezeigt oder anekdotische Ergebnisse	Relevante Ergebnisse werden für ¼ der betrachteten Bereiche gezeigt	Relevante Ergebnisse werden für ½ der betrachteten Bereiche gezeigt	Relevante Ergebnisse werden für ¾ der betrachteten Bereiche gezeigt	Relevante Ergebnisse werden für alle betrachteten Bereiche gezeigt
Integrität: ▪ Ergebnisse sind zeitgerecht erhoben, aussagekräftig und genau	Kein Nachweis für Integrität oder anekdotische Informationen	Zeitgerecht, aussagekräftig und genau für ¼ der gezeigten Ergebnisse	zeitgerecht, aussagekräftig und genau für ½ der gezeigten Ergebnisse	zeitgerecht, aussagekräftig und genau für ¾ der gezeigten Ergebnisse	zeitgerecht, aussagekräftig und genau für alle gezeigten Ergebnisse
Segmentierung: ▪ Ergebnisse sind angemessen segmentiert	Keine Segmentierung	Geeignete Segmentierung für ¼ der Ergebnisse	Geeignete Segmentierung für ½ der Ergebnisse	Geeignete Segmentierung für ¾ der Ergebnisse	Geeignete Segmentierung für alle Ergebnisse
Wertung für Relevanz und Nutzen*	0 5 10	15 20 25 30 35	40 45 50 55 60	65 70 75 80 85	90 95 100
** Anmerkung: Die Wertung für „Relevanz und Nutzen" darf nicht die Wertung für „Umfang und Relevanz" übersteigen.*					
Leistungen:	0%	25%	50%	75%	100%
Trends: ▪ Ergebnisverläufe sind positiv und/oder zeigen nachhaltig gute Leistungen	Keine Ergebnisse oder anekdotische Informationen	Positive Trends und/oder nachhaltig gute Leistungen für ¼ der Ergebnisse über die letzten 3 Jahre	Positive Trends und/oder nachhaltig gute Leistungen für ½ der Ergebnisse über die letzten 3 Jahre	Positive Trends und/oder nachhaltig gute Leistungen für ¾ der Ergebnisse über die letzten 3 Jahre	Positive Trends und/oder nachhaltig gute Leistungen für alle Ergebnisse über die letzten 3 Jahre
Ziele: ▪ Für die Schlüsselergebnisse sind Ziele gesetzt ▪ Ziele sind angemessen ▪ Ziele werden erreicht	Keine Ziele oder anekdotisch Informationen	Gesetzt, angemessen and erreicht für ¼ der Schlüsselergebnisse	Gesetzt, angemessen and erreicht für ½ der Schlüsselergebnisse	Gesetzt, angemessen and erreicht für ¾ der Schlüsselergebnisse	Gesetzt, angemessen and erreicht für alle Schlüsselergebnisse
Vergleiche: ▪ Für die Schlüsselergebnisse werden Vergleiche angestellt. ▪ Die Vergleiche sind angemessen ▪ Die Vergleiche sind günstig	Keine Vergleiche oder anekdotische Informationen	Durchgeführt, angemessene und günstige Vergleiche für ¼ der Schlüsselergebnisse	Durchgeführt, angemessene und günstige Vergleiche für ½ der Schlüsselergebnisse	Durchgeführt, angemessene und günstige Vergleiche für ¾ der Schlüsselergebnisse	Durchgeführt, angemessene und günstige Vergleiche für alle Schlüsselergebnisse
Ursachen: ▪ Der Zusammenhang zwischen den erzielten Ergebnissen und ihren Befähigern wird verstanden und verfolgt ▪ Die Annahme, dass die positive Leistung auch zukünftig erzielt wird, ist begründet	Keine Nachweise oder anekdotische Informationen	Zusammenhang zu den Befähigern deutlich für ¼ der Ergebnisse und einige Nachweise, dass die Leistung auch zukünftig erzielt wird	Zusammenhang zu den Befähigern deutlich für ½ der Ergebnisse und Nachweise, dass die Leistung auch zukünftig erzielt wird	Zusammenhang zu den Befähigern deutlich für ¾ der Ergebnisse und klare Nachweise, dass die Leistung auch zukünftig erzielt wird	Zusammenhang zu den Befähigern deutlich für alle Ergebnisse und umfassende Nachweise, dass die Leistung auch zukünftig erzielt wird
Wertung für Leistung:	0 5 10	15 20 25 30 35	40 45 50 55 60	65 70 75 80 85	90 95 100
GESAMTWERTUNG:	0 5 10	15 20 25 30 35	40 45 50 55 60	65 70 75 80 85	90 95 100

11.4 Anhang 4: Beispiel zur Linearen Regression

Es wurden von allen Kursteilnehmern eines IHK-Kurses (Industriemeister Elektrotechnik) Körpergröße und Gewicht erfasst und auf Korrelation untersucht. Dies ergab folgende 13 x/y-Wertepaare:

Kurs-Teilnehmer	Gewicht (in kg)	Größe
1.	96	193
2.	78	192
3.	79	179
4.	81	177
5.	85	188
6.	100	185
7.	94	185
8.	67	173
9.	94	193
10.	100	186
11.	113	197
12.	100	187
13.	95	180
n = 13	$\bar{x}$	$\bar{y}$
Mittelwert:	**90,9**	**185,8**

Tabelle 81: Urwerttabelle zur Korrelationsanalyse

Die Verteilung der x/y-Punktwerte zeigt sich im Diagramm wie folgt:

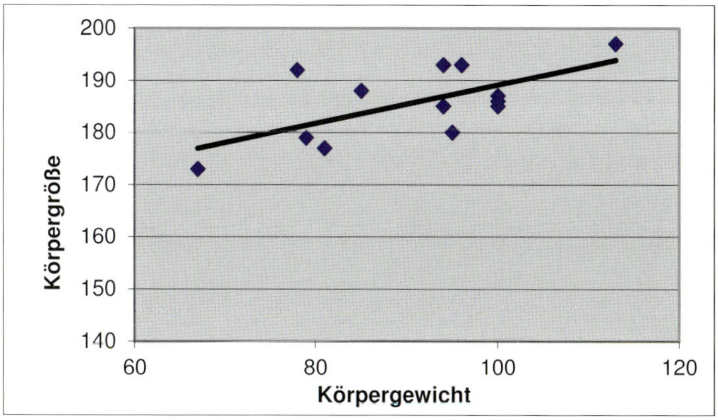

Abb. 178: Beispiel-Korrelation Körpergewicht und Körpergröße

TN	x_i	y_i	x_i - x	y_i - y	(x_i - x) · (y_i - y)	$(x_i - x)^2$	$(y_i - y)^2$
1.	96	193	5,08	7,23	36,71	25,78	52,28
2.	78	192	-12,92	6,23	-80,52	167,01	38,82
3.	79	179	-11,92	-6,77	80,71	142,16	45,82
4.	81	177	-9,92	-8,77	87,02	98,47	76,90
5.	85	188	-5,92	2,23	-13,21	35,08	4,98
6.	100	185	9,08	-0,77	-6,98	82,39	0,59
7.	94	185	3,08	-0,77	-2,37	9,47	0,59
8.	67	173	-23,92	-12,77	305,48	572,31	163,05
9.	94	193	3,08	7,23	22,25	9,47	52,28
10.	100	186	9,08	0,23	2,09	82,39	0,05
11.	113	197	22,08	11,23	247,94	487,39	126,13
12.	100	187	9,08	1,23	11,17	82,39	1,51
13.	95	180	4,08	-5,77	-23,52	16,62	33,28
Summe:	**1182**	**2415**	**0,00**	**0,00**	**666,77**	**1.810,92**	**596,31**

Tabelle 82: Grundtabelle zur Berechnung von a, b und r

Die **Gerade** ergibt sich aus $y = ax + b$

mit $a = \frac{\sum_{i=1}^{n}(x_i-\bar{x})\cdot(y_i-\bar{y})}{\sum_{i=1}^{n}(x_i-\bar{x})^2}$ und $b = \bar{y} - a \cdot \bar{x}$

Damit errechnet sich a und b wie folgt:

Steigung: $a = \frac{666,77}{1.810,92} \approx 0,37$

Achsenabschnitt: $b = 185,8 - (0,37 \cdot 90,9) \approx 152,29$

Der **Korrelationskoeffizient** berechnet sich nach der Formel:

$$r = \frac{\frac{1}{n} \cdot \sum_{i=1}^{n}(x_i - \bar{x}) \cdot (y_i - \bar{y})}{s_x \cdot s_y}$$

Die Standardabweichungen betragen: $s_x = 12,3$ und $s_y = 7,0$

Damit ergibt sich für r:

$$r = \frac{\frac{1}{13} \cdot 666,77}{12,3 \cdot 7,0} = 0,6$$

Wir können also von einer mittleren Korrelation von Körpergewicht und Körpergröße ausgehen.

11.5 Anhang 5: Muster-Formblatt QFD

11.6 Anhang 6: Rahmenstoffpläne

11.6.1 Industriemeister Basisteil

1. Statistische Verfahren (Fachrichtungsübergreifende Basisqualifikation - Stand Januar 2005)		
Teilbereich des Abschnitts "Berücksichtigung naturwissenschaftlicher und technischer Gesetzmäßigkeiten"		
		Taxonomie*
1.1	**Anwenden von statistischen Verfahren und Durchführen von einfachen statistischen Berechnungen sowie ihre graphische Darstellung**	
1.1.1	**Statistische Methoden zur Überwachung, Sicherung und Steuerung von Prozessen**	
	- Grundmodelle der technischen Statistik	verstehen
	- Einsatzbereiche für statistische Methoden	
	- Auswahl von Merkmalen	kennen
1.1.2	**Stichprobenverfahren und Darstellung der Messwerte**	
	- Aufbereiten von Messstichproben	anwenden
	- Voraussetzung und Eigenschaften (Kennwerte) einer Normalverteilung	verstehen
	- Funktionen der Normalverteilung und deren Graphen	berechnen
	- Häufigkeitsverteilung in einer Stichprobe und Fehleranteil im Prüflos	
1.1.3	**Ermittlung von verschiedenen Fähikgeitskennwerten und deren Bedeutung für Prozess, Messgerät und Maschine**	
	- Fähigkeitsuntersuchungen und deren Kennwerte für Messgerät, Maschine und Prozess	berechnen
	- Mindestanforderungen für Fähigkeitskennwerte	verstehen
	- Statistische Prozessregelung mit Prozessregelkarten	
	- Interpretation von Regelkarten	
*	zur dreistufigen Anwendungs-Taxonomie:	
	WISSEN (Zusammenhänge verstehen; Zahlen - Daten - Fakten)	
	beherrschen (kognitiv), kennen, überblicken	
	VERSTEHEN (Erkennen und Verinnerlichen von Zusammenhängen)	
	analysieren, begründen, beurteilen, einordnen, erfassen, erkennen, unterscheiden, verstehen, zuordnen	
	ANWENDEN (Fähigkeit zu sach- und fachgerechtem Handeln)	
	anwenden, beachten, beherrschen (praktisch), berechnen, berücksichtigen, darstellen, durchführen, einhalten, erstellen, festlegen, fördern, führen, gewährleisten, mitwirken, planen, skizzieren, strukturieren, umsetzen, veranlassen, wahrnehmen	

11.6.2 Industriemeister HQ-Teil

2. Qualitätsmanagement (HQ-Teil Metall + Elektrotechnik Stand November 2006)		
Im Qualifikationsschwerpunkt „Qualitätsmanagement" soll die Fähigkeit nachgewiesen werden, Qualitätsziele durch Anwenden entsprechender Methoden und Beeinflussung des Qualitätsbewusstseins der Mitarbeiter und Mitarbeiterinnen zu sichern sowie bei der Realisierung eines Qualitätsmanagementsystems mitwirken und zu dessen Verbesserung und Weiterentwicklung beitragen zu können.		
		Taxonomie
2.1	**Berücksichtigen des Einflusses des Qualitätsmanagementsystems auf das Unternehmen und die Funktionsfelder**	
2.1.1	**Bedeutung, Funktion und Aufgaben von Qualitätsmanagementsystemen**	
	- Entwicklung der Qualitätsmanagementsysteme	überblicken
	- Qualitätsmanagement als betriebliche Notwendigkeit	verstehen
	- Entwicklungsstand im Qualitätsmanagement	kennen
	- Missverständnisse zum Qualitätsmanagement	berücksichtigen
2.1.2	**Arten von Audits im Qualitätsmanagement**	
	- Unterschied zwischen externen und internen Audits	kennen
	- Audits als Hilfe zur Leistungsverbesserung	verstehen
2.1.3	**Steuerung und Lenkung der Prozesse durch das Qualitätsmanagementsystem**	überblicken
2.2	**Fördern des Qualitätsbewusstseins der Mitarbeiter**	
2.2.1	**Förderung des Qualitätsbewusstseins**	verstehen
	- Merkmale qualitätsbewussten Handelns	
	- Anreizsysteme	
2.2.2	**Formen der Mitarbeiterbeteiligung als Maßnahmen der Qualitätsverbesserung**	anwenden
	- Workshop	
	- Qualitätszirkel	
	- KVP	
	- Information und Einbindung der Mitarbeiter	
2.3	**Anwenden von Methoden zur Sicherung und Verbesserung der Qualität insbesondere der Produktqualität und Kundenzufriedenheit**	
2.3.1	**Werkzeuge und Methoden im Qualitätsmanagement**	anwenden
2.3.2	**Statistische Methoden im Qualitätsmanagement**	
	- Vorteile und Grenzen	kennen
	- Beschreibende und beurteilende Statistik	verstehen
	- Elemente zur Prozesslenkung und Produktüberwachung	einsetzen
2.3.3	**Verteilungen und Verteilungsfunktionen qualitativer und quantitativer Merkmale**	
	- Annahme-Stichprobenprüfung und weitere Stichprobensysteme	berücksichtigen
	- Merkmalsausprägung	beachten
	- Interpretation der Verteilung	erstellen
	- Maßnahmen	einleiten
2.4	**Kontinuierliches Umsetzen der Qualitätsmanagementziele durch Planen, Sichern und Lenken von qualitätswirksamen Maßnahmen**	
2.4.1	**Planung der Erhebung und Verarbeitung qualitätsbezogener Daten**	durchführen
2.4.2	**Lenkung qualitätswirksamer Maßnahmen**	beherrschen
	- Ziele der Qualitätslenkung	

	- Abläufe	
	- Vorbeugende Tätigkeiten	
	- Überwachende Tätigkeiten	
	- Korrigierende Tätigkeiten	
2.4.3	**Sicherung der Qualitätsmanagementziele durch Qualifizierungen**	
	- Ermittlung des Qualifizierungsbedarfs	durchführen
	- Planung, Durchführung und Evaluierung von Qualifizierungsmaßnahmen	sicherstellen
	- Dokumentation	erstellen
*	zur dreistufigen Anwendungs-Taxonomie:	
	WISSEN (Zusammenhänge verstehen)	
	kennen, überblicken	
	VERSTEHEN (Erkennen und Verinnerlichen von Zusammenhängen)	
	analysieren, beurteilen, bewerten, einordnen, feststellen, unterscheiden, verstehen, zuordnen	
	ANWENDEN (Fähigkeit zu sach- und fachgerechtem Handeln)	
	anwenden, auswählen, beachten, beherrschen, berücksichtigen, darstellen, durchführen, einleiten, einordnen, einsetzen, entwickeln, erarbeiten, ermitteln, erstellen, festlegen, fördern, gewährleisten, mitwirken, planen, sicherstellen, überblicken, überprüfen, umsetzen, veranlassen	

11.6.3 Qualitätsbeauftragter (QB) nach TGA-Leitfaden

Nr.	Wissensbereiche und Lerninhalte	QB	Industrie-meister	QM-Atlas
	A=Einordnung / allgemeine Bewertung B=Anwendung / detaillierte Bewertung		entspr. Kap.	Entspr. Kap.
1.	**Qualitätsmanagement**			
1.1	**Wesentliche Management-Grundsätze**	**A**	**2.1.1**	**2.1**
	Entscheidungen treffen; Planen; Organisieren; Personelle Ressourcen; Bewerten	A	2.1.1	7.
1.2	**Qualitätsmanagement-Grundsätze**	**B**	**2.1.1**	**2.1**
	Bedeutung eines systematischen Qualitätsansatzes für die relevanten interessierten Parteien Anwendung der QM-Grundsätze Die Rolle des QM-Beauftragten, Qualitätsmanagers, Internen Qualitätsauditors und Qualitätsauditors; funktionale Erfordernis und Position in der Organisation; Vergleichbarkeit mit anderen Managementsystemen	B	2.1.1	2.1 4. 10.7
1.3	**Konzepte**	**A**	**2.1.1**	**2.1**
	Qualität, Qualitätsverbesserung, TQM, Qualitätsmanagementsysteme und Auditierung	A	2.1.1	2. 4.
1.4	**Qualitätspolitik**	**A**	**2.4.1**	
	Qualität als Managementaufgabe, Qualitätsziele, Management mit Qualitätszielen, Qualitätsinformation, Standardisierung, Qualitäts-Berichtswesen/- Darlegung und Formulierung der Qualitätspolitik	A	2.4.1	2.8 7.1 5.
1.5	**Organisationskonzepte**	**A**	**2.3.3**	**6.**
	Organisationsgrundsätze und wichtige Verfahren und Regeln, „7 Managementwerkzeuge" (Werkzeuge für nicht-numerische Daten: Brainstorming, Verwandtschaftsdiagramm, Baumdiagramm, Ursachen- und Wirkungsdiagramm, Matrixdiagramm, Benchmarking, Flussdiagramm), Organisatorische Strukturen der Verantwortlichkeiten, Ziele und Kompetenzen	A	2.3.3	6.
1.6	**Politik betreiben durch:**	**A**	**2.4.1**	**7.**
	Vision und Mission; Strategie und Politik; Ziele und betriebliche Ziele	A	2.4.1	7.
1.8	**Verpflichtung des Managements**	**A**	**2.1.1**	**2.**
	Einbeziehung von Sichtweisen und Werkzeugen; Management durch Prozesse; Verpflichtung gegenüber Anforderungen von Kunden und Regelungen	A	2.1.1	1. 2. 10.10
1.9	**Normen und Richtlinien**	**A**	**2.1.1**	**2.**
	Relevante Normen und Richtlinien, Akkreditierung und Zertifizierung	A	2.1.1	2. 10.2
2.	**Organisation der Qualitätstätigkeiten**			
2.1	**Organisation**	**A**	**2.1.1**	**5.**
	Organisieren der Übertragung von Verantwortung und Koordinierung von Aufgaben; Aufgabe und Stellung des QM-Fachpersonals	A	2.1.1	5. 10.6.3 10.7
2.2	**Mechanismen der Koordination**	**A**	**2.1.1**	**5.**

	Ziele, Struktur, Verfahren und Arbeitskreise/Ausschüsse, Dokumentation des QM-Systems	A	2.1.1	5.
2.3	**Auditieren** (siehe auch Nr. 16 bis 21)	**A**	**2.1.1**	**4.** **10.8**
	Produkt-, Prozess- und Systemaudits, Prinzipien von Interview-Techniken	A	2.1.2	4. 10.8
3.	**Grundsätze des Prozessmanagements**			2.10
	Erkennung, Planung, Management, Messung und Verbesserung von Prozessen	A	2.1.2	2.10 3.10
4.	**Techniken der Qualitätsverbesserung**			
4.1	**Organisation einer Untersuchung**	**B**	**2.4.2**	**7.**
	Planung, Budgetierung und Fortschrittsüberwachung	B	2.4.2	7.
4.2	**Motivation**	**A**	**2.2.1**	**5.1**
	Theorien zur Motivation in Bezug auf Qualität	A	2.2.1	5.1
4.3	**Techniken**	**A**	**2.3.3**	**6.**
	Planung von Untersuchungen, Spezifizierung/Beschreibung von Zielen, PDCA-Kreis, „7 Qualitätswerkzeuge" (Werkzeuge für numerische Daten: Radardiagramm, Fehlersammelkarte, Kreis-/Kuchendiagramm, Pareto- Diagramm, Korrelationsdiagramm, Verlaufsdiagramm, Histogramm), FMEA	A	2.3.3	6. 3.8
4.4	**Beobachtung**	**A**		**6.**
	Beobachtungsmethoden, Aufzeichnungsmethoden und Beobachtungsfehler	A		6.
4.5	**Interpretation**	**A**	**2.3.1**	**8.**
	Interpretation von Beobachtungsergebnissen, Bedeutung von Prüfung, Schätzung, Experiment, Identifikation und Vorhersage	A	2.3.1	8.
4.6	**Entscheidung**	**A**		**6./7.**
	Zielkriterien und Randkriterien/Bedingungen und Entscheidungsverfahren	A		6. 7.
4.7	**Einführung**	**A**		**6.4**
	Einführen und Aufrechterhalten einer Problemlösung, Berichtswesen und Verantwortung	A		6.4.6 6.4.7
4.8	**Qualitätsverbesserungsprojekte und -programme**	**A**	**2.2.2**	**3.8** **5.4**
	Grundsätze und Methoden, Einsetzen von Projektgruppen/Qualitätszirkeln und abteilungsübergreifende Zusammenarbeit	A	2.2.2	3.8 5.4
5.	**Management von Ressourcen**			
5.1	**Analyse der Notwendigkeit von Kompetenz, Schulbildung und Ausbildung**	**A**	**2.4.3**	**7.3**
	Integration von internen Ausbildungsprogrammen, Erkennen der Notwendigkeit von kurz- und langfristiger Ausbildung, Spezifizierung und Organisation von Ausbildungsprogrammen	A	2.4.3	7.3
5.2	**Bewertung der Wirksamkeit von Ausbildung**	**A**	**2.4.3**	**7.3**
	Sicherstellung des Bewusstseins über die Relevanz und Wichtigkeit der Aktivitäten; Führung von Aufzeichnungen zu Ausbildung, Schulung, Fertigkeiten und Erfahrung	A	2.4.3	7.3 10.4
5.3	**Infrastruktur**	**A**		**10.4**
5.4	**Arbeitsumgebung**	**A**		**10.4**

6.	**Qualität in der Logistik, im Verkauf und Kundendienst**			
6.1	**Lagerhaltung**	**A**		**10.4**
6.2	**Produktionsplanung**	**A**		**10.4**
6.3	**Logistik der Auslieferung**	**A**		**10.4**
6.4	**Kundendienst**	**A**		**10.4**
7.	**Management von Entwicklungsprozessen**			**10.4.2**
7.1	**Entwicklungsplanung**	**A**		**10.4.2**
	Entwicklungsstufen, Schnittstellen, klare Zuordnung von Verantwortlichkeiten und Befugnissen, Bewertung, Verifizierung und Validierung	A		10.4.2
7.2	**Entwicklungseingaben**	**A**		**10.4.2**
	Externe und interne Eingaben, zutreffende behördliche Anforderungen, Informationen aus früheren ähnlichen Entwicklungen, andere Anforderungen	A		10.4.2
7.3	**Entwicklungsergebnisse**	**A**		**10.4.2**
	Daten über die Verifizierung gegen Entwicklungseingaben; Produktspezifikationen einschließlich Annahmekriterien; Prozessmaterial, Prüfspezifikation; Informationen über einen sicheren und bestimmungsgemäßen Gebrauch, für die Beschaffung, die Produktion und die Vorkehrungen zur Wartung; Ausbildungsanforderungen	A		10.4.2
7.4	**Entwicklungsbewertung, -verifizierung, -validierung, -änderungen**	**A**		**10.4.2**
	Faktoren, die dazu beitragen, die Anforderungen bezüglich der Produkt- und Prozessanforderungen zu erfüllen, die von Kunden und anderen interessierten Parteien erwartet werden	A	2.4.3	10.4.2
8.	**Einkauf und Unterauftragsvergabe**			**10.4.1**
8.1	**Auswahl und Bewertung**	**A**	**2.3.3**	**10.4.1**
	Auswahl und Bewertung von Lieferanten und Unterauftragnehmern	A	2.3.3	10.4.1
8.2	**Vereinbarungen**	**A**	**2.3.3**	**10.4.1**
	Vereinbarungen (Verträge usw.) über Qualitätsmessungen und ihre Konsequenzen	A	2.3.3	10.4.1
8.3	**Partnerschaft**	**A**		**10.4.1**
	Unterauftragsvergabe und "just-in-time"-Lieferungen	A		10.4.1
9.	**Produktions- und Dienstleistungsprozesse**			10.4.1
9.1	**Qualitätsprüfung**	**B**	**2.1.2**	**10.4.1**
	Qualitätsprüfung und -untersuchung, Prozesssteuerung, Werkerselbstkontrolle, Verfahren und Anweisungen	B	2.1.2	10.4.1 5.4.1 2.8
10.	**Überwachung und Messung von Prozessen/ Produkten**			10.4.1
10.1	**Kundenzufriedenheit**	**A**	**2.1.1**	**10.4.1**
	Zufriedenheitsumfragen, Methoden und Werkzeuge, Marktbedürfnisse, Angaben zum Lieferservice	A	2.1.1 2.3.3	10.4.1
10.2	**Prozessüberwachung und -messung**	**A**	**2.1.2**	**10.4.1**
	Prozessmanagement, Prozessfähigkeit, Reaktionszeit, Zykluszeit, Abfallreduzierung,	A	2.1.2	10.4.1

	Kostenzuweisung und -reduzierung			
10.3	**Produktüberwachung und -messung**	**A**		**10.4.1**
	Anforderungen an die Messungen, Methodenauswahl für Planung und Messungen, Produktmessberichte	A		10.4.1
11.	**Datensammlung und -analyse, Statistische Methoden**			
11.1	**Ziel**	**A**	**2.1.2**	**8.**
	Informationsauswahl, Information für verschiedene Ebenen, Verschlüsselung, statistische Verarbeitung, Datenformen, Verfahren und Systeme, Auswahl und Techniken	A	2.1.2 2.3.1 2.3.2	8.
11.3	**Berichtswesen**	**A**		**8.** **10.9**
	Berichtstechniken, Anforderungen an Berichte	A		8. 10.9
12.	**Prüfungen, Tests und Metrologie**			
12.1	**System der Überwachung von Mess- und Prüfmittel**	**A**		**10.4.1**
	Organisation, Registrierung, Sicherstellung des Kalibrierzustandes, Verfahren und Standards	A		10.4.1
12.2	**Messungen**	**A**		**10.4.1**
	Grundsätzliche Methoden der Messung, Prüfung, Prozessüberwachung (siehe auch Nr. 10.2 und 10.3), Inspektion, Messung von Genauigkeit und Präzision und der Analyse von Messproblemen	A		10.4.1
12.3	**Kalibrierung**	**A**		**10.4.1**
	Grundsätzliche Methoden der Kalibrierung, Bestätigungssystem der Kalibrierzeiten/-dauer, Auswahl der Apparateklasse, Genauigkeit und Messausfälle	A		10.4.1
13.	**Lenkung von Fehlern**			
13.1	**Lenkung von Fehlern**	**A**		**6.**
	Entdeckung, Identifizierung, Trennung und Aufstellung von Fehlern; Befugnis zur Reaktion auf Fehler	A		6.
13.2	**Fehleraufzeichnungen**	**A**		**6.**
	Berichte über die Natur von Fehlern; Daten für Analyse- und Verbesserungsaktivitäten.	A		6.
13.3	**Fehlerbewertung und -aufstellung**	**A**		**6.**
	Fehlerbericht, Trends oder Muster des Vorkommens, Akzeptanz der Fehleraufstellung, Fähigkeit Auswirkungen zu bewerten	A		6.
15.	**Gesetzliche und Regelungs-Gesichtspunkte**			
15.1	**Gesetzgebung**	**A**		**10.1**
	Nationale und internationale Gesetzgebung, Gesetze, Sicherheit, Umwelt, Risikoanalyse, Haftung bei Produkten und/oder Dienstleistungen, vertragliche Haftung, Garantien, Produktrückruf	A		10.1
16.	**Einführung in Auditierung, Zertifizierung, Akkreditierung**			**10.2**
16.1	**Arten von Audits**	**A**	**2.1.2**	**4.**
16.1.1	**QM-System-Audits**	**A**	**2.1.2**	**4.**
16.1.2	**Prozess- und Produktaudits**	**A**	**2.1.2**	**4.**
16.2	**Zertifizierungsnormen und -richtlinien**	**A**	**2.1.1**	**4.**

	ISO 9000, 9001, 9004 und 19011 und gültige Revisionen	A	2.1.1	4.
16.4	**Grundsätze der Auditierung**	**A**	**2.1.2**	**4. 10.8**
	Nach ISO 19011	A	2.1.2	4. 10.8
16.6	**Zertifizierung**	**A**	**2.1.2**	**4.**
20.	**Folgemaßnahmen**			
20.1	**Wiederholung von Audits**	**A**	**2.1.2**	**4.**
20.2	**Überwachung**	**A**	**2.1.2**	**4.**
20.3	**Nachfolgende Korrekturmaßnahme**	**A**	**2.1.2**	**4.**

11.7 Anhang 7: Ergänzende Stoffsammlung für Qualitätsbeauftragte (QB)

11.7.1 Verfahrensanweisung – Muster

	VA Musterprozess	Bearbeiter:	Roland Weghorn
		Stand:	15.09.2014
		Version:	0
		Seite:	1 von 1

1. Zweck

Diese Verfahrensanweisung beschreibt den Prozess .... in unserem Unternehmen.

2. Geltungsbereich

Diese VA gilt für alle Mitarbeiter, die in irgendeiner Form am beschriebenen Prozess oder dessen Schnittstellen zu anderen Prozessen unseres Unternehmens beteiligt sind.

3. Begriffe

- Keine -

4. Zuständigkeit / Verantwortung

Alle zuständigen Mitarbeiter stellen durch ihr eigenverantwortliches Handeln die erfolgreiche Umsetzung dieser Anweisung sicher.
Verantwortlich für den Inhalt sowie die Einhaltung dieser Verfahrensanweisung ist die Geschäftsleitung. Für alle unklaren oder offenen Punkte ist ebenfalls die Geschäftsleitung zur Klärung anzusprechen.

5. Beschreibung

Die folgende Seite beschreibt schematisch den Ablauf des Prozesses.

....

6. Dokumente und Verweise

....

11.7.2 Managementbewertung – Muster

Die Management-Bewertung (QM-Review) hat das Ziel, den Stand unseres QM-Systems aufzuzeigen und das Ergebnis zu bewerten, um die fortdauernde Eignung, Angemessenheit und Wirksamkeit sicherzustellen.

Gleichzeitig dient dieses Instrument der Information aller Mitarbeiter.

Erkenntnisse aus dieser Bewertung können zu neuen Maßnahmen führen. Die Management-Bewertungen werden mindestens einmal jährlich durchgeführt. Im Vergleich dieser Beurteilungen lässt sich ersehen, wie sich das QM-System insgesamt und in welchen Punkten im Einzelnen es sich verändert hat.

Der kapitelmäßige Aufbau orientiert sich direkt an der ISO 9001.

1. Interne Audits

Das ....-te interne Audit wurde am .... durchgeführt. In allen Bereichen wurden Haupt- und Nebenabweichungen ermittelt. Bis zum offiziell geplanten Zertifizierungstermin am .... werden die aufgezeigten Defizite beseitigt sein. Die Inhalte des QM-Systems werden inzwischen weitgehend gelebt und wurden von den Mitarbeitern verstanden. Unserem Unternehmen wird ein hohes Engagement der Mitarbeiter in allen Bereichen bescheinigt.

Näheres zum Internen Audit sind den Audit-Berichten für die einzelnen Bereiche zu entnehmen.

2. Rückmeldungen von Kunden

Im vergangenen Jahr wurden in allen Bereichen Kundenzufriedenheitsbefragungen durchgeführt. Insgesamt .... Fragebögen standen ausgefüllt für eine Auswertung zur Verfügung. Der Erhebungszeitraum war von ...... bis ....

Hier das Ergebnis der Auswertung im Überblick:

.... *hier Auswerte-Tabelle einfügen mit Gesamt-Überblick*

Es zeigt sich, ... *hier Fazit ziehen und mögliche Maßnahmen festlegen.*

3. Prozessleistung und Produktkonformität

a. Lieferantenbewertung

Um die Prozessleistung und Produktkonformität sicherzustellen, wurde für das abgelaufene Jahr eine Lieferantenbewertung durchgeführt. Die Bewertung fand am .... statt.

Die Beurteilung der Lieferanten erfolgte in zwei Hauptgruppen:

- Lieferprobleme (objektiv in %)
- Lieferanten-Bewertung (subjektiv mit Schulnoten-System)

Bezüglich Lieferproblemen wurde die jeweilige Lieferprobleme-Anzahl ins Verhältnis zur Gesamtzahl aller Lieferungen eines Lieferanten gesetzt. Bei der Lieferanten-

Bewertung wurde das Schulnoten-System von 1 bis 6 verwendet. Über alle Daten hinweg wurde dann der Mittelwert errechnet.

Das Ergebnis der Auswertung sieht wie folgt aus:

.... hier Auswerte-Tabelle einfügen mit Gesamt-Überblick

Es zeigt sich, ... *hier Fazit ziehen und mögliche Maßnahmen festlegen.*

b. Jahresziele

Für das zurück liegende Jahr .... waren ..... Jahresziele definiert. Hier folgt ein kurzer Status der wichtigsten Ziele im Rückblick:

.... hier die Ziele des Vorjahres mit kurzem Status evtl. als Tabelle einfügen

Für das laufende Jahr .... wurden ..... Jahresziele in einem eigenen Jahreszielplan definiert. Dabei wurde Wert auf eine Zielsetzung für unterschiedliche Bereiche gelegt:

.... hier die Ziele des aktuellen / nächsten Jahres mit kurzem Status evtl. als Tabelle einfügen

Für sämtliche Ziele wurden die Verantwortungen festgelegt, die Messbarkeit (wie und womit) und der Zeitrahmen, innerhalb dessen die Ziele zu erreichen sind.

Für verschiedene Ziele existiert auf Grund der hohen Komplexität ein vom jeweils Verantwortlichen erstellter Projektplan mit Detail-Aufgaben (z. B. Einführung QM-System).

Auch im Projektplan sind alle Detail-Aufgaben zeitlich terminiert und die jeweilige Mitarbeiter-Verantwortung festgelegt.

c. Bedarf an Ressourcen / Schulung von Mitarbeitern

Für alle Mitarbeiter des Unternehmens existieren Unterlagen, in denen die wichtigsten Aufgaben festgelegt wurden.

Die Ermittlung des Schulungsbedarfes erfolgt durch die Geschäftsleitung im Rahmen eines zyklischen Jahresplaner-Eintrages über QM-Interaktiv und wird in einem Schulungsplan dokumentiert.

Die Mitarbeiter sind in die Schulungsplan-Erstellung mit eigenen Vorschlägen eingebunden.

4. Vorbeugungs- und Korrekturmaßnahmen

a. Fehler und Reklamationen

Der Bereich Erfassung von Fehlern und Reklamationen erfolgte über eine Auswertung der Mängelberichte für den Zeitraum .... bis ....

Insgesamt wurden .... Reklamationen aufgenommen und bearbeitet.

Hier die Ergebnisse im Einzelnen:

.... hier Auswerte-Tabelle einfügen mit Gesamt-Überblick

Es zeigt sich, …………….. *hier Fazit ziehen und mögliche Maßnahmen festlegen.*

b. Kommunikation

Zu den Korrektur- und Vorbeuge-Maßnahmen in unserem Hause gehören auch die regelmäßigen Besprechungen, Probleme aufzudecken, zu bearbeiten und zu verfolgen. Hierüber existieren Besprechungsprotokolle, die sowohl die Vorgangs-Verfolgung dokumentieren, als auch eine anschließende Bewertung der getroffenen Maßnahmen ermöglichen. Die Protokolle sind beim zuständigen QMB einsehbar.

In diesen Gesprächen werden Problemfelder frühzeitig identifiziert bzw. aufgedeckt. Daher kann ihnen auch frühzeitig bzw. vorbeugend begegnet werden.

5. Folgemaßnahmen vorangegangener Managementbewertungen

Das Qualitätsmanagementsystem wurde erfolgreich in unserem Unternehmen eingeführt. Das vorliegende Review bildet die erste Bewertung dieser Art. Zukünftig wird in diesem Abschnitt eine Prüfung der Maßnahmen aus vorangegangenen Managementbewertungen durchgeführt, besonders in Hinblick auf die Zielerreichung und den Nutzen.

Entscheidend ist, dass das System auch zukünftig gelebt wird, um den kontinuierlichen Verbesserungsprozess in Gang zu halten.

6. Änderungen, die sich auf das Qualitätsmanagementsystem auswirken könnten

Im Rahmen der Ersteinführung des Systems wurde das gesamte Unternehmens-Umfeld in die Installation des Systems mit einbezogen. Daher bleibt dieser Punkt erstmalig ohne weitere Ausführungen.

7. Empfehlungen für Verbesserungen

Empfehlungen und/oder konkrete Maßnahmen für die Umsetzung von Verbesserungspotenzialen sind in den jeweiligen Kapiteln beschrieben.

8. Stand des Qualitätsmanagementsystem

Mit Einführung des Systems einhergehend wurden konkrete Ziele formuliert und im Jahreszielplan dargestellt. Qualitätspolitik und Qualitätsziele werden konsequent verfolgt und kommuniziert (in Besprechungen und in anderen Veranstaltungen).

Für das QM-Handbuch wurde ein Organigramm erarbeitet, welches klar und übersichtlich die funktionelle Organisationsstruktur unseres Unternehmens widerspiegelt. Des Weiteren stellt das QM-Handbuch den groben Aufbau unseres QM-Systems dar und kann jedem Interessenten auf Wunsch übergeben werden.

Verfahrensabläufe wurden in allen wichtigen Bereichen in Verfahrensanweisungen dokumentiert, für die Datensicherung wurde eine Arbeitsanweisung erstellt.

Die Dokumentation des gesamten Betriebsablaufes erfolgt jetzt über gelenkte Formblätter.

Das QM-System einschließlich der zu verwendenden Formblätter wurde allen Mitarbeitern in eigens hierfür angesetzten Schulungen vermittelt, um das System dauerhaft erfolgreich etablieren zu können.

Datum	Unterschrift der Geschäftsleitung

11.7.3 Auditprogramm / Auditplan – Muster

Norm-Kapitel	Thema	GL/ QMB	Bereich 1	Bereich 2	....
4	QM-System, QM-Dokumente	13.12. RW	07.01. RW	15.01. RW	
4.2.4	Aufzeichnungen, Ablage, Archiv		07.01. RW	15.01. RW	
5.4.1 5.6	Zielsetzung und QM-Bewertung	13.12. RW			
5.5.3	Kommunikation	13.12. RW	07.01. RW	15.01. RW	
6.2	Mitarbeiter: Aufgaben, Ausbildung	13.12. RW	07.01. RW	15.01. RW	
6.3 6.4	Ordnung, Sauberkeit, Umweltschutz, Hygiene	13.12. RW	07.01. RW	15.01. RW	
6.4	Arbeitssicherheit	13.12. RW	07.01. RW	15.01. RW	
7.1 7.2	Auftragsannahme und –bearbeitung		07.01. RW	15.01. RW	
7.1	Risikomanagement	13.12. RW	07.01. RW	15.01. RW	
7.4 7.5.5	Einkauf, Lager		07.01. RW	15.01. RW	
7.5	Fertigung		07.01. RW	15.01. RW	
7.5.1	Abrechnung und Verwaltung		07.01. RW	15.01. RW	
7.5.3	Kennzeichnung, Rückverfolgbarkeit		07.01. RW	15.01. RW	
7.6	Wartung und Messmittel	13.12. RW	07.01. RW	15.01. RW	
8.1	Kundenzufriedenheit	13.12. RW			
8.2.2	Interne Audits	13.12. RW			
8.5	KVP	13.12. RW	07.01. RW	15.01. RW	
8.5.2 8.5.3	Korrektur- und Vorbeugungsmaßnahmen	13.12. RW	07.01. RW	15.01. RW	

Legende:

Datum RW	das Audit ist erfolgreich abgeschlossen (oder Feststellung)		trifft für diesen Bereich nicht zu

Auditplan (Zeitplan):

		Mitarbeiter	Bereich
Mo.,.....................			
08:30	**Hauptgeschäft**	Müller, Meier	**GL / QMB**
11:00	**Hauptgeschäft**	Huber	**Fertigung 1**
12:00	Mittag		
13:00	**Hauptgeschäft**	Winter	**Fertigung 2**
15:00	**Hauptgeschäft**	Sommer	**Verwaltung**
17:00	Ende		
Di.,..............			
08:00	Anfahrt Filiale 1		
09:10	**Filiale............**		**Verkauf**
10:10	Anfahrt Filiale 2		
11:10	**Filiale ....**		**Verkauf**
12:10	Mittag / Anfahrt Filiale 3		
13:40	**Filiale ....**		**Verkauf**
16:20	Ende		
Mi.,...........			
08:00	Anfahrt		
.....			
	Ende Audit		

11.7.4 Auditbericht – Muster

Auditierte Bereiche: Geschäftsleitung/QMB, Produktion Verwaltung,
.........weitere Bereiche...........

Audit-Nr.: xx / Jahr Datum: ....

Auditor: ....

Auditergebnis

Am .... erfolgte in unserem Unternehmen ein Internes Audit, um den Status des eingeführten QM-Systems in der Praxis zu begutachten.

Das Audit erfolgte in allen Bereichen unter Zuhilfenahme eines Auditprogramms bzw. Auditplans und vorbereiteten Audit-Checklisten.

Das Unternehmen gliedert sich wie folgt:

- Geschäftsleitung / QMB
- Produktion
- Vertrieb
- Verwaltung

Das Unternehmen unterhält keinerlei ausgelagerte Prozesse. Die Entwicklung gem. Norm-Kap. 7.3 ist ausgeschlossen.

Das Qualitätsmanagement wurde erfolgreich eingeführt. Die Mitarbeiter haben die wesentlichen Elemente und Punkte des Systems verstanden und leben diese in der täglichen Arbeit. Der Gesamteindruck ist äußerst positiv, sowohl was die Ordnung des ganzen Hauses, als auch der Einsatz der Mitarbeiter angeht.

Einzelheiten des Audits sind den jeweiligen, ausgefüllten Audit-Checklisten zu entnehmen.

Es folgt jetzt eine Auflistung der Haupt- und Nebenabweichungen der einzelnen Bereiche als zusammenfassendes Ergebnis des Audits. Die angegebenen Frage-Nummern beziehen sich auf die jeweilige Frage der Audit-Checkliste.

Bereich: ...

a. Auditierte Personen

.........hier befragte Personen eintragen.....

b. Hauptabweichungen

Frage	Hauptabw.	Ursache	Maßnahme	Ver-antw.	Ter-min	Erl. am

c. Nebenabweichungen

Frage	Nebenabw.	Ursache	Maßnahme	Ver-antw.	Ter-min	Erl. am

d. Hinweise

Frage		Hinweis

Datum: ____________________ ____________________

____________________ ____________________

(Unterschrift Auditor) (Unterschrift Geschäftsleitung)

11.7.5 Funktionsbeschreibung / Anforderungsprofil – Muster

Name: ______________________

Funktion: ______________________

1. **Stellenbeschreibung**

a. **Stellenziele / Kurzbeschreibung Aufgabengebiet**

-

b. **Hauptaufgaben**

- Fachaufgaben:
    -
- Sonstige Aufgaben:
    -
- Führungsaufgaben:
    -

c. **Einbindung der Stelle**

- Der Stelleninhaber ist zugeordnet:
    - fachlich:
        -
    - disziplinarisch:
        -
- Dem Stelleninhaber sind direkt zugeordnet: (Mitarbeiter/Arbeitsbereiche)
    -
- Dem Stelleninhaber sind mittelbar zugeordnet: (Mitarbeiter/Arbeitsbereiche)
    -

d. **Vertretung**

- Der Stelleninhaber vertritt:
    -
- Der Stelleninhaber wird vertreten durch:

- ○

e. Arbeitsplatz-Ausstattung / Benötigte Arbeitsmittel

-

f. Verantwortung / Kompetenzen / Befugnisse

-

g. Weitere Aspekte

-

2. Anforderungsprofil

a. Ausbildung / Berufsweg

-

b. Fachliche Kenntnismerkmale (inkl. Sprachen)

- Notwendig:
  - ○
- Wünschenswert:
  - ○

c. Persönliche Voraussetzungen

- Arbeitsverhalten:
  - ○
- Geistige Anforderungen:
  - ○
- Sozialverhalten:
  - ○
- Führungsverhalten:
  - ○

d. Weitere Aspekte

-

11.7.6 Besprechungsprotokoll – Muster

Datum	
Teilnehmer	
Protokollführer	
Nächste Besprechung	

TOPs:

- Ergebnisse der letzten Besprechung (Soll-Ist-Vergleich) des letzten Protokolls
- Beschlüsse, Vereinbarungen
- Fehler und Verbesserungsmöglichkeiten

Nr.	Thema	Hinweis
1.		
2.		
3.		

To-Dos:

Wer	Was	bis wann	erl. am	Bemerkung

12 Abbildungsverzeichnis

13 Tabellenverzeichnis

14 Literaturverzeichnis

Behr, Andreas; Pötter, Ulrich (2011): Einführung in die Statistik mit R. 2., vollst. überarb. und erw. Aufl. München: Vahlen (Vahlens Kurzlehrbücher).

Benesch, Thomas (2013): Schlüsselkonzepte zur Statistik. Die wichtigsten Methoden, Verteilungen, Tests anschaulich erklärt. Berlin: Springer Spektrum.

Blanchard, Kenneth; Zigarmi, Drea; Zigarmi, Patricia (2002): Der Minuten-Manager: Führungsstile. Wirkungsvolleres Management durch situationsbezogene Menschenführung. Neuausg. Reinbek bei Hamburg: Rowohlt-Taschenbuch-Verl.

Bleymüller, Josef; Gehlert, Günther; Gülicher, Herbert (2008): Statistik für Wirtschaftswissenschaftler. 15., überarb. Aufl. München: Vahlen (WiSt-Studienkurs).

Brand, Markus; Ion, Frauke K. (2008): 30 Minuten für mehr Work-Life-Balance durch die 16 Lebensmotive. Offenbach: GABAL

Brauer, Jörg-Peter (2002): DIN EN ISO 9000:2000 ff. umsetzen. Gestaltungshilfen zum Aufbau Ihres Qualitätsmanagementsystems. 3. Aufl. /. München ;, Wien: Hanser

Buttler, Günter; Fickel, Norman (2002): Statistik mit Stichproben. Orig.-Ausg. Reinbek bei Hamburg: Rowohlt-Taschenbuch-Verl.

David A. Garvin: What Does "Product Quality" Really Mean? In: Slow Management Review, Fall 1984, S. 25–43.

Deutschland in Zahlen 2011 (2011). bearb. Ausg. Köln: IW Medien. Online verfügbar unter http://www.worldcat.org/oclc/725146348.

Dewdney, A. K. (1994): 200 Prozent von nichts. Die Geheimen Tricks der Statistik und andere Schwindeleien mit Zahlen. Basel: Birkhäuser.

Dilts, Robert (1992): Einstein. Geniale Denkstrukturen und neurolinguistisches Programmieren. Paderborn: Junfermann

Gietl, Gerhard; Lobinger, Werner (2002): Leitfaden für Qualitätsauditoren. Planung und Durchführung von Audits nach ISO 9001:2000. München ;, Wien: Hanser

Gordon, Thomas (2000): Managerkonferenz. Effektives Führungstraining. 6 Aufl. München: Wilhelm Heyne Verlag

Graf, Hans-Joachim (2008): „Durch das Tal der Tränen – Wie Versuchsplanung als Projekt richtig durchgeführt wird"; Zeitschrift QZ 09/2008, S. 28ff

Gressler, Uli; Göppel, Rainer (2006): Qualitätsmanagement. Eine Einführung. 5. Aufl. Troisdorf: Bildungsverlag EINS

Hesse, Christian (2014): Wer falsch rechnet, den bestraft das Leben. Das kleine Einmaleins der Alltagsmathematik. Originalausg. München: C.H. Beck (C. H. Beck Paperback, 6083).Bleymüller, Josef; Gehlert, Günther; Gülicher, Herbert (2008): Statistik für Wirtschaftswissenschaftler. 15., überarb. München: Vahlen

Hummel, Thomas R.; Malorny, Christian (2002): Total Quality Management. Tipps für die Einführung. 3. Aufl. München ;, Wien: Hanser

Ion, Frauke K.; Brand, Markus (2009): Motivorientiertes Führen. Führen auf Basis der 16 Lebensmotive nach Steven Reiss. Offenbach: GABAL

Jochem, Roland (2010): Was kostet Qualität? Wirtschaftlichkeit von Qualität ermitteln. München: Hanser

Kamiske, Gerd F.; Brauer, Jörg-Peter (op. 2006): Qualitätsmanagement von A bis Z. Erläuterung moderner Begriffe des Qualitätsmanagements. 5., aktualisierte Aufl. München ;, Wien: Hanser

Kaplan, Ellen; Kaplan, Michael (2007): Eins zu Tausend. Die Geschichte der Wahrscheinlichkeitsrechnung. Frankfurt, M. ;, New York: Campus-Verl.

Krämer, Walter (2000): So lügt man mit Statistik. 5. Aufl. München [u.a.]: Piper (Serie Piper, 3038).

Linß, Gerhard (2003): Training Qualitätsmanagement. Trainingsfragen - Praxisbeispiele - multimediale Visualisierung ; mit 129 Tabellen sowie einer CD-ROM. München, Wien: Fachbuchverl. Leipzig im Carl-Hanser-Verl.

Linß, Gerhard (2005): Qualitätsmanagement für Ingenieure. [mit Handbuch "Qualitätsmanagement" auf CD-ROM] ; mit 158 Tabellen. 2., aktualisierte und erw. München [u.a.]: Fachbuchverl. Leipzig im Carl-Hanser-Verl.

Linß, Gerhard (2006): Statistiktraining im Qualitätsmanagement. Mit ... 108 Tabellen. München [u.a.]: Fachbuchverl. Leipzig im Carl Hanser Verl.

Masing, Walter; Pfeifer, Tilo (2007): Handbuch Qualitätsmanagement. 5., vollst. neu bearb. München: Hanser

O'Connor, Joseph; Seymour, John (2010): Neurolinguistisches Programmieren: Gelungene Kommunikation und persönliche Entfaltung. 20., aktualisierte und verb. Kirchzarten bei Freiburg: VAK-Verl.-GmbH

Pfeufer, Hans-Joachim; Rau, Wolfgang (2007): Internes Audit. Software für Qualitätsmanagement, Umweltmanagement, Arbeitssicherheit. 2., aktualisierte und erw. Hg. v. Franz Schreiber. München, Wien: Hanser

Radtke, Philipp; Wilmes, Dirk (2002): European quality award. Praktische Tipps zur Anwendung des EFQM-Modells. 3. Aufl. München ;, Wien: Hanser

Randow, Gero von (2007): Das Ziegenproblem. Denken in Wahrscheinlichkeiten. 4. Aufl. Reinbek bei Hamburg: Rowohlt-Taschenbuch-Verl.

Reiss, Steven (2009): Das Reiss Profile. Die 16 Lebensmotive ; welche Werte und Bedürfnisse unserem Verhalten zugrunde liegen. Offenbach: GABAL

Reiss, Steven (2009): Wer bin ich und was will ich wirklich? Mit dem Reiss-Profile die 16 Lebensmotive erkennen und nutzen. München: Redline-Verl.

Schulz Thun, Friedemann von (2000): Miteinander reden. [Augsburg]: Bechtermünz-Verl.

Schwarze, Jochen (2005): Beschreibende Verfahren. 10. Aufl. Herne [u.a.]: Verl. Neue Wirtschafts-Briefe

Schwarze, Jochen: Grundlagen der Statistik. 8. Aufl. Herne, Berlin: Verl. Neue Wirtschafts-Briefe

Seghezzi, Hans Dieter; Fahrni, Fritz; Herrmann, Frank (2007): Integriertes Qualitätsmanagement. Der St. Galler Ansatz. 3., vollst. überarb. München: Hanser

Seidl, Barbara (2010): NLP. Mentale Ressourcen nutzen. Best-of-Ed. Freiburg, Br: Haufe.

Simon, Walter (2004): GABALs großer Methodenkoffer: Grundlagen der Kommunikation. [München]: Jokers Ed.

Simon, Walter: GABALs grosser Methodenkoffer: Persönlichkeitsentwicklung. Offenbach: GABAL

Spitzer, Manfred (2009): Musik im Kopf. Hören, Musizieren, Verstehen und Erleben im neuronalen Netzwerk. 1. Aufl., 9. unveränd. Nachdr. Stuttgart [u.a.]: Schattauer.

Sprenger, Reinhard K. (1999): 30 Minuten für mehr Motivation. Offenbach: GABAL.

Sprenger, Reinhard K. (2002): Mythos Motivation. Wege aus einer Sackgasse. 17., überarb. und erw. Aufl. Frankfurt/Main ;, New York: Campus-Verl.

Taleb, Nassim Nicholas; Proß-Gill, Ingrid (2009): Der schwarze Schwan. Die Macht höchst unwahrscheinlicher Ereignisse. [Nachdr.]. München: Hanser

Theden, Philipp; Colsman, Hubertus (2005): Qualitätstechniken. Werkzeuge zur Problemlösung und ständigen Verbesserung. 4. Aufl. München ;, Wien: Hanser

Timischl, Wolfgang (2012): Qualitätssicherung. Statistische Methoden. 4., aktualisierte Auflage. München: Hanser.

Tominaga, Minoru (1996): Die kundenfeindliche Gesellschaft. Erfolgsstrategien für Dienstleister. Düsseldorf: ECON

Wagner, Karl Werner (2003): PQM - Prozessorientiertes Qualitätsmanagement. Leitfaden zur Umsetzung der ISO 9001:2000: neu: Prozesse steuern mit der Balanced Scorecard. 2., vollst. überarb. und erw. München: Hanser

Wälder, Konrad; Wälder, Olga (2013): Statistische Methoden der Qualitätssicherung. München: Hanser (Hanser eLibrary).

Wikipedia (2011): „Maslowsche Bedürfnispyramide“ vom 30.05.2011

Wikipedia (2011): „X-Y-Theorie“ vom 08.11.2011

Wikipedia (2011): „Zwei-Faktoren-Theorie“ vom 17.05.2011

Zollondz, Hans-Dieter (2011): Grundlagen Qualitätsmanagement. Einführung in Geschichte, Begriffe, Systeme und Konzepte. München: Oldenbourg

Danksagung

Ein Buch wie dieses wäre undenkbar, wenn es nicht Menschen gäbe, die mich vorbehaltlos an ihrem Wissen teilhaben ließen und die mich nach allen Regeln der Kunst gefördert haben.

Daher gilt mein Dank zuallererst Peter Söll, Klaus Schimmer und Johannes Klinger, die mir nach Eintritt ins Berufsleben bei der Firma NCP auf verschiedensten Ebenen ein hohes Maß an Vertrauen schenkten und mich lehrten, was eine freie Entfaltung von Mitarbeitern bedeutet. Und ich danke Andreas Behre, der mir Vorbild für ein vorbehaltsloses Teilen von Wissen wurde.

Des Weiteren bedanke ich mich bei Rainer Volkmer und Thomas Schwarz von Volkmer Management, die mir den tiefen Einstieg in das Gebiet des Qualitätsmanagements ermöglichten und mir häufig mehr zutrauten als ich mir selbst. Ihnen verdanke ich es in erster Linie auch, dass ich heute erfolgreich selbständig arbeiten kann.

Herzlichen Dank an Dr. André Moll für die Erlaubnis, das Bildmaterial zum EFQM-Modell und zum Ludwig-Erhard-Preis zu verwenden und die Verbesserungshinweise zum entsprechenden Abschnitt. Besonders verbunden bin ich auch der Firma Sanitätshaus Glotz GmbH für die Erlaubnis der Verwendung der überragenden Leitbild-Grafik.

Mit Sascha Kugler als führendem Kopf von Alchimedus Management verbindet mich inzwischen eine langjährige Partnerschaft auf dem Gebiet, QM über eine einfach handhabbare Software einer breiten Schicht zugänglich zu machen. Ihm sowie Erik Memmert und Michael Saft möchte ich herzlichen Dank für eine Zusammenarbeit aussprechen, die über eine reine Partnerschaft weit hinausgeht.

Günter Huth danke ich für seine Unterstützung und Freundschaft – er war mir zu Beginn meiner QM-Aktivitäten – mehr als jeder andere – Lehrmeister und Stütze. Der benannten Stelle mdc – vor allem Herrn Reimund Wallum – danke ich dafür, dass ich an vielen Projekten mitwirken und mein Wissen stetig weiter entwickeln darf.

Meinem langjährigen Freund Werner Schraudner schulde ich nicht nur Dank für das Lektorat und die kritischen Hinweise, die das Buch sicherlich lesbarer gemacht haben. Werner – vielen Dank für deine überragende Fähigkeit des aktiven Zuhörens und das unsichtbare Band, das uns verbindet.

Für das Lektorat des Rechtsteils verneige ich mich ganz besonders vor Nadine Kohler für unermüdliche Telefonate und E-Mail-Sessions, durch die es jetzt sichergestellt ist, dass im Rechtsteil aktuelle und rechtssichere Informationen stehen.

Auch all den zahllosen Teilnehmern meiner Kurse in der IHK Akademie Mittelfranken und Zuhörern meiner Vorträge danke ich für das Zuhören und dafür, dass ihr mich zu einem selbstbewussten Redner erzogen habt. Von der IHK Akademie auch ein herzlicher Dank an die Herrn Horst Maußner, Christian Grupe und Markus Odorfer, die mich immer glauben lassen, ich sei ein brauchbarer Dozent. Herrn Peter Lang gebührt besonderer Dank für seine Skripten, die er mir in der Anfangszeit bei der IHK Akademie vorbehaltslos zur Verfügung stellte und mir dadurch das Leben sehr erleichterte.

Meinen Eltern Hans und Ruth sowie meinem Bruder Jörg verdanke ich vorbehaltlose und stete Unterstützung sowie einen uneingeschränkten Glauben an meine Person.

Und ich danke im Besonderen meiner Tante Marga, dem wohl selbstlosesten Menschen, den es gibt. Danke dir für unzählige Koch-Geniestreiche und Rücken-Freihalten.

Meinen beiden Söhnen Tom und Sam sage ich Dank dafür, dass sie mich immer wieder auf den Boden der Tatsachen holen und mir klar machen, dass der Beruf nur ein Teil des Lebens ist. Was ich meiner Frau Rita verdanke, ist in Worten nicht zu beschreiben.

Über den Autor

Seit 2003 ist Roland Weghorn als **Berater** im Qualitätsmanagement tätig und bereitet in verschiedenen Branchen kleine und mittelständische Unternehmen auf die Zertifizierung nach DIN EN ISO 9001 und/oder DIN EN ISO 13485 sowie AZWV vor. Seit 2008 ist er **Mitglied der DGQ** (Deutsche Gesellschaft für Qualität), die als Vertretung in Deutschland für die EOQ (European Organization for Quality), als auch neben der Initiative Ludwig-Erhard-Preis als Vertretung der EFQM (European Foundation for Quality Management) tätig ist.

Seit Oktober 2005 ist er als leitender **Auditor** qualifiziert. In dieser Rolle führt Roland Weghorn Audits bzw. Zertifizierungen im Auftrag der renommierten Zertifizierungsgesellschaft mdc medical device certification GmbH durch. Seit 2008 konnte er sich auch als international anerkannter Auditor nach EOQ- Richtlinien qualifizieren. Ende 2013 erweiterte er sein Spektrum durch eine Auditorenausbildung nach ISO 27001 (Informationssicherheitsmanagement).

Daneben ist Roland Weghorn seit 2005 als **Dozent** für Qualitätsmanagement, Statistische Verfahren und Unternehmensführung an der IHK Akademie Mittelfranken in Nürnberg tätig. Ein weiterer Tätigkeits-Schwerpunkt ist das Halten von Vorträgen und die Mitarbeit bei der Entwicklung der Software QM-Interaktiv von Alchimedus.

Roland Weghorn absolvierte nach einer praktischen Ausbildung im Maschinenbau ein Studium der Feinwerktechnik an der Fachhochschule Nürnberg und später Wirtschaft (postgradual) an der Fernhochschule Hamburg). Neben jahrelanger Tätigkeit im Bereich der Software-Entwicklung hat er außerdem Zusatzausbildungen zum Datenschutz und als **Reiss Profile Master**.

Der Webauftritt von QMRW ist erreichbar über www.qmrw.de.

Für Hinweise oder Verbesserungen zum Buch oder Anfragen bzgl. Beratung oder Vorträge nehmen Sie bitte unter folgender E-Mail-Adresse direkten Kontakt mit dem Autor auf: roland@qmrw.de

Unernste Abkürzungen im QM

Die folgende Liste ist aus persönlicher humoristischer Leidenschaft des Autors entstanden und in keiner Weise ernst zu nehmen!

3L-Methode	Spezieller Umgang mit QM-Dokumenten: Lesen – Lachen – Lochen
AUA oder 3-Hauen-Methode	Den Kunden anhauen – umhauen - abhauen
CASE-Mensch	Copy All Steal Everything Bezeichnung für jemanden, bei dem nichts sicher ist und dem man lieber nichts anvertraut
DAU	Dümmster Anzunehmender User Gebräuchlich im Umgang mit EDV-Systemen – man muss davon ausgehen, dass der Anwender (User) nicht weiß, was er tut
ISO	Idioten Sammeln Ordner Bezeichnung für den klassischen Bürokraten unter den QM'lern
KIV-sicher	Kinder, Idioten- und Vorstandssicher So sollten Arbeits- und Verfahrensanweisungen sein
NATO-Mensch	No Action Talk Only Bezeichnung für jemand, der viel spricht, aber wenig macht oder bewegt
SAK	Schlimmster Anzunehmender Kunde Entspricht in etwa dem DAU (s.o.) – nur ganz allgemein gesprochen.
ZDF statt ARD	Zahlen-Daten-Fakten ist besser als Alle-Reden-Durcheinander (oder auch Annahmen-Rätsel-Deutungen)

Abschließend noch ein bemerkenswerter Spruch auf dem T-Shirt eines befreundeten Auditors:

„Ich bin kein Klugscheißer, ich weiß es wirklich besser!"

Stichwortverzeichnis

Q

R

S

T

U

V

W

Raum für Ihre Notizen: